当代小城镇规划与设计丛书

教育部人文社会科学研究专项任务项目（工程科技人才培养研究）成果 - 项目批准号：12JDGC016

江苏省"十二五"高等学校重点专业建设项目成果 – 项目序号281-130503

江苏高校优势学科建设工程一期立项建设资助

小城镇
环境与景观设计

Environment and Landscape Design of Small Town

文剑钢　邱德华　编著

中国建筑工业出版社

图书在版编目（CIP）数据

小城镇环境与景观设计／文剑钢，邱德华编著.
北京：中国建筑工业出版社，2012.12
（当代小城镇规划与设计丛书）
ISBN 978-7-112-14865-3

Ⅰ.①小… Ⅱ.①文… ②邱… Ⅲ.①小城镇－景观设计 Ⅳ.①TU986.2

中国版本图书馆CIP数据核字（2012）第271753号

  这是一部填补国内外小城镇环境景观设计研究空白的理论创新著作。本书是作者在多年讲授、探索与从事景观环境艺术设计、实践的基础上，根据专业设计与教学、科研与实践、施工与管理的需要，站在小城镇规划、设计层面，从环境艺术审美的视角切入小城镇空间，对环境景观设计理论作了审美本源、分类方法和设计实践深入研究的成果。
  全书分为"理、法、用"三部分共十章内容，探讨了小城镇环境景观设计的立场观念、要素分类方法与分类设计的具体实践，涉及本体论、价值论、方法论与景观艺术专业理论，并附录部分国内景观设计的政令、法规、规范。
  本书可作为大专院校师生与社会行业设计人员从事景观设计与研究的参考书，也可供对小城镇景观艺术设计、研究有兴趣爱好的广大读者阅读。

责任编辑：黄　翊　陆新之
责任设计：张　虹
责任校对：陈晶晶　关　健

当代小城镇规划与设计丛书
小城镇环境与景观设计
文剑钢　邱德华　编著

*

中国建筑工业出版社出版、发行（北京西郊百万庄）
各地新华书店、建筑书店经销
北京锋尚制版有限公司制版
北京方嘉彩色印刷有限责任公司印刷

*

开本：880×1230毫米　1/16　印张：19½　字数：510千字
2012年12月第一版　2012年12月第一次印刷
定价：188.00元
ISBN 978-7-112-14865-3
（22916）

版权所有　翻印必究
如有印装质量问题，可寄本社退换
（邮政编码100037）

《小城镇环境与景观设计》编委会

主　　编　文剑钢

副 主 编　邱德华

编　　委　沈晨翀　王　静　王立新　文瀚梓　王云霞
　　　　　　叶定敏　江　玲　郑　舟　姚程明　刘　强
　　　　　　张晓乐　李　爽　姜建涛　朱长友　郑世伟
　　　　　　殷滋言　尚园园　臧步辉　蒋　奕　孙晓宁
　　　　　　贾建东　张燕燕　戚高翔

撰 稿 人　第 1～3 章　文剑钢
　　　　　　第 4 章　沈晨翀　文瀚梓
　　　　　　第 5 章　文瀚梓　沈晨翀
　　　　　　第 6 章　邱德华　文瀚梓
　　　　　　第 7 章　文瀚梓　邱德华
　　　　　　第 8 章　王立新　王　静
　　　　　　第 9 章　王　静　王立新
　　　　　　第 10 章　邱德华　文剑钢

前　言

　　积极发展小城镇是我国城镇化发展的基本策略。小城镇规划建设对大力推进城镇化，实现城乡空间、资源统筹与环境景观的协调发展，创造有中国特色的城镇化与现代化道路具有特别重要的意义，是我国经济发展的迫切需要。小城镇规划建设具有"小而全"的特点，它不仅包含了城乡规划建设的所有问题，还包含了城乡环境与景观处理的特殊性问题，具有区别于城市的独有特点与规律。所以，中国建筑工业出版社和苏州科技学院策划出版了"当代小城镇规划与设计丛书"，奉献给从事小城镇规划设计、环境景观设计与建设管理的同行们，并希望它能符合当前发展的需要，为提高我国小城镇建设水平作出贡献。

　　考虑到小城镇具有"城尾村首"的特殊"纽带"关系，并结合景观规划建设实践的特殊需要，《小城镇环境与景观设计》一书，参考了《中华人民共和国城乡规划法》、《小城镇规划标准研究》，借鉴了《小城镇形象与环境艺术设计》的技术框架和内涵，吸纳了国内外城镇系列在景观设计各个层面的经典著作的精华，以及近年来国内一系列小城镇研究方面的成果，包括本书编创几年来所做出的阶段性成果，诸如"小城镇环境景观设计方法研究"等论文。同时，还参阅了《小城镇建设·设计丛书》、《小城镇城市设计》、《小城镇公共中心环境设计》、《小城镇街道和广场设计》、《最佳人居小城镇空间发展与规划设计》、《村落景观的特色与整合》、《设计之美》、《公共艺术设计》、《世界现代设计史》、《景观艺术史略》、《景观都市主义》，以及有关《景观设计法规》、《园林景观设计规范》、《居住区环境景观设计规范》等部、省级法规、规范（40多项）不同类别的研究成果与原则，对本书的成就奠定了基础，在此特别提出来表示感谢。应该说明的是，本书是基于小城镇快速发展的需求，综合、归纳了多学科、专业的景观规划与环境艺术设计在小城镇景观规划建设层面上的研究内容与应用成果，突出体现了设计类艺术审美的思维、表达特征。虽然本书经历了10年的积累和5年编写的磨砺，但是在编著过程中一直保持着与社会发展的密切联系，在不断吸收增加新方法、新成果的同时，也不断推出本书的阶段性研究成果，应用、指导于社会实践，最终又以社会成果反哺、提高了本书的内容质量。其中，有相当部分的理论研究是基于前期研究成果和借鉴了国内外同行的实践研究成果。

　　鉴于本书在编写过程中经历了我国小城镇建设所面临的"快速城市化"发展规划与"城乡一体化"战略调整的历史阶段，人的思想、观念与时代特征都在潜移默化地发生变化。但是，本书紧紧抓住"以人为本"的设计本质，牢固树立营造地域、本土文化特色小城镇环境景观的生态平衡与可持续发展目标，在整合了编著者多年来的理论与实践成果，继承了传统的优秀小城镇环境景观设计方法的同时，又立足于我国现行的城乡一体化景观法规和原则，旨在使本书更好地符合目前小城镇建设和今后发展的需要。

编者

2012年8月12日

目　录

1 概述 ·· 1
1.1 小城镇环境景观的萌生 ·· 1
1.2 小城镇景观的功能构成 ·· 2
1.2.1 人城关系 ··· 2
1.2.2 人景关系 ··· 3
1.2.3 舒美关系 ··· 3
1.2.4 景观营造 ··· 4
1.3 当代小城镇景观艺术概述 ·· 5
1.3.1 景观形态基础 ·· 5
1.3.2 景观艺术特色 ·· 5
1.3.3 小城镇环境景观发展趋势 ··· 6

2 环境与景观设计的基本问题 ·· 7
2.1 概念与范畴 ·· 7
2.1.1 景观本体论 ·· 7
2.1.2 景观艺术论 ··· 14
2.1.3 景观技术论 ··· 17
2.2 思维与观念 ··· 19
2.2.1 小城镇景观设计思维 ·· 19
2.2.2 小城镇景观设计观念 ·· 20
2.2.3 小城镇景观设计原则 ·· 22
2.3 环境与景观设计方法论 ··· 25
2.3.1 "人本中心"的核心设计 ··· 25
2.3.2 "以人为本"的主体设计 ··· 26
2.3.3 "天人合一"的整体设计 ··· 26
2.4 景观的背景文化与文明 ··· 30
2.4.1 传统文化与现代文明 ·· 30
2.4.2 东西方文化对峙与交融 ··· 32
2.4.3 地方传统文化与世界现代文明 ··· 34

3 我国小城镇景观设计的演进 ... 37

3.1 小城镇空间景观形态的产生与发展 ... 37
3.1.1 传统小城镇景观艺术的产生与演化 ... 37
3.1.2 小城镇景观与自然空间环境的关系 ... 44
3.1.3 小城镇景观与社会人文环境的关系 ... 46

3.2 小城镇景观设计学科的产生与发展 ... 50
3.2.1 小城镇环境与景观设计范畴 ... 50
3.2.2 景观设计同相近学科的关系 ... 56
3.2.3 小城镇景观艺术设计的演化 ... 62

3.3 小城镇景观艺术设计的发展趋势 ... 66
3.3.1 历史的启迪 ... 66
3.3.2 现状与危机 ... 67
3.3.3 发展趋势 ... 70

4 小城镇环境景观设计体系 ... 73

4.1 景观设计要素与构成关系 ... 73
4.1.1 环境设计体系 ... 73
4.1.2 景观设计体系 ... 75
4.1.3 景观艺术设计体系 ... 78

4.2 环境景观艺术的主体设计 ... 84
4.2.1 视觉环境与景观形态艺术设计 ... 84
4.2.2 景观艺术本体设计的基本内涵 ... 88
4.2.3 小城镇景观环境氛围的艺术设计 ... 96

4.3 景观概念设计与应用设计 ... 101
4.3.1 经验虚拟的设计 ... 101
4.3.2 超越理性的设计 ... 106
4.3.3 回归现实的设计 ... 109

5 小城镇环境景观要素分类 ... 115

5.1 景观要素分类概述 ... 115
5.1.1 景观分类的目的、意义与原则 ... 115
5.1.2 小城镇景观要素的分类界定 ... 117

5.2 景观要素分类方法 ... 118
5.2.1 以自然地理环境形态为特征的景观要素分类 ... 118
5.2.2 以建筑空间环境属性为特征的景观要素分类 ... 133
5.2.3 以人文历史环境属性为特征的景观要素分类 ... 140

　　　　5.2.4　其他 …………………………………………………………… 144

　5.3　**小城镇镇区景观要素的系统分类** ……………………………………… 149

　　　　5.3.1　镇区景观要素的系统分类原则 …………………………………… 149

　　　　5.3.2　镇区景观要素体系的系统分类 …………………………………… 151

6　小城镇环境景观要素设计 …………………………………………………… 160

　6.1　**物质形态要素的视觉设计** ……………………………………………… 160

　　　　6.1.1　形态要素的符号解码 ……………………………………………… 160

　　　　6.1.2　符号组合的审美规律 ……………………………………………… 165

　　　　6.1.3　物象意境的心理审验 ……………………………………………… 168

　6.2　**人文情态意象的视觉设计** ……………………………………………… 172

　　　　6.2.1　人本情结 …………………………………………………………… 172

　　　　6.2.2　文化情结 …………………………………………………………… 174

　　　　6.2.3　历史情结 …………………………………………………………… 176

　6.3　**景观要素空间构成设计** ………………………………………………… 179

　　　　6.3.1　道路交通 …………………………………………………………… 179

　　　　6.3.2　建筑构筑 …………………………………………………………… 181

　　　　6.3.3　场地绿化 …………………………………………………………… 183

　　　　6.3.4　公共设施 …………………………………………………………… 187

　　　　6.3.5　装饰小品 …………………………………………………………… 188

　6.4　**环境景观艺术的综合设计** ……………………………………………… 192

　　　　6.4.1　景观空间的"理" ………………………………………………… 192

　　　　6.4.2　景观环境的"情" ………………………………………………… 194

　　　　6.4.3　情景交融的景观艺术 ……………………………………………… 196

　6.5　**环境景观设计程序** ……………………………………………………… 197

　　　　6.5.1　景观策划程序 ……………………………………………………… 198

　　　　6.5.2　景观概念设计程序 ………………………………………………… 200

　　　　6.5.3　景观方案设计程序 ………………………………………………… 202

7　小城镇环境景观分类设计 …………………………………………………… 207

　7.1　**自然景观的分类设计** …………………………………………………… 207

　　　　7.1.1　自然地质景观艺术设计 …………………………………………… 208

　　　　7.1.2　绿色植物景观艺术设计 …………………………………………… 212

　　　　7.1.3　气候季相景观艺术设计 …………………………………………… 213

　7.2　**人工景观的分类设计** …………………………………………………… 216

　　　　7.2.1　街道景观艺术设计 ………………………………………………… 216

　　　　7.2.2　广场景观艺术设计 ………………………………………………… 220

		7.2.3 园林景观艺术设计	221
		7.2.4 纪念性景观艺术设计	225
		7.2.5 居住区环境景观艺术设计	227
		7.2.6 室内环境景观艺术设计	228
	7.3	人文景观的分类设计	231
		7.3.1 小城镇历史景观艺术设计	232
		7.3.2 小城镇旅游景观艺术设计	233
		7.3.3 科技景观艺术设计	234
		7.3.4 影视景观艺术设计	236

8 小城镇环境景观设计实践 — 238

	8.1	街道景观设计	238
		8.1.1 节点设计	238
		8.1.2 线性设计	240
		8.1.3 整体设计	242
	8.2	广场景观设计	245
		8.2.1 西方广场景观设计	245
		8.2.2 中国广场景观设计	246
	8.3	建筑景观设计	249
		8.3.1 象征性景观建筑	249
		8.3.2 功能性景观建筑	251
	8.4	居住景观设计	253
		8.4.1 传统居住景观设计	253
		8.4.2 现代居住景观设计	254
	8.5	园林景观设计	256
		8.5.1 依山	256
		8.5.2 滨水	258
		8.5.3 沿路	260
	8.6	生态景观设计	261
		8.6.1 地景	262
		8.6.2 物景	263
		8.6.3 意境	265
	8.7	镇区公共环境与景观设计	266
		8.7.1 平面——界面装饰艺术	266
		8.7.2 立体——构筑小品艺术	267
		8.7.3 空间——建筑形态艺术	268
		8.7.4 综合——城镇环境艺术	270

9 小城镇景观艺术案例赏析 ········ 272

9.1 自然景观艺术 ········ 272
9.1.1 大地景观艺术 ········ 272
9.1.2 滨水景观艺术 ········ 273
9.1.3 生态景观艺术 ········ 275

9.2 人工景观艺术 ········ 276
9.2.1 镇区景观策划 ········ 276
9.2.2 街道景观规划 ········ 276
9.2.3 建筑景观设计 ········ 277
9.2.4 人居景观营造 ········ 279

9.3 人文景观艺术 ········ 280
9.3.1 历史风貌景观保护 ········ 281
9.3.2 名胜古迹景观艺术 ········ 283
9.3.3 民俗风情景观艺术 ········ 285

10 传承与展望 ········ 286

10.1 景观设计学科专业与行业的发展 ········ 286
10.1.1 高校景观设计人才的培养 ········ 286
10.1.2 景观设计行业人才的现状 ········ 287
10.1.3 景观规划设计法规与规范 ········ 288

10.2 小城镇环境景观设计方法的传承 ········ 289
10.2.1 师法自然的景观规划 ········ 289
10.2.2 中得心源的环境艺术 ········ 290
10.2.3 生态和谐的城镇意象 ········ 290

10.3 小城镇环境景观设计艺术的创新 ········ 292
10.3.1 基于功能价值的原创设计 ········ 292
10.3.2 提高审美鉴赏的创新设计 ········ 293
10.3.3 营造特色的城镇艺术景观 ········ 294

附录 景观设计法规、规范部分目录 ········ 296

参考文献 ········ 297

后记 ········ 301

1 概述

1.1 小城镇环境景观的萌生

当人们看惯了大都市的高楼广厦，穿越于灯红酒绿、光影婆娑的商业步行街，从"人如浪涌车如潮"的闹市中走出城郭，扑面而来的是城市郊外广袤的苍山、碧水、田野、麦浪，富有生活情趣的菜花、麻雀、村镇、农民——好一派众生裹挟着泥土的腥味、野草青涩的芬芳和狗吠鸡鸣的喧嚣……令城市人魂牵梦萦的村镇乡野风情如全景画般映入眼帘。这，是民生？是乡情？还是人们所向往的小城镇景观与环境？

在我国经历了快速城市化建设浪潮之后，"城乡一体化"将小城镇推至城镇化建设的"前沿"，小城镇环境与景观规划设计再一次成为学术与应用研究的热点。景观，这一个令当代人追捧的环境审美和体验目标的词汇，从此有了更加艰巨的使命：当人们为创建城市景观在改善人居条件所带来的能源资源锐减、环境大气污染、生态失衡加剧等一系列问题时，人们意识到，其实城市景观建设是一把双刃剑——美饰与丑化一体两面！在解决城市景观诸多弊端的同时，小城镇必须用好"景观建设"这把双刃剑，即搞建设与除弊端双管齐下，绝不能让大城市病在小城镇蔓延。当然这需要政府管理者、专业规划、设计者与广大民众的共同参与才能使小城镇景观建设走出一条健康生态、可持续发展之路。

在我国城市化进程中，城市的概念、属性、等级和内涵正在被丰富和拓展。从大都市圈的巨型城市，到山野新兴的居住聚落，城乡之间传统的郊区边界正在被逐渐提高的城市化水平所打破，城乡关系也在悄然产生此消彼长、集约发展的裂变。但是，无论城市怎样发展，小城镇的环境与景观建设问题一直受到全社会的普遍关注，毕竟任何城市都是从小城镇发展而来，而小城镇群体又是城市体系的基础，在城乡之间起着能源、资源的供给和物资中转流通等方面的重要作用。

当然，小城镇是我国20多年来从市镇、城镇、乡镇、集镇、村镇等一系列名词演化而来的新称谓。虽然"小城镇"作为固定名词出现时间较短，对其概念含义研究的成果很多，但是到目前为止尚无统一的解释和形成权威性的定义。

小城镇，顾名思义曰"小城"、"小镇"。即"Small City"——小城市、"Little Town"——小镇。

在人类"聚落→村庄→城镇→城市→都市"的城乡演化体系中，小城镇是城镇规模偏小，"城之尾、村之首"，介于城市与乡村之间，兼有城市与乡村功能、特性的民众聚落形式。相对于城市和都市而言，究竟多大规模的乡村和小城市可以称作小城镇？不同的学科对小城镇有不同的界定。

社会学：小城镇是主要由非农业人口组成的，脱离了乡村社区的性质、比乡村社区更高一个层次、但没有完成城市化过程的社区实体。

经济学：小城镇是城乡经济的交汇点，具有独特的经济特征和特殊经济的集合体。

行政学：小城镇是指建制镇这一行政地域的管辖范畴。

地理学：小城镇属于区域城镇体系的基础层次，乡村聚落中的最高形式——建制镇和自然集镇。

美术学：小城镇是城镇规模较小（人口、建筑等）、密度不大，空间疏朗、风景宜人，具有传统田园、乡土民俗风情和现代化城市设施的人居环境。

不同的学科对小城镇的描述尚且如此，那么

在不同的区域、不同的国情、不同的历史时期或者是不同的研究角度，对小城镇的理解也会有所不同。对小城镇作宽泛的解答有其现实的原因：①从词性上来看，在"城、镇"名词前面冠以形容词"小"字，是对城镇规模、体量的形容与界定。由于"小"只是相对的形容，不具备规模尺度的严格限定，因此，它可以下延至乡村、上升至城市（县级市），宽泛的概念融解了城与乡的生硬边界，起到了城乡一体化的连接过渡作用。②世界各国对小城镇的概念理解也不尽相同，即使是有具体的人口规模数据限定，也存在2000人口—20万人口小城镇之间巨大的差别。在我国现行的行政区划建制中尚无指令性的小城镇规模对应关系。③小城镇词义的模糊和弹性，扩大了对小城镇的理解范畴。无论是在我国城市化加速时期，还是在现阶段城乡一体化发展时期，许多从小城镇发展而来的新兴城市，既有效地加快了城市建设的步伐，又存在着太多建设初期的弊端，低层面的城市化现象，虽然规模上达到城市的标准，而实际内涵仍处于小城镇建设的发展范畴。广义的小城镇概念，包括了对大城市周边发育不良的区、县、镇的规划与建设，有利于整改并提升其城市化的层次。

"小城镇"作为城镇体系的基层群体单位在概念上尚无定论，而其在功能与经济结构关系上也具有不定性：既具有独立发展的潜力，同时又具备承担大城市、大都市圈——区域城市中的城市功能而转化为卫星城、城市副中心，甚至融入大都市的可能性；鉴于上述不同角度的理解、不同学科概念的界定、小城镇成长因素的不定性和自身属性的复合性，本书从艺术设计的角度切入小城镇，把小城镇的形态定义在县城镇及其以下、乡村及其以上的建制镇——一般集镇、中心镇和行政建制镇，希望用规划师的眼光去考察小城镇的功能结构和景观分布，用建筑师的手法去塑造城镇物质空间形态，用景观设计师的手段去创造理想的小城镇环境与景观形象，用艺术家视觉审美系统设计理念与方法去统一小城镇的视觉景观生态和质量，创建宜人的环境艺术氛围。

1.2 小城镇景观的功能构成

1.2.1 人城关系

择地而栖、群居生存是动物与人类的共同特性和本能。所不同的是，在这个世界上，只有人类具备善于学习、独立思考，分析问题、解决问题的智慧和能力。正是这一点，使人类成为万物的主宰，拥有了地球和宇宙环境。为了生存和更好地生活，人类完善建筑功能与形态，扩展"聚居"规模，使之发展成为一种主动的社会形态，从而使人类从远古洪荒时期的"巢"、"洞"、"穴"居住形式走向原始聚落，开始了人类社会文明的初始形态——原始村落。

原始村落作为城市初始的萌芽形态，伴随着私有制的产生，农牧、手工业的分化，商品的频繁交换，集市贸易集散场所的产生、扩大并形成"有市之邑"。我国的小城镇就是在村落的基础上随商品交换的出现而逐步形成的。

从整个人类历史来看，大约在公元前5000年以前，随着农业生产力的提高，少数新石器时代的村落发展成为小集镇和城市，史学上把这一变化称为"城市革命"。世界上最早的小城镇出现在古埃及——尼罗河流域和美索不达米亚平原上的两河流域（底格里斯河与幼发拉底河）。按现代的城市标准来说当时的城市很小，只能算作小城镇，但与以前人类定居的自然村落相比，则是很大了。

亚当斯（Adams R. M.）在其《城市的进化》一书中记述，大约公元前10世纪，由于铁的使用，社会交通大为改善，生产迅速发展，城市人口增加开始逐渐加快，公元前几个世纪，欧洲的雅典逐渐发展为一个独立的城邦，而罗马到公元2世纪，已拥有百万居民，成为罗马这个地跨欧、亚、非国家的中心。

从城市的发展历程不难看出，城镇村落是人类为自己建造的美好生存方式。在人为自己创造村落、小城镇和城市的居住环境时，不但创造并赋予了城镇人居环境理想的使用功能，同时也造就了非同于自然的绚丽多彩的城镇环境景观。人是城市的主人，有充分发挥和享用城市优越的生活功能、主宰着城市发展命脉的权利。然而，人在进行城市化的物质与精神运动中，城市也改变了人的生存方式和情志，人在巨型的城市空间中其体量显得那样羸弱与渺小，有时甚至是孤独无助。人与城市在物质和精神的交互中，结下互为依存的不解之缘：城市是人类社会文明的载体，人类聚居形式的高级阶段。城市因人而存在，人因城市而进步；城市与文明的发展伴随着人类荒蛮、原始、封建的历史步入工业、信息、智能的现代化城市发展进程。

1.2.2 人景关系

"人与景，是看与被看而有所感"的关系。客观物象是否赏心悦目，始于人性、发于人心。

人性是在一定地域的社会制度和历史条件下形成的人的基本属性和观念特征。人心是思想意识的俗称；人的思想观念决定景观的存在与优劣。其实，在人性中还可以区分出人类本质的生物性、动物性本能：求生存、寻安全是人的自然属性；求舒适、讲美观是人的社会属性。人类的需求从保持生存的基本条件到物质、精神生活的极大丰富，其中层次的差别和需求的目标无法用尺度、标准来衡量。温饱、安全、舒适、美观基本反映了人类生命活动需求由低到高、由物质到精神的演变、发展过程，这也是人性中自然属性向社会属性延伸发展的必然过程。一般来讲，在人的自然属性中，本质的动力是生存欲望，生存欲望同时伴随着生殖欲望。正像所有的动物种类一样，寻求安全是生存本能的自然选择，优胜劣汰是生殖能力的自然选择，所以，生殖力具有先天的择优（选美）原则：健康、力量、舒适、求新作为物种进化的自然选择。爱美求新从本能出发并向社会属性转化，于是，人类对于生存环境就

有了使用功能之上的视觉审美功能要求：环境生存安全伴随着舒适美观的递进选择与创建。可见，景观的产生又取决于社会化、人文化了的"文明人"。

在人景对话中，人也被作为景观要素融入其中。可以说，人在景观中无论看与被看，都是最具灵性和吸引力的，对景观的情境起着决定性的作用。

通过了解人与城市、人与景观的关系，可以理解人类从产生以来，一直在不断努力地改善生存环境条件并使之达到安全舒适、赏心悦目的生理、心理需求。化聚落为城镇、化物象为景观，营造美好的城市家园就成为城市文明发展的必然。

近现代的快速城市化始于西方19世纪的工业革命，一百多年来，人们把充盈的社会生产力用以增加一定地域空间的城市数量和扩大城市的规模，从而加速了乡村人口与物资向小城镇、大城市的转移、流动和集聚，小城镇经济逐渐在国民经济中居重要地位，成为社会前进的主要基地，与城市结成一体的经济关系，以生产、生活方式的活力，广泛地反哺、渗透、激发农村经济的一种可持续发展过程。随着城市化程度的提高，对城市环境质量与景观的视觉审美要求也随之提高，造就了一批有潜力的小村镇在社会经济发展中不断壮大、增强，使之成为又一批环境怡人、景观优美、充满活力的城市。城市化程度逐渐成为国家经济发达层次、工业化水平高低，特别是现代社会文明程度的一个重要标志。

在我国，城乡一体化已经成为快速城市化进程中的热点和新的研究中心，使人们从中看到了不同的契机和问题，同时也激发了城市体系"村、镇、市、都"层次关系之间的一场革命。在这场革命中，小城镇是城乡之间最具发展潜力的城市基层群体。

1.2.3 舒美关系

广义上讲，在人的视觉范畴中，小城镇的自然地形、地貌、水系、动植物、建筑、道路交通、

公共设施，包括人本身——空间环境中的一切物象皆是景观要素，所不同的是，景观环境的物和人都是客观存在与主体之间的交流。客观物质在人的周围空间中呈现的物象被人观看感知，激发人的心绪，从而触景生情，至于这种印象是一种美好的还是一种恶劣的，那就要通过人性中的生存经验与审美观念去鉴定了。于是，人的血缘关系、民族国别、文化背景等因素构成的审美价值体系形成生存经验和个性，作用于景观环境——景观的优劣和价值的层次就被鉴别和区分了。

从实用功能的舒适需要，到视觉功能的美观追求，实现了人类自然属性向社会属性的跨越。当人类社会进步，物质财富充盈，生存与安全已经不作为人类活动的主要目的时，拟或是作为经济基础的功能支撑不再制约于人的情志时，人类爱美、求新的欲望就会持续增强和扩张，小城镇伴随着日新月异的现代科学文化，采用新观念、新技术、新材料，带来了建筑形态体量、道路交通、公共设施及社会百业的一系列革命，从而改善了建筑空间形态，改进了人居生态环境，优化了小城镇的景观环境品质，促进了小城镇的发展，提高了小城镇的现代化文明程度。

就小城镇景观而言，它是人类在从事生活与劳作的活动中，自发形成或者是自觉形成的。虽然人们追求物质使用功能是第一性的，但是因为人类属性中具有"求舒适、讲美观"——爱美求新的特性，使得人类把对美的追求也自觉不自觉地融入自己的物化劳动之中，实用功能与美观同在！细察小城镇中的景观属性，基本上是自然景观、人工景观相互融合映衬的。而狭义上理解，只有经过人的主观策划、控制并按照一定的美学图式和设计方案建造，符合广大民众的审美心理需求的才是景观。于是，在小城镇中才会有不同分类、不同层面的景观。

1.2.4 景观营造

小城镇的建筑形象是景观元素的主要载体。建筑的体量、高程与建筑之间的空间形态、道路交通、绿地广场、综合设施和环境生态质量是景观审美的主要因素，要真正实现"可居、可游、可观"的高品质景观设计目标，需要按照一定的观念和法则对小城镇物质形态与构成关系作相应的处理。

首先，强调小城镇景观营造必须尊重自然环境。以人为本，从"天人合一"的宇宙观整体考察小城镇建设的长远绩效，把人与自然生态的未来放到一起来综合考虑可持续发展问题。小城镇的环境景观建设必须建立在实用功能与审美功能的综合需求之上，建立在节约自然资源、保护生态环境、治理环境污染的立场上，不能以过度牺牲永久的地域自然资源和生态资源为代价，要融人工景观、人文景观于自然景观之中，康复再造更加优越的自然生态环境。

其次，促使人居观念的更新和生存方式的转变。城市化作为小城镇建筑聚集的形式，城与市的物质景观现象，正在化小为大、化单一为综合，化农村为城市、化平面展开为空间的多元化（空中、地上、地下）；作为城镇本体的社会精神载体，城镇正在进行化自然为人文、化农村人为城市人、化区域为国家和世界一体的社会发展趋势。在这场无休止的城市化过程中，必须保护与更新并重，深刻理解人的生存需求和建城造景的目标和意义，遵从人类建造城郭的"本意"。但是随着科学发展、社会进步、经济富裕、人口膨胀，人类社会属性中那"求舒适、讲美观"的统治性创造欲望会无限发展，城市化的目标会随着人的审美观念和创新行为的更新变化进行阶段性目标的增设和侧重。因此，城市化的目标在人类生存与发展目标的建立上，必须明白人类欲望的无限性和地球自然资源的有限性。人类发展必须"养"、"用"结合，在建造城郭、追求使用功能时，注意持续保护、恢复和促进土地、水资源——自然系统的自我调节与再生能力，让自然恢复元气；凭借城乡规划方法、建筑设计手段和景观艺术设计与工程实施，把小城镇建设成为可使用、可观赏、可游憩并与自然生态和谐发展的理想人居空间。

最后，提高小城镇景观特色与认同感。在当前中国城乡一体化快速发展时期，小城镇的景观建设必须关注社会发展的趋势和导向，以经济可持续发展为前提，注重城乡统筹规划，将区域开发、功能布局、结构优化、物质资源合理分配等内容当作研究和解决的主要内容，打好景观建设的物质基础；同时，以社会可持续发展为方向，研究并解决城乡之间的空间形态、水土资源利用与保护等问题。把城乡环境与景观艺术的自然和谐，作为小城镇可持续发展的重要依据和特殊手段，提高民众综合素质，强化环境景观的艺术氛围，确保小城镇物质形态包括人文环境的健康营造，从而实现品质优良的小城镇景观规划、设计目标，促进小城镇人工、人文环境景观与自然生态环境的和谐发展。

1.3 当代小城镇景观艺术概述

近几年，我国城市体系在全球经济和信息加速发展的背景下，区域城镇关系日渐密切。随着东、西部区域的经济差距逐渐拉大，东部城市化进程越来越重视发挥大城市、大都市圈的主导功能和作用，形成"都市、城镇、乡村"融合共进——区域城市统一发展并开始反哺内陆、西部城镇与乡村的局面。例如，我国北方以首都北京为主导的"京、津、唐"都市圈的区域城市，东部沿海地区以上海为主导的"沪、宁、杭"长三角大都市圈，以及以广州为主导的"广、深、珠"珠三角区域城市的空间拓展已经超越了后工业化时期的市区蔓延阶段，进入都市经济的辐射疏散型和向心聚居、分散发展的数字城市布局阶段。大城市不再向产业集聚、功能复杂的复合体扩张，而是向着结构优化、功能整合、多核集约、城乡一体的系统化、现代化基础上精品发展。这样的城市发展背景，深刻影响着各类小城镇环境与景观建设。

1.3.1 景观形态基础

在城市化背景下，大都市圈、城市交汇区域内的小城镇与其他相对边远和内陆的建制镇相比，具有独特的区位优势和发展机会。郊区小城镇正逐渐转化为大都市功能、经济发展的组成部分。比如，大都市在农业领域的退出，为区域小城镇及其村镇发展都市型农业腾出了空间，区域城市内小城镇由简单的以农副产品为主要供应基地的功能，开始向科学化、系统化的"农工商学"复合的城市功能方向发展，经济功能多样化以及生态保护功能的优化，使得小城镇群体在产业结构、聚居形态、生活模式、公共基础设施及服务类型等经济发展方面逐渐形成为多核发展的卫星城或城市边沿的副中心，其空间形态的变化速度和构成特点超越了小城镇建制镇的一般生长规律，现代化的物质空间具有规模、组团、个性的现代景观理念和资源共享、一体发展的集约优势，它与传统的小城镇空间形态形成鲜明的对比，从而造就了小城镇传统与现代、农村与城市、自然与人工环境呼应共存的景观场面，同时也为营造个性化的小城镇景观艺术奠定了良好的基础。

1.3.2 景观艺术特色

景观是小城镇中建筑群体、自然空间形态质量的现象存在；景观是物质功能的载体，视觉审美精神价值的表现状态；景观又是符合人类生存理想的"迁想妙得"，所谓"雾里观花"——突出主体、弱化背景，令实际景观具有主宾、层次、节奏……对比和谐，超越现实的浪漫情调；景观具有物质实用功能与观赏功能的双重性。这其中，物质形态的空间、尺度关系，为使用者带来不同的心理和生理体验，而不同的小城镇空间组合形态与功能结构关系，结合本土的自然、人文、历史环境因素，会形成千殊万类、异彩纷呈的小城镇特色景观，改善和提高小城镇民众的生存质量。

1.3.3 小城镇环境景观发展趋势

国际大都市、大城市由于城市形态、体量、居住人口超大规模，城市功能现代化，城市文化包容、复合，漠视本土文化而导致城市形象与景观环境审美向着现代国际风格方向发展，城市形象趋于雷同，千城一面的环境与景观弊端已经无可避免。

中等城市或小城镇在传承民族历史文化与发展现代国际化城市文明的价值取向中游走。传统文化、民族风情、地域特色与西方文化、国际风情和现代简约的时尚特色在两极发展中分庭对峙，景观建设具有"多项选择性"。像历史上任何时段的发展规律一样，代表自然的、人文历史的民族文化、地域特色，同时又被现代人认作代表着本土的、欠发达的甚至"陈腐守旧"的"弱势文化"，同代表先进的国际风尚且具有强大生命力的现代"强势文明"相比是无法势均力敌的。然而，代表发展主流的强势文化，在发展过程中亦然有被历史化并最终被地方民族文化所同化，从而形成新一轮传统与发展的对比关系，这已经是历史发展不争的事实。

既然是历史发展规律使然，对其研究就有其现实而深远的意义。客观上，世界城市化的快速发展，在为现代人提供最方便、优越的生存方式之余，也对地球生态环境带来严重后患：耕地、水资源锐减，沙漠扩张、植被破坏、物种灭绝、环境污染……对快速发展的城市物质文明敲响了警钟；这其中，小城镇是人类城市群体中最具发展潜力的基本单位，其发展方式和方向对未来城市发展产生直接影响。而当代人的生存观念和理想又决定了未来城（镇）的发展方向和模式。在这个宇宙空间的地球上，任何新生事物——抑或是人类、动植物等生命体，都遵从"生长、壮大、衰老、死亡"的不变规律：繁荣伴随着萧条、生存伴随着死亡。当"奢侈、浮华"的生存惯性走向远离自然的"强势生存"方式时，必然会在导致失去自然环境生态的支撑后走向衰亡。

所以，人类必须把握社会文明的进程和发展趋势："节约自然资源，消除环境污染，保护自然生态，恢复生态平衡，营造生态景观"，避免发展方向走偏，当是今后小城镇发展的基本原则和目标。而当代人的觉悟自律，将低碳社会的生存发展与自然环境生态结合在一起，寻求健康自然和谐的可持续发展，就是人类的明智选择。

2 环境与景观设计的基本问题

当我们把目光从城市系列移向小城镇，审视和欣赏小城镇的环境形态时，就会发现，其实这是一个简洁明快、轻松怡人的人居环境体系。它们没有大城市广厦林立、空间密集的压力，也没有车流如潮、喧嚣繁杂的困扰。蓝天白云下，自然景象随时映入人们的眼帘：工厂、作坊、商铺、医院、学校、农田、果树、庄园——一切近在咫尺，可谓举步之遥，空间尺度几乎全部按照人体功能尺度展开。然而，当我们把小城镇作为研究和表现的对象时就会发现，小城镇正值几千年以来的形体裂变，正在演绎着乡村城市化、生活现代化并向现代化大城市攀升——体量空间快速膨胀的惊人变化。面对既往大城市的诸多弊端，小城镇的建筑、环境、景观发展也遇到多项选择的困惑。其实，各学科对小城镇的研究成果非常薄弱，尤其是对小城镇景观艺术设计的提出，尚处于初期阶段，在现有的研究文献中无系统和成熟的诠释，关于它的"踪影"，只是近20年在城市总体规划、城市设计、景观、建筑及其室内外设计中有所移植、借鉴和体现，在环境装饰艺术设计中，可见些许端倪，但由于其学科交叉、理论研究分散且依附于某个学科，而显得研究与设计实践成果不够系统、整体和全面。景观艺术作为一门独立的学科，对其概念、属性、范畴等内容的研究更是缺乏定性和指导意义，为此，作者姑且从诸学科中，从社会实际成果中研究、总结、汲取针对小城镇的某些理论、观点和方法，以为其所用。

2.1 概念与范畴

2.1.1 景观本体论

在古希腊罗马哲学中，本体论的研究主要是探究世界的本源或基质。各派哲学家力图把世界的存在归结为某种物质的、精神的实体或某个抽象原则。巴门尼德提出了唯一不变的本源——"存在"作为研究的主题；亚里士多德认为哲学所研究的主要对象是实体或本体，是关于本质、共相和个体的事物问题，是探讨本质与现象、共相与殊相、一般与个别等的关系问题。

本体论在中国也叫本根论。是研究事物本质与表象的基点。对事物作全面的认识和了解，需要透过现象看本质，从事物的本源了解其发生、发展、变化的规律。中国古代哲学家一般都把天地万物的本根归结为无形无相的与天地万物根本不同的东西，这种东西大体可分为三类：①没有固定形体的物质，如"气"；②抽象的概念或原则，如"无"、"理"；③主观精神，如"心"、"思想"。

依据以上观点，对小城镇景观作本体论的研究，也大致如此。首先，小城镇是客观世界的物质存在；其次，小城镇的环境景观是小城镇的物质存在在人脑中的映像；再次，小城镇的景观与环境艺术所揭示的本体属性，虽然直接显现于客观事物，但其核心和根本更在于人。

三者之间的关系是：①客观存在不以人的主观意志为转移（包括人的存在）。②人的意志是主观能动的。正是因为人的客观存在，认识到本体以外有万事万物的客观存在。③在经过人的视觉（包括审美心理）过滤以后，人对于作出的鉴别会通过某种方式付诸行动。尤其是对于小城镇中形象与环境的各类物质要素，在通过人的视觉鉴赏和使用功能验证作出抉择后，改造现状，使现状的物质形态向着人类希望的方向发展，这已经是人类历史发展不变的规律。

但是，对于当代的人类来说，物质生活的丰

盛富裕,科技手段的日新月异,为人类改造自然提供了极大的可能性。同时,随着现代城市化建设的迅猛发展,人们的生存观念和审美观念也在不断变化甚至异化,这些,必将导致对于城市、小城镇物质存在的改变。我们认为,改变是必然的,也是必需的。问题是在这种变革大潮中,有一个去伪存真,去粗取精——继承发展、良性循环的过程,我们不希望在城市化进程中,把几千年以来人类城市文明发展的遗产精华毁于一旦——正如"为孩子洗澡后,不要把孩子连同洗澡水一同泼掉"的道理一样。发展是硬道理,但是协调发展、和谐共进,保持城镇与自然生态和谐的良性循环更是亘古不变的真理。研究城市本体,发现小城镇本质不变的魅力,其意义就在于此。

2.1.1.1 形态

形态是指在视觉范畴里,小城镇的物质形体构成所呈现的基本形状、状态、姿态。

小城镇的视觉物质形态,是以建筑为主导的自然与人工物质环境:山、水、树、石、花、草、动、植物间相互结成的关系(图2-1)。

(1)形态的变化

①形态属性的条件制约和影响。如时间、空间、气候、有机物质自然增长变化对形态的影响。

时间:四季转换、昼夜更替、时辰变换。

空间:距离、规模、范围及物质空间组合的形态(建筑物与自然物)。

气候:春、夏、秋、冬,阴、晴、雨、雪,雾、露、风、霜等天文、气象的现象条件。

植物:树木花草的繁荣、凋零、生长、消亡对小城镇物质包括人自身的物质形态所产生的对比影响(图2-2)。

图2-2 黑龙江省边远小镇雪景

(资料来源:http://www.quanjing.com/imginfo/)

动物:家养、野生之飞禽走兽——池中鱼蛙、溪边虾蟹、马牛羊、鸡狗猪等动物。

人物:人是主体,也是客体,作为客体中的物质形态,人是小城镇物质形态的核心和主宰。

②形态间对立与依存的辩证关系。作为自然物质,人的形态相对稳定,与小城镇物质间有着和谐的一致性,同样受到来自于时间、空间、气候、动、植物间的制约和影响。作为社会物质形态,人是受众,也是主宰。作为有机的生命形态,人为生计而攫取,从而改变着小城镇的物质形态与构成关系。小城镇中的既成物质形态,又反过来影响人的生存状态。作为物质形态的社会主宰,人对万物有着生杀、消长的掌控力,同时,人际社会关系也因人的情志变化而促使改变其社会形态。虽然社会形态没有小城镇中其他物质形态那样显而易见,然而,社会形态的变更不但波及人本身,对自然物质形态的改变有时确实是颠覆性的。

反观小城镇物质形态系统,无论形态大小、

图2-1 小城镇的视觉物质形态

(资料来源:苏州科技学院艺术设计专业本科生郝贺贺、唐苏云、段然、刘春霞、范琳、王晨曦等同学绘制)

规模多少，其核心依然是人。人的形态作为第一要义作用于自然物质形态会产生直接的、显而易见的影响，作用于人文社会形态，对自然物质形态会产生深刻之影响。人在适应社会对自然的改造中，相互构成了对立依存的关系，这种关系是各系统内的自我完善与发展，系统间的对抗与和谐关系。当系统间的一个系统极度扩张和强大时，必然削弱其他系统，导致系统形态关系的瓦解，从而使强大的一方失去支撑，一切从鼎盛折回到原点而重新开始。

（2）形态的发展

在这个地球上，万物形态均遵守宇宙生死存亡的规律，也各自按照本初的属性进行生息繁衍。然而，正如我们知道的一样，即使有人类主导的存在，世间万物间也有一个对立、统一的依存制约关系，它们共同遵从生灭的法度，使万物有了相对平衡的生态关系。即使出现整体系统中的强弱不均，也有地震、飓风、海啸、狂风、暴雨灾害甚至是细菌、病毒、疾病的力量来进行制约、抑制、破坏等强势的冲击，甚至全面"洗牌"，重新再来。

然而，在地球的生态圈中，只有人类具有崇高的智慧，它具有善于学习、掌握规律、克服疾病、免除灾害的主动意识，从而使人类战胜了一次次灾害，使人类由小到大，由弱增强。人也正按照自己的意愿研究自然事物生存与发展的基本规律，力图改变万物的属性和形态；从人工养殖、种植开始，人掌握了生命体遗传、生殖、同化、异化的基本规律，无机物质物理、化学反应的变化规律，开始有计划地开发物质的优良属性，使物质甚至是人向着理想的方向发展：试管婴儿、器官移植、克隆牛羊、转基因技术、纳米技术、数字信息处理技术……人类正通过高科技手段，改变建筑、动植物等物质的属性，使物质形态在既定的发展方向上偏转，向着人类设计好的理想道路转化，从而达到人改造世界的目的（图2-3）。

人类在改造世界方面可令物质形态在正常状

图2-3　干涸的漓江水系

（资料来源：作者自摄）

态下产生同化、变异而发展。作为强者，人成功了，然而，被改变和异化的物质也以最原始的微粒形态参与人的机体组织，从本质上影响到人的情志与形态。人的内在本质和形态也将产生基因变异，只是这种变异是潜移默化的，虽然人类已有自觉，但这种自觉只会使人警觉，寻找方法并采取抵御措施，缓解和降低变异衰败的力量和速度。但是，凡事物的发展都有一定的蓄势待发和蕴势发展的惯性，发展是一定的，对于未来的变化，也是现代人无法预期的。

①建筑形态的变化与变异

a. 民族发展变化；

b. 现代观念的更新和异化。

②植物形态的变化与变异

a. 自然形态变化——从小到大，由弱变强；

b. 人工形态变异——物理变化，属性变异。

③人物形态的变化与变异

a. 自然种族形态变化——随社会发展而变化；

b. 物质属性改变产生的形态变化——变性、整容产生的形态变化；

c. 观念改变产生的形态变化；

d. 文化背景导致人的形态变化；

e. 生存环境导致人的形态变化。

（3）形态和形象

既然物质形态有着这样丰富的内涵，那么它

必然会给人的视觉器官留下印记，在人的心理上产生物质的总体形象。

从词汇的含义上来讲，形态和形象二者所表述的含义相近，但是却有明显的区别：

形态的含义是指物质或者是事物的形体状况、姿态和态势。

形象是表达物质或事物的形态相貌、气质风貌。《现代汉语词典》对形象的解释是：能引起人的思想或感情活动的具体形状和姿态。所谓形象是人们的感知器官收集到的某一客观事物的总信息量，经过大脑加工后形成的总的印象。形象是针对事物而言的，先有形而后生"象"。然而，事物的形象、风貌并非是纯物质的表象，是事物的内在属性、本质特征通过一定的形态表现出来，一定事物的形象总能反映出内在的精神气节。这种外在形象能引起人的思想或感情活动的具体印象，既是对物质形态的一种抽象，又是一种综合的感觉，而且这种感觉是一种动态的感觉：由外到内、由表及里、由单一到综合的运动过程。所以，形象应当被理解为对现象与本质的视觉表达，通过人的感知，并由人的情感思维综合加工而成。因此，形象超越了客体物质形态的表象，综合了主体对事物现象和本质的表达。

由此可见，形象具有表达物质或事物内涵与表象的整体含义。物质形态变化、变异、发展并不仅仅是客体自身的单一运动，它牵涉到主客体、事物间相向、交互的协同运动和发展（图2-4）。

2.1.1.2 环境

（1）环境本体

一事物之外的其他事物；"我"以外的一切事物。这是主体与客体、个体与整体的关系问题。从环境学角度理解：环境"是指围绕人类的空间

图 2-4 鸟瞰巴西的里约热内卢棚户区

（资料来源：邓秋红绘）

及其中可以直接或间接影响人类生活和发展的各种自然因素和社会因素的总称。"从生物学角度，环境可以理解为"围绕着生物体以外的条件"；从心理学角度理解，"环境还应当包含从外部给予生物体作用的物理、化学、生物学以及社会性的现象等"。从视知觉角度来感知环境、理解环境，环境的成分更为复杂，它不仅仅包含了外界的有形物质，还包含了众多视而不见却无处不在、可被人感知的无形物质：声波、气味、气氛等，均属于影响人类情志的重要基因。所以，现代人对于环境一词的理解和应用往往更专业、更宽泛，有时甚至引申到意识形态领域，对于一般概念的自然环境、人工环境、社会环境，人们又使之更理性化、实用化和具体化，细分为建筑环境、城市环境、村镇环境、生态环境、人际环境、人文环境、经济环境、政治环境、教育环境、技术环境、艺术环境……环境一词，渗透到各专业领域，变得更加实际和重要，它几乎成了评价人的一切活动，包括情态在内、自我之外诸条件因素的准则。

（2）形象与环境的关系

一般来说，形象处于环境的包围之中，它们是个别与整体、要素与系统的对立统一体。对于环境来说，形象是单元、是要素、是环境的组成部分，形象以外的要素构成了形象的环境。

而对于单个的形象来说，环境是外部的条件、因素的围合，是多个物质形象的组合或空间基因的包围。

单个的形象必定处于一个场或者环境之中，而环境中必定包含着某一形象或众多的形象。无论是有机的还是无机的，人工的还是自然的，形象与环境总是相互依赖，互为存在，并在一定条件下可以转化：单体形象影响并决定环境的性质，而环境的性质、氛围又可反作用于单体形象，烘托和反衬形象，使形象更加突出、鲜明。同时，由于视野层面和角度的改变，我们会发现一定的小环境又处于更大更高一级环境的包围之中，相对于大的环境来说，这小环境就是一个单元和个体，是具体的，它也是大环境中的形象要素。多个小环境形象就组成一个更高级别的大环境，如此类推。所以，形象与环境既是对立的，又是统一和谐地互为存在、不可偏废的。

2.1.1.3 景观

（1）景观本体

"景"作为客体：指可视的物质形态面貌。"观"作为主体：指人类视觉所见的外界事物。需要明确的是，"景观"一词表达的含义不仅包含空间中视觉接触到的任何物质形态或现象，而且也包含人的视觉鉴别的物质态势、气韵、精神，这种现象在主观方面的认同，显然是高于外界的物质形态，所以命之曰"景观"。

而中国古典名著《说文》对景观也有解释：何谓景？"景，光也。""上下天光，一碧万顷。"——宋·范仲淹《岳阳楼记》。段玉裁注："光所在处，物皆有阴。"有光必有影，光和影共同成就了象，所以"景"具有"象"、"色"的含义。何谓观？《说文》："观，谛视也。"谛的意思是审视、视察。由此，观也引申出观瞻景象的意思。

我国新中国成立前出版的《辞源》一书没有收录景观一词，新中国成立后出版的《辞海》才有了对景观的解释，基本认定这是个地理学的词汇，泛指一种客观事物。在这里英文landscape的含义，是指视野中的一片土地。land是一块地，-scape是"看起来"或"样子"的意思，也就是景。在scape前面加上land，直译成"地景"是比较切近的，翻译成风景就生动起来，而以景观表达landscape的含义，则具有引申的意义，从而使词义升华了。

由此可见，景观一词所表达的客观物象内涵是经过"主体—客体—主体"交互产生的复合概念，其中审美的因素对景观一词的产生起到不可或缺的重要作用。在此，我们引用王安石的名句："而世之奇伟瑰怪非常之观，常在于险远。"所以，景观一词的结构关系也有表达着人与自然、建筑、城市等外界事物关系问题的内涵。

（2）景观艺术

在现代人类社会中,"艺术"一词广泛通用,包罗万象,又超越万象。仅就艺术词义本身而论,艺是手艺、工艺、技艺;术是方法、手段、技术。由此看来,"艺"、"术"二字属性相近,意义殊远:"艺"字包含有技能、展现、审美和素质的意味;"术"字则代表实现目的所采用的某种方式和手段,"艺"和"术"具有物质形态的功能属性和视觉审美的内涵。所以,艺术的含义通常有展示性、创造性的审美特性。这样,对"景观艺术"可以理解为是对景观在艺术层面和含义上的一种界定。

既然景观是具有观赏、审美价值的客观物象,反映着人类的思想、观念、价值、伦理、道德的追求,那么,景观物象也必定会被按照人的主观意愿去臆想、设计、创造。于是就有了景观学科,并从中派生出景观规划、景观设计、景观艺术、景观技术、景观工程等专业。

在景观艺术体系中,景观规划处于上层宏观管理与策划层面,具有很强的形态创新性和空间美学特征;景观设计处于中观层面,具有承上启下地组织、布局、安排并真切地、整体地表达设计意图的特性;景观技术则把景观设计的方案成果推向实际操作的微观层面和如何实现阶段,景观工程则是采用景观技术实现景观规划与景观设计方案的实际运用、分项达成阶段。唯独景观艺术相对特殊,它源于景观,又独立于景观,并将原创意图和审美要素包含在景观规划、设计、施工的各个阶段之中。

2.1.1.4 环境与景观艺术

（1）环境艺术的概念和内涵

"从系统论观点来看,现代环境艺术是指在相当大的范围内积极调动和综合发挥各种艺术手段和技术手段,使包括人们生活的时空环境具有一定艺术气氛或艺术意境的大众艺术。简而言之,是指回归人们生存环境的各系统工程的整合艺术。由此可见,现代环境艺术的内涵所指,既不能与传统的宫殿、庙宇、陵墓、园林同日而语,也不能等同于现代西方的'public art'或'street art'"。(布正伟)

"环境艺术是以人为核心,但又不直接表现人的一种关系艺术。它的主旨是创造和表现客体的环境,恰当地处理我与非我关系的艺术……环境艺术是一种关系艺术、场所艺术、对话艺术和生态艺术"。(顾孟潮)

"环境艺术是一种综合的、全方位的、多元的群体存在,它的构成因素十分复杂多样,是任何一种单体艺术品所无法比拟的,环境艺术是物境与人文的结合,局部与整体、小与大、内与外的结合,环境艺术是时间和空间的结合,是表现与再现的结合"。(肖默)

"环境艺术学是把审美作为环境的主要功能,调动包括自然景观和人文因素在内的一切手段进行全方位多层次的整体设计,使整个环境具有某种独特的意境、韵味、氛围或情趣"。(马觉民)

"环境艺术设计是集规划设计、园林设计和建筑设计为一体的艺术类学科,它是上述学科的深化学科或前沿学科,环境艺术是在上述学科的基础上进行高品位的艺术再创造"。(武星宽)

"环境艺术是研究人类与其生存环境之间以及研究人类如何利用艺术手段去创造和美化自然环境的科学"。(张荣生、张世椿)

按照上述有关"环境艺术"的语义,环境艺术可包括以下几种含义:

①回归人类生存环境各系统工程的整合艺术。

②以人为核心,恰当处理人与客体(人际)关系的艺术。

③把审美作为环境的主要功能,调动一切手段进行综合的、全方位的、多层次的整体艺术设计。

④利用艺术手段和技术手段去创造和美化人类的生存环境。

综上所述,环境艺术是提高人类生存空间质量的艺术,它利用人对美的追求和渴望,基于对生命的赞美和向往,营造出符合于人的生理、心理需求的美好景色和怡人环境。

相对于环境艺术而言，景观是人的视域所及的空间范围，由点到线，由线到面，当它的范畴与环境重合，就形成环境景观，其艺术也就成了景观的艺术、环境的艺术——从系统上升到整体层面上来了。

景观的点状阵列处于小城镇环境的综合氛围之中，景观的连续蔓延，本身就构成小城镇的综合环境，因为景观本身就具备环境的综合要素，所以，景观与环境只是角度、视点不同的相对概念，是性情与直感、局部与整体、单一与综合的概念。

（2）形象、环境与景观艺术

景观有形象，环境也是有形象的。只是它们同时存在并分属不同的类别和学科。简而言之，形象是景观、环境给人产生的总体印象。所以，形象与环境的艺术应该是对于物质存在在人的视觉审美关系上的创新、改造和完善。当然，这种艺术创举并非单纯是视觉性的，因为，在对物质构成关系进行创造、改造、改善的同时，也就意味着对于使用功能系统的创造、梳理过程。在此，艺术的观念、臆想（创造性思维）的创举转化成为一种艺术的技术行为——艺术工程实践，作用于物质环境，从而使物质形象与环境有了全新的改变（图2-5）。

2.1.1.5 小城镇环境与景观艺术

从现象学来看，小城镇形象是小城镇内在属性的表现状态。这是本质与现象、内涵与外延相互制约、互为存在的矛盾统一体。在这个统一体中，建筑视觉形象是其主体，其中还包含了小城镇的地域、民俗、乡土文化以及人文历史等因素构成的视觉形象或意象；通常，人依靠视觉从事物的表现形态中获得感受，在认识了事物的本质属性后得以印证并形成景观形象。因此，小城镇形象是对小城镇中的一切事物作总的描述，往往带有先入为主的特性。

在艺术设计中，由于小城镇形象是小城镇建筑风格、空间环境关系的外在形态或意象，与小城镇的本质共同组成小城镇的环境。故而，习惯上把小城镇形象与环境统称为小城镇环境。

小城镇景观与环境艺术设计是针对小城镇的空间环境进行艺术设计。对于环境艺术设计概念的理解及随之而来的研究范围，目前有两种：一种是广义的环境设计，不但包括建筑、园林、景观设计，而且还包括建筑室内外的城市设计和室内设计。总之是人以外一切环境的艺术设计。另一种是狭义的环境设计，主要指区域环境设计（也为广义的环境设计所包括），例如，住宅群设计或居住区规划与设计、旅游风景区设计、纪念性区域设计、文化区设计、体育区设计、工业区设计、区域小城镇空间形态与景观艺术设计等。无论是广义的还是狭义的，它们要解决的本质就是人与环境的关系问题（图2-6）。

图2-5　环境优美的村庄（江西婺源）

（资料来源：http://www.quanjing.com/imginfo/）

图2-6　云南丽江景区

（资料来源：http://www.quanjing.com/imginfo/41-0123.html）

小城镇景观艺术设计是环境艺术学科的重要组成部分，也是城市设计学、风景园林学科要解决的空间与环境形态的主要内容。目前，景观艺术学科的理论体系尚在构架和填充阶段，从中只能看到来自各学科领域和来自于国内外工程设计实践领域里的理论探讨、思想论点和方法研究，并没有形成构架明晰和丰富的学术研究主流。因为它太年轻，需要学者、艺术家、科学家去扶持。然而它又古老，根系庞大，整个人类的城镇建设历史处处可见其踪迹。聪明的祖先为我们留下了光辉灿烂的城镇文化：雄伟的建筑、怡人的园林和惬意舒适的环境景观艺术，使古老的城镇形象至今光彩照人，引人入胜。

现代意义的小城镇景观与环境艺术设计，集艺术与科学为一体，在"低碳节能、环境保护、和谐自然"的感召力作用下，不遗余力地借助于一切手段去创造优越的生存条件，解决生存质量，化解居住"机器"对人生理造成的伤害，消除人工环境给人心理带来的失衡，处理好人与自然的关系，创造美的形象，提高环境美的品位，达到人与自然共生共荣的目的。

2.1.2 景观艺术论

从艺术的角度去理解小城镇环境景观的物质形态与构成关系，会更清晰地认识在人的视觉感受中所形成的美学与科学、艺术与技术、实用与审美的相互关系，从虚幻的美中把握现实存在物中合理与舒适的要素。

2.1.2.1 美的本质

自古至今，没有哪一个哲学家、美学家能够把美的本质说清楚，但是有一点，他们都能够从客观存在和主体的关联中寻求最为接近的答案。即便如此，也是仁者见仁，智者见智：首先，在文化体系上，东、西方文化对于人生观、价值观及其在认识物质体系与构成关系上大相径庭。其次，在宗教、伦理、道德等范畴上存在不同崇尚和标准。其三，现代科学技术的发展和科学与艺术的融合，使得美的概念、含义打破人文艺术审美与自然科技创造的界限，艺术与科学同样含有创造与审美两大动因，科学艺术、艺术科学构成现代意义上的美学框架。

然而，无论对美和美的本质作何种解析，都离不开人的感性知觉，离不开人与社会、人与客观存在物的关联性、同在性、一致性。正如赫伯特·里德对美下的基本定义一样："美是存在于我们感性知觉里诸形式关系的整一性"。

"因为美，所以爱；因为爱，所以美"。美是爱的真正对象，爱是美的根本动因。"爱恨美丑一念间"。"爱"和"美"紧密相关，"恨"和"丑"根蒂相连。美丑位置转换在于一念，这一念间就有了空间的区分和时间的划段。纵观世间"美丑"都有一个与之对应的时空关系。倘若对应的时空关系错位，也就必然导致美与丑的位置变换。由此可见，爱之"茫然"，美的"虚幻"：一切来自于存在物——从人类本体所生发的"知"、"见"，亦即思想、观念。

既然追求爱是那样茫然，达成美是那样虚幻，为什么千百年来人类会对美的渴望丝毫不减？无论贫穷富有、高雅低俗，人们都把追求美作为人生的陪伴、达成美作为目标的实现？根源在于人的情感——生命之存在、生命之张力、生命之希望与情感有着不可分割的牵连。美虽然虚幻、茫然，然而追求美的过程与达成美的结果却能给人的身心带来实实在在的体验。人生、事业、家庭、聚落、社区、城镇等等所有的生活方式、空间形态与景观环境都可引发人们对于美不同程度的真切体验。正是这种体验赋予了人生现实的意义和价值内涵。如果美的本质无可寻觅、无法证实，那么，就让人的情感和对于物质与精神世界理想的追求作为对于美的诠释和检验吧。

2.1.2.2 美的观念

美的观念即是人对客观事物所持有的审美立场或观点。

（1）审美观念的形成

无论客观现实怎样，人总是自觉地把现实中感受到的事物经过大脑的想象与联系，使结果达到自己乐于接受的状态——理想状态。这就是艺术思维的根本原则：理想化原则，抑或说是一种美感化原则。当这种美感升华，形成逻辑体系，进入到视觉领域，它就是审美观念。

审美观念的形成是复杂的，具有先天、后天和当下环境的条件构成。审美既是潜意识的，又是理性的。人的种族、血缘关系是先天的、本质的，对美的渴求往往是潜意识的，原始而又朴素的思维。当人接受了一种文化体系的教育，又受到了家庭、亲朋好友、传统民风习俗观念的熏陶和生存环境的影响，人的审美观念即形成了。这是在大的民族文化体系背景下形成的，具有整体性、普遍性的色彩。由于个体秉性、生活方式、社会环境关系及个人的阅历构成不同，就形成了强烈的有别于他人的个性、特殊性。

这种整体性与个性，普遍性与特殊性，是不可分的对立统一体。它们在当下景观环境条件的激发下，在视觉环境心理活动的参与下，让审美观念得以明确表达。通常，审美观念在表达形式上是凭借感受、知觉、表象等感性的具象信息进行感知、联想、推理和判断，从而实现了视觉审美的全过程。

（2）中国人的"自然"审美观

中国传统的环境景观审美观念，虽然在不同的历史时期有着不同的特点，但其主线仍然是"效法自然"，追求"天人合一"，使人造物融于自然，把自然引入建筑物等人造物中，以达到人与自然的和谐，这些深受中国传统绘画的影响，尤其是受到隋唐时期士大夫文人山水画对自然隐逸、耕读文化的影响和意境的熏染，深刻地影响了中国传统建筑风尚和造园情趣的审美价值取向。中国传统山水画艺术中那所谓"知白守黑、以虚计实"、"惜墨如金"，以及追求庭园曲折委婉的含蓄高雅之美，在中国的古典园林和风景名胜区游览景点组织中，到处可以看到曲折、参差的掩映和雄伟、崇高的暗示。正所谓"高高低低树、重重叠叠山……"，和谐一致，参差不齐，峰回路转，柳暗花明，曲径通幽，含蓄回味，自然天成，天人合一……体现了中国人千百年来对于生存环境的主观意识和始终如一的审美观念（图2-7）。

图2-7 传统园林景观（江苏苏州）

（资料来源：作者自摄）

（3）古今中外审美观的冲突和融合

当代中国人由于受西方文化的冲击，在审美观念的表现形式上已从"西学东渐"几乎过渡到全盘西化和现代国际化。实证科学、技术美学、现代设计思潮，连同西方现代建筑理论、城市规划思想、景观设计方法一并渗入中国五千年文化厚厚的"沃土"。现代中国人的思想意识、审美观念，虽然是在东西方文明交汇中磨合而成，但是实际上所接受的现代科技、高等教育专业培养模式、内容和方法，让国人不懂国学，文化缺少传承。当代文明人已经远离中国传统审美的范式和方向，尤其是年轻一代艺术家、设计师的审美观，大有逆中国传统而全盘西化的势态。从当前生成的建筑及其风格中可看出，大城市以其现代设计和技术美学的优势，已经形成了超越国界和文化体系的国际风格。而在已形成的小城镇景观现实中，正表现出离散不定的艺术审美情结和茫然无序的发展状态。虽然有许多有识之士意识到问题的严峻性，但是如何在当代国际文化体系中保持和发扬民族传统文化气节和精华，是一个任重道远的话题（图2-8）。

图2-8　江阴市新桥镇某酒店设计

（资料来源：http://image.baidu.com）

2.1.2.3　美的艺术

美的形态或事物并非都是艺术。同样，艺术并非都是指美的物象或事物。美和艺术从来都是不同概念的两个体系：美是"存在与感知"关系的结果；而艺术则是与技术、技艺和美的基因有着难于区分的联系。重温世界艺术史、美学史可以发现，艺术（Art）和美在历史的各个阶段有着千丝万缕、含混不清的联系。只是到了近现代，哲学家、美学家们在总结了前人对"艺术"和"美"所下的诸多定义，并结合各学派的认识知见，分析了美的本质、美学的流派以及艺术与技术的关系之后，对美和艺术有了更为清晰的认识，把艺术含义中技术、技艺的实用和审美因素区分开来，形成实用的艺术和优美的艺术（Fine art）。在这里，姑且不去讨论美与艺术的关系若何，而是通过艺术的审美价值特性去把握美的物象，通过"美的艺术"的张力摒弃非美的艺术抑或是非艺术对于小城镇环境景观造成的伤害，利用美的艺术——艺术的手段去创造小城镇赏心悦目的优美景观与怡人的环境。

2.1.2.4　美的技术

技术是为了某种意图在执行计划、达成目标过程中所采用的方法和手段。技术本身并没有美与丑，但是技术却有新与旧、生与熟、巧与拙、先进与落后、创新与保守的对比关系和技艺水平高下的层次差别，正是这种关系对比、层次差别使技术有了"叹为观止"、"赏心悦目"之美的意义。同时，在运用技术时，必然涉及工具、材料等媒介物质，更离不开时间、地点和人等自然、人文条件的制约。因此，技术在实现目标的过程、达成最终的效果中具有超越技术本身、由工到艺令人为之心动的东西，那就是技术之美。美的技术物化在人们预设的目标之上，这目标就有了令人愉悦、产生快感的艺术美成分了。

小城镇环境景观规划建设是一项有计划、有目标的技术活动，其活动过程汇集了土木结构、材料力学、水文电力、产业分布、经济构成、人文地理和各类管理等综合的技术或技艺；各系统本身的技术性和系统间的技术关联形成一支交响曲，最终造就了城市的形象与景观，至于最终实现目标的艺术美含量的多寡，则要看在达成目标的过程中其技艺层次的高下和技术关系构成的优劣了。

小城镇自然与人工空间的物象关系、建筑的形态体量、景观环境氛围的营造、工业产品的功能与造型无不是技术美的构成和体现。因此，人们对于所从事的一切活动中可以区分出由技术、技艺派生出来的抽象艺术，抽象艺术又分离出实用的艺术和优美的艺术。

而对绘画、雕塑等这些纯艺术而言，艺术家在从事艺术创作的活动中，虽然其过程有计划、有目标，在执行计划中所采用的有技术或技艺，但其实现的目标却少有物质性、实用性，其目标的效果更多地体现在创作过程的激情投入和视觉审美的情感体验方面，因此，整个过程和目标就显得单一和纯粹，其艺术审美的"含金量"就增加了。这就是为什么人们在对待环境艺术设计、室内设计、建筑设计、景观设计、城市设计、城乡规划设计等不同的学科时，能够从其采用的技术手段中区分艺术技巧和科学技术的审美与实用的含量了。

2.1.3 景观技术论

景观技术是人们认知景观、设计景观、创建景观所采取的方法和手段。例如，人在为自己营造一个可遮风雨、可避严寒的生存空间时，必须通过技术手段，要求建筑与环境的结构关系、体量高程、比例尺度在空间形态上首先满足使用功能和自己那双挑剔的眼，以完成"用"与"美"的心愿。不仅仅如此，人还要求居所内部的采光、通风、保温、防潮达到舒适宜人，甚至是人性化、生态化、智能化的境地。这一切，都远远地超越了原始人初期对居住建筑实用功能所要求的准则，更多地反映在人的视觉审美和五官感知舒适度——诸多功能、综合美感的需求方面上来。

2.1.3.1 形象设计

形象设计主要是对小城镇物质景观的综合设计。然而，物质是实际存在，有形貌、有体量，易于把握，而内在本质属性的"气质、气韵、气势"却是无形无相的，需要人感知和想象的精神状态而难于捕捉。因此，人们在认识事物、改造事物时，往往需要透过现象看本质，从形而下的物质形态体量上把握形而上的物质内在属性特征、风貌意象。对小城镇做景观形象设计，也泛指是对小城镇物质与精神（形态风貌）的设计，其中包含自然、人工、人文等巨系统的景观与要素设计。

小城镇景观形象设计围绕地方民族文化和民众需求，从小城镇经济结构和产业构成关系展开：调整经济结构与产业构成关系，把握小城镇形体发展方向，监控小城镇物质形态有机增长，是形象设计的基础。从容面对小城镇地方的宗教、习俗、民族特征和历史遗存的多元存在，抽取特征、把握趋势、因势利导，是形象设计的核心。把握建筑、城市、自然环境三位一体的协调发展，注重人的主导参与并引领其发展的方向，同时，强调人的自我完善，提高民众的综合素质，是形象设计的关键。

景观形象设计强调的是物质功能利用的建设，关注的是物质形态风貌的创立，最终依然落脚于对物质视觉形态的感知和审美鉴别的考量。毕竟，景观形象是一个视觉化的物质存在，视觉审美作为第一要义，必然先于物质的功用而作用于观者心理："观其形、辨其质"，美好的视觉形象必须有上好的物质质量品格，才可以达到形神俱佳的地步。

2.1.3.2 环境设计

环境设计是对人类生存活动空间的综合设计。从属性上来看，环境具有包罗万象的相对性和复合性，大到整个城镇，小到人的肌肤所及；实到人以外的所有存在，虚到思维空间的任意变幻。从本体来看，环境本身具备形象因素，同时也具备景观因素。形象、景观、环境三者的角色关系会因为人的视角、对视域内各物象的关注程度、主次分别或思维的倾向性而互换位置。在小城镇规划建设中，环境设计是关注和协调建筑空间、自然生态和人文历史环境存在的相互关系，其目的是要改善人居生存环境的条件、抑制对自然和生态资源的过度开采和破坏，治理污染、保护环境，建立人与自然和谐共存的长效机制，保持人类的可持续发展。

环境设计所采取的是一种物质规划、设计和实现环境使用功能的工程技术设计，相对于景观设计，环境设计更具备系统性、整体性特征。在视觉关注到具体的场地或者区域时，它的景观设计特性就显现出来。虽然出发点不同，但关注的问题和要求达到的目标却十分相近，这就是学科交叉的重合，所谓殊途同归是也。

环境设计在前期策划、规划、设计时具有创造性思维特性，把这种思维过程所得到的线条、符号、图形经过设计表达的技术手段反映到二维平面上，就成为即将付诸于工程实践的环境设计方案。虽然其中包含了大量物质形态的具体尺度和工程技术数据，呈现出高超的科学技术手段，但是只要它牵涉到造型、用材、光与色的选择和比例尺度关系，就无可避免地受到视觉审美因素的制约和设计表达技艺的限制，从而使环境设计的功用性具备很强的艺术美学特征。

2.1.3.3 景观设计

景观设计是形象与环境设计的重要组成部分。小城镇景观的综合形象只有一个，小城镇中的分类景观和系统形象要素却有无数个，多个分类景观形象构成小城镇的整体形象。

自然景观是一种自在的物质空间关系，必须通过人景交流，方能形惠于众。自然景观虽属天成，"不乏人事之工"，然而，人的审美观念的形成，对美景的鉴别确认，却需要依赖人的社会知识结构体系与生存经验积累的支撑，后天人性中的知识性、技术性的持续增长会不断改写人对外界情感交流的思想观念和行动，因此，其技术性在于更新自身的审美观念、优化知识结构体系、提高自己的专业技能。

人工景观要完成城镇、建筑环境规划、设计中的美学范式，必须通过景观设计的表达和景观工程技术的实施。在景观设计中，设计师在为人们营造最佳生存条件、创造使用功能与景观氛围时，也自觉不自觉地将自己对事物的看法，通过某种方式融入人工景观构成的关系中。这样，以建筑为主导的人工景观生成的优劣就取决于设计者、管理者的艺术教养、美学造诣、技术能力与公众参与的素质和水平；当然社会的局限与科技手段的制约也是影响景观技术的重要因素。因之，对小城镇的整体作建设规划，对景观环境作创造性的设计和视觉审美价值的提升，需要对我们自以为熟视目睹的技术重新认识。在人工系统中，有建筑群体、道路交通、电力信息、产品设施等物质体量与空间。

人文景观是依托自然与人工形态风貌空间而形成的特殊景观形式。在人文系统中，有社会民众、宗教历史等因素在小城镇空间中起到统摄主导作用。三大系统交织运动，形成小城镇环境景观风貌的总体特征。对小城镇整体采取合适的设计方法，依据小城镇所处地域文化以及民众审美特性去引导、优化设计的方向、方法和进程，直达设计的总目标。而设计的目标一经完成，则会将这一设计的结果转化为工程技术设计与实施的过程，其科学性、技术性、规范性手段的采用与实施，则不是本书所探讨的范畴了。

形象以景观为依托，以景观为元素。所以，景观设计是对小城镇形象设计的分解、细化，涉及的设计对象则是同样的。广义的景观学所指的设计对象是小城镇中的一切物质要素，但是归其类别，则包含着以地境植物为主导的自然景观、以场地建筑为主导的人工景观、以城镇民众为主导的社会景观和以小城镇空间综合为主导的现代城镇文明景观。在这里，景观设计的范畴当是以小城镇物质形态为主导的视觉景观，当然其中还包含着物质内在属性、特征的本质精神景观。

既然被称为视觉景观，必然涉及观者的角度和层面。所谓"景致面面观"。不同角度、不同层面会对景观的审美带来大相径庭的效果，而景观设计师在策划景观、设计景观时，尚要根据小城镇的土地、水体等自然资源的条件、分布和构成关系，结合小城镇的经济基础、产业关系、人文特点等因素综合考虑，使景观不但符合生存条件之物理需求，还要满足景观的审美需求。至于景观的好坏，不是设计师、管理者说了算，而是取决于设计师、管理者的综合素质、技术水平的局限以及广大民众对景观的理解与认同（图 2-9）。

图 2-9 德国小镇北莱茵威斯特伐利亚

（资料来源：http://www.quanjing.com/imginfo/）

2.1.3.4 艺术设计

就艺术（Art）而论，罗宾·乔治·科林伍德说："通过为自己创造一种想象性活动来表现自己的情感，这就是我们所说的艺术。"而赫伯特·里德则认为："艺术往往被界定为一种意在创造出具有愉悦性形式的东西"，创造—想象、情感—愉悦，其精髓就是"创新与美感"，这是"Art"词汇中现象与本质的真实体现。

与历史上遗留下来的任何术语一样，Design也经历了一个内涵演变的过程。在艺术与技术尚未分离时期，Design首先代表绘画的基本要素和有机构成，更多地运用于艺术领域；另一种基本内涵——强调艺术家心中的创造性"观念或理念"则更接近于当今人们对"设计"的理解。

其实，"Design"一词的含义在当代已经被工业化、商业化甚至世俗化，但它那早期的"Art"艺术观念视觉化的设计特色依然挥之不去。所以，Art & Design 并置，却也较好地体现了艺术设计学科"形而上"的创新、审美性意识活动与"形而下"的物质形态制造、工艺技术加工的双重性——神圣与凡俗、理想与现实、图面与工程的学科属性。艺术设计成为人类理想目标的实现所采用的"Fine Art & Useful Design"的技艺手段。

小城镇形象、景观、环境要采取的技术手段被冠以"设计"一词，其功能性的要求和实现手段的科学技术含量虽然成为主导，但是其中审美价值所呈现的影响力却是不可忽视的重要因素，由于视觉审美具有先入为主的特性，因此，在判断物质功能价值存在时，设计艺术所呈现出的原创性、创新性或平庸性设计方案，会对形象、景观、环境带来艺术审美的"判决"，其设计审美功能往往具有先决的颠覆性作用。

2.2 思维与观念

设计是一种特殊的思想运动过程，它反映设计者认识事物的立场、观念，表达设计者的知识结构、专业技术水平、综合素质和能力特征。同时，它也受到外界各种因素的影响和制约并最终体现在设计的成果方面。因此，设计的思想和观念决定设计成果的属性方向和价值，从事设计，必须了解设计思想的成因，明确设计的观念，从而获得把握设计成果的主动权。

2.2.1 小城镇景观设计思维

当设计范畴定格于小城镇环境景观的物质形态时，其创造性设计思维活动将围绕小城镇的自然环境、人工环境、人文环境等景观要素展开，调整构成景观要素的比例、结构关系等方面，使景观效果达到人们期望的理想状态。

2.2.1.1 景观艺术设计的思维特征

景观艺术设计是一种从无到有、由虚到实的构思过程，具有明确的形象思维和逻辑思维特性。

面对区域小城镇群体结构关系的战略策划，当设计师从事一座城镇的总体规划、一个街区的控制性规划、一幢建筑的方案设计、一处景观的设计与营造、一件环境艺术作品的创作构思、设计制作时，都可找出方案中的原生思维结构成分和组织创作原则。原生思维结构成分是属于离散、综合、优化、重构的视觉形态构思与视觉符号的表达，而组织创作原则，则是个体设计者、艺术家在思想层面（逻辑关系）、艺术造诣水准（创新能力）、审美观念（审美鉴定）的反映、积淀，它与形态构思表达相结合，通过技术方法重构输出的则是一个全新的事物。

2.2.1.2 景观艺术设计的表达特征

小城镇环境景观艺术设计是具有明确目标的策划与设计，主要通过视觉化手段来创造形象的过程，所以它的前期设计思维属于艺术思维，遵循艺术创作的一般原则，但又恪守自身的独特原则。它的一般原则在于它同属于视觉艺术范畴，视觉唤起美感，美感激发联想，联想产生意象，由意象而达到理想化、真实化的感受。它的特殊原则在于它有别于二维的视觉体验，如在绘画中那种因透视引起的三维空间联想，在小城镇环境景观艺术设计中不仅保留了这一部分特性，还要进入到理性思维状态，要求这种三维空间具备严格的尺度和比例，按照科学分析的方法去解决人体工程学、材料学、工艺学、生理学、心理学、行为科学、社会科学等学科所界定的对人的需求物的适用与审美问题。要求场地条件关系密切，空间组合形态优美，物象工艺技术精良，肌理触觉感受理想，环境协调相得益彰。因此，与绘画相比，它是现实的，与雕塑相比，由于小城镇景观物象所特有的使用功能、地方民俗特征及群体之间所结成的关系特征，使它比环境艺术具有更加具体的目标指向：从视觉审美到感同身受，最终实现舒美、适用的理想目标。这种从无到有，由虚到实，由艺术美转化为技术美，由理想到现实的设计营造，就是小城镇环境景观艺术突出的设计表达特征。

2.2.2 小城镇景观设计观念

2.2.2.1 景观设计观念的形成

设计观念是设计者面对设计对象开展设计时所呈现出的思想立场和方法，它表现出明确的设计目标，并对设计的最终成果产生决定性作用。

设计观念的形成受主客体因素影响。主体方面：地方本土文化，即民族风俗、生活习惯、大众文化教养在所处的文化背景下形成的文化风尚，对从事景观设计专业人员、管理人员和当地民众的思想境界产生重大影响。客体方面：小城镇的地域自然环境、人文环境资源，小城镇的经济基础、产业构成关系，小城镇在国民经济体系中所处地位和层面，政府决策的导向性等因素，都是小城镇景观设计观念形成的重要因素。

小城镇景观设计观念是小城镇的自然资源和环境条件、建筑风格、民众习俗、人文资源以及小城镇的经济基础、社会形态等方面的综合反映。无论是小城镇形态的现实存在或者是长远的景观规划设计目标，都有着实用与审美两个方面的倾向性选择。景观设计体现设计者的人生态度、生活准则和对于主体之外的小城镇景观环境的审美水平与追求，只有运用正确的景观设计观念和方法，通过对环境贴近现实条件的理想化设计，才能使人与自然环境、人工环境相互协调、和谐共存。

2.2.2.2 小城镇景观设计的立足点

景观设计是工业革命时代的产物，它融合了科学与美学、艺术与技术、工艺与工程、自然与人文等科学的精髓，是科学与艺术的结晶、现代文明的象征。景观设计在小城镇建设中是一把双刃剑，具有破坏与创立、丑化与美化的双面性特征。作为一门学科，景观学在国外已经有上百年的发展历史，但是在我国还是一个新兴的边沿交叉学科，于2011年首次进入国家一级学科目录。起步滞后、概念多义和人们在景观审美观念上的分歧，使当代景观审美与我国传统景观风貌的审美价值取向大相径庭。我国景观设计与国外在景观设计思维和方法上的差距是显而易见的。当前我国城镇景观建设品位不高，抄袭、跟风、盲从的美化工程比比皆是，把重要的城镇建设与发展规划局限于短期行为的城镇美化，把重要的使用功能放置一旁，片面追求光怪陆离的视觉刺激，把值得延续的历史风貌拆除，崇洋炫富地沉沦于营造西式景观风情，违背了景观设计的本质和目的。所以，一座小城镇的景观是否美观长效，设计的立足点——景观价值观起主导作用。

（1）景观的实用价值观

尊重人、自然、文化，让三者互为存在、高度和谐是小城镇景观设计的基本原则。①顺应小城镇当地民众生活特色和民俗习惯，让当地人与建筑、人与自然环境构成的实体空间与环境和谐相融。②以小城镇的地理位置、区位角色和经济基础为前提，对小城镇的未来发展规模作出正确决策，从提高人居生存条件和质量切入小城镇的景观规划与建设，保持小城镇人居生活和工作可人的尺度与空间，并突出步行可达性特征。③低碳环保、节能降耗。小城镇的物质生活结构较大城市简单，规模小、数量少，可利用的自然再生资源丰富，能避免过度的物质消费带来的对自然资源与社会财富的浪费。合理"经营"小城镇，开发利用各种能源，消除环境污染，降低能源、资源消耗。④确立小城镇"城尾村首"过渡空间——城市化进程中的正确地位。不攀比，不盲从，突出人工景观与乡村田野的自然山水景观融为一体的小城镇特色；削弱生硬的城市边界，领悟陶渊明"采菊东篱下，悠然见南山"耕读文化的诗情画意，体现霍华德所追求的"田园城市"的理想。使"都、市、镇"功能明确，层次清晰，景观构成各具特色。

（2）景观的审美价值观

虽然"美"虚幻而不可捉摸，"美"相对而无法确定，但是"美"却源于生活，有一定人群的约定俗成和审美价值准则。

"景观美"可以作为是一种现实物象存在于空间的视觉构成关系中。人在使用空间的过程中，视觉审美功能退居其次并消隐在使用功能之中；人在利用物质空间，从事社会活动时，所关注的是物质使用功能的技术性、便利性、使用效率和目标达成，这种使用过程和目标实现产生的舒适程度，从生理舒适的感知上升到心理愉悦感知的鉴赏层面，形成快感体验，"美"油然而生。

当超越使用功能审视景观的物质形态与空间关系时，物质使用功能就融入视觉审美要素的关系构成中。审美作为第一要义，从物质的形态、比例、空间、尺度、体量、肌理、节奏、韵律等视觉符码中，引发出某种"赏心悦目"意象境界的体验，使心灵意象的准则与生理的需求或经验达成共鸣而形成快感，"景观美"也就呈现出来。由此可见，现实景观物象中存在美的因子，需要人的审美感知加以鉴别和印证；人心目中的美好意象在景观现实中有与之共鸣对应的物质因子存在，同样需要审美去"屏蔽"和"认同"。面对同一处景象，有的人视而不见，有的人若有所感，有的人曰"秀色可餐"。对景有观，取自一念。否则景非景、观非观。

在小城镇的物质空间关系构成中，对景观的认同存在审美价值含量和层面上的分歧，这就是景观审美价值观念的作用。人对于景观的认同，首先是划定景观界限，即何谓景观？目前，存在三种景观分类：

①广义景观：小城镇自然环境、建筑环境可谓构成自然、和谐天成，观之让人赏心悦目，所以存在广义的景观观念：认为小城镇"处处是景，步移景换"，这里的"景"，可认作是生存的场景、自然和谐美的体现。至于其中存在不和谐的物象，也会因"瑕不掩瑜"而被忽略。这种现实主义的景观观念，与人们心目中的理想景观存在审美观念和层面上的差距，处理不当，可令景观庸俗化，使小城镇的形象与环境景观无法上升层面，得到更好的体现。

②狭义景观：认为景观是超越现实的理想风貌，即精品景观的意识。景观是经过对场景中存在物的改造、改善、改观，抑或是全新的建造，令所观之处的各部分关系和谐、构成完美，符合人的审美意象。然而，有一些为了营造美景而建造的景观，却因为脱离民众生活实际使用与审美价值观的倾向，矫揉造作，缺乏认同，导致景观丑陋，而沦为自然环境的视觉污染。

③艺术景观：即从艺术美的角度出发，完全按照诗情、画意的境界意象，要求场地规划以最大的可能性完成景观审美的目标。这种景观造就出来，形成以视觉审美为主导的纯艺术景观，由于它超越现实，可能脱离生活，抑或超写实现实生活。虽然其艺术美的价值含量和技艺水平很高，但是如果处理控制不当，会令景观设计走向"城市美化"运动的误区，景观建设重蹈破坏环境、浪费生态资源的覆辙。

因此，对小城镇作景观设计，观念要新，目标要明，方法要正。要根据小城镇的现实需求和长远利益，按照民众的生活习惯，景观场地与周边环境的关系分别设计，就会创造出小城镇所必需的特色景观（图2-10）。

图2-10 姑苏胥门景观

（资料来源：作者自摄）

2.2.3 小城镇景观设计原则

原则属于思维范畴，是人的思维活动进入某一专业领域的表现状态，在科学领域就是科学原则，在艺术领域就是艺术原则，而在艺术门类中又有相应的特殊原则：如绘画是视觉的，具有视觉的原则。音乐是听觉的，具有听觉原则。雕塑由于空间的体量关系，既是视觉的，又是触觉的；既是实体的，又是空间的。但它们都有一般的原则或共通的原则。在绘画作品中，通过视觉，我们可以感知领略笔触、色阶、明暗、形体的起伏节奏和韵律；在音乐作品中，我们可以通过听觉感知节拍、旋律的喻义，唤起恬静、温馨的田园诗意，情意缠绵、龙凤呈祥的美好画卷以及万马奔腾、横尸沙场的壮烈场面的视觉感受。人们说绘画是无声的乐章，音乐是无形的画卷，而雕塑则赋予了无声的乐章与无形的画卷以体量、肌理和方位，造就了立体可触摸的空间感受。这种以视觉、听觉、触觉等完成的思维联想是艺术门类的一般原则。

2.2.3.1 景观设计的一般原则

景观作为地理学、生态学上的科学名词，诠释地表景象、特征、整体结构及功能。景观学的研究范畴主要集中在地理学、生态学和景观建筑学等学科中，并逐渐向景观艺术学交叉，形成新的研究焦点。

在小城镇景观规划建设中，景观设计必须沟通科学与美学，密切艺术与技术，关注设计与营造，将理想变为现实可居、可游、可观的美好景观，其设计范畴从人居宅园、庭园开始，拓展到公园、绿地系统、城乡景观总体规划、地域及国土景观规划等方面。在设计上通常遵循以下原则：

①功能实用原则：坚持以人为本的规划理念，将绿色生态景观功能和作用与人的特色审美及使用功能尽可能体现出来，做到功能和空间统一，功能和生态审美统一。结合交通流线、地形改造以及不同空间序列分区，规划设计不同景观层次和群落关系。

②整体优化原则：景观规划与设计应该把景观视觉要素结构和功能作为一个整体来思考和管理，达到整体最佳状态，实行优化利用。从植物群落之间、植物与地形景观之间以及人为构筑景观几个方面，通过时间因素，进行优化和协调取舍，创造出自然、稳定的景观。

③系统综合原则：景观是自然与文化生态系统的载体，涉及植物生态、景观生态、自然及综合地理、城市休闲生活、生态审美等方面的综合和协调，在强调主要景观整体性的基础上，必须考虑各组成要素的综合性原则，达到生态系统的最佳值。

④异质多样原则：景观是一个异质、多样的

巨系统。景观设计协调内部的物质、能量、信息和价值等体系所构成的异质性关系，激发景观本体要素多样化的演化、发展与动态平衡，把影响视觉审美的景观结构、功能、动态的多样性、复杂性与异质性协同起来，深刻彰显景观的环境质量与品性。

⑤遗存保护原则：对原始自然保留的地块、物象的宝贵历史文化遗迹实行绝对的保护。在坚持《世界自然资源保护大纲》的前提下，提出保持基本的生态过程和生命维持系统、保存遗传基因的多样性、保证生态系统和生物物种的持续利用的三大目标；在景观区域的建设上，必须和现状地形地势、水体、本土植被灌木丛林的保护协调相适应。

⑥生态协调原则：处理好人与环境、生物与环境、生物与生物、社会经济发展与资源环境、景观利用的人为结构与自然结构，以及生态系统与生态系统之间的协调，把社会经济的持续发展建立在良好的生态环境的基础上，实现人与自然的共生。

⑦景观个性原则：每个景观都具有与其他景观不同的个体特征，即不同的景观具有不同的景观结构和功能。因此，景观规划与设计要因地制宜，体现当地景观特征，不能生搬硬套其他地域的景观利用模式，这也是地域分异客观规律的要求。

⑧和谐审美原则：强调生态自然美、生态关系和谐美及艺术与技术环境融合美；它与强调人工规则、对称形式线条等传统美学形成鲜明对照，生态美学原则是景观规划与设计的最高美学准则。生态美学原则在自然化人文景观规划与设计中显得尤为重要，让城市充满大自然的生趣是我们共同的呼声。

2.2.3.2 景观艺术设计的普遍原则

小城镇景观艺术设计突出体现功能性、生态性和宜人性的普遍原则。首先设计必须遵循艺术门类视觉审美的一般原则，但同时又具备它自身专业设计的普遍原则。在小城镇建设大前提的制约下，要树立整体的生态环境保护意识和人居环境美化观念，它必须是一种全民的观念和行为，而这种观念和行为对于从事景观艺术设计的人，尤其是城乡规划和建筑设计专业人员来说，它的要求是一种生态环境观念的迁移和环境视觉物象景观的升华，必须将其融入景观设计，使其作用于环境中的物象形态和构成关系，在城乡规划和城镇设计的策划初期参与其中，加大其艺术含量，改变思维模式，使城镇规划和建筑设计在策划中具有典型的时空特性，强烈的景观艺术意识；在建筑设计中把景观艺术设计的具体方法纳入其中，将城乡规划、城镇设计策划推到具体可实施阶段，完成规划和景观环境设计的预期效果。它通过城际关系、城乡关系、城区坊间空间关系、建筑群体环境形象与一幢幢建筑的艺术形象特征、构成关系，来实现景观规划、设计的艺术效果（图2-11）。

图2-11 某居住小区景观设计

（资料来源：作者自摄）

在待建区域内，小城镇景观艺术设计有如艺术门类的其他艺术一样，遵循着来自于视觉、听觉、触觉等方面完成的思维联想，同时又在强烈的环境保护意识和环境美化观念下形成了自己专业"因地制宜、因势随机、持续发展、天人合一"的普遍设计原则：①功能性原则：注重体现景观场所的使用与审美功能，把握功能定位的合理性。确定人与环境景观艺术设计要素的各系统关系的正确基调。②生态性原则：彰显地域自然地理、生态物象的基本特征，保持地方、本土、民族文化、民俗风情的视觉要素特征，避免因人类欲望的无限扩张而造成对自然资源、能源的过度开采和浪费，恢复和树立城镇形象，促使人与自然环境生态共生共荣。③宜人性原则：小城镇视域环境物象的景观要素与关系构成，必须符合主体在场景中所观想的系列活动，体验功能的舒适和审美的心理愉悦。

在建成区域内，小城镇景观艺术设计必须面对既有的城镇规划设计、建筑与环境设计等先决条件的制约，在景观艺术设计的普遍原则指导下，它要完成的是城镇规划建设尚未达到或尚未完成的规划与设计，并且用具体的景观专业设计改善和深化建筑与环境设计中的缺憾，提高城镇视觉设计的环境艺术品位，使单体建筑乃至群体建筑具有独特个性和统一的艺术形象，赋予小城镇环境以独具个性的文化内涵，达到创造环境、美化环境的目的。

景观艺术设计在规划设计阶段是一种参与性的理念策划并融入规划、主导设计。从城镇空间设计开始，逐渐成为小城镇建设的具体场地设计，深刻影响建筑设计、园林设计，通过环境艺术设计手法，综合完成视域内的景观工程建设。

2.2.3.3 小城镇景观设计的理念与格调

理念是理想、精神、永恒的典型写照。"理念"一词源于古希腊文，原意为形象，或指思想的理念，或指客观的理念。柏拉图认为："理念是独立于具体事物和人的意识之外的实体。"在他看来，理念是永恒不变的，是塑造个别事物的"原形"。中世纪经院哲学称理念为共相。康德则将一些超经验的概念称为理性的理念，必须设定的理想。黑格尔称之为一种客观的理性或精神。

康德借用柏拉图的术语，用"Idea"表示理性理念，认为理性是根据原则来认识的能力，通过概念在普遍中认识特殊。理性原则一般是共相、思维；理性的产物是理念。

黑格尔对理念作了进一步的发挥：认为理念是自在自为的真理，是概念和客观性的绝对统一。理念的理想内容不是别的，只是概念和概念的诸规定；理念的实际内容只是概念的自我表述，就像概念在外部形式里所表现的那样。思维的产物是思想，但思想只是形式，对思想进一步规定就成为概念，而理念就是思想的全体——一个自在自为的范畴。因此，理念也就是真理，并且唯有理念才是真理。理念是具体的，也是发展的。

现代人使用"理念"一词所表达的含义，显然已经把词义拓展了，以至于它几乎失去了本意。新修订的《新华词典》不得不重新给出解释，把理念定义为观念、概念或想法。这种做法，虽然符合现代人对事物的整体观察和综合性思考，但是把"观念"和"理念"的词义等同甚至合并起来解释，显然对设计中要坚持的理性信条和原则是不利的。

理念具有思维切入的角度、主观联想的目标、需要遵从的原则以及为了实现这个心目中的愿望所要采用的方法。由于理念是思想的一种表现形式，代表了思想认识、知觉悟性的广度、深度与综合判断能力，因此，理念具有创立的正误、水平的高下与格调的雅俗。同样，景观设计需要认识的深刻和观念的正确，但是，在从事设计的过程中，更需要有直达目标的明确意向，需要有一定的要求、原则、技术方法和实现途径等条件支撑。景观设计理念，正是这样一种目标明确、计划周密、迁想妙得的指导思想。但是在现实的设计行为中表现出来的理念在层面、格调上却参差不齐，相去甚远，而导致的设计效果在社会认同上更是大相径庭。这主要存在着设计者对于设计缺少思想目标的追求、认识水平低下、创新悟性不足等因素，使设计在原创和审美价值体现方面难以突破，从而导致许多小城镇的环境景观设计走向形象丧失、环境恶化、氛围低俗的不归路。

2.3 环境与景观设计方法论

当设计理念确定之后，人们面对要展开的设计工作，首先涉及的是方法问题，采用何种方法既能表达设计观念，又能最有效地完成理念策划的预定目标？虽然观念决定行动，但是在采用方法的过程中，依然存在着方法本身的矛盾性：即方法本身不是1+1=2的恒等式，方法自身有着发展和完善、成熟和衰减、持续和嬗变的特性。所以，对小城镇环境景观艺术设计方法作理论层面的分析研究，使设计者明确自己的设计行为究竟有何倾向性，所选择的设计方法在实施过程中和终极目标上会产生何种效果，而方法导致的结果还是人们所预期的效果吗？

2.3.1 "人本中心"的核心设计

"人本中心论"即人类中心主义论，自这种观点面世近百年以来，它对当代人类文明世界、自然资源与环境生态圈的影响是难以估量的，以至于在地球资源产生危机、环境变化、生物品种锐减——生态圈遭到重创的情况下，人们把这种后果归结为"人类中心主义"。正是人类群体以自我为中心的利己主义与私心和无限发展的欲望，给人类赖以生存的地球环境造成了危机四伏的现状，人们感到了未来生存的危机，开始寻找恢复地球生态活力的方法，当然也在反省中感觉到人类自我的"妄自尊大"。事实上，这个地球上的生物群种关系，就是一种互为依存又相互制约——相对平衡的生态圈，本无所谓贵贱、主次之分，但是，由于人类智慧的唯一，使人足以能在自我完善的过程中成为地球的主宰。人类中心主义的产生即是基于这样一种心理。

当今，人们对"人类中心主义"有了全新的认识，人类在环境状态发生根本性变化中意识到"人类中心主义"所导致的后果的严重性。于是提出了尊重自然、保护环境、维护生态平衡的可持续发展原则。所不同的是，在这场跨越世纪的生态、绿色环境革命中产生了与人类中心主义相悖的自然中心主义和生态主义，它们与人类中心主义形成了对立、否定、协同的关系，面对这样的纷争，我们有必要对三种思想观念、设计理念和设计方法所产生的重要作用分述如下。

2.3.1.1 "人本中心论"

人本中心主义者主张人类的一切活动都是以人类生存为核心展开的。这种思想观念原本无可厚非。因为，在文明程度不高的情况下，人类要解决衣、食、住、行的首要问题是果腹、保暖、安全、方便等物质实用功能。随着人类生存条件的提高，人类有能力考虑在温饱、安全的基础上实现舒适和美观的欲望。正是人类这种爱美、求新的创造性欲望，使人类在生存发展中创造了辉煌的现代文明。尤其是当代的城市文明更是人类中心主义的杰作。

城市化的提速，科技成果的日新月异，给人类的理想插上了翅膀，正当人类可以为所欲为地发展时，地球的生态危机为人类未来生存与发展的可持续性敲响了警钟；人类在文明发展的道路上需要检点自己的行为，并对地球生灵、资源利用和环境保护进行全面考虑，使之走到生态平衡、协调发展的道路上来。

2.3.1.2 "自然中心论"

这是与"人本中心论"相对的一种思想观念，即，人类的一切活动必须围绕着自然生态圈去考虑问题，规范自己的行为，出发点显然是基于人类城市化，从一切以人为核心为前提提出来的质疑，这是一种矫枉过正的思想观念，用意在于控制人类无限发展的欲望，在大自然面前，人必须牺牲追求，以再造自然生态、恢复环境活力为己任，不惜减缓、放慢文明进程的脚步，以取得与自然和谐的发展。这种观念对人的本性来讲可能难以接受，但是作为理性的人，从长远利益着眼也不难做到，难就难在这个世界是一个物竞天择、适者生存的世界。人自然明白这样一个道理：放弃发展等于坐以待毙，以自然为中心，等于忽视了人类生命存在的现实意义，人类中心的极端主义者，不会放弃"生"的权利，错失"竞"的时机，人类历史前进的车轮是无法遏制的，"自然中心论"显然需要在高层面上去理解它可贵的本意。

2.3.1.3 "生态和谐论"

这是对以上两种观念的综合。显然不能继续走"人本中心"的道路，也不能片面地执著于"自然中心论"；"人本中心论"是把人的心迹直陈于外的表述方式，而"自然中心论"则是基于"人本"生存危机，而将关注中心偏移于自然的一种"借贷"，事实上人们明白这是一种形式上的转换而已，在这个只有人类具备高度智慧的地球上，没有任何物种能够超越人类的认识能力、创造能力和征服能力，正缘于此，人才可以作出自觉、觉他的错位选择，然而，这种"自然中心论"依然不能从根本上解决问题。鉴于两种思想的正确性和矛盾的冲突，要有效地解决人与自然的关系问题，必须从人的本性上找答案，从人的行为上找出路。那就是坚持"人本中心论"的合理内核，通过人类的文明途径，让人明白自己行为与人类未来生存带来的后果，那就是树立正确的生存观念，把人的生存与发展放置于地球资源环境大的生态圈中去考察人的行为对自然环境造成的结果，这样，人类在认识到事态的严重性时会通过人性化的导向和法律的制约，让人类的行为有利于自然生态圈和谐共进的发展。

2.3.2 "以人为本"的主体设计

按照"人类中心主义"（"人本中心论"）的立场来看，人的一切行为都是围绕着人类的需求展开的。即使是"自然中心论"也是基于人类为了生存发展危机的现实，依然是从人的长远利益考虑的"人本中心论"。因此，从这一点而论，提倡"以人为本"的提法恰似一股浪潮充斥于设计、管理等领域，从"以人为本"的出发点，可见些许端倪：

"以人为本"的提法是基于人类与资源、环境的同一命题。在当今的城镇文明中，人作为城镇的创造者、文明的缔造者，当他们以人类社会呈现于物质世界时，只现于人类的伟大和不可战胜。但是，在社会化下，人同时又是个体的、生态的、与动植物一般无二的、具有生老病死的生存规律，同样需要大地、水体、空气、阳光、温度、营养等生命体必须拥有的生存条件。当人作为个体穿行于都市建筑群体之中，人是羸弱的，甚至是茫然无助、无所适从的，而来自于工业化的废水、废气、废物的环境污染、交通安全等，过分地考虑物质资料的先进程度，忽略了作为生命个体人类生存条件的基本需求，甚至是在城市的美化建设上也以牺牲人的使用功能为代价，片面地追求视觉美化——在这样一种快速的现代化、城市化文明进程中，人的存在与需求被淡化，甚至被遗忘了。于是"以人为本"的思潮应运而生。"以人为本"当是对人类本性的唤起和对人的自然生态本性的尊重。"以人为本"设计是从人性出发，围绕着人的基本需求出发，并关注于人的长远生存——可持续发展的生态设计观念。

2.3.3 "天人合一"的整体设计

"天人合一"作为中国传统文化中的重要观念被广泛应用于古今各个领域。

最早使用"天人合一"概念的，是张载的《正蒙》。然而和张载同时的程颐则不认同："天人本无二，不必言合"（《二程遗书·卷六》）。天人同此一气、一理；这个赋予人以善良本性的天也是一个人们必须敬事的天，可以和人感应的天，可以给人以吉凶祸福的天。

当今，由于地球自然资源枯竭，生态环境恶化，加之快速城市化之下人类社会文明引发的生态危机，以"人类中心主义"为代表的西方生存观念因为导致人类无节制、无休止地向自然资源强夺豪取，使地球生态圈遭到重创，正受到人们的普遍质疑。"非人类中心主义"的自然中心论又过分强调无生命、无意识的自然存在而把人的现实生存价值边缘化，从而使人类在寻求正确的生存意义时倍感迷茫，中国传统宇宙论的宏观、整体的"天人合一"思想逐渐从古旧信条中、人们的深层意识中显露出来。

"天人合一"作为中国传统文化的重要观念，对传统理论、道德规范、审美意识等国学文化的形成有着深远的影响。而在中国传统的造城理念中，主张"天人合一"、"万物一体"，更多的是基于人与自然之间和谐相处的状态，并在理论与实践方面为之提供了本体论的根据。但是对人与自然该如何和谐相处，尚未提出具体途径及其理论引导，而重在讲"合一"、"一体"。

即使是这样，经过"佛"、"道"、"儒"等传统理论千年的演化和实践，中国古代聚落、城镇的规划建设严格遵从"人天感应"、"天人合一"的信条，突出"法天象地"、"依山就势"、"因势利导"的理念，要求人们按照自然规律办事，甚至将这种敬畏于天的"天伦"理念移植于人类社会，成为"远取诸物，近取诸身"的"人伦"道德：讲礼仪，重规绳，论尊卑，行"三纲五常"，循规蹈矩于"形制"的层阶、等第关系。这种思想也深深地影响着中国古代的城市规划理论，从现存中国传统居住建筑选址和造城理论中，处处可见"趋吉避凶"的大地风水理念和所谓的"前朝后市，左祖右社"和"坊城分区"的"棋盘格局"路网规划。这些理论和方法，为我国古代城市发展奠定了良好的基础。

2.3.4 视觉统一的景观艺术设计

当"人本中心论"成为一种开放式的理论体系和有序发展的应用模式服务于小城镇生态建设，"以人为本"论不再拘泥于狭义的"自我"甚至是低层面的曲解，将其内涵从"人本主义"的框框中推向生态主义的宏观层面，使设计者在提高认识的基础上跳出人类社会的体系，站在"和谐"的高度之上——宇宙整体的"天人合一"观时，对小城镇景观的设计就会从全局整体的角度把握物质使用功能与视觉审美功能之间的协同关系，从而正确引导任意角度切入的景观策划、规划设计。

对小城镇视觉统一的景观设计，是统摄了物质与非物质的使用与审美两大功能，站在环境艺术设计的立场上引导小城镇景观建设的理念、方法与景观营造，使小城镇的景观在视觉形态中既符合"用"的功能，更具备"赏"的意境。

小城镇视觉统一的景观艺术设计方法遵循地方性、民族性、人文历史特征和经济构成关系，把视觉艺术要素融入物质景观规划设计之中，把人性化的文明需求作为设计中需要优化提高的要素依据展开设计。

2.3.4.1 "自组织"的系统设计方法

（1）景观协同论

小城镇在城市体系中作为一个开放系统，不断与自然界交换物质、信息能量以取得持续发展。当交换条件达到一定阈值时，城镇系统会从原有的序列状态转变为另一种在时空、功能上的有序状态，我们把所形成的这种新的有序结构，称作小城镇的"耗散结构"，如小城镇发展成为具有一定规模的城市。虽然这种耗散结构昭示着小城镇文明的发展方向，但它的发展却是以消耗地球自然物质资源、能量、信息为代价的。当小城镇数量增加、规模放大挤入城市系统，在加速城市化中也在加速消耗地球资源和能量，超过地球自然生态资源的承载量时，人类的灾难也就开始了。这是因为：一方面，地球环境生态资源的有限性、生态资源自我恢复与再生能力的时间要求长久达不到，人类与城市系统爆炸性的快速发展需求与极限开发破坏了自然生态环境；另一方面，地球系统在与宇宙的物质、能量、信息交换时，地球生态环境系统也会因与系统之间的关联产生交换、涨落，当环境生态恶劣状况持续上涨成为一组主导序参量，达到一定阈值而产生突变时——必然导致地球生态环境失衡、走向无序并转化为不利于人类生存的耗散结构。

人、建筑、城镇形象、空间、自然环境等众多的系统（要素）参量在外环境参量的驱动下和在小城镇子系统之间的相互协同作用下，以自组织的方式在宏观尺度上形成时空、功能有序结构的条件、特点及其演化规律。小城镇系统的状态参量随时间变化的快慢程度和涨落幅度是不相同的，这些协同系统的状态由变化慢的几组状态参量来描述。当系统逐渐接近于发生显著质变的临界点时，变化快的众多状态参量被为数不多的慢变化参量所统摄、支配，这就完全确定了小城镇系统的宏观行为并表征系统的有序化程度。建筑，是众多状态参量涨幅大而相对稳定的一组序参量，当建筑物从无到有被人类创建生成以后，它就成为一组变化相对缓慢的系统参量，它形成了小城镇形象的硬件，支配着城镇空间，影响着民众的生存模式与情致，制约着人工环境与自然环境的生态构成。而小城镇内外的生态自然环境在远离平衡的状态下同内外物质、能量、信息的交换达到一定的阈值，同样会产生突变，生态链遭到重创而导致人类生存环境恶化、生态失衡、生物灭绝。所以，把握系统协同性原理有助于将小城镇引向生态、健康的发展轨道，避免产生"大城市病"。

（2）视觉统一论

从城市的巨系统来看，小城镇作为下一级别的系统整体形象环境，又可以分作自然环境、人工环境、人文环境三大系统，这三大系统既独立存在又互为依存，相互制约。此一系统的涨落会波及彼一系统的涨落，系统间的竞争、协同会令系统的整体向着远离平衡的方向发展，从无序走向有序，系统整体得到升华。但是，当系统间的竞争在序参量上失衡，一个系统的壮大、发展足以摧毁其他系统，而使强势系统失去竞争对手时，整体中的熵值就会逐渐增大充盈，系统整体将从有序走向无序，最终导致系统整体的瓦解，整体内部的系统关系归零——"洗牌"而产生新的系统关系。人类城市的文明发展历史已经在证实这样一种事实：由于人类的强盛，使得人工环境系统在物质创造中以绝对的优势占据统领地位，此消彼长——强势的物欲令人文环境系统变异，更使自然环境系统遭到重创。地球整体的现状和系统论的规律性已经使人类开始理解史前文明消亡的真正原因，明白因自然环境失衡而造就的未来结局。小城镇的命运影响着城市系统的命运，而城市系统的发展同样影响着其他系统的发展，最终影响到人类的生存。

2.3.4.2 "统一场"的整体设计方法

（1）"同源共场"

"场"论本是量子力学的学术概念，但是，当"场"论的概念被引入生态学领域以后，人们把对于生命的起源、人的生命从何而来所作的不懈的探索同自然科学的认识论相结合，认识到生命来自于宇宙之中，正是与自然同在。按照当代物理学家史蒂芬·霍金《时间简史》中所论述的，宇宙产生于一次大爆炸，众星球包括地球在内，就是由于大爆炸而产生的一种天体物理学现象，地球上的人类和一切生命物种都是地球生成之后某一段时间的产物，是地球自身条件所产生的自然现象，人与自然万物虽然不属同类但却同源共场，自身的分子结构和属性共同遵循地球乃至宇宙运动规律和法则。在同一的时间、空间场中，人类、地球上的万物和天体宇宙在动态属性上具有统一场的时空对应关系。

人要想与自然和谐相处，必须了解宇宙、认识自我，明确人与地球万物"同源"、"共场"的一体对应关系。必须理解"天地人"互感互依的高尚境界。通过认识自己、结合实践，掌握自然物本身和相互之间的对抗与相融、生灭消长之规律，以实现改造自然物、征服自然物、再造自然物、使自然物为人所用的可持续发展目标。

其实，"同源共场"与"天人合一"的思想观念在佛、道、儒——甚至是西方的基督教各宗教门派中，都存在着认识和观念上的同异。

中国传统的宇宙中心模式，注重整体观察与

思维，认为人与自然一起构成一个有机和谐的整体。人与自然同等重要，对其中任何一端的破坏，都会影响到整体的稳定与和谐。两者既相互对立，又彼此依赖，不可分离，是和而不同的矛盾统一体。佛家讲究"万法归一"，涅槃成佛；道家追求"返璞归真"，与道合一；儒家崇尚天地至理，"天人合一"；而基督教则要求"皈依上帝"，人神合一。从中外不同的文化体系可以看出人类对宇宙空间、自然环境、人类社会的看法和对于人生所持有的态度其实是经历了发展的三个阶段：其一，在天地初开、万物混沌之际，由于人类对宇宙自然认识的局限性，对天地、宇宙存在神秘、敬畏之情，认为天是人类活动的最高主宰，人的一切情志活动必须合于天道、天人合一。其二，随着人类社会文明的进程，人类对天地宇宙有了比较清醒的认识，了解到天地自然的相互关系，知天尽性，心即是天，天即是心，天人自然相合。其三，领悟到物我同源，人需要遵守宇宙空间的根本原理，才能实现可持续发展的目标，故"同源共场"、天地人一（图2-12）。

图2-12 穿越时空的古塔、风铃
（资料来源：作者自摄）

（2）"万物一体"

万物一体且同源，同样是中国亘古不变的生存理念。茫茫宇宙，恍若无物，有生于无。"无极生太极，太极生两仪，两仪生四象"——地球天地四方六合八荒之内，万物自有其阴阳互补、相互依存、生克消长的规律和道理。"万物一体"既在于人与人之间的"同类、一体"，产生人际的"一体之仁"，同时"万物一体"又超越了人际，是人与禽兽、草木、瓦砾均为同源的"一体"：从其"哀鸣"、"萧条"、"破灭"之中产生"不忍"、"怜悯"、"顾惜"之心。显然，"万物一体"是人对自然万物产生"仁爱"的体恤之念。这种"仁爱"思想，不但为人类得中、得正的和谐生存之路树立了昌盛不衰的道德规范，同时为"人与自然"的对立依存、和谐发展关系提供了辩证统一的理论根据。

中国传统文化在深刻洞见宇宙的规律中，正确处理了人类生存环境的建筑、城镇、自然，天地系统整体的关系。不过高地强调人的核心地位，避免了自私狭隘的"人类中心主义"，同时又突出"人有义"而"最为天下贵"的思想，肯定"屠宰禽兽以养人"乃是自然生存之法理。是对当代西方"非人类中心主义"的批判。

中国人这种"主人翁"意识，讲究仰观天象、俯察地理、中得人事，明白"源一"、"合一"和"一体"的深刻道理：凡事不拘于小节，方能从大局着眼。凡事不预则废，就能从宏观的整体角度辩证处理人类、城镇与自然的三边关系。

（3）生态"场"统一的环境与景观艺术设计

小城镇环境景观生态协同发展具有大城市所不具备的特殊性，那就是小城镇亲近自然、保持自然和谐的生态场。对小城镇作环境景观设计需要遵从以下方略：

①观念导向："城市—自然—人系统协同发展"的城镇建设理念是一种宏观的观念革命：转变对"以人为本"狭义、片面的理解，把城镇群体发展理念建立在生态保护、城乡一体发展之上，对城镇各项功能作合理适度的统一策划和调整。十年来，我国西部大开发让"退耕还林、退耕还草"转变了国人传统生存观念的第一步。许多城镇中心地带的"绿地开发"、"溶解公园"、"退陆还水"、"恢复原始地貌"、"使城镇融于自然"、

建立可持续发展的生态城镇形象的巨大成就……一系列举措，反映了国人自我纠偏的主动意识与再造城镇自然、还自然以绿色的决心。

②方略研究：第一，小城镇形象作为具有耗散结构协同发展的整体，与其他开放系统存在着整体与系统的统一性和个别与系统的综合性矛盾。同时，协同发展系统又具有不同于其他开放系统的特殊性。它从视觉审美高层面的综合目标出发，自上而下、由大到小、由表及里，从形到质地统摄城市系统同周围环境进行物质、能量、信息交换的过程，既是物理、化学、生物的过程，也是社会、人文、历史的过程。第二，建筑、园林、广场、道路交通、给水排水、公共设施、河道水系、绿地种植等子系统，作为小城镇物质景观"硬件系统"工程，支撑着社会、人文、历史、文化遗产各个非物质景观的软件系统；而作为能动、灵性的"软件系统"反作用并支配硬件系统。在硬件、软件系统的协同发展下，人类才有了完整舒适、富有生机的家园。所以，城市各系统的网络层次和层面的递进交流关系，绝不是内部系统的简单合成，而是有着1+1>2——生物学、社会学意义上的突变、倍增关系。第三，改善生活条件，保障生存环境，增强城市活力，提高小城镇竞争能力——是城镇发展的战略目标。城镇建设协同发展带来经济效益、社会效益和生态效益的同步提高。它综合地反映由人口、社会、经济、科技、资源与环境组成的协调发展系统的整体性、协同性和有序性特征。要求人们在组织城镇发展时，不能单纯地考虑城镇美化建设，考虑提高单项的经济效益、社会效益或生态效益，而是要综合地考虑各个效益的协同发展。因此，协调发展各系统效益是组织协同发展城镇系统运行的基本原则。

③具体法度：a. 研究策划并确定小城镇低碳景观建设与发展理念；确定城市形制、空间功能规划；制定自然资源、文化遗产、生态环境保护的具体法规条款；完善城镇功能系统的协同关系，建立严格的建设项目设计方案、工程审批与监督制度。b. 维护、恢复原有的小城镇自然地形、地貌、水系与植物系统。c. 以人为本，建立、保护多样化的地方生态系统。d. 充分利用自然能源，推广太阳能技术，节约人工能源，限制"亮化工程"，控制"城市热岛"效应，引领低碳生活途径。e. 弘扬民族传统文化精粹，发掘本土城镇文化潜能，保护地方生态特色风貌，开发具有降解、再生无公害的建筑（装饰）材料，溶解"无机"建筑及其环境形态，渗透"城镇文明"与"田园耕读"文化意境，创建具有中国民族特色的城市形象。

④实现途径：当然，对小城镇环境景观建设与发展方略的制定与实施，首先应从城镇生态基础设施本身和城镇未来发展趋势来理解，它是建立前瞻性的城镇生态环境的前提。同时，必须认识到，在一个既定的城镇规模和用地范围内，要实现一个完善的生态系统，打造健康且具有活力的城镇景观，实现城镇形态在生态意义上的革命，势必会遇到设计、法规、管理上的困难。所以，规划、设计师认识水平的升华，决策者非凡的眼光和胸怀，全民素质的整体提高，以及对现行城镇规划及管理法规的改善，是实现战略性生态城镇的重要途径。

2.4 景观的背景文化与文明

设计虽然是个体化的表现形态，但它折射的却是文化的一个体系要素和特征。设计，无论它怎样变换形式，仍然是一种创造性行为，它的最终目的仍然是为了人：改造和美化人类的生存环境。所以，设计离不开自然环境和社会环境，受环境的制约和规定。然而，设计行为一旦有了结果，它又反作用于环境，对环境产生直接或潜在的影响，从而影响着人类的历史与文明。

2.4.1 传统文化与现代文明

从中国上古聚落的选址和组态可以看出，古

人在生存活动中所产生的原始设计是怎样利用自然环境、改造美化并形成了独特的原始人聚落社会环境的。有学者指出，中国古代文化的发源地在黄河中下游及迤南一代，当地盛产的木材就成为构筑房屋的主要材料。这样以木构柱、梁为承重骨架，以其他材料作围护物的木构架建筑体系就逐渐发展起来，并成为中国建筑的主流。

出于延长建筑的使用寿命、取象类比的象征意义和美化环境的目的，所选择的如鸟翼的大屋顶，形制高大，平面展列，飞檐翘角，装饰华丽，成了中国建筑特有的造型特征。而出于同样的目的，古代建筑师在梁、枋、椽、檩、柱头、斗栱、垫板、天花等处以浓艳色彩施油漆彩绘，成为中国传统建筑设计的一种重要装饰手段（图2-13）。

图2-13　鲜艳的斗栱装饰（山西运城）

（资料来源：http://www.quanjing.com/imginfo/216-3825.html）

中国的村落、城镇，从建设规划到宅舍选址，从单体民宅到皇家宫殿，从百姓坟冢到帝王陵园，其形、其色与布局结构，无一不渗透着中国人的审美自然观，无一不是在尊重自然法规中形成和发展起来的，它们构成了中国传统的建筑文化和城镇文化。

"建筑是物，理念是魂"。这物是"外师造化"，这魂乃"中得心源"，是在设计造物过程中内在精神转化作用于物，凝结于物。"物"与"魂"的积淀和发展影响着人类社会的发展，并成为传统文化的主要理念，这就是"合于易理、天人合一"的古文化思想。

"天人合一"的传统思想包含了中国先民丰富的生存理念，它是通过中国古代先哲的观察、实践、思考、感悟而建立的人与自然因地制宜、和谐发展的理想信念。这一信念原则贯穿古今，造就了中国东西南北中各具特色的城镇风貌与环境景观特色（图2-14）。

图2-14　太极八卦图

（资料来源：http://image.baidu.com）

2.4.1.1　设计文化的传承与创新

设计作用于环境形成了文化，但文化并不是环境，而是人与环境相互作用的产物。可以说"文化在本质上是人的本质力量的成因、外化及其产物。在普遍而广泛的意义上，文化是人类通过与外在的，构成创造前提条件的环境相适应，所实现的一切生产方式，所形成的心态和行为模式，以及因这些方式和样式之需所创造的产品。所以，设计属于总体文化构成部分实用的艺术文化"。设计文化在历史、种族和社会基因的影响下发展着，而设计在发展过程中所表现出的特征，又成为文化发展的镜像缩影。

在文化发展进程中，偶然的、特殊的、个别的事物经过历史的淘汰、浓缩、凝聚、沉积所得到而传于后世的带有普遍意义和规律的那一部分便是传统。回顾具有悠久历史的传统文化，面对高度发达的现代化文明，人类总是站在传统的基础上身处现实，面对未来。亲善传统的设计，不可能泥古而回到过去；背离传统，超越现实的设计也不可能成为无本之木而没有传统。事实上，人从里到外，包括每一个细胞都是被浸泡在传统的汁液中，人在传统中长大，不管愿意与否，传统首先哺育着人，并在传统的包围之中，人开始了"自主而独立"的设计。有的人以为，自己的设计摆脱了陈腐落后的传统束缚，否定了历史潮流，超越了时代，成为未来时空带有前卫喻示标志的建筑或艺术品，其实，那只不过是对传统带有反叛情结，与传统形象大相径庭的变异而已。对于那些我们称之为"没有文化、没有传统、违背审美原则"的建筑形态，说到底它也是一种文化现象，只不过相对低劣、混沌不清、格调低下，处于文化断裂带和错位层罢了。

2.4.1.2 走出设计的误区和困境

当代美国文化人类学家克雷德·克鲁克洪（Clyde Kluckhohn）说过："文化无所不在——由于传统的作用，也由于人类关系的复杂性，即使是一些简单的事物，哪怕如同动物之所需者，也都得裹上一层文化模式的外衣。""要指出哪一件活动不是文化的产物是很难的"，形式来自文化，正是在文化中，人们按照全人类的经验加工着有关存在的一切印象。人类总是站在传统的基础之上，结合现实条件把握发展趋向，进行着前所未有的创造性设计。这种设计的终结相对于传统而言是有创意的，而处于流变的时空意义上的设计，此一时代的创新相对于未来时代也成为一种传统，只是这些传统是否被历史清洗、淘汰或者保留珍藏，要看其内在的价值——即是否符合人类文化发展的规律，是否达到人与自然"相适又相依"。

从以上对于设计文化的理解中，可以清晰地浏览发生于现实中的事物：全国性的小城镇建设处于加速发展期，对于这种绝好的历史机遇，小城镇的景观建设应该怎样走出误区和困境，又该怎样设计和营造？如何摆脱"过热过激"的行为而理清思路进行冷静思考，如何能保护资源与环境，使小城镇建设走向与自然和谐、可持续发展的道路？通常认为，理解了设计文化的成因、规律和特征，也就找到了解决问题的方法。

2.4.2 东西方文化对峙与交融

"据人种志学的观点来看，文化或文明是一个复杂的整体，它包括知识、信仰、艺术、伦理道德、法律、风俗和作为一个社会成员的人通过学习而获得的任何其他能力和习惯。"文化是一定的社会群体或社会阶层与他人的接触交往中习得的思想、感觉和活动的方式。文化是人们在相互交往中获得知识、技能、体验、观念、信仰和情操的过程。文化可以被感知、被认识、被传播、被掌握、被创造——它们渗透在人类的生活、工作之中，尤其是在中外传统的建筑、景园和城郭营造成果中，可以清晰领略其传统文化的不同，也能亲切体会当代城市化进程中，东西方文化碰撞过程体现在设计思维、规划观念、建筑审美、景观价值等方面的对峙与互融。

2.4.2.1 文化对比与文明融合

在学者看来，东方人重经验、直觉，善于从宏观上认识事物，把世间万物看成是相互联结的统一体，事物间存在着错综复杂的关系，因此处理问题必须从纵横关系上找原因，从因果关系中作决定，走的是多股交互路线，其思维是辩证—逻辑思维，即从宏观走向微观最后又走向宏观的过程，在这方面中国人尤甚。

西方人重唯理、思辨，善于从微观（相对的）上认识事物，解决事物的方法是沿着起点、进程、终点的直线，把事物各系统的分析成果进行归纳并从具体的、微观的层面上升到整体的宏观层面，采用的是系统、直线的逻辑思维或者分析思维来解决复杂交织的问题，这尤其是欧美人的思维方式。

在审美观念上，西方人关注形态体量、几何

抽象并注重理性,东方人偏经验、凭感性,注重诗情画意、气韵生动,推崇情感意境;在价值观上,西方重个人、重竞争,东方重社会、重和谐;在社会关系方面,西方重利、重法,东方则重义、重情。造就这种文化的差异,还在于东西方民族传统生存劳作历史的演进不同:东方文化的特征是大陆—农耕文化,西方文化的特征是海洋—游牧文化,因此生存活动方式造就了东方重农轻商、西方重商轻农的不同倾向(图2-15)。

图2-15 四川柳江古镇的新旧建筑对比

(资料来源:潇然摄影)

一直以来,对东西方文化之间差异性的研究对比有许多说法,李大钊先生在《东西文明之根本异点》一文中认为,东洋文明是精神的,西洋文明是物质的;东洋文明是灵魂的,西洋文明是肉体的。印度著名思想家和诗人泰戈尔也有精辟论述:东方是精神文明,西方是物质文明;东方是人道的,而西方是科学的;东方的目的在生长,而西方的目的在获得;东方的基础是社会,国家可以灭亡,社会仍然会存在,而西方的基础是国家,国家就是一切,所有问题都由国家来解决;东方是集体享受,个人工作,而西方是个人享受,集体工作;东方是异中求同,在错综复杂中建立协调,而西方贵在行动,速度第一、效益至上,和谐、协调和韵律等只是实现功能目标过程的产物。

2.4.2.2 中外景观艺术的异同

崇尚自然,利用自然资源改造自然环境,创建舒适美好的家园是人类自古以来的共同心愿。大自然环境是可观赏、可游憩、可探幽的天然景观,它给人类昭示的是无倾向性、任由臆想的景观。当人类的栖息地——聚落、村镇、城市等人工环境插入其中,则成就了人工自然景观,环境形态的象征性、隐喻性,昭示着人与自然物竞天择、互为依存相映衬的景观魅力,这些在世界各民族漫长的居家、造园活动中得到充分的体现。

在人的生存活动中,人居环境景观的优劣直接影响着人的身心健康和快乐。从某种意义上讲,人为之奋斗一生的潜在心理,也莫过于营造一个"可观、可游、可居"的理想家园。庭院园囿的景观营造就成了人类活动目标的首选。通过观察、对比中西方传统造园理念,可以清楚地了解不同文化背景下对于景观艺术构想的营造与抉择。

(1)水土环境利用的差异

中国宅院园囿的场地选择与园林景观营造,首先遵从传统人居风水理念,在自然环境条件中观察"来龙去脉"选取吉地,寻觅山环水绕藏风聚气,追求依山临水开合有度,讲究理水叠山因借巧施,强调趋利避害因势利导;西方以法国古典园林为代表,常择高地盘居,在视野开阔中"傲视旷野",在"有山无水时,凿池蓄水,以点缀丰润建筑与环境",使"山得水而活,水得山而媚"。

(2)空间组合布局的差异

"智者乐水,仁者乐山(孔子《论语》)",国人在园林景观发展过程中,深受传统文化的影响:观重重叠叠山,察曲曲折折水。"师造化、得心源",融汇大山广川,寄情山水之间,品味曲折婉约,崇尚步移景换。而西方园林景观讲究中轴对称、主次分明、均衡稳定、变化统一的布局,讲秩序、重规范、突出阵列组织的视觉冲击力,凡花草树木必修剪方整,遇界面必饰以几何图案,充分运用科学的视觉原理来创造理想的景观效果，追求简洁明快的人工景观，源于自然，高于自然。

（3）建筑功能形制的差异

中国传统建筑严格遵循建筑及其环境的使用属性，制式等级分明，氛围意蕴森严。其建筑如宫殿、寺院、陵墓、民宅等，从一开始就与农耕、诗画、信仰、政体结下不解之缘，并在方士、诗人、画家的辛苦踏勘、苦心营造下，达到了耕读艺术的极高境界。因而，一般建筑功能所特有的明确性、条理性和象征性布局，在传统园林景观设计中都可得以显现，并呈现出曲折参差、开合错落、承转自如的诗韵意境。而在西方园林景观中，常以建筑为中心，热情、开朗、理性、富有卓越的全局观念，地形、水体与植物配景、构筑小品协调，建筑、园林及其节点的构图呈现爽直、外向、史诗般的视觉效果。

（4）环境装置饰物的差异

中国传统的堆山叠石、理水造园，不分南北与规模，几乎是有园必有石：或叠石成山隐石洞嶙峋；或峰峦料峭经玉带缠绕；或以石代山，凿池代湖，意蕴湖光山色而富含情调。山石是对自然幽石的艺术摹写，因而又常称之为"假山"，人们对山石的欣赏主要还在于它的形式美给人们带来无限的遐想。在西方园林中，虽然山石少见，但是雕塑却十分普遍。西方园林雕塑多以宗教、传说为主题，造型逼真、内容丰富、神态各异。雕塑小品大多与喷泉、栏杆、立柱、壁垣相结合，多选取大理石制作，并在表面饰以图案浮雕，对廊、柱、阶、台、壁构件起着装饰点缀的作用。

（5）景观绿色培植的差异

中国历史中的许多文人、画家直接参与造园、种植活动，因而对园林景观的审美情趣起着十分重要的引导作用，花草树木虽然在景观中地位重要，但是在营造时并不刻意追求整齐划一，而十分注重参差映衬的节律作用。所以，对树种的选择往往根据景观环境的属性灵活培植。在西方园林中，园丁们通过花坛、小林园或丛林、树篱和花墙的造型来体现景观情趣。花坛是花园中最重要的构成要素之一，把花园当作整幅构图来布置花坛图案，对称严整，形成宫廷般的宏伟气魄，是法国园林艺术上的一个特征。

（6）景观美学思想的差异

和欧洲的园林景观迥异，中国古典园林在东方佛、道、儒思想文化的熏陶下，深受绘画、诗歌等文学艺术的影响，尤以风水文化与绘画对园林景观的影响最大。在中国传统园林布局中，常蕴涵着空灵幽深、避世神秘的隐逸情怀。而这些，恰恰与西方传统唯美思想中的秩序严整、对称理性相对应，一种程式化、规范化的模式不仅左右着环境景观中的建筑、雕塑、绘画，同时还深深地影响到园林景观的规划与设计。

尽管中西方园林景观存在着诸多差异，但不可否认的是它们仍然拥有根源上的相似度，那就是人的动物性本能的起点需求与人的社会价值体现的终极目标。无论景观形式怎样迥异，起源与目标的一致性使东西方文化在日益频繁的交流中逐渐加深而最终走向互融式的并行发展。

2.4.3 地方传统文化与世界现代文明

文化的发展决定着文明的进程，文化的进步决定着文明的提升。

当现代科学技术成为一种时尚，促进文化的繁荣，引领着世界文化潮流的方向时，是否就意味着地方的、民族的传统文化就此走向没落、衰微？而国际化高度统一的文明进程是否就意味着是一种先进的，可以凌驾于地方民族传统文化之上的主流文化？

"只有民族的，才是世界的。"地方是文化的根源，民族是文化的载体。地方文化一定是地方民族的文化，而地方民族一定有它们的宗族血缘关系。因之，民族文化实际上是代表了一个地域的民众休养生息、繁衍发展的民族历史文化传承过程。在这个过程中，从国家的层面上，融汇了具有统一文化背景下的各地不同文化。因为，民众的生存必定顺天尽性,与地方、水土、地质、动植物种群结成某种对立统一的依存关系。而地方民族文化的形成,会在地域间的文化交融中上升为代表国家的文化历史传承。所以,国家的核心,实际上是具有典型性的民族文化。文化的消亡,是一个国家真正意义上的消亡。只要地方民族文化存在,国家就会有希望。国家的强盛,也就标志着文化的发达与文明的提升。

2.4.3.1 地方传统文化的振兴

在经历了近现代东西方文化的对峙与碰撞之后,中华民族已经从闭关锁国的封建意识转化为开放外展的现代观念。中国传统地方文化在经历了西方先进的文化撞击后,已经从沉寂迷茫中走出,显示出中华民族深厚的文化底蕴所特有的生命力。这种生命力使它从千年巨变中经历了外来文化的侵蚀、融合,并最终以其特有的同化能力使"古为今用"、"洋为中用"。中华民族文化体系非但没有中道衰落,反而更加强盛。近年来,在中国这块古老的土地上,各民族的地方文化特色正以它特有的魅力,走向现代文明的舞台,与强势的现代国际文化相比,非但不感到其羸弱,反而更显得茁壮、娇艳。这种现象不禁使民众联想到我国的小城镇规划建设。许多传统的小城镇在现代文明的洗礼之后,既保持着中国地方民族特有的小城镇风貌,更增添了几分现代化文明的活力,早期那种"千城一面"的小城镇形象与环境景观的恶化,在经过纠偏、洗礼以后,其环境生态景观正显现出它应有的魅力(图2-16)。

2.4.3.2 国际现代文明的兼容

文明是地方民族文化发展的状态、程度和趋势,文明标志着人类在为自我创造最佳生存方式时而实现的愿望、目标和结晶。文化的起源、结

图2-16 桂林阳朔镇

(资料来源:http://www.quanjing.com/imginfo/mhrf-dspd26049.html)

构形态和发展方式具有明显的地方特征，文明也不能脱离地方、民族的文化背景。人们在学习地方的传统文化时，会用某种价值观去分析、判断文化体系中的营养与糟粕。对待外来文化，也会根据文化的结构成分、特色进行选择性的吸收。所不同的是，文化的对峙与交融是通过社会各个领域的各种行为：宗教、政治、经济、军事、科技、教育等途径。因此，不同文化在对峙中经常会呈现侵蚀性、掠夺性、被迫性和占有性等。文化在交汇融合过程中也会对外来文化进行溶解、吸纳和排异。回顾我国近现代城镇文明历史，无不呈现这样一种特征。虽然在当代的数码生存时代，国家之间的交往方便、快捷、高效，令地球变小而形成"地球村"，而文化的传播依然呈现东西方融合互补的国际性文化特征，由此也造就了当代世界的文明。

外来的设计学科，作为文化交流的"使者"，为一个国家的城市建设带来强有力的冲击。我国自 20 世纪 80 年代改革开放以来，小城镇已经从传统的民族城镇体系中发展成为一种崭新的城乡中阶系统。

设计行为具有很强的地域文化特色，虽然国际间的文化交流使得当代城市文明显现出很强的国际式风格，但是在这种文明背后却联结着世界各民族文化体系中显著的要素特征。当前，人们关注的热点问题是城市化文明的走向，尤其是在城乡一体化进程中小城镇的景观建设该怎样发展，成为城乡规划、设计研究的焦点。快速发展的城市化文明进程，伴随着地球资源、能源、环境的危机，直接影响到小城镇的纽带作用。人们在从事城市、小城镇规划与环境景观艺术设计时，必须为自己的设计行为所造成的后果承担责任，人们是否能够认识到设计中影响人类文明可持续发展的诸多因素，需要依赖从业人员的文化素质水准，是否达到认识自我、了解现实、把握未来——在较高的文化层面上去创造健康的、可持续发展的小城镇环境景观的未来文明？人们关注的是当代，但必须为未来作出明智的抉择。

3 我国小城镇景观设计的演进

在我们居住的这个地球上,由土地、水体、动物、植物、阳光、空气、气候、温度等因素所构成的自然环境,是人类赖以生存的基本环境,人的生活和工作一刻也离不开所在的空间环境。为了改善和提高生存环境的条件,使之达到舒适和赏心悦目的生理、心理需求,千百年来,人类对于生存环境的艺术性创造活动一刻也没有终止过。

3.1 小城镇空间景观形态的产生与发展

3.1.1 传统小城镇景观艺术的产生与演化

在我国艺术发展史中,无论是绘画、雕塑、工艺和建筑,它们在各自追根溯源时通常把远古人的生存选择和制作行为作为最早发生的环境艺术行为之一。

如:当人为了实现遮风、避雨、防护、居住的愿望而动手制作时,建筑便产生了(史书中把以农业为基础的新石器时代确定为我国古代建筑艺术萌生时期);当人通过视觉感受到自然之美,并有所作为时,造型艺术就产生了。那么,素以"具有使用价值,可以居住的雕塑"之称的建筑,无论它出现的动机若何,它的选址规划观念、实用构造技术、造型审美形式、环境美化手段使它一出现便成为艺术与技术密不可分的一门综合性学科。传统建筑集古代规划、原始环境、景观艺术设计之大成,小到建筑线脚装饰,大到建筑群体聚落、村镇、城市……建筑的景观形象成为村落、城镇形象的基本元素,建筑物之间的空间关系就构成了村落或城镇的环境景观。而对于这些古村镇形象、景观与环境优劣的评价,则要看隐含在建筑物及其空间环境景观之中的文化内涵了(图3-1)。

图3-1 江西婺源古村落

(资料来源:http://www.quanjing.com/imginfo/mhrf-dspd21165.html)

3.1.1.1 传统造城安邦的规划理念

(1)上古村落环境的形成和演变

考古发现,旧石器时代的人类已经能够制造简单的工具,使用动物骨头、毛皮、木头和草秸来构筑住所,利用天然地形并以血缘关系为核心,形成20~50人口规模的原始家族聚落。

新石器农耕文化的兴起,开创了人类与环境关系极为重要的历史篇章。在西方,历史学家把从公元前4000年到公元前3000年之间的苏美尔文明称作世界上最古老的文明。这是因为当时处于巴比伦尼亚南部的各苏美尔城邦已经存在,古老的文字也已经存在。随着两河流域美索不达米亚文明的崛起(两河文明是指幼发拉底河和底格里斯河文明,又称巴比伦—亚述文明),从两河之间到地中海沿岸,开始向大西洋彼岸传播农耕文化。随着人类聚落从密林中移出,对自然环境认知程度的提高,掌握了昼夜更替和季节周而复始的变换规律,认识到人的生命与自然空间环境不可分割的依存关系,形成了上天、神灵、凡人的等级关系,石构与土筑的纪念性建筑,便成为先民们朴素环境景观艺术的见证物。

与此同时，在远古中国大陆所出现的原始村落，大都是选在河湾萦绕，地形高敞、平坦的二级台地上；充分利用地势地理条件，并有意识地在居住周边和村落范围内，改善环境和创造环境，营造环境的景观和氛围。祭祀台、图腾柱及原始岩画、壁画，可算是最原始的从纯粹的使用功能走向视觉审美需求的环境艺术品了。它们在特定的环境中已经起到了烘托气氛、再现生活的功能和很强的艺术感染力。

位于西安城以东6km处的浐河二级台地上的西安半坡古村落遗址，经发掘，整个村落由三个性质不同的分区组成，即居住区、氏族公墓区、陶窑区。居住区位于村落的中部，占地约3000m²，居住区的中央有一中心广场和一座供集体活动的大房子，门朝东开，是氏族首领及一些老幼的住所，也是氏族部落的会议、宗教活动的中心。46座小房子环绕着这个中心，门都朝向大房子，居住区四周挖了一条长而深的防御沟，居住区壕沟的东面是制陶区（图3-2）。

图3-2　西安半坡古村落遗址及复原图（一）

（资料来源：百度图库）

明显的功能分区和集团向心式布局，配以造型为方和圆、泥墙、穹庐顶、硬山顶及四角攒尖顶等形式的房屋建筑形态，使它们在空间组织上形成了聚合对比的环境关系和特有的古村落景观形象（图3-3）。

图3-3　西安半坡古村落遗址及复原图（二）

（资料来源：百度图库）

而同一时期的陕西临潼姜寨村落遗址、宝鸡北首领村落、郑州大河村、黄河下游山东大汶口文化村落、浙江嘉兴的马家浜村落以及余姚河姆渡原始村落，均反映出这种古朴的规划思想。

中国原始村落以集团向心式展开，形成了一种由内而外自然生长的村落、集镇格局。城市规划学中称之为"自下而上"的布局方法，即主要按照"自然的力"或"客观的力"的作用，遵循生物有机体的生长原则，经年累月，叠合扩展而成。正如美国著名城市规划理论家，城市社会家刘易斯·芒福德从"有机生长论"角度所言，第一批永久村庄的出现属于一种生态聚落，遵循的就是生物学原则。这种方法基本上是自然经济模式中的村镇扩展途径。

伴随着古埃及和美索不达米亚的居民对于红铜和锡熔合冶炼技术的发明，开启了人类又一个文明时代的到来。而此时的青铜器制作在中国也十分盛行，距今约4000年。在大禹铸九鼎始于洪荒之后的不久，夏商王朝更替之后，九鼎也随之湮灭。商、周民众善于冶铜，也熟谙艺术，于是，他们开创了一个人类历史上辉煌的、无与伦比的青铜器时代。

此时，由于世界各地生产效率的提高，使人们有了更多的精力改善自己的居住环境。各地的民众依照不同的地域特点，创造了适宜民众居住的建筑和形制。中国的居住建筑也从穴居发展成为干阑、碉房、宫室等建筑类型。随着社会的进步、集市贸易的出现，建筑群体空间形态的自然扩展、社会结构关系的复杂化，人们开始了自己最初的城市建设：以地域关系取代血缘关系，以公共建筑来体现宗族、权力意志，以商贾、官民的等第关系进行"商"、"住"功能分区，以民众迁徙、大兴土木造宗祠、建宫殿象征先祖神圣和中央集权，从而由聚落发展成为集镇，由集镇形成初期的城市。中国城市形态一开始就是"城"与"市"的结合，形成人口密度高、功能分区清楚，构成商贾、贸易、交通、权力的聚集中心。

（2）古代聚落的规划思想和空间形式

古代自然有机的聚落规划思想和空间环境的营造理念对我国历代的村镇建筑、景园艺术乃至城市的规划和发展产生了根深蒂固的影响。

虽然，在我国城市发展史中，小城镇规划远不及城市规划的理论系统和完善，小城镇的环境景观艺术处于开发初期或未开发的自然状态而隐含于传统城镇规划和建筑空间中，但在我国的边远、落后地区以及保护较好的古村、古镇中，仍保留着浓郁的传统文化气息和纯朴的村镇景观形象。考察这些传统村落和小城镇，它们虽然没有像中国传统城市那样更为遵循"宇宙图式"，在形式上讲究整体性和秩序性：整体划一、方整对称，所谓"匠人营国，方九里，旁三门，国中九经九轨，经涂九轨，左祖右社，前朝后市……"的高度理性，但却是以自然为法度，讲究"因地制宜、因势随机、效法自然、天人合一"，追求真正的人与自然环境和谐统一（图3-4）。

在小城镇人居环境景观体系的建构方面，常常随丘壑而参差，遇峡谷而错落，讲究"得景随

图3-4　徽派古村落

（资料来源：http://www.nipic.com/show/1/47/74688a294ecd80f8.html）

形，因借巧施"。选址注重靠山临水、避风向阳，理水纳气、叠山造势等与自然相融的地理风水思想。《后汉书·仲长统传》所载仲长统对居住环境的要求是："使居有良田广宅，背山临流、沟池环匝、场圃筑前、果园树后"。宋人杨万里《东园醉望暮山》对居住环境作了富有意境的描述："我居北山下，南山横我前，北山似环抱，南山如髻鬟，环抱冬独暖，髻鬟春最先……"（图3-5）

图3-5　依山傍水适宜人居（九江甘棠湖）

（资料来源：http://www.nipic.com/show/）

好的居住环境和城镇景观常表现出山川秀发、绿林阴翳的山水胜地。宋代理学家程颐说过："何为地之美者？土色光润、草木之茂盛乃其验也。"古人对村镇的环境景观形象虽无明确指向，但传统的环境观、风水观和艺术观却造就

我国小城镇景观设计的演进　39

了理想的人居环境景观模式：

在地形上，后有靠山，前有流水，远处有低矮的小山朝贡，左右有山林护卫，村镇平坦开阔，水口紧锁。

在空间布局上，以宗祠为中心，宗祠旁有中心水池、戏台等向心型景观建筑，村内民居多按统一的朝向以尊卑礼制有序排列。

在景观形象上，古村镇更善于从生态观出发，随机并有法度地组织景点、树立标志形象，常常把祠堂、阁塔、大树等高大突出的形象作为村镇的标志。把广场、水塘、小桥，这些交通与要塞的道路节点以及较为开阔流畅的空间节点，作为景点来组织，使景随步迁，步转景移，让人感到小城镇内景点如织，美不胜收。而对于屋顶与山墙，通常以其形态、色彩及细部的装饰映衬出当地村镇的建筑特色、民俗特色和文化传承特色（图3-6）。

图3-6 诸葛八卦村虽经百年，但风韵犹存

（资料来源：作者自摄）

古村镇，正是以这自然的环境艺术观念和朴素的规划思想，直接把田园山水与耕读文化裁剪到村镇空间中来，使村镇环境充满诗情画意。

（3）近现代小城镇环境与景观的更新与变异

鸦片战争以后，我国封建社会的经济开始瓦解，逐渐形成了半殖民地、半封建社会。在这种变化下，城市作为社会经济的产物，必然发生不同内容和形式的变化与发展。由于帝国主义的侵略，外来经济的输入与外来文化的传播，使中国这个具有悠久历史和文化传统的东方文明古国又一次受到冲击，形成了一些新的工业城市和交通城市，原来传统的城市也因殖民主义者的侵略发生局部的变化，东部和南部沿海城市，由于开辟了"租界和商埠"，形成了与旧城形象和环境景观大相径庭——中西方建筑文化相对峙的局面。

值得一提的是，由于殖民主义的侵略和外来文化的冲击，使得我国的城市规划思想有了很大改变，体现在城镇建设方面，首先是建筑形式的改观和道路交通设施的完善。上海、天津、武汉、青岛、大连、哈尔滨等城市出现了纯粹的由西方人兴建的"西方建筑"以及复古主义的宫殿式建筑和中西合璧的混合式建筑，即使是在广东开平的赤坎等乡镇，归国华侨也以自己的游历心得创建了与传统村镇大相径庭的西式碉楼建筑街区。这种建筑思潮和移情行为为我国现代建筑的发展揭开了"首页"，打破了我国建筑设计"千年不变"的规律。同时，也为我国现代城市规划理论走向成熟埋下伏笔（图3-7）。

图3-7 青岛某欧式建筑（速写）

（资料来源：文剑钢绘）

大中城市由于交通方便、经济发达、信息传递迅速，很快便失去了原有的传统形象和环境，民族建筑和传统文化艺术就像历史的缩影和写照被保留在城市的某个街区和角落，取而代之的是一种高度发达的现代化国际建筑形象和超越当代

城市风貌的生态景观环境。

广大的农村聚落、集镇，相对边远、经济欠发达的内陆小城镇，因为经济基础、交通条件的制约而依然保持着旧有的城镇景观形象和环境，传统中特有的低层木构架、大屋顶的院落组合形式依然如故，没有发生显著变化，因而，村落、小城镇的形象与环境变化很小。但是在公路、铁路、商埠、港口、车站沿线的地区，新兴的和发展较快的小城镇因受城市边缘化、郊区城市化、乡村城市化、大城市的辐射影响正在"话别传统，在快速城市化中步入现代文明"（图3-8）。

图3-9 陈家祠建筑物装饰与雕塑

（资料来源：作者自摄）

图3-8 皖南宏村传统院落组合形式（速写）

（资料来源：文剑钢绘）

上一世纪的特殊社会现象也深深地影响了现代小城镇景观环境，那就是史无前例的"文化大革命"。这场革命以破"四旧"、立"四新"、铲除"封建社会的残余"为口号，对传统的历史村落和小城镇进行了全面的清洗。建筑物顶盖的鸟兽雕塑，檐口的瓦当装饰纹样，墙头、柱脚的卷草和龙凤饕餮纹样以及具有宗教色彩的祠堂、庙宇乃至家庭祖宗灵位，均被作为封、资、修的内容而被彻底摧毁（仅有少量的国家级文物保护遗址除外）。在中国广大的土地上，传统的村落和小城镇经过这次洗礼已经很难见到纯粹和完整的传统建筑装饰构件和具有宗教信仰的环境构筑物了，而这些，恰恰是小城镇环境中传统艺术视觉景观要素最具灵性的部分（图3-9）。

外来文明的冲击与传统艺术的消隐，削弱了小城镇文脉的传承。现代城乡规划理念、建筑艺术流派，景观艺术方法、环境艺术设计，当代艺术思潮无一不是建立在传统基础之上，也无一不是在向传统"宣战"，在继承中发展，在否定中提高。自然经济下产生的城镇文化和景观艺术在新时期的社会变革和全球经济一体化的城市化进程中迎来了五千年文明史以来最严峻的挑战。

这是人们经历了"城市美化运动"、城乡"二元论"、"一体化"的纷争、快速城市化所带来的土地、水资源的浪费和流失——资源匮乏与环境污染的滥觞之后的新一轮反思：高速的现代城市文明进程在为人类创造了史无前例的辉煌之后为今后的人类发展带来了何种后果？人类是否还能够在"千疮百孔、岌岌可危"的地球环境中继续以这样的方式推动快速的城市化进程？值得人们深思。

3.1.1.2 当代小城镇规划理论与方法

小城镇作为城市体系中的基础层面有其独特的属性和特征，人们普遍认为它和城市有着一脉相承的递进关系。因此，在对小城镇作具体的规划设计时，往往把城市规划设计的方法移植到小城镇规划建设中去，造成小城镇规划中的资源、人口、规模、产业结构在空间形态和视觉景观指导方面显得"浮夸、攀比"，缺少针对性，导致许多小城镇在旧城保护、新城发展和自然、人文资源的开发、利用上出现许多弊端。小城镇环境景观规划建设存在脱离实际的"盲目发展"、"美化铺张"和"政绩工程"等行为，大城市"疾病"曾泛滥一时。资源浪费、环境污染、"千城一面"的形象迷失影响了一部分小城镇的健康发展。鉴于对我国35000座小城镇环境景观建设指导的现实意义，有必要在城市设计、景观与环境艺术设计等诸多学科领域里展开专题研究，以为小城镇健康发展保驾护航。

（1）东西方的规划设计理念和方法

影响中国古代城市选址和规划的理论方法主要是"天人合一"的宇宙观。在上古《易经》和佛、道、儒等理论影响下，辨方正位、择中而立、四方为形、五方为体，要求"筑城以卫君，造郭以守民"，遵循"法天象地"原则、"因地制宜"原则、"中轴对称"原则、"中庸和谐"原则展开城址选择和城市规划，已经成为贯穿古今的东方城市规划法则。例如，古长安城作为古代中国都城，遵循中轴对称、"前朝后市，左祖右社"的造城理念，道路网采用"棋盘格局、坊城分区"的规划方法，形成了法度井然的城市环境与景观，代表了唐朝时期世界上规模最大城市的建筑技术、景观风貌和文化发展水平。日本、朝鲜等国纷纷仿长安城修建都城。历经元、明、清三个朝代的北京城更是集中国古代都城城市规划之大成，成为中国封建时代大都市规划和建设的辉煌实例。这些造城理念，即便是放在科技高度发达的今天依然是一种先进的、一体化的统筹理念和方法。

在当代城镇化道路上，虽然古文化距当今文明相去甚远，但作为"自然之子"的人类属性永远不会改变，人与天"道相合"的宇宙法理不会改变。小城镇规划理应"天人合一"，超越"以人为本"——把人的生存、发展放置于自然规律之中综合规划。

中国古人认为，宇宙是一个庞大的生命体系，只是因为物质的属性不同，相对的时空概念与层次不同，其生命的形式和周期也相异。中国古代的城郭形制法度规划就是在古人"天人感应"的宇宙自然观中产生的。然而，中国古代的城市规划并没有形成专门的理论体系和学科。新中国成立后我国的城市规划较多地移植西方的城市规划理论，一直围绕着"城市性质→规模→空间关系构成"来确定规划编制方法。令人感到悲哀的是，城市规划作为世界性的新学科，从它脱离建筑学独立以来，虽然理论研究与应用研究成果量呈爆炸性积累，但是也无法应对快速城市化给设计师、管理者带来的城市建筑群体、规模的极度扩张。城市环境景观在快速演化中，较多地以科技时尚、冷峻张扬的环境氛围示人。当代城市规划的理论和方法面临重大转型，即从自然本体论向人文本体论，再向生态本体论规划哲学的现代跨越。其实质是建立以人与自然生态为本、以城市空间形态为体、以城市和谐生态环境为用——人、建筑、城市、自然环境协同发展的整体规划理念，这并非是自然中心论的扩张，而是升华了的"人本中心论"——高层面的"以人为本"。

（2）当代小城镇景观规划理念和方法

半个多世纪以来，我国的城市规划与设计主要借鉴西方"论证城市性质→估算人口规模→确定土地使用方法→组织建筑空间结构→确定道路交通系统→完善市政工程体系→确定城市规划方法"的物质规划方法。其实，从霍华德"亲善自然"的"田园城市"、赖特"城乡结合"的"广亩城市"到勒·柯布西耶"集中发展"的"明日城市"都可看到这样一个事实：随着城市化的快速发展，人们对人口与城市快速膨胀所引发的资源匮乏与环境污染已经感到危机，但是在人的利益与自然环境产生冲突时，人还是首先选择以牺牲自然生态利益为代价以谋求城市、村镇赏心悦目的发展。当然，人们也正在不遗余力地探索各种城市设计、景观与环境艺术设计方法以求缓解人类与城市对大自然生态圈的威胁与破坏，从"环形城市"、"带状城市"、"楔状结构城市"、"多核心城市"等，人们从宏观方面研究城市所在区域的空间结构、城市群体经济形态与自然生态的结构关系，在土地、水体、植物资源的开发利用上研究空间构成与区域景观分布问题。从中观方面研究城市街区改造、功能分区结构、道路交通网线和城市公共设施对人性的关爱程度；把道路交通、广场、绿地等城市开放空间的视觉廊道、视域控制同人的实用与审美需求相结合。从微观方面探究城市各系统中诸元素的构成关系对系统乃至整个城市发展的影响，具体到沿街立面的建筑装饰、环境装置、视觉媒介设施以及城市空间中的环境艺术品构成关系；更从规划观念、目标、方法与过程等方面探讨城市环境设计的最佳方法——所有这一切能做到"标本兼治"，使小城镇景观、环境达到可持续发展的理想状态吗？其实，剖析人性、认识人性并树立正确的生存发展观念才是小城镇规划方法的本体之源！

3.1.1.3 城镇化进程中的小城镇建设

近年来，由于中国城市化进程的加速，国内外理论界对于城市化过程中所引发的有关土地资源、能源开发利用和环境生态与社会经济可持续发展等一系列问题，曾有过广泛、深入的研究，作者认为，城市化涉及的是人类生存条件与形式、内涵与发展的本质问题，其进程是伴随着当今社会政治、经济、科技、文化、教育、伦理、道德、观念等基本条件展开的，有着太多的阶段性和偶然性，所以面对错综复杂的城市问题，不妨化繁为简，将现实问题还原到建造城邦的源头去把握城市本体与范畴，审视梳理城市化的动机与目标，有利于客观、理性地解决城市问题。

（1）城市化的本意

城市化的主体为城（建设行为），核心为市（经济行为），目标为人（社会行为），城市化即化人、化物于现代城市的历史过程。按照国家标准《城市规划基本术语标准》的解答：城市化是"人类生产和生活方式由农村型向城市型转化的历史过程，表现为乡村人口向城市人口转化以及城市不断发展和完善的过程。"其中包括了政治学、经济学、社会学、历史学、地理学、人类学、人口学、建筑学等不同领域对城市化概念的诠释。城市化的概念含义复杂，对其目标的确定会因为专业认识角度的不同、城市所处地域和历史时段的不同而产生观念的分别和层次的差异。

一般来讲，城市化的本质目标是出自人类建造城郭的"本意"。但随着科学的发展、社会的进步、经济的富裕、人口的膨胀，人类社会属性中那"求舒适、讲美观"的创造性统治欲望会无限膨胀，城市化目标必须跟随人类的创新行为进行阶段性的目标增设和更新。因此，城市化目标的确立要"养"、"用"结合：恢复和促进土地、水资源——自然系统的自我调节与再生能力，让自然恢复元气；避免人工系统对自然系统造成更多的侵蚀、掠夺，增强城市与自然的交融，提高对人与城市的免疫力。

（2）城市化的原则

无论人类承认与否，人正在以"自我"为蓝本创造城市，以人类为蓝本创造城市社会。因此，城市化进程要注重以下原则：①遵循"人、城市与自然"三位一体，共生共荣的整体性——"天人合一原则"。②把城市系统看做是具有功能交互、能量吞吐、过程流变、循环再生、自我完善的智能有机体，宏观监控城市发展的基本动力、内涵和表现状态，用"生态平衡原则"去协调城市人物关系、城市经济关系以及人文历史关系等，引导城市化健康发展。③坚持"综合互补原则"，以城市"反哺"农村，以发展、规划和管理的方法克制"城市病"，实现城乡区域经济的一体化，提高城市化的水平与层次。

（3）城镇化与小城镇景观建设

在城市化进程中，小城镇可以分担大城市的部分功能，直接服务农业、农村和农民：既能就近吸纳农村人口，又可以成为农民工回乡的创业之地，乡镇企业的再生之地，县域经济的富民之地。同时，加快小城镇基础设施建设步伐，不断完善各项设施的配套水平，强化小城镇集聚产业的功能，增强小城镇对农村人口的吸纳能力，积极引导农民有序转移，就地就近进入小城镇。要充分发挥市场机制对于推进城镇化和小城镇建设的基础性作用，吸引各类生产要素和市场要素向小城镇集中，优化各类资源配置，尊重小城镇发展优胜劣汰的自然过程。对于小城镇经济发展来说，更应注重资源和生态环境的保护，否则会因自然资源被破坏而使经济发展受阻，因历史文化遗产的毁损而丢失特色和吸引力，因生态环境的破坏而受到惩罚。所以，要准确把握国内外形势，提出符合我国国情、顺应时代要求、凝聚人民意志的小城镇景观发展原则、目标和环境总体规划。

①小城镇发展的基本原则：以经济建设为中心，转变发展观念、创新发展模式、提高发展质量，落实"五个统筹"（统筹城乡发展、统筹区域发展、统筹经济社会发展、统筹人与自然和谐发展、统筹国内发展和对外开放），把小城镇景观与环境建设纳入经济、社会全面协调、可持续发展的轨道。

②小城镇建设与发展的主要目标：全面深化农村改革，大力发展农村公共事业，千方百计增加农民收入，推进现代农业建设；以自主创新提升产业技术水平，加快发展先进制造业，促进服务业的发展；加强基础产业、基础设施建设，形成合理的区域发展格局，促进城镇健康发展；大力发展循环经济，加大环境保护力度，确立具有地方、民族特色的小城镇形象，切实保护好自然生态，营造品质优良的景观环境氛围。

③优势互补，协调发展的总体规划：由于当前我国的快速城镇化，每年有近两千万左右的人口从农村迁往城镇。要促进城镇化健康发展，应坚持城市体系的类型、规模协调发展，走中国特色的城镇化道路，"不跟风、不攀比"，力求做到因势利导，促进小城镇合理有序、健康发展。

3.1.2 小城镇景观与自然空间环境的关系

在小城镇的景观体系中，虽然自然环境、建筑环境、人文社会环境是小城镇景观形象构成的重要组成部分，但是，景观要素构成的关系会因为景观系统自身的基础、属性条件和各系统要素的构成比例关系，使得小城镇景观在视觉形态和环境质量方面形成千殊万类的形象个性特色。在小城镇建设与发展的各个时期，需要加强这些特色，从而塑造与众不同、各具特色的小城镇。

3.1.2.1 镇区街道的景观关系

在小城镇镇区范围内，由坊区建筑空间、街道建筑空间构成了物质空间视觉硬件的主体，它们在自然环境中为人们提供了生活、劳作、交往的公共空间。坊区的块面分割、街道的线性网络以及在坊、线交叉、结合、凹进部位的广场、绿地、水体节点，构成景观中必备的点线面体要素关系，使得平面展开与空间层次上有了景深的参差和天际线的韵律。

街道景观是小城镇环境视觉景观的主要载体，它通常由底界面、侧界面和天际通廊空间构成。由于街道建筑是坊区切割的边界，因此坊区内部的建筑会在空间形态上为街道建筑提供视觉景深的映衬底景，视觉景观在主视角度的变化中，完成了小城镇街道景观的"步移景换"。由于街道景观的线性网络特征，使得这种视觉要素在道路凹进、交叉节点、水陆结合部产生重要的广场、绿地及路网行道树木、花草构成的点、线相连的街景与绿廊景观。

街道景观中，线性的平铺直续与界面围合，以相近似的形态体量重复构成并成为视觉感知的主体，而街道中的标志性建筑、广场，节点凹进的休憩、交往空间与绿地是景观空间节奏的视觉敏感点。当人以步行或车行的尺度与速度从街道中行进时，则街道景观随着视觉的扫描依次将近、中、远处的视觉形态组织成一帧帧连续的画面，这些画面会在人的主视区域中形成主次分明的景观，随着景象的接近与退隐，景观的主视点推移并使景观要素呈现图与底的转换。因此，严格意义上说，景观中的空间关系是随着视觉的关注角度和位移而形成的主宾、虚实、图底景象的改变，同时也为景观的环境带来了动静、流滞不同的氛围感受。

3.1.2.2 区域城镇的景观关系

区域小城镇是指小城镇群落所处的地理位置属于同一行政区划，或者是一种约定俗成的地域划分。如皖南小城镇的传统村落、集镇。所谓的皖南地处安徽南部、江西北部、浙江西部的山地交汇区，由于历史文化的传承相近，其民风习俗和民居建筑的独特风格在中国建筑史中占有特别重要的位置，人们从地理、历史、学术等角度将这些小城镇、古村落确定为"皖南"，而皖南村镇聚落中的民居建筑则被称为"徽派建筑"。

当然，在我国改革开放初期曾经产生重要影响的"苏南小城镇"、"温州小城镇"、广东珠江三角洲的"广东小城镇"，都曾经是区域经济振兴时期小城镇群落健康发展的杰出代表。时至今日，当年的小城镇有的已经相互联结发展成为大城市的街区，有的融入大都市、都市圈形成"巨型城市"，有的甚至发展成为区域城市。而处于城乡结合部的村镇聚落，随着快速的有机增长，正在形成城市发展新的增长点而悄然扩张着自身的魅力。

区域小城镇群落在地理、气候特征上具备相同或相近的特色，但是在区域内会因为地形地貌的变化影响而令小城镇的景观形态改变。

由于区域小城镇群落在产业结构和经济特色上在国民经济中担当的角色不同，而使同一区域内的小城镇在景观构成上具有明显的差距。同一区域内的环境影响和辐射作用，会使镇区的形象特色和景观构成元素趋向统一或雷同。

区域小城镇群落在文化属性上有许多近似之处，但是同一区域中的小城镇会因为文化中心结构和周边环境条件的影响使某些大城市周边的小城镇、商品集散地的小城镇、交通要道的小城镇、近山临水面湖的小城镇具有得天独厚的自然环境条件和与众不同的人文景观元素。

区域小城镇群落在快速城市化的道路上，由于历史的机遇和城镇管理决策层的导向，而令这些小城镇在城镇化建设和景观的创造上领先一步，成就小城镇在特殊历史时期实现了自主创新的跨越。

3.1.2.3 城乡统筹的景观关系

虽然同属于小城镇，但是由于小城镇所处的地域、地理位置、自身资源环境、人文环境等因素的不同，使得同处于一种文化背景下，同一个民族、民俗环境之下的小城镇在城镇形态、景观构成、环境氛围上存在很大差异，从而使处于同一起跑线上的小城镇群落在发展过程中逐渐拉开距离。位于我国北部京津唐区域城市圈的小城镇，东部沪宁、苏杭大城市、大都市圈的小城镇，广东珠江三角洲区域城市圈中的小城镇，水陆交通要道或政治、经济、军事等战略要塞的小城镇，都会因为获得较多的机遇和便利的条件而受到重大影响，而小城镇中名人、名胜、名品等人文物质特色，也会激发小城镇的活力，促成小城镇旅游产业经济的勃兴，从而，强化小城镇景观环境的价值，使小城镇在同一层次甚至是不同层次的群落中异军突起。

景观具有重要的区位、地理效应，景观更具有所处城、镇系统层次的规模、尺度的制约与引导作用。都市内、城市中、镇域范围，景观要素会因为城镇规模产生尺度上的变化。当小城镇中的土地、水体被开发、规划利用之际，其用地范围的建筑设施、道路交通、植物绿化会因为服务对象的多寡定位而在规模、尺度和项目的综合性上有所调整。小城镇中的景观构成一般呈现宽松、自由、温馨、可人的尺度和相对单纯的环境氛围，这与大城市、大都市现代强势文明的综合包容性景观构成，形成显著的层次对比关系。

景观更具有显著的地方、民族、民俗、宗教特色。小城镇形象与景观的特色在于它的本土文化积淀程度，亦即小城镇有机增长过程中建筑空间形态与自然生态环境所结成的和谐关系。所谓"田园文化"、"耕读文化"、诗情画意的小城镇风光，当是对小城镇景观特色的定位赞誉，使它有别于现代文明城镇占据突出地位的现代城镇景观。

当然，近年来新兴的小城镇和经过改造或重建的小城镇，由于在建设的理念上、规划设计的手法上、景观艺术的创造上忽略小城镇本土的各类资源、环境条件的整合，过多地吸纳大城市建设的经验，在空间规模和营造尺度上模仿大城市的形态模式，在景观建设上过多地借鉴甚至照搬国外成功的经验，使小城镇一起步就具备大城市的气势和展现西方现代化的城市景观——现代化的景观大道、现代化的市政广场、现代化的建筑楼宇空间，非人的尺度和脱离现实的小城镇规划结构，使小城镇景观在炫耀现代化的城市文明中忽略了本土民众的生存习惯，失却了服务于人的使用功能、失却了人的主导参与性，从而使现代化的景观成为奢侈、浮华的象征：浪费了资源，丧失了人性。

3.1.3 小城镇景观与社会人文环境的关系

小城镇的景观体现小城镇土地、水体、自然资源的利用特色，体现小城镇环境的生态构成特色，体现小城镇社会经济结构关系特色，体现小城镇社会生活中民众精神风貌特色。

3.1.3.1 景观的自在与民众的认知

小城镇的景观非一时之功，它是本土民众休养生息、文化发展代代相传的历史见证。小城镇的物质景观具有时间、空间的历史迁延性。虽然在时代变迁中，人类社会——这一极不稳定的景观体系有着变换、不可捕捉、无法稳定的特性，但是，当你瞩目一组历史建筑、游历一段历史街区，抑或是触摸宗祠门前的石狮、观赏梁柱之间的雀替，都可以领略到系列景观环境中所凝结的那历史岁月中尘封的往事和先祖民风中进取、坚韧和无所畏惧的刚毅。

（1）景观的生活写照

小城镇初始的景观意识是自发的、朴素的，具有"信手拈来"的随意性。但随着经验的积累，人们意识到，日常生活中看起来美好的事物其实是最能代表客观事物发展的规律。山之巍峨、峰之险峻、河之逶迤，湖平如镜、树木葱郁、花草茂盛；远观气势、近辨色质，由表及里，可知生命力之生发、条达、丰润、饱满、充盈、刚健、强盛；生活中的感悟转嫁于生活场景之中，从而使这一朴素的景观意识成为一种主动的追求，体现了生存发展的一致性（图3-10）。

图3-10 陈家祠庭院的"听书"景观雕塑

（资料来源：作者自摄）

（2）景观的社会缩影

小城镇的景观经过了历史的变迁、精华的积淀。从中国传统的小城镇形象与环境景观遗存可以看出，不同历史时期具有不同的生活观念和价值。尽管传统文化具有千年不变的一致性，但是王朝的更替、时代的变迁、不同民族文化的融合，使单一民族的社会种群逐渐走向复合、复杂和综合。现时社会就像一面镜子记录着时代的变化，建筑是其中突出的代表。人们从建筑的形态构造、装饰风格的特点，可以领略到不同时代的生活风尚和情操。

（3）景观的民众意象

小城镇中的寺庙、宗祠、阁塔、亭台、廊榭等建筑物是先祖民众居家生活之外朝拜供奉、公共活动、社会交往、休闲畅游的怡情场所，建筑物的形态体量和空间环境根据其属性进行空间形态的创造，或理水叠山、或曲径通幽，配以合适的树木花卉种群，营造了一个个符合人们生存理想的祭祀、生活、游乐之地。在人类进入文明时代，社会物质生活富裕，建筑技术和手工艺得到空前发展的时期里，人们追求士大夫、文人雅士的生活逸趣，希望现实的生活达到中国山水画家笔下所描绘的诗情画意之境界，或追求皇家宫苑的气派，或寻觅山野隐居的清雅，现实生活的场景中时时融入这样一种对意念、理想中的追求，使得小城镇的景观构成逐渐脱离朴素的手法，走向了现实、严谨、崇高甚至是虚幻的理想道路。

3.1.3.2 景观规划与民众生存的联系

景观建造具有自发性和自觉性。从小城镇空间环境的历史演进中可以得知，先民们在营造居所选择宅基地时，遵循"观天象、察地理、得人事"的做事方法，坚守"生存、安全、吉利"的巢穴理念，"外师造化，中得心源"，凭借世代相传的生存经验和了悟生死的洞见，根据栖息地的地理、地形、地貌，结合水土、气候、阳光、季风特点，营造出"顺天尽性"的居住空间和环境。

古代文明早期，由于技术落后、手段原始，地域之间的部落、村镇相对封闭独立，缺少沟通，造就地域民族、民俗文化形成特色鲜明的对比，人工构筑的物质形态与自然环境的物质形态随部落、民族的发展而变化，从而积淀了不同种族和文化背景的村镇景观。

伴随着部落、国家的强盛，对于建筑、环境的视觉审美需求的提升，中国传统城郭、建筑理念在"天人合一"的宇宙图式规范下，更多的是服从国家、民族的整体性，把个人的生存与发展、理想和追求融入大的、整体的范畴，"筑城以卫君，造郭以守民"，城郭的街坊，建筑的形制，官民的礼仪具有严格、规范的等级制度，城郭意象"法天象地"，街道景观"得景随形"，小城镇形象与景观皆"因势利导"、"因借随机"，宛若自然天成，不乏人事之功。

（1）景观规划的自发性

"景观规划"是现代城市规划与设计中的专业术语，然而在中国古代却早就有文献对于风景、景色等自然风光的描述，只是这种"景致"尚停留在先民对于客体的朴素感知和描述之中，属于作为高级动物的人类对于村镇空间组织形态的一种自发的审美意识，而这种意识恰恰又是本质的自然表述。

在中国城镇发展史中，影响中国古代城镇规划的思想是"天圆地方"的宇宙观，"法天象地"、"天人合一"的城郭理念，这种生存聚居宇宙观早在新石器时代就已产生并初见端倪。西安半坡文化遗址、姜寨文化遗址、河南濮阳西水坡仰韶文化的墓葬文化，均讲究阴、阳建筑宅基地的坐向和朝向，崇尚天圆地方的形状、义理；聚居、村镇的形态法天象地。在这种原始质朴的城镇规划思想体系下，城镇内部的建筑、道路遵循严格的形制和礼仪规范，村镇的空间形态与景观形象皆存在于这朴素的造城理念与风水堪舆理论和实践之中，城镇物质景观的审美蔚然成风，然而其景观规划的理论却停留在早期的萌芽状态，并没有从城镇建设的体系中独立出来。

（2）景观规划的自觉性

虽然现代景观学在我国起步较晚，但是我国远古先民对于景观规划与建设的朴素热情从来也没有终止过。事实上，中国人对于景观的营造研究与实践随着石器时代、青铜器时代的文明推进已经从原始朦胧的自发意识，走向自觉。中华民族是一个崇尚国家统一整体的民族，凡事必先"筹划、谋略、布局"，整体上看"气势"，进程中讲"开合"，终结处见"收口"。小城镇空间环境中的"景观"分主宾、理层次、讲章法，情景呼应，顾盼有情。早在夏、商、周时代，我国都城的选址、规划就已经进入相对成熟的历史时期，宫廷苑囿景观具有明显的士大夫、文人情结。而对于村镇、乡野自然景观，更有着"重农桑、尚耕织"的田园风光和宁静、避世、清雅的倾向。随着中国山水画画种的勃兴，阴阳五行理法的研用，民众对于"风光"、"景色"的美观和人事衰旺审美有了进一步的认识。到了隋唐时期，随着风水文化的日渐繁荣，人们对山水画所表达的美好意境更是向往推崇。皇家宫苑、道观庙宇、甚至宗祠陵园都遵循着一套造景止观法则，实际上，古代的重要景观遗址有很多出自历代山水画家的主持或参与。因此，中国山水画的"开合"气势、"起、承、转、合"的布局法理和整体构成的意境一直被中国古代营造景观所借鉴，其超越现实的典范至理被广泛应用于聚落、城镇、都市的建设之中。

（3）景观审美的价值观

中国传统的景观意象自成体系，具有鲜明的民族与时代特色。古人根据长期对自然的细心观察及实际的生活体验，产生了有关住宅、聚落、村镇及城市等居住环境的基地选择、规划设计的学说——"风水术"或"堪舆学"。虽然其具有玄学、迷信的色彩，但它的实质却是围绕人类的生存、健康、安全、发展来综合考虑宅基、城郭选址，考察地质、地形、地貌、水文、日照、风向、气候、气象、景观等一系列自然地理环境因素，对人类生存与发展的影响作出优、劣的评价和选择，采取相应的规划设计方法和改善、补救措施，从而达到"趋吉、避凶、纳福"的目的，创造适于生存、利于发展的良好环境。

当然，人类栖息地的形成、发展、没落，还取决于地理、政治、经济、文化、历史等多种因素的影响程度，各聚落、村镇自有其特殊的主、客观规律，并不是都能纳入或符合"风水—堪舆"的理论模式，即使是理想的风水模式，它还受到传统宇宙自然观、环境观、审美观的实践对应关系的影响。所有这些，对传统住宅、村镇、城市的选址及规划设计都产生了深刻的影响并起到引导作用。它将自然生态环境、人工环境以及景观的视觉环境等作了统一的考虑，"适形而止"，"天地革而四时成"（《易经》）——利用大自然生生不息的运行规律来布局、规划、设计各类城镇、建筑和景观，并在建设中对大自然进行适当的"革命"改造，以使其形态、功能和景观审美符合人类的生存需求和审美理想的发展需求（图3-11）。

图3-11 山、水、人、城

（资料来源：作者自摄）

3.1.3.3 景观民俗化与本土景观的升华

景观既是自在的，也是人为的。在小城镇的空间范围内，景观的自在性表现在景观的自然随机性。自然环境之中，山川河流、植物、动物遵循自然界的成、住、坏、灭的自然规律。万物自在，无所谓美丑、好坏之分别。人在生存与发展之中，获得知识和经验，培养并形成生存观、审美价值观，人从目光所及的自然环境中领悟到四季流转、光阴如梭、生灭一瞬间的生命苦短；登高望远、目极四野、天地穿隆的时空无限；高山流水、峡谷瀑布的气势韵律；平沙落雁、镜湖濡烟、密林古道之意境幽远……景与观，在于看。所以，自然环境之景观，自然天成，由观看引发心随景动、景随心转、景催情生、情随景变、景情互动，谓之曰"情景交融"。

由此可见，自然、人工、人文景象的自在，并不能被断然认同为景观。只有当它们与人的视觉和行为产生联系，激发人的情感与之共鸣，才被界定为现代意义中的景观。而人的情感，则是综合了人类生存过程中所积累的全部精神财富——知识、经验、观念、价值、原则等，它把景象甄别、过滤，抽取了实存中动人的因子，与人的视觉审美联系，组合定格成"景观"。这是一种广义的景观认识，是民俗化、世俗化的景观倾向，景观存在自然、随机，景观的价值依靠观者的意志、观念攫取并认同。传统聚落、村镇中有许多自然形成的景观：村镇中的大树、广场、池塘、溪流、沿街店铺、作坊、廊桥、塔楼等既是民众生存环境之场景，又是展现世俗繁华之景观图卷（图3-12～图3-14）。

图3-14 村口古树

（资料来源：http://www.quanjing.com/imginfo/282-0552.html）

图3-12 景观自然随机，遵循自然规律

（资料来源：http://www.quanjing.com/imginfo/）

图3-13 万物自在——乐山大佛

（资料来源：http://www.nipic.com/show/1/67/5935473kcd4182ca.html）

景观的人为性表现在，人类总结了存在的景观美感的形态构成与审美要素的价值规律以后，自觉主动地去规划、营造物质形态，把意象中的景观因子（艺术形态学中的各类造型手段和规律）融汇到小城镇的各类物质形态之中，从而创造出符合人类生理、心理需求的美好景观，此类景观在传统的小城镇中多以围合封闭的官邸、宅院、私人花园、宗祠、庙宇等园林艺术景观形式呈现。这些景观的元素，虽然来自于民俗生活，但其格调清正、高雅，吸收了皇家苑囿的造园特点，又融入士大夫崇尚的诗情、画意，景观意象美轮美奂，令人流连忘返。

现代小城镇的景观构成中，除了以上传统景观的特色之外，更多的是在现代西方的景观理念下建造而成的新景观，具有鲜明的欧陆、英美风格。原因很简单，现代意义的"景观"，在中国是一个新概念。而"中国古代园林景观则有悠久的历史，大致可分为皇家园林、私宅园林、寺庙园林这几类。中国园林景观在这几个领域都曾经取得过辉煌的成就，但是，这些园林都是围墙内的景观。而现代建筑设计意义上的景观是房屋建筑内外的所有设计，是一个开放的概念，含义更加广泛。可以说，中国古代的园林景观只是属于景观的一类"（刘亮）。大地景观、植物景观、建筑景观、城镇景观等景观体系都是现代景观的范畴。而现代中国的景观设计曾经在很长一段时间内局限在城镇公园设计的范围内。因此，景观的设计体系在中国可以算是一个全新的领域,虽然中国拥有深厚的园林景观理论与实践传统,也具有开放景观的思想、方法的悠久历史,但始终没有使之形成完整的类似景观学理论体系并发扬光大。这使得西方的景观学体系得以"乘虚而入"。

现代中国的景观设计,其最基本的依据就是符合广大民众对景观的需求,而这种需求必须从"可用性"开始,继而才考虑其"可游性"、"可观赏性"。鉴于中国地少人多、活动空间紧张的城镇聚居现象,必须寻找适合中国本土的景观艺术,"因地制宜",遵循中国造园设计的古训,立足本土的地方特色、民俗特色,处理好土地、水体、阳光、温度、气候、植物各类要素的相互关系;把属于自己的生活方式和文化信仰融入各类景观之中,造就并形成属于当代中国本土、地方、民族的景观特色。总之,中国古老的园林景观艺术是有生命并不断生长的,它需要当代中国人的深刻领会和体悟,用现代化的观念、现代化的景观语汇去发扬光大。

3.2 小城镇景观设计学科的产生与发展

在城镇发展历史中,有关小城镇环境景观艺术规划设计的理论与实践尚属于一个崭新的概念。虽然,在城市设计体系中,有环境、景观设计的理论构架与研究范畴,但是,这是一种偏重物质规划、设计的理论与方法,在城市规划与景观建设的实际运作中,物质规划与功能设计往往成为满足设计要求的基本条件而被忽略,人们在方案创意对比评审中需要艺术含量更高的设计方案,这就必须从艺术角度切入环境和景观规划,运用小城镇环境艺术、景观艺术的设计理念与方法去诠释物质形态之上的精神境界——设计学中关于艺术美以及形态学上的审美意象和价值。在我国,有关小城镇环境、景观艺术设计的理论与方法研究很少,需要众多的城镇艺术家、学者对其进行专门研究,以利于小城镇群体的健康发展。

3.2.1 小城镇环境与景观设计范畴

3.2.1.1 设计的范围

同其他造型艺术设计一样,小城镇景观艺术设计首先是一种视觉造型艺术设计。这种造型艺术设计对象是小城镇中的一切物质要素之间的空间关系,即物质形态、空间环境为人们提供的实用功能和视觉审美功能。关注的是实用功能的达成与环境艺术氛围的营造。由于设计是围绕着人的需求展开,所以它具有很强的实用性、经济性、技术性和高度的综合性。

设计通过三种系统要素进行艺术与技术处理,达到视觉美化与实用的目的。

①人工要素:小城镇中的人工构筑物、装饰物以及公共设施空间与形态等。

②自然要素:水陆、动植物的生存空间与形态,以及阳光、空气、气候、温度等。

③人文要素:地方历史文化、民族民俗以及宗教信仰、社区形态构成特点与人际交往特征等。

在这些环境要素的参与下,通过人的五官六识(视觉、触觉、听觉、嗅觉、味觉和灵觉)的综合感知,创造小城镇景观环境宜人的艺术氛围。所以,"我"以外城镇中的一切,大到整个城镇形态,小到建筑物的只砖片瓦造型、色感和质感,乃至柱头、柱脚的形态与花饰风格都属于小城镇景观艺术设计的范围(图3-15)。

显然,这是一种广义的小城镇环境景观艺术的设计范围划分,既具有普遍意义,又具有专业特性。从专业设计的特征以及易于深入研究和有利于专业发展而言,对于小城镇环境景观艺术过于宽泛的理解是不妥的,处理不当会导致专业的庸俗化,失去专业个性。然而,因为有难度、有所顾忌而回避对其设计范围作界定,或者将其局限在对于城镇建筑空间规划的功能层面,抑或是仅仅关注城镇建筑物界面的装饰和景观网点中的点缀设计,也会使其趋向狭隘的低俗化。

小城镇景观艺术设计所限定的设计范围随城

图 3-15 茶馆文化

（资料来源：http://www.quanjing.com/imginfo/east-ep-a91-1282226.html）

镇建设发展进程的不同阶段而体现出兼容性、渗透性、独立性和综合性。或者说，它在相关的设计门类中充任的角色和起的作用不同，即：包含在城镇建设发展策划初期融入总体规划，影响规划设计；在建设中，渗透到建筑、园林等专业领域主导或参与设计；在城镇改造和创造环境的景观艺术中显示设计的专业独立性，这是景观艺术的主体设计范畴；在视觉传达、媒体广告、平面设计等设计学专业体系中，它综合艺术设计门类的审美核心特征，使之充分展示小城镇这个大环境景观的艺术个性。

所以，小城镇环境景观艺术设计的范围虽然广泛，但是归纳起来则体现在两个方面：即以环境为衬托的景观设计和创造环境氛围的设计艺术。前者属于规划、建筑和环境设计的内容，环境景观艺术设计只能是包容和渗透其中的概念设计；而创造环境艺术氛围的设计却是艺术含量较高的环境改造、装饰及景观艺术场景作品的创作设计，这种独特而综合的设计艺术通过对建筑空间环境的营造、建筑界面的改装、花卉草木的种植、养护及装饰，按照一定的生态、美学原则创造出个性独特的新景观（图 3-16）。

图 3-16 小城镇独特的环境氛围

（资料来源：http://www.quanjing.com/imginfo/rob-841-583.html）

3.2.1.2 设计的内容

在小城镇规划与建设中，涉及镇区形象设计，居住区形象设计，某标志建筑形象设计，某建筑室内外环境设计，某企业形象设计，某工业产品设计以及美化环境的艺术设计。诸如城镇道路、广场、节点、公共设施、装饰及绿化艺术设计都属于小城镇景观艺术设计的内容。按照小城镇景观艺术设计所统筹的领域，以及在小城镇建设中所处的位置和切入角度，其内容通常包括如下两个方面。

（1）小城镇视觉物质体系的形、色、质

①开篇布局的艺术规划：小城镇新建伊始须经营位置，规划物质功能分区，对小城镇内的居住、商贸、旅游、文化教育、行政、工矿、养殖、耕种等行业进行分区组织、交通网线穿插，以及对历史文化和自然资源进行保护和利用，其规划质量直接影响小城镇发展的命运。

一般来说，物质功能分区与道路交通的结构网络对小城镇的形象与环境景观有很大制约。这是因为行业的性质不同，建筑物的形象、结构体量、材料肌理、色彩的处理将采用不同手法，使之呈现不同特征，建筑群体的空间和景观形态也存在很大差异，如居住建筑中，传统民宅建筑与现代商品住宅建筑在造型风格、材料技术上形成很大反差。即使是道路交通所构成的空间环境景观也大相径庭。道路结构、网络的分割与联系把小城镇内的功能分区有机地组织起来，形成了既有分隔又有联系的动态空间。而道路的结构等级、使用功能，又决定了道路的尺度和坊区间的空间关系。规划设计需要将诸多因素了然于胸，使空间组织起承合于"绳规"，开合从于法度，所谓胸有成竹如是，环境景观美已在其中矣。

② 建筑空间节奏韵律的"谱写"：小城镇的环境景观靠建筑内外空间的关系来形成。这种构成关系所呈现出的空间节奏、韵律之美，靠的是建筑景观美学精神作支撑，设计艺术的审美观念所达成。

中国传统建筑首先强调建筑的"可居性"，认为适度地保持体量和空间的形式可避免大体量的压抑感，让人感觉轻松自然，和谐统一。其次是建筑的"可观性"，建筑作为人的活动基点和外展内收的立足点，身居建筑之中，既可观赏建筑内部的构造美、装饰美，框景于自然（由门、窗向外观赏自然景观犹如剪裁自然景观画卷入室），又可从外部观赏建筑的形态美，建筑与自然对比统一的和谐美。最后是要求建筑的"可游性"，这种"可游性"，在民宅为庭院，在景区为公园，在宗庙为宗教圣地、文人山庄、别墅和园林景观美化。这其中，建筑以人工的技术美形式与自然环境中的花草、树木、假山、湖面、池塘等自然美形式一起构成了人文景观（图3-17）。

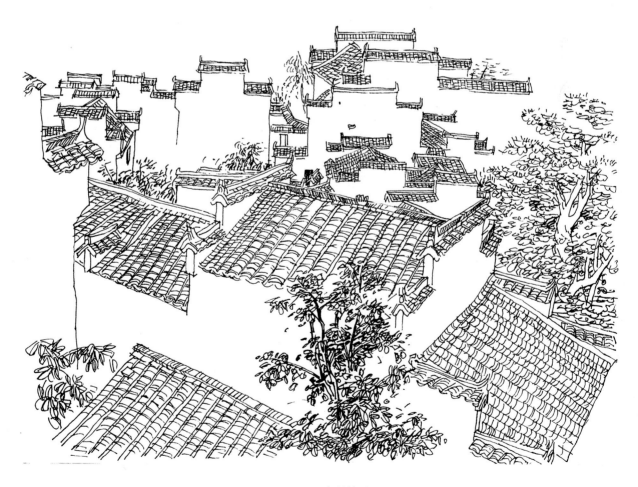

图 3-17 宏村掠影

（资料来源：文剑钢绘）

中国现代建筑受西方建筑文化的深刻影响，表现出西方科学技术精神与中国传统人文精神的对比与融合。由于我国现代科学技术的发展，导致了传统建筑营造在材料、结构、造型、审美上的新发展，形成了以表现材料的结构、肌理、色彩特性和工艺加工技术美为特征，具有国际风格的现代建筑。

现代建筑同古典建筑一样，在新的技术条件下、新的审美观念下，重新实现了技术与艺术的统一。建筑设计观念的更新标志着城镇建筑形象的改变，也记录着空间环境景观的变动系数。把小城镇这些历史人文景观之美、现代科学技术的理性之美所构成的因果关系、变动系数，按照一定的设计理念，使之形成一个设计主调，融入城镇景观设计并主导环境艺术设计，改善建筑形象，从而使建筑一生成便具有很强的景观艺术融合力。

（2）小城镇非物质意识体系的象、境、意

①视觉形象的定位与确立：小城镇的视觉形象是一种综合的评价和印象，它是由建筑风貌、景观意象、环境氛围等各个要素体系构成的居民与社会形象统一体。

建筑风貌：通过单体、群体建筑造型的风格特色与历史文化积淀等形成视觉与心理感知的风貌形象。

环境氛围：主视者通过自身的五官感知在对比融合后形成的视觉氛围关系。

景观意象：环境中物象形态气势、结构体量、材质肌理、节奏韵律、光色等形成的对立和谐关系。

居民形象：市民的仪表、举止言谈、交往行为表现出的素质与文明的程度综合形成一种形象（图3-18）。

社会形象：社会性质、人际交往，地方民风习俗、宗教信仰、传统文化特色形成的综合文明形象。

小城镇形象是物质动态发展的时空形象，丰富历史与现实内涵的人文形象，综合形成的视觉意象。对于形象意境与心目中的意象内容综合处

图3-18 鲜明的民族形象

（资料来源：文剑钢绘）

理，可塑造具有独特个性、鲜明突出的小城镇视觉形象（图3-19）。

图3-19 平遥民居

（资料来源：作者自摄）

②环境景观装饰的艺术处理：道路形态的曲直、显隐、交叉，路面硬化铺装的"冰裂"肌理；似镜的水面，如虹的桥梁；令人心旷神怡的广场，沁人心脾的花草、树木之芳香——它们与建筑有机地构成了环境的视觉要素，这些要素在环境构筑物、点景小品的点缀装饰下，使环境景观顿添迷人的魅力。而小城镇中的灯柱、电话亭、店铺、作坊、招牌、广告等公共设备和媒体设施，环境中的雕塑、壁画、陈设等艺术品，以其独特的造型和大信息量的视觉艺术传播形式，成为环境景观中的"光辉点"（图3-20）。

图 3-20　古镇石板路

（资料来源：http://www.nipic.com/show/1/48/4976143kba26397e.html）

③环境景观意境的营造：景观营造需要景观艺术设计以其专业主人翁的姿态和创造性思维进行统摄处理。根据环境中的条件和构成关系，选择某种设计艺术表现形式，对建筑本身及其环境进行改造、改装的艺术处理，使人在与环境艺术品的"对话"中，实现艺术对环境统摄扩张的感染力。环境艺术品以"画龙点睛"之笔完成了环境景观视觉艺术的审美价值，环境艺术品与环境相互映衬、相得益彰，形成美妙景观。小城镇中的壁画、雕塑及其艺术装置正是景观中的"龙中之睛，绿中之红"，它们的存在活化了环境并使景观有意象明确的意境（图3-21）。

图 3-21　富有童真情趣的公园雕塑

（资料来源：作者自摄）

3.2.1.3　设计的基本特征

把形象与环境进行地方性视觉艺术处理是小城镇景观设计的基本前提。根据设计的思维特征、审美特征，按照设计艺术的基本规律，采取不同的设计角度，客观整体地分析设计内容，跨越学科和专业的综合设计和处理，是小城镇景观艺术设计的基本特征。

（1）地方性是设计的依据

地方性特征是肯定小城镇景观要素构成的多维性，强调了在同一文化背景下的小城镇环境形态在不同地理位置、不同气候、不同地域民族、民俗因素条件下小城镇环境差异的合理性。这种差异，原本是各地域民族部落的人们在历经漫长的适应性发展过程中所形成的自然选择。地域民族曾经拥有辉煌的历史，造就了千姿百态的传统聚落、村镇形象与景观环境。只是在工业革命开始以后，没有国界限制、没有地方民族特色的科学技术以及钢筋混凝土、钢结构、大跨度建筑形态的迅猛发展，彻底打破了小城镇几千年初衷不改的自然演变与发展势态。地方性、民族性连同传统文化的某些特征一度被作为没落的、影响发展的因素被否定（图3-22）。

图 3-22　富有特色的傣族民居

（资料来源：http://www.quanjing.com/imginfo/82-0075.html）

然而，在现代文明高度发达的大都市以及发达的中小城镇中，虽然现代主义的国际风格占据了主流，但仍然有一些具有远见卓识的设计师保持了清醒的头脑，他们意识到现代主义高物质文明所带来的弊端,开始反省并企求在返璞归真、回归自然、保护环境中向地方传统文化寻求解决问题的方略,正确处理了来自于美学、思维方法和创作手段方面的冲突,把现代艺术根植于地方文化,融入地方民俗环境之中,使之在设计思维和审美中体现了一种超越时代的洞察力,并赋予其作品强劲的生命力和感染力,显现出相当深远的历史价值和现实意义(图3-23)。

图3-23　叠山理水的现代手法

(资料来源:作者自摄)

富含地方特征的景观以其极大的包容性彰显了设计的全部内容,这是因为景观艺术设计从来都是具体的、带有特殊条件的,是某个地域小城镇之中的景观环境与形象。评价景观形象设计是否成功,一定要使之与所在地域环境的总体风貌相结合,与当地环境生态相和谐。在小城镇规划建设中,正确处理了地方性和国际性的关系,也就解决了审美观念中理想性与现实性的冲突,化解了设计中艺术性与科学性的矛盾,达到了与自然同步发展的和谐与平衡。

(2)民族性是设计的前提

对设计者而言,设计是一项具体的创造性活动,必须是也一定是某个国家地区、某个社会民族、时代空间的人,因此设计就带有设计者的地域性、民族性、时代性特征。对于设计的这三大特征,原本是应该自然、自发、自觉地出现在设计中,为何必须强调民族性?这是因为人的民族血统是本质的基础,具有根本的认知、学习与创造的动力机制。人的民族秉性、受教育的背景与文明熏染程度会成为影响设计成果的关键因素。因此,要体现设计的创新性,就必须坚持和开发本土民族的风尚,以文化的民族性为前提,才能设计出与当前国际同质的设计风格拉开距离、个性鲜明、充满生命力的原创设计。

(3)综合性是设计的特征

依据景观艺术设计在参与小城镇规划建设时对小城镇形象和环境所产生的直接影响,用视觉艺术统一设计的方法,把设计对象看做一个整体,系统地分析视觉要素的构成关系,采用灵活而现实的设计方法,对小城镇进行针对性的综合艺术设计,其设计将呈现如下特征:

①概念设计:使低碳环保意识、环境生态设计观念与符合地方自然民族审美的价值取向,充分体现在小城镇规划建设中,使新兴小城镇成形之初就富含艺术审美的因子,让传统村镇保持和发扬优良的历史传统。

②参与设计:在小城镇建设实施中参与到建筑设计、园林设计等专业设计领域,这种参与并非取代,而是补充、加强艺术性,在物质形态诸如建筑物生成之后便具有自然生态特征、环境审美价值和较高的艺术含量。

③主体设计:采用跨学科综合性的统筹规划与设计,运用景观学的设计理论、方法与工程营造手段,保护历史建筑,改建、改善、修复建筑形态及空间环境的景观缺憾,确立小城镇形象,营建舒美的小城镇环境景观。

④氛围设计:进入到环境艺术专业设计的具体门类,采用纯艺术或艺术含量较高的创作设计,对视觉媒介等公共设计进行深化的艺术设计和综合的创造性设计。如小城镇建筑室内外环境艺术设计、环境装置艺术设计、环境照明艺术设计以及环境小品艺术设计等人工—自然环境创造性设计等。

⑤人本设计:它是对人的视觉形象,包括人的物质、精神行为规范等方面的综合性景观艺术设计。如小城镇本土居民形象设计、地方性民众

服饰设计、居民语言交往及行为的艺术设计、地方特色的影视艺术景观设计、民风民俗景观设计、地方风土文化与地方现代文明升华的艺术设计等方面的设计，揭示了设计的层次及效果，反映了小城镇环境与景观艺术综合设计的基本特征。

3.2.2 景观设计同相近学科的关系

小城镇景观设计在城市规划、城市设计、建筑设计、园林设计、艺术设计等各个学科的发展演化与学科的相互交叉碰撞中，分离出来而发展成为一个独立的学科，因此，它既与上述学科有着非同寻常的亲密关系，又有着与众不同的特殊性。

3.2.2.1 景观设计与城乡规划

与环境艺术设计一样，我国的城市（乡）规划（2011年，新的学科分类将原来的二级学科"城市规划"更名为"城乡规划"，并提升为一级学科）有着很深的历史渊源，但由于传统城市（乡）的规划一直从属于建筑学，故它的思维方式、内容和方法也都源于建筑学，直到20世纪现代城乡规划理论日渐成熟，才于80年代初逐渐从其他学科中分离出来，拥有了自己的研究对象和领域，建立了自己的学科体系。城乡规划的任务是对城镇、乡村进行整体布局和安排，它关注的是土地使用的合理配置，城镇与乡村空间的组成及环境的相互关系，交通运输网络的构成，城镇政策的策划与实施。因此，它具有显著的经济性、政治性、社会性、人文性、时空性，是一个多维共时作用的结构。其中，城乡的土地、水体使用是基础，空间环境关系是重点，社会经济关系是关键。或者说："在涉及城乡整体的、宏观层面上的空间资源分配方面，城乡规划具有决定性作用"。

事实上，"城市规划，是综合了经济、技术、社会、环境四者的规划，追求的是经济效益、社会效益、环境效益三者的平衡发展。也即，今天的城市规划应由经济规划、社会规划、政策确定、物质规划四方面组成，效率、公平和环境是其依据的基本准则"。可见，城乡的活力、城镇的形态、城镇的空间结构关系、城镇的环境质量是建立在合理的规划、使用土地之上的，应以发展的眼光和环境审美的意识，策划交通网络绿化系统和景点分布，使城镇能动地、有机地发展，从而提高城乡整体的生存质量。

由此可知，城乡规划与小城镇环境、景观艺术设计在本质上是一致的。然而，它们的角度不同。城乡规划从现实入手，以整体、发展的眼光去规划城与乡的各个要素，具体实施要靠城镇设计、建筑设计、环境设计、景观设计（风景园林设计）、市政设计等各专业技术工程实现，从意识形态驻足于物质形态。而小城镇景观艺术设计在城镇规划阶段，只能作为理念策划进入概念设计，或者是将艺术学融入城乡规划，使之成为"艺术规划设计"，在规划思维过程中，强调规划与艺术并重的环境意识，并把形象、环境与景观艺术设计的一般手法融入其中，预留景观发展的用地资源和空间形态管制趋势，加大其规划空间环境形态的艺术含量，从宏观上要求小城镇的一切物质包括场所的空间环境关系符合自然和谐法度，符合人在生理、心理上对美的渴求。这是意识形态作用于物质形态。由于立足点不同，二者在某种程序上可以说是本质与表象、内涵与外延、实用与美化的关系（图3-24）。

图3-24 贵州某小镇

（资料来源：施继绘）

3.2.2.2 景观设计与城镇设计

城镇设计对应城市设计，是以中小城市（镇）为背景，以城乡空间形式为对象，以建筑形态组织为主要内容的空间环境设计。在面对城镇建设与发展所处理的内容和对象方面，由于城乡规划与城镇设计在处理物质形态方面的一致性，而使它们无法分开。从城市规划中可以看出总体规划、区域规划、详细规划都包含着城镇设计的内容，因此，城镇设计始终是城乡规划的组成部分。

然而，现代城镇设计作为一门新兴的很有发展前途的专业，除了与城市规划有着共性以外，更有自己侧重的城镇空间、建筑形态和室内外环境的范围。它可以说是综合考虑多种必要因素而对城镇空间、环境所作的合理处理和艺术安排，它由城镇区域设计、城镇系统规划设计、城镇工程设计、城镇空间环境设计等部分组成。城镇设计以整体协调为观念，综合各行各业实际需求，兼顾历史唯物主义传统和时代审美趋势而力求合理控制建筑物的位置、体量、外部空间形态关系，使城镇各组成要素和各空间更加合理完善。"Camillo Sitte 的《城市建设的艺术》一书在反对当时盛行的规则形城市设计方法以及对宏伟气魄和设计中对图面效果的追求，肯定中世纪城市建筑的人文与艺术成就的基础上，提出了城市建设的设计原则，开创了对城市进行空间设计的新思路"（孙施文）。显然，城镇设计强调设计的艺术性，突出城市空间形态美的原则，深化了城市规划的内涵，它的空间环境艺术设计意识，可以说已经开始向景观艺术设计靠拢，成为环境、景观艺术走向成熟、独立的重要因素。

现代小城镇环境的景观艺术由科学技术的物质形态与艺术设计的意识形态两极相向出发，交汇融合而形成独立的专业学科。鉴于小城镇的景观艺术由城乡规划设计和（视觉）艺术设计两个专业为起始点，所以，带有明显的专业特性，一方面体现了科技含量的物质实用审美特性，另一方面体现了人文艺术的审美特性。可见虽然主导思想相同，但在小城镇建设中所起的作用不同，视觉特征与艺术含量也不相同。

"景观艺术是研究人类与共同生存环境之间以及研究人类如何利用艺术手段去创造和美化自然环境的科学"。从这一概念出发，小城镇环境艺术要把形象的美观、环境的舒适和景观生态和谐的理念作为设计的主要目标来实现，并希望在实现这种目标的过程中派生出有利于小城镇发展的新途径。例如，通过艺术设计的优化，协调小城镇的各要素关系，以优美的景观形象和引人入胜的环境氛围作为招商引资的基础，以景色如画、趣味横生、意境幽远的小城镇形象与环境，振兴旅游经济，从而带动小城镇的经济发展。

小城镇环境、景观艺术设计与城镇设计，关于城镇空间环境的认识以及对环境中景观的视觉形象的艺术处理要求相似；然而，当它们走出规划和建筑设计，将设计推向景观、园林设计，走向室内环境艺术的具体设计时，其思维特征、审美特征、设计方法和完成手段则逐渐拉开距离，形成了两个以上学科体系的目标和内容。

寻常人们容易把小城镇环境、景观艺术设计与城镇设计包含的空间环境艺术设计混为一谈，其主要原因是对于它们的起始点、过程及终极目标分不清，我们可以通过对其设计的范畴及特点进行比较即可得出肯定的结论（图 3-25）。

图 3-25　丽江风光

（资料来源：http://www.nipic.com/show/1/8/4486579k03b8c76f.html）

（1）对城镇设计的描述

城镇设计侧重于镇域内空间环境的舒适性、

艺术性，讲求建筑群体的空间格局，建筑小品以及开放空间的视觉审美效果；与城市设计一样，城镇空间设计同样以视觉感受为中心，关注外界事物通过人的视觉而对人的心理、生理行为等方面造成的影响；从整体上看待城镇，注重整体统一和局部变化的有机结合，认为"房屋是局部，环境才是整体"；在小城镇建设的不同体系和层面上，通过相互影响和干预的综合设计，达到整体效果；城镇设计更多地反映公众利益和意志，超越了功能、造价、美观的内容，为城镇居民提供各种生活、活动的良好场所和物质环境并帮助定义这些活动的性质要素和内涵，使城镇的环境质量实现预期达到的目标；城镇设计通过政治要素、法规要素来限定城市空间环境的结构关系和形态，并为建筑设计提供空间三维轮廓，为建筑空间提供非量化的弹性限定，控制城市空间节奏以及天际线的动态参数。

可见，城镇设计以其特有的思维形式和技术方法参与城市规划与建设的各个设计阶段，并通过各专业设计来体现设计理念和原则，其预想效果则通过工程实施来实现。所以，从某种意义上说，城镇设计也是一种有形无形的参与设计。

（2）对小城镇景观艺术设计的描述

小城镇景观艺术以实现视觉审美效果及城镇空间环境氛围的舒适性、艺术性为目标，它把环境保护和环境审美的设计理念推进到城乡总体规划和城镇设计的前沿。作为概念设计，使城乡规划和城镇设计以更加纯粹的艺术思维和更为专业的艺术眼光去处理城镇的物质要素和空间形态的构成，从而加大城镇物质与空间的艺术内涵：①从视觉艺术设计原则出发，改造、改善、弥补城镇建筑外观形象及不足，创造理想的建筑室内外空间环境，最大限度地满足人的视觉心理需求和生理需求。②把城镇看做一个整体，通过对各个局部环境、空间和平面以具体的美化设计和综合的处理，达到局部与整体的统一。③在建筑、道路绿化分区等物质硬件完成的前提下进行的"景观设计"艺术处理，超越了实用，以美观理想的视觉形象与高品位的艺术环境感化人，激发人们对于自然、生活的美好想象，提高环境的生存质量和居民的素养。④小城镇环境景观艺术设计是在政治要素、法规要素及各种条件制约下展开的创作设计，虽然它的设计专业是独立的，但它却是被动的、从属的，在小城镇建设中地位特殊，依托规划、建筑、风景园林、景观设计学等一级学科的专业作支撑，然而在塑造城镇形象、创造建筑室内外环境和提高城镇空间环境的景观艺术审美品质时，则担纲主角。

从某种意义上讲，小城镇景观艺术设计是城镇的"形象设计师"、建筑的"服装师"、建筑空间环境的"园艺师"和城镇装饰的"美容师"（图3-26）。

图3-26 形象鲜明的小镇

（资料来源：http://www.nipic.com/show/1/48/5910552k0bd9ae47.html）

从以上的对比不难看出，城镇设计和小城镇景观艺术设计在设计的对象和目标趋向上大致相同。站在宏观的角度上可以说城镇设计几乎覆盖了城镇环境与景观艺术设计的全部内容。但毕竟城镇设计是一种物质功能设计含量较大的"工程设计"，尽管它在某些方面具有景观艺术的渗透性和参与性，但毕竟它的学科是建在工科之上，物质技术的科技含量较大，使它无法取代以造型艺术设计为基础、为主流，以其他学科所蕴涵的环境景观艺术意识为参与、为支流的城镇景观艺术。城镇设计理念对小城镇景观艺术既具制约作用又有依赖性。因为，塑造优美的小城镇景观和创造理想的空间环境艺术必须是在城镇物质硬件形态的限定下，小城镇景观艺术的设计实施才可得以完成。

3.2.2.3 景观设计与园林设计

园林艺术设计是集规划与建筑设计为一体的综合艺术设计。利用开发自然的潜在美学因素，注重人造物与自然物的审美和谐，提高空间视觉审美价值，创造诗情画意的美好环境是其重要的特征。

园林艺术设计历史悠久，在古代作为建筑的外环境，首先体现在庭院环境设计方面；中后期的景区宗教建筑和园林建筑，因地形、地貌自然条件而得景随形，中心轴线由直变曲，路径由单线发展成错综复杂的复线，步移景换，既自然随意又宛若天成，景点的穿插与联结，无一不是蕴涵着精心的设计。而中国的园林建筑继承了以连续的庭院空间作为基本单元的传统，不仅有效地利用栏杆、槛框、格扇、漏窗等构件开放视野，使内外空间联结成为一个整体，还能充分借用亭台、廊榭、庑殿、堤阶、洞桥等造型独特的辅助性建筑小品充任建筑与自然的中介，将自然景观与人文景观联系在一起，在花木、草石的点缀下，结合诸如风啸水鸣、鸟语花香等组景因素，造就出有形色、有声味的立体空间艺术（图3-27）。

图3-27 传统园林景观

（资料来源：作者自摄）

从园林艺术的设计特征可以看出，园林的目的是为了创造一个理想的人居环境——诗的意、画的境、人的情。"园林艺术不仅是古典美学的理想形态，同时它也是古典美学的最后一个理想的形态"，这是因为随着社会的进步、科学的发展，现代城镇空间的复杂性已大大超越传统意义上园林艺术设计的内容。现代城镇以其建筑体量的突兀、形态之高耸、色彩之夺目，很难将其隐匿于丛林原野之中，不可避免地闯入人的视域并充任景观的重要角色，园林艺术面对的是复杂的城镇建筑、多维的城镇空间。城镇以其新的视觉形式给园林艺术设计提供了更为复杂多变的因素，促成了一种以城镇建筑和自然物象为视觉审美背景的新兴的景观艺术。

景观艺术是风景园林艺术走向现代并发展成熟的重要标志，它在关注空间视觉环境形象、环境生态绿化以及大众行为心理等方面有传统园林设计无法涵盖的新理念，这正与传统的城市规划无法面对现代化高速发展的城市一样。

现代景观艺术是城镇体系中关注视觉环境审美的设计艺术。在小城镇建设初期，景观艺术具备城乡规划的特征，首先关注的是土地、水体的利用与保护。体现在空间组织形态与控制方面又具备城镇设计的基本特性；在营造景观分布的具体实施时，它又具备景区规划、控制和环境艺术设计的基本特性，利用公园、风景名胜区等规划设计方法，结合传统风景园林中的亭台、楼阁、曲径、小桥、假山水池、松竹梅菊等形象符号的视觉构成方法进行景观设计。

园林艺术在追求建筑的视觉艺术形象的完美，突出自然环境的诗情画意、小城镇人工环境自然—人文情感愉悦方面与景观艺术设计有异曲同工之妙。现代园林艺术脱胎于传统建筑艺术，成就现代景观艺术，虽然它的艺术含量较大，与小城镇环境景观艺术范畴接近，但由于它在景观规划与构筑物小品的设计时所起的功能实现作用，决定了它与小城镇景观艺术设计在处理设计对象时各有侧重，不能互相取代（图3-28）。

图 3-28 现代园林景观

（资料来源：http://www.nipic.com/show/1/49/6514988k4b5468c4.html）

3.2.2.4 景观设计与建筑艺术

建筑艺术是一门实用性很强的艺术。建筑艺术的发展史与人类的文明史同步，作为人类遮风、避雨、防卫、劳作的安全场所，它首先受物质材料的局限和技术材料的制约；而建筑内部空间的使用功能，又成为建筑得以生存和发展的终极目标。其次，建筑的审美价值又是不可替代的。建筑虽然起始于实用，但人有了建筑的冲动，审美的意识与选择也在建筑功能中完成。这样，建筑的物质构造就与建筑的审美统一起来，同时诞生。建筑随社会科技进步而进步，人们的审美标准也随着物质条件的不断改善而提高，建筑，作为人性的象征而代表着神圣、崇高、雄伟、壮观、地位、尊严、亲近、可人等。其三，建筑的语义通过形体结构、比例尺度、材质色感、线条韵律、绘画雕刻、诗词文字等视觉设计要素，运用想象、象征、比拟、隐喻等手法完成建筑的形态并作用于人的视觉，从而影响到人的心理和情感，最终作用于人的生理和健康，所以建筑所包含的是极丰富的内涵，记录着过去，呈现出现在，预示着将来。西方人把它称为"石头写成的历史"。这些，使得建筑艺术美的表达变得更加丰富多彩，持久永恒。同时，也说明把建筑作为独立的物质形体造型艺术来看待是远远不够的。建筑，作为某个地域、场地的建筑必须是特定空间、特定环境的建筑，也就是说建筑是环境中时空统一的艺术物象，建筑把时间上的节奏、韵律、变化、发展的审美动态因素，转换为空间的静态形式表现出来，把客观的物理空间与视觉空间的变化统一起来，把建筑内部空间的审美和建筑群体空间和谐美观统一起来。可见建筑艺术是以空间为核心的"语言环境"，以形体表达为主体，传达视觉美的形象。

小城镇景观艺术与建筑艺术从本质属性上来讲都属于设计艺术范畴，从形象的视觉审美、空间环境美化以及以人为本的设计目的来看，它们的目标是一致的，然而建筑更倾向于物质性、实用性，更多的是依赖科学技术的进步和工艺加工技术的程度，其目的在于建筑内部空间的使用功能，它要解决的是建筑空间环境的和谐一致。

小城镇环境景观艺术设计从整体、统一的角度把建筑物的形态、体量、材质、色彩、装饰等视觉审美特性按照设计美学原则改善、弥补建筑外观的缺憾，使之形象更完美感人，同时它关注的是建筑内外部空间环境的艺术创造及建筑群体空间的绿化、装饰和点缀，使建筑及其环境在环境艺术品的统一组织下品位升华。相比之下，小城镇景观艺术设计包含了建筑物质形态在内的场景与空间设计，是与环境艺术、城镇设计齐头并进、各有侧重的综合设计，它更注重物质组合形态的人文精神的体现，关注视觉审美给人带来的情感变化，由视觉、情感引出景观抉择，从而引导人的行为向更加理想的方向转化（图3-29）。

图 3-29 周庄的传统书房

（资料来源：作者自摄）

3.2.2.5 景观设计与艺术设计

在世界美术史中通常包括绘画、雕塑、建筑和工艺美术四个部分。人们习惯上按照造型艺术的使用价值，把绘画和雕塑称为纯美术，而把工艺美术称作实用美术。建筑艺术由于其自身的实用功能必须借助很强的科学、工程技术手段才能得以实现，因此，建筑艺术实际上是一种包括建筑结构、建筑材料等学科在内的庞大设计系统，逐渐从美术中独立出来，只是由于建筑设计的本质和艺术创作手段与其他设计一样遵循艺术创作设计思维的法则，故它仍归属于艺术设计范畴。

黑格尔在关于事物中物质与艺术含量的多寡来确定其艺术层次的看法中有一个著名的观点，他认为："在艺术的发展系列当中，最早的艺术，也是处在最低层次的艺术，往往包含着较多的物质内容；而较高层次的艺术，则更多地具有精神性的内容。"依此标准，艺术含量的层次排列次序是：建筑—雕刻—绘画—诗歌—音乐（余东升）。从物质形态来看，这是一种从具象到抽象，由物质到精神的进阶。的确，在这个序列中，音乐和诗歌的表现形式与手段远比绘画和雕刻自由丰富。而建筑是最不自由的艺术，建筑艺术家是"带着镣铐跳舞"的舞蹈家。结构、材料、功能等物质技术因素以及政治、经济、宗教、伦理、法规等社会因素无不紧紧地制约着建筑艺术家审美理想的自由表现。因此，叔本华认为："建筑艺术家的大功就在于审美的目的尽管从属于不相干的目的，仍能贯彻，达成审美的目的，而这是由于他能够巧妙地用多种方式使审美的目的配合每一个实用目的"。由此也能看出，出现在建筑形体中的绘画和雕刻，虽然是纯艺术形式，但是在建筑艺术家的巧妙组织下，它们具备了实用性很强的装饰功能。

近现代，由于美学的发展，人的审美观念产生了变化。艺术门类中，相互借鉴影响产生多种流派，并逐渐形成了综合的艺术创作思潮。在绘画中，经常看到画家不断拓展、更换材料，在平面上制造凹凸感，运用色彩肌理变化，甚至实物的隐喻。这些材料表现方式对于艺术家而言，表达骚动的情绪，释放情感的张力。对观众而言，则是激发启迪，唤起人的想象和情感。而雕刻则借助绘画、工艺装饰、新型材料以及高科技手段去丰富雕塑的表现形式。如果用系统科学方法来看待艺术，不难看出绘画、雕塑、建筑、工艺美术是一种由平面向立体、由立体向空间、由空间向装饰效果四位一体的艺术（图3-30）。

图 3-30 山西民居砖雕壁画

（资料来源：作者自摄）

现代设计由于工业技术的需求及环境变化的发展，那些传统中的绘画、雕塑与建筑正走出纯艺术的殿堂，接受了现代艺术设计观念的致意，开始面向社会、面向实用。于是，具有理性思维意识的平面视觉艺术设计、装饰艺术开始充斥建筑立面、广场、绿地、街头。而其创作活动也融进了现代设计理念，由感性走向理性，具象走向抽象，美观走向实用，在纯粹的审美因素中加进了功能要素的限制，在传统的手工制作中加大了现代科技的含量。于是机器美学以其抽象的几何美学符号，闯进了美的范畴，纯美术以其不纯正的双料思维——艺术思维+科学思维，完成了作品的创作设计，纯艺术堂而皇之地走向了空间环境艺术，成为小城镇景观艺术的组成部分。

物质条件的满足是人们追求的目标，而回归自然是人难以言表的复杂心理，缘于物质的满足与精神的困惑，现代的绘画艺术、雕塑艺术与工艺装饰艺术，不约而同地向着空间环境发展就不难理解了。如在绘画中，19世纪末、20世纪初所形成的印象派绘画，注重研究阳光、空气、环境的光色变化，立体主义的理性分析方法与构成原则，光效应艺术、行为艺术，无不把自然环境与心灵的昭示当作艺术的对话。这是一种平面→立体→时空→景观→环境运动的系列思维迁移过程，抑或说是一种由单一向综合的全方位表现过程，表现着人类内心潜在的骚动和深层情感的彰显（图3-31）。

图3-31　富有民间气息的雕塑

（资料来源：作者自摄）

时空环境、生态平衡。20世纪"环境保护"的召唤、城市的膨胀、"小城镇的失控"，促使环境艺术从艺术创作和工程技术设计中分化出来而形成了独立的学科。从前边列述的小城镇环境艺术与城市规划、城市设计、景观设计、园林设计、建筑设计和美术设计的关系中我们不难看出，在几个学科的深层意识中自始至终存在环境艺术的潜在意识，这种潜在意识在城镇建设中以显隐不同的形式被得到整体的、科学的运用，而在艺术创作中又得到深层的探索和升华，在它们的作用下，传统的城镇建设从单体的建筑到群体建筑乃至整个城镇都可以看到，设计师们是如何利用环境艺术观念，将城镇的空间格局创造得诗意盎然、趣味无穷……同时也能够品味到几个学科在发展过程中，相互影响借鉴，我中有你、你中有我的亲缘关系，以及目标明确、独立发展的个性特征。

小城镇景观艺术与设计艺术同属于艺术门类，它们从思维形式、审美特性到表现手段都有不可分性。艺术设计常常是以城镇景观艺术设计的具体创作手段去完成设计的内容，而景观环境艺术又常常把具体的设计按照空间整体的功能与视觉设计特性去组织协调，并将设计按照工程要求，将绘画、雕塑等表现形式转化成有严格空间尺度关系的符号性图纸，将设计图推进到工程施工过程的实物完成阶段。这样，城镇景观设计的过程就呈现出明显的三段式：艺术创新—设计表现—施工完成。

小城镇景观艺术设计不仅要完成艺术创作，还要运用整体统一的综合设计表达方法去协调视觉要素，将视觉设计方案物化到环境中去，以创造一个全新的视觉景观，这样，后期的实施阶段也就赋予了小城镇景观艺术设计以物质技术的含量，使之明显地区别于艺术设计。

其实，人类自身的发展总是建立在观察、借鉴的基础之上，去研究、解决问题的方法，从而实现既定的目标。各个学科在发展中相互碰撞、磨合、渗透，其相互交融的关系有时也是无法分清的。为了发展某个学科而进行学科之间的比较研究并对其概念范畴进行界定，树立正确的立场、观点是必要的，但在实际应用中过分恪守学科的领域于学科的发展不利，于现实无益。

3.2.3　小城镇景观艺术设计的演化

在小城镇建设中，虽然环境景观艺术设计不能充任主角，但对小城镇的形象与景观环境艺术的塑造，却是其他专业不可取代的。它的景观规划思想、环境保护意识和艺术设计理论方法却能作为一种前沿的设计理念，对小城镇规划设计、景观设计以及建筑设计产生影响。因为在小城镇建设的各类设计中，只有环境与景观艺术设计能够站在纯艺术角度来对待小城镇使用功能的各个要素。

小城镇景观艺术设计从形而上的意识形态，作用于形而下的物质形态，它们关心的是建筑物内外部形象及空间环境的氛围，要解决的是由视觉艺术范畴的内容给人的心理产生的影响。同时，也正如我们一开始所阐述的那样，有什么样的形象就有什么样的本质——形象是本质的表现形式。从形象出发反作用于本质促使本质改变；由本质出发，从根本上解决景观形象的缺陷，也就解决了环境的质量问题。

同时，小城镇景观艺术从整体入手，系统综合地处理各要素的关系。从意识形态领域解决形象与景观环境的要素问题，并通过对物质形态表面的改善来弥补缺陷，以环境艺术品来创造气氛，环境的整体品位即可得到提高。由此，可以对小城镇景观艺术设计的意义归纳如下：

①小城镇景观艺术设计思想对小城镇的形象构成、空间环境构成有较大影响力，它使设计人员在物质技术上转换到艺术审美角度去看待小城镇的物质景观构成，从而达到小城镇布局合理、空间和谐、自然与人工环境共生的目的，是小城镇健康发展的前提（图3-32）。

②小城镇景观艺术设计参与园林和建筑设计，从较纯的审美角度去经营绿化和景观构成，要求建筑设计从环境的整体出发，在满足功能需求的同时注重建筑的文脉及审美价值的取向，正确处理地域性与国际性、民族性与世界性的关系，从可持续性发展战略入手，莫把建筑设计当作一己之为、一时之娱，而把它当作空间环境中有文化艺术水准的视觉形象来处理。毕竟建筑是跨越时空的，它的形成是过去、现在、未来时空的动态形象，它就像一个时代的标志和里程碑，对后世环境产生不可低估的影响。

图3-32 充满意境的小镇清晨

（资料来源：作者自摄）

③小城镇景观艺术设计从艺术角度去审视建筑，从整体去把握建筑空间环境的关系，通过设计来创造建筑室内外的审美效果，并以各种艺术手段去组织协调空间的各个要素，揭示要素之间深层的艺术内涵和审美潜质，通过对建筑、环境的绿化、改善，按照一定的审美图式去创造环境氛围，并有效地利用壁画、装置、陈设去提高景观环境的品位，以精神要素作用于物质要素，使不利于小城镇景观建设的因素消隐匿迹，从而达到优化人居质量的目的。

④景观艺术是最关切自然的艺术，而小城镇又是更贴近大自然的人工环境，它拥有大城市无法比拟的自然资源，又是地方民俗文化的滋生地，民间艺术保存得相对完整，这为小城镇景观艺术设计提供了取之不尽的艺术创作素材，同时，小城镇的公共设施结合地理特色一并成为可以利用的素材，通过巧妙的设计实施，可使景色虚中有实，实中有虚，意境幽远，深浅得体，藏露合宜，峻中求险，平中求奇；加强疏密、夷险、平淡、突兀、气韵、节奏之间相互生发的规律，使小城镇诗情画意的环境特色成为其经济发展的动力，激活旅游经济，宽松投资环境，这对于拉动小城镇的经济发展具有现实意义。

⑤小城镇景观艺术设计最终是人本艺术设计，城镇中的一切要素虽然自成体系，但它的核心仍然是围绕着人展开的。对小城镇景观形象与

环境展开艺术设计，既可以通过环境美化来陶冶人，又可以通过对人的素质提高和行为的调节作用于环境、影响环境，使景观环境之美在人的参与中得到灵性，景观又在人的感应中得到品位的升华。因此，对小城镇形象与环境景观的优化，也是对人素质的优化，而对人的素质进行环境艺术的影响和陶冶更能激发小城镇环境的活力，这种互为律动的效应必将成为小城镇发展的有生力量，对小城镇的健康发展有着深远的意义。

3.2.3.1 传统文化中的景观与环境意境

中国传统文化的精髓是"法天象地、天人合一"，造就了中国文化特有的生存观、审美观，这些，从中国建筑的发展历史中、传统造园方法中略见一斑。

（1）传统小城镇景园环境的审美情趣

中国人的自然审美观源远流长，始于何时，无据可考。而比较明确的史料见证大概可以追溯到先秦—魏晋南北朝时期。"我国的田园诗虽然可以远溯先秦的《诗经》和《楚辞》中的某些篇章，但只有到了魏晋南北朝时期才走向成熟"。中国的山水画在南北朝时尚处于初级阶段，而在魏晋之前是以人物画的附属形式存在的。特定的历史条件下产生的诗歌、山水画，表明了士大夫阶层和文人雅士淡漠政治、寄情山水的情操，从体认湖光山色、咏叹"繁花似锦"的自然美中领略人生与自然的内在联系："人生一世，草木一秋"，"繁华过后成云烟"；于冬夏交替、人生"无常"的瞬息变幻中滋生出"宁静"、"高远"之虚无、恬淡、自然。其思想、理念吸取传统风水文化的精髓并引申于造园以来，造就了许多引人入胜的宫苑、宅园。这些景园虽从形式和风格上看属于崇尚自然山水或田园的景象，但决非简单地再现或模仿自然，而是在深切领悟自然美、生命美的基础上加以萃取、提炼、升华。这种创造景园的方法恰恰是"顺天尽性"、更加深刻地表现自然的大美与自我心中自然的缝合。中国人的造园与审美方法看似是以"忘我"的理念去改变自然，强调主客体之间情感的高度融合，但是从更高的层次上看，则是通过"移情"的作用把客体对象人格化，即庄子提出的"乘物以游心"，就是达到融情于景、借景抒情、物我两忘的境界，从而创造出具有诗情画意般的环境"意境"。

传统造景借鉴诗词、绘画，力求含蓄沉静、缥缈虚幻的意象；造园"小中见大，别有洞天"，景观虚中有实，实中有虚；"藏露显隐，浅深虚幻"皆"外师造化，中得心源"。从而把许多错综复杂的因素交织融会，浑然一体，使人们置身景园之中有"扑朔迷离"和不可穷尽、缠绵的景观"意境"。这自然是中国人的审美习惯和观念使然。

传统园林既不刻意追求轴线对称，也无任何规则可循，但求空间组织"起承转合"、因势利导，不仅任花草树木呈现自然生长之原貌，更令人工之建筑顺应自然参差错落、因借随机，山环水抱，曲折蜿蜒，力求与自然融合。这样，传统的造园在布局形态方面则带有很大的随机性和偶然性。不但布局因地理、地势而千变万化，整体和局部之间也只有形态气势的开合，虚拟对应气机的联结，却并没有严格的物质从属关系，结构形散神聚，似乎没有什么规律性可循。正所谓"布景有成法，造园无定法"，造就许多景观极富诗情画意的境界。

（2）传统景观艺术的特色保护与创新发展

在小城镇中，建筑物形态的个性特征基本揭示小城镇的政治、经济、文化、历史风貌特征，它是小城镇社会的象征，是物质、精神、社会三者结合的综合体现。中国传统的小城镇建筑从观天相地、堪舆风水到宅基选址，无不遵从"天、地、人"的等第关系，十分讲求人与自然的和谐统一。道路、宅园、建筑皆遵守严格的礼仪、形制法度；城镇空间按照居住、祭祀、作坊、集市等功能、类别进行方位划分和街坊分区，从而确定了传统小城镇民宅建筑群体、宗祠、寺院、行宫、衙门、会馆、官宦宅院等在形态、体量、材质、色彩、装饰等方面的形象对比与层次关系，所创建的景观具有明确的类别属性和层次递进关系，呈现出自然和谐、对立统一、形象鲜明的城镇特色。

自然资源与历史遗产是小城镇赖以生存、发展的重要条件。小城镇要植根于本土地域自然环境，依托地方历史文化遗产与特色资源，创造出特有的旅游观光、休闲度假、文化传播等功能贴近民众生活，利于城乡统筹、协调发展的景观艺术。

传统景观的意境是建立在"生存至上、发展先决"的立场、观念上的生活艺术，朴素而自然。虽然它没有形成完整的理论体系，甚至不能构成一门完整的学科，但是它那"以人为本"的生存艺术境界，即便是超越了现实生活，寻求到消极避世的"世外桃源"、造就出诗情画意的"田园风光"、构筑成理想卓越的"风景园林"，也依然是在尊重自然、"因势利导"地取得"中正和谐"的氛围中完成的。其"天人合一"、和谐统一的生存法则，正是现代人类社会发展苦苦追寻的"可持续发展"的生态观念，是现代景观艺术学科的基石和前提。

3.2.3.2 现代小城镇景观的现状与特色

现代小城镇的空间环境与景观建设特色首先取决于小城镇规划、建设与发展的理念、机制和模式特色。改革开放以来，我国小城镇数量处于扩张—整合的剧烈变动之中，小城镇的形态、规模得到整体扩张，城镇化水平也得到稳步提高。但是，总体来说，我国小城镇的综合指数是在行政建制超前于经济发展、经济发展超前于基础设施建设、基础设施建设超前于城镇文明发展等基础上形成的。在计划经济体制向市场经济体制过渡转轨时期，这种小城镇发展之路一直延续并没有得到根本性的改变，在机制超前于建制的状态下会引导城镇规划与建设脱离现实，而出现"拔苗助长"、"文过饰非"的不良现象；在快速城市化进程中又呈现"跟风冒进、好大喜功、政绩至上"的"短期效应"行为。这些问题，是需要通过提高理论素养、认识层面和政令、法规限定来解决的。现阶段，中国小城镇的景观建设主要呈现以下特征。

（1）快速城镇化下的小城镇综合发展特色

我国小城镇发展处于传统与现代并存，工业与农业并存，落后与先进并存，衰退与发达并存，本土与西洋并存等多模式并存发展的特殊历史时期。因此，小城镇规划必须遵循城乡统筹原则。城乡建设与环境、景观的营造必须"博采众长、兼容并蓄、借鉴移植、整合消化"，突出具有鲜明的中国当代特色。首先，在传统农业基础上，小城镇担负起现代农业产业化的艰巨任务；其次，在行政城市化的基础上，小城镇必须完成经济城市化、基础设施城市化、社会服务城市化的艰巨任务；第三，在落后生产力基础上，小城镇还要被动接受经济全球化、区域经济集团化、社会制度市场化、信息化、知识化、现代化等综合因素的渗透；第四，在快速城镇化的发展趋势中，小城镇需要主动承担农村人口城市化的艰巨任务；第五，在城乡二元结构的基础上，小城镇还要引导城乡一体化过程中人工景观向自然景观、生态景观的融合、演化。

在这场综合演化中，追求经济增长是人类生存发展的基本动力和先决条件，而人的思想、观念的发展与演化是决定发展方向与模式的关键因素。

（2）"东"成"西"就的小城镇空间景观构成

我国小城镇空间结构的发展演化是在传统文明体系主导之下的有机发展模式。几千年的城郭营造技术与景园理念，使得这种特色根深蒂固。然而，西学东渐，近现代发达的西方工业、科技文化伴随着先进的建筑技术、城乡规划理念、景观建设方法和信息革命的浪潮不断涌入这东方文明古国，使得我国在现代计划经济体制下所形成的"条块分割、城乡分割、工农分割、产业与市场分割"——二元结构基质上完成的城镇空间形态和"农村包围城镇、城镇融合乡村"——"城乡一体化"的空间环境、景观模式，逐渐西方化——西方现代文明以强势的"国际式"风尚成就了现代小城镇的空间环境与景观形态构成，几何切割、抽象理性的西方现代景观形象与中国传统的小城镇平面展开、自然随机的景观形象形成鲜明的对比。

这种东西方文化的对比、碰撞，势必激发新一轮的本土文化发展热潮。而现代民族建筑学、城乡规划学、景观设计学、环境艺术学等设计类学科正是在世界性的设计文化融合下，逐渐构成城镇设计的主体，并从不同角度和层次切入小城镇建设，深切地影响到小城镇的景观艺术，使之在不同学科之间汲取营养并逐渐完善自身的理论体系。

3.3 小城镇景观艺术设计的发展趋势

3.3.1 历史的启迪

纵观我国小城镇的发展历史不难发现，"崇尚自然，效法自然"、讲求"天人合一"是中国人传统居家生活、建城安邦的"核心"理念。这种生存理念必然带来人—建筑—城镇三位一体地与自然相融的局面，从而造就了中国传统村镇与自然亲近和谐的形象，合于自然法度、轻松宜人、如诗如画的环境。

但是，作为从自然环境中脱胎成长出来的人工环境，它越发达就越远离自然环境的特性，尤其是现代意义上的小城镇，由于一味片面地追求经济发展而无暇顾及其他，其已失去了传统村镇文化中与自然和谐的景观意境。

传统意义上的村镇，从交通绿化到综合设施，基本是建立在人的步行尺度、人力、畜力车行交通的工具设施和尺度之上，已很难满足现代科技文明的高速度、快节奏。新兴的、处于城乡结合部的小城镇，正在打破传统城乡千年不变的二元社会结构的模式，农村城镇化、城镇周边的经济辐射，使城市要素与农村要素逐渐过渡、相互渗透、相互作用，形成了既有城市雏形，又有农村特征的中心镇、卫星城。这些小城镇既有传统文化的自律性，又有现代城市设计的系统性，它们与城市、农村所构成的空间结构关系造就了传统文化与现代文明，东方文明与西方文明叠合交错的新的小城镇形象和景观环境。这是一种现代化立体的、多层面的景观环境，对于这种景观意象的形式和内容，仅从审美发展的意义上去把握是远远不够的，它要解决的更多是在视觉形象内部的本质特征，诸如功能设施的先进性、合理性、完整性，是否能满足现代人工作、生活、娱乐的需求等。

正因为有了现代意义上的小城镇环境景观艺术，使人们在新旧对比中发现，新兴的小城镇起点高、发展快、变化大，环境景观在高速发展变化中极不稳定，既不能照搬中国传统，也不能照套西方模式。于是，当代小城镇的发展虽然繁荣了地方经济，改善了居民生活条件，带来了现代文明，但是人的思想观念和行为习惯却没有及时跟上时代的步伐，面对现代文明的冲击，在审美观念上既无突破，也无建树，无所适从，无法保持冷静清醒的头脑，使得小城镇环境景观规划一起步就滞后，建筑设计上"夸富求洋"、"盲目抄袭"、"乱拆滥建"；景观规划与设计为了"求政绩"、"讲时效"而片面追求建设速度与视觉美观，导致小城镇形象与景观建设在初期发展阶段地方形象迷失、资源浪费与环境污染严重；政府管理不力，各自为政，导致环境景观属性混乱，没有使景观形象在统一规划的模式下做到有的放矢地长足发展。

现阶段虽然小城镇具备了统一规划、错位发展的战略思想，但区域环境与国土资源、能源有效利用的总体生态格局依然没有真正建立和健全，小城镇环境与景观建设表现出"跟风"、"攀比"和片面追求美化——功能使用上不切合实际，视觉形象上无个性，环境文化上无传承等不良现象。

现实告诉我们，脱胎于农业经济的小城镇必须以新的姿态、新的形象、新的景观环境来适应工业社会、信息社会高速发展的需求。传统文明为我们留下了许许多多历史名镇，树立了众多耀眼的城镇形象，但也应当看到在这个多元发展的现代社会里，小城镇的"有机增长"必须依靠科学严密的组织、系统规范的管理，才可使多头无绪的"增长基因"序列化，否则，小城镇会在

"疯长"中破坏生态，畸形发展（图3-33）。

图3-33　现代化城镇滨江夜景

（资料来源：http://distribute.quanjing.com）

共同的环境忧患意识掀起了保护自然环境、改善人类居住质量与提高景观艺术品位的热潮。控制人口，治理污染，回归自然，拯救传统文化，匡扶民族艺术，丰富小城镇环境与景观的文化艺术内涵，是当前人们谈论的热门话题，人们意识到要从根本上改变现有小城镇的形象与景观环境的危机，仅仅依靠高科技手段，从物质形态去改善小城镇的生存条件，从工程技术上解决环境质量问题是远远不够的。人们已经切身体会到现代大都市高科技带来的"封闭"、"失衡"、"冷漠"的环境氛围，人已远离自然环境，很难再体会到"天人合一"那种与自然融合一体的景观情调。

基于人的自然本性，基于人对美的追求和渴望，基于人使自身陷于环境破坏的危机，唤起了科学技术门类对于环境的、景观的艺术意识，激发了艺术门类对环境、景观的视觉审美的意识，掀起了回归自然生态、绿色的景观设计热潮。在城镇设计中，来自于城市规划和建筑学方面的碰撞，产生了景观设计，以及来自于美术学、设计学领域的回归和反思所形成的环境艺术和景观艺术设计，特别是20世纪60年代以来国外波普艺术、欧普艺术（光效应艺术）、集合装配艺术、环境发生艺术、大地艺术、观念艺术、行为艺术，无不震撼着人类对于景观、环境艺术的潜在意识。

随着城乡一体化的快速发展进程，小城镇迎来了前所未有的机遇和挑战。低碳、环保、节能、智能，还自然以绿色、还生态以平衡，已经成为保护、开发与发展的重要内容。小城镇，作为新时期的发展焦点，其形象、环境与景观问题的治理已经到了刻不容缓的境地。小城镇需要景观艺术，而传统的景观艺术因其观念零散朴素，已无法满足现代化城镇建设中高速发展的需求，迫切地需要有系统的、科学的、规范的、现代观念的小城镇景观艺术理论去指导、统一空间环境的设计艺术，丰富和强化城市规划、景观建筑学以及美术设计中的环境艺术意识，使小城镇回归自然，将自然引入小城镇，全面展开绿色、生态的景观艺术设计，从根本上治理环境，美化景观，达到人与自然环境共生共荣的目的。

3.3.2　现状与危机

进入20世纪80年代以后，我国改革开放政策和农村体制改革，激发了农村发展的活力，加快了乡村城市化建设的步伐。由于建立了"地改市，市管县"的新体制，我国城市数量的增长，呈现出地级市稳步上升，县级市数量快速增长的格局。从城市规模看，位于城乡过渡区域的小城镇增长最快；从农村经济构成看，乡镇企业异军突起，带动了小城镇的发展；从发展的类型看，农村小城镇主要表现出原有建制乡镇和新兴小城镇两种类型；从拉动小城镇兴起和发展的主导产业来划分，主要可分为八种类型：①工业主导型；②商品流通型；③外资带动型；④工矿服务型；⑤交通能源型；⑥特色产业型；⑦生态旅游型；⑧综合发展型。

不同的地域，不同的经济结构，不同的地方传统，势必在发展过程中造成差异，形成了区域小城镇发展的主要特征。而在经济全球化和信息化加速发展的城镇化背景下，城镇与区域关系日渐紧密，一体发展的势头持续增强。我国东部"长三角"地区、南部"珠三角"地区、北部

"京津塘"地区在城镇化进程中越来越重视城镇的品位和景观功能的主导作用，并期望通过大都市圈"向心分散"、"多核型"的城镇空间形态与"斑块—廊道"景观聚散集成，形成一体化的环境景观布局，即在大城市功能集约、优化的基础上，周边小城镇将逐渐承担大城市外化的城市功能，向专业化卫星城镇方向发展，并由这一城镇群共同完成城市"生产、生活、生态"的多项功能，这为小城镇的快速城市化提供了优越的前提条件，同时也为小城镇的景观风貌传承更新与发展带来危机和挑战。

我国发达地区大都市郊区的小城镇与中部、西部地区的其他建制镇相比，具有独特的区位条件和发展机会。区域城市的小城镇已成为吸收大城市外移资源，吸引外部投资，集聚周边资源，接纳大都市产业转移、产业延伸以及休闲、旅游的主要地区。例如，大都市的扩张促使农业领域逐渐退出，为郊区发展都市型农业腾出了空间。郊区农业由单一的城市农副产品供应基地的功能，开始向农工商全面发展、经济功能多样化以及注重生态功能的方向转变。生活服务、交通通信等公共基础设施日渐完善；疏朗的空间、清新的空气、迷人的景观环境、诱人的郊区住宅价格伴随着轿车进入家庭和公共交通的发展，开拓了大都市居民对近郊小城镇"攫取一方山水"、便于旅游度假、享用休闲娱乐的旺盛需求，为近郊小城镇利用本地良好的生态环境、地形地貌、自然与人文景观等资源优势，开发具有吸引力的旅游景观拓展了发展空间。

当然，在这繁荣的、富有活力的现代化小城镇景观背后，也同样存在着建设初期的决策局限，发展过程中偏离方向，导致了土地、水体资源、能源的浪费和严重的环境污染等——大城市发展进程中的弊端，主要表现在：

①总体规划对小城镇发展失去调控作用：表现在许多小城镇的总体规划尚未到期，但建设规模已经突破规划限制，绿地景观被迫淡出人的视线；20年的规划建设指标在5年内"完成"已成为"常识"，用地属性的任意变更已成为习惯；总体规划的实施进程滞后于规划的期限；景观建设、基础设施不能合理布局，与建筑环境不能做到相互衔接。

②城乡规划体制分割，城郊结合部景观混乱：城乡管理体制的分割导致城郊边界区域成为"管理盲区"。城郊结合部成了"两不管"的脏、乱、差地带或功能错杂的"灰色用地"，环境景象杂乱，无美观可言，造成引人注目的"城市郊区病"。

③功能用地忽视上位规划，景观建设各自为政：各类开发区、大学城、科技园、软件园、旅游度假村等用地单位规划建设自成体系、独立规划，肢解了系统策划和总体规划，环境景观也在相对封闭的地块中任意营建，给小城镇的景观环境健康发展埋下了隐患。

④历史建筑保护失控，城镇风貌受到严重破坏：新中国成立以来，我国城镇体系中传承着历史文脉的古建筑、遗迹曾遭受到三次严重破坏，第一次是解放初期到"大炼钢铁"时期，第二次是"文化大革命"时期，第三次是改革开放之后借"旧城复兴"的热潮。当城镇建设被冠以"改造旧城，消灭危房，保护、开发和利用"的招牌时，保护执法的界定无法起到应有的作用，致使某些城镇的历史建筑、城镇风貌遭到重创，几近毁灭。

⑤小城镇规模建设扩张，自然景观资源遭严重掠夺：生态在快速发展中受到破坏，景观生态敏感区不断被挤压并让位于城镇膨胀与经济发展；生物栖息地遭到重创并发生生态失衡的环境资源危机，人居环境污染日益严重。80%的城镇污水未经处理而直接排放，导致乡村河道、湿地沼泽、地下水源受到严重污染。

⑥城镇规划时序混乱，景观二次建设浪费严重：建筑群体拔地而起，而道路交通、给水排水、集中供热等基础设施严重滞后、短缺；经常出现先盖房屋后修路、道路建成再修建下水道的错误建设时序，造成道路二次开挖修建；景观规划出现一次开发、二次营建；忽视本土草本植

物，以高昂代价引进栽植进口草皮，购置移栽来自生物栖息地的百年大树，以快速形成新的绿色景观；景观重复建设、绿地大量被侵占，导致建一处景观毁一处生态，造一片绿地毁一片资源，城镇的生态环境品质持续下降。

⑦规划观念陈旧，忽视区域城镇景观的协调发展：区域化规划或协调机制不健全，传统的"大而全、小而全"思想仍占上风。基于行政建制镇域"管辖范围"的局限，目光局限在自己的辖区范畴，停留在"只见单个城镇，不见区域城市群"的传统思维，拘泥于"物质规划"的旧框框，忽略了小城镇区域景观整体策划、系统规划与设计的理念，导致小城镇形象建设失策于发展的起步阶段。

⑧小城镇形象建设盲从跟风，导致城镇形象缺乏个性：不少小城镇建设好大喜功，建筑设计上追求规模扩张、空间加大、材料更新、形态变洋，忽视文脉传承和本土审美的认同，或"标新立异"、或一图多建，热衷于建设"标志性"建筑，而为解决中低收入居民住房困难的经济适用房建设则被搁置一边。大广场、宽马路、大草坪、豪华办公楼、景观房产、欧式别墅建筑泛滥，波及全国。地方特色、民俗风情被压抑和埋没，从而使小城镇失去传统，失去文化，形象混杂，风格雷同，出现严重的风貌危机。

小城镇的发展历史，告诉了我们一条生存至理：那就是"万物一体"、"天人合一"。这种思想由先秦诸子提出，在中国历代社会得到充分的发挥。"师从自然"、"穷天人之际，通今古之变"，这表明，在人与自然之间，可以相互影响，可能有利，可能有害，正确处理人与自然界的关系，则可变害为利，利天利人。古代先哲教喻人"知天"、"知人"、"顺天尽性"，克服私欲和偏见，在尊重自然的基础上制天命以为用，发挥积极能动作用，这些思想曾经使我国传统村镇、城市的发展走向了与自然和谐共振的健康发展道路。20世纪60年代以前，中国的自然生态环境一直很好，到处是蔚蓝色的天空、新鲜的空气、清澈的河水、干净的街道……绿树成荫，鸟语花香。

然而，20世纪60年代以后，由于现代工业建设重速度、讲效益，无暇顾及它对环境所产生的后果。工业大生产在观念上，强调"人定胜天"、"战天斗地"的主观意识，无视自然规律，一味冒进，造成了中国大陆各个领域的生态环境问题蔓延，大陆的空气污染大大超过自然本身的净化能力，世界十大污染城市中，中国就曾经拥有八座。许多城镇的烟雾粉尘沉降每月达到$30\sim40t/km^2$，严重的地带达到上千吨，远远超过卫生标准规定的$6\sim8t/km^2\cdot$月的指标。

20世纪80年代以来，西方文化的渗透，西方高科技之下的科学思维与生存模式，加快了社会发展的同时也带来了负面效应，仅大气环境污染问题就使得我国成为当代世界的三大酸雨严重地区之一。水体污染严重，中国七大水系的水质总体为中度污染，浙闽区河流的水质为轻度污染，湖泊（水库）富营养化问题突出。海河、辽河、淮河、巢湖、滇池、太湖污染严重，七大水系中不适合作饮用水源的河段已接近40%，其中淮河流域和滇池最为严重。污染突出集中在工业较发达城镇河段，城市河段中有78%不适合作饮用水源；50%的城市地下水受到污染；大陆自然资源的破坏也比较严重，目前我国森林覆盖率不到世界平均水平的2/3，人均森林面积不到世界平均水平的1/4，人均森林蓄积量仅为世界平均水平的1/7，沙化土地面积占国土总面积的近1/5，水土流失面积占国土面积的1/3以上，90%左右的可利用草原不同程度地在退化，长江上游植被破坏，含沙量剧增，三峡建库前长江每年带走的泥沙达5亿t，有变成第二条黄河之虞，现虽已大幅减少，但情况仍不容乐观。水土流失造成持续的水旱灾害和1998年的长江特大洪涝灾害。据统计资料显示，仅1949~1980年大陆就有11个省辖市207个县约6.5万km^2土地变成沙漠。到2008年，全国沙漠化土地面积为171.41万km^2，占国土面积的17.85%……这样的环境污染问题，同样给许多小城镇的自然景观环境带来严重影响

（2008年以前的文献和统计资料）。

来自各个方面的统计资料显示，中国大陆同世界各国一样不得不面临"资源枯竭、环境污染、人口爆炸"这种人类共同的危机，让人们为现代城市化、高科技文明、先进发达的美好明天欢欣憧憬之时，不免又感到潜在的生物灭绝恐惧。历史的教训与地球环境的危机为人类的未来敲响了警钟，它告诫人类，如果人类再不检点自己的行为，肆虐无忌地向自然索取，那么人类必将自食其苦果……

3.3.3 发展趋势

不可否定，我国的经济发展速度之快在世界上是少有的，农村城镇化的进程也达到了前所未有的地步。资料显示，从1978年到2010年，全国城市总数由193个增加到653个，100万人以上的特大城市从13个增加到125个，50万~100万人的大城市从27个增加到109个，20万~50万人的中等城市从59个增加到216个，20万人以下的小城市从115个增加到363个，包括建制镇在内的小城镇达到1.9万多个。同时，中国的城镇人口也从1.7亿增加到6.66亿，城镇化率由17.9%提高到49.7%（简新华，黄锟），2012年统计数字显示，中国的城镇化率初次超过50%。

城镇化浪潮使各地小城镇建设以前所未有的速度突飞猛进。在新一轮的城镇建设高潮中，中国成了世界最大的建筑和景观建设工地，施工中的起重机数量全球第一，建设总量全球第一。但是在惊人的建设规模背后，"规划无序、管理不力、设计跟风、审美异化、破坏古建、毁灭史迹"等一系列的"城市病"同时凸显，尤其是小城镇规划、建设管理赶不上城镇规模建设与景观构筑的速度。因此，我国的小城镇处于特殊发展的历史时期，其建设发展的趋势、方向和景观营造的审美价值取向呈现如下特征。

3.3.3.1 小城镇发展的两极分化

①小城镇经济竞争力出现"繁荣与衰退"的两极分化：在经济全球化和区域经济集团化、信息化、市场化等演化过程中，由于区位、资源禀赋的差异而逐渐拉开距离。我国小城镇资源要素与域外先进互补要素进行地域、区位组合和分配时出现了经济发展的巨大差异，区位优越和资源丰富者逐步走向繁荣，区位不佳与资源匮乏者逐步走向衰退，小城镇景观也随之出现涨落。

②小城镇产业经济结构出现"传统与现代"的两极分化：在集团经济和跨国经济要素的流动过程中，我国小城镇产业结构出现了两极分化。落后地区的小城镇由于处于经济一体化的边缘末梢，其传统农业经济尚未转型升级并纳入现代市场经济体系，与快速纳入信息化、知识化、社会化的社会经济循环体系的发达地区小城镇无法形成一体化的经济大循环，从而加大城镇景观建设的反差。

③地域小城镇空间和景观形态出现"分散与集中"的两极分化：由于空间区位的优劣和资源禀赋差异，我国小城镇产业空间成长过程中出现了景观形态和环境品质的两极分化。经济发达地区已经由无序分散状态转向有序集中状态，走向了城镇化的工业或科技产业园区等专项空间开发模式，其城镇形象与环境、景观走向了总体规划、分步实施、一体化建设的道路，做到了环境与生态保护，避免和治理了环境污染，纠正了多头无序的重复建设和零散、无形象特色的景观，营建了绿色、生态的宜人环境；而许多经济欠发达地区的小城镇在低层次"单体小城镇物质规划"的局限下仍然处于产业布局分散、景观无序发展、形象迷失错位的状态，没有出现历史遗存保护和现代化景观有效利用的良好局面。

④小城镇的"城市"文明出现"落后与先进"的两极分化：由于小城镇产业结构、经济竞争力的不同造就了小城镇空间形态与景观构成的差异，小城镇的城市文明也随之出现两极分化。发达地区的城镇民众快速地享受了现代化城市文明，如完善的城镇基础设施、发达的城镇道路交通、便捷的数码信息网络、先进的社会消费理念

等；欠发达地区由于产业结构单一，经济实力欠佳，区位的劣势和竞争力的低下，导致其经济形态仍然处于传统小农经济的境况之下，与现代化的小城镇文明形成极大落差。

3.3.3.2 小城镇发展方向与趋势

大都市圈、城市区域的小城镇群体，在城镇建设和景观营造方面已经形成一体化主流发展的强劲态势；而中西部边远地方县域的小城镇依然难以走出地域的局限和经济萧条的低谷。从小城镇与区域系统运动的条件、资源、环境、景观建设的导向来分析，我国小城镇发展、演化主要会出现两大格局：

其一是区域城市范围的小城镇。由于处于优越的经济地理区位，拥有大都市、大城市或中心城市辐射的先进要素资源，促使这些小城镇能快速成长为发达的小城镇，除了分布在经济发达地区的珠江三角洲、长江三角洲、京津唐地区外，还有胶东半岛、辽中南地区以及分布在各省会城市、大城市地区和能源、交通、旅游类型的中心城市区域的小城镇。

其二是地方县域小城镇。由于处于劣势的经济地理区位，中心城市先进要素资源引入不畅，较难推行现代化的城市文明要素，这些以封闭的传统农业经济社会为支撑的小城镇，在现代市场经济和全球化过程中，逐步走向衰退，尤其是分布在远离中心城市的县域及小城镇。

无论是发达地区还是边远地区的小城镇，在环境与景观建设的发展与演化方向上存在着"传统与现代、民族与国际、东方与西方"——"古而今、东而西"两大审美风尚和景观建设理念的对峙。虽然东西方景观理论与设计方法体系相去甚远，但是在"以人为本"的前提下两方面都须遵从自然与生态和谐共进的发展理念，依据小城镇的现状和既有的环境条件来构筑属于小城镇独有的景观特色和风尚，从习惯于"拿来、借鉴"的"国际式"现代景观风格中，抽取与本土小城镇空间形态、形象特色协调的"内核"，以现代城镇文明为主导，把现代人的审美风尚融汇于民族、传统的理念之中，尊重和振兴地方原生态、原居民、原创本土的现代民族景观。

3.3.3.3 小城镇的景观问题与对策

在小城镇建设过程中，总体规划、系统控制、分步实施已经成为发展序列的有效途径。但是，由于快速城市化过程的镇域扩张和镇区功能外化，导致城镇之间出现超越总体规划的"盲区"和景观管理体系的"空白"等方面的问题，需要对其作整体分析，统一决策。

①大城市地域："城中村、村中城"问题。在大城市郊区，城乡结合部的乡镇空间，出现了"城中村"现象；在大城市地域内，由于行政区划调整，城市空间外扩，出现了"飞地"城市街道，但是仍然行使乡镇职能，出现了"村中城"现象。这种"城中村或村中城"由于缺乏城市详细规划和系统景观建设的指导，使得环境、景观形象与原有环境格格不入，既无形象建树又破坏了原有的城镇风貌。

②地方县域："边缘化、地方化"问题。在地方县域，随着经济差距逐步拉大，现代城市文明也逐步远离地方县域及小城镇，目前已经有很多县域小城镇被迫游离到"边缘化、地方化"境地。其历史建筑遗存不能得到有效利用和保护，新建筑由于缺少统一的规划引导而流于照搬、乱建，破坏了原有的小城镇建筑环境与景观。

③小城镇镇区："大城市化、国际化"问题。在城镇规模和建筑方面贪大求洋、盲从冒进、照搬照套，失去了自我城镇经济发展的前提依据，偏离了发展的方向，破坏了文脉传承的个性、特色。

尤其是小城镇环境景观特色，它们是生活的映照、文化的积淀、民俗的凝结、历史的缩影，是在一定时空条件下萃取的典型事物表现和自然有机的联结，具有一定的地域差别和历史的特殊性。不加区别地抄袭和模仿大城市或照套西方发达国家的小城镇建设特色，决然不能形成本地小城镇的特色，恰恰相反，它只能破坏视觉环境并

图 3-34 贵州雷山县西江镇西江苗寨

（资料来源：靳明飞绘）

失去景观特性（图 3-34）。

因此，作为小城镇规划与建设的管理者、景观设计师、设计艺术家必须熟知小城镇的过去、现在和未来，并去粗取精、去伪存真、由此及彼、由表及里地发掘、分析单体小城镇各个方面的特点，以此作为构思小城镇在本土环境中典型的地方性格和景观形象基础。

在建设过程中，小城镇环境与景观特色的体现，不仅需要政府的正确决策，还需要来自各专业领域的智慧，甚至是全体民众的共同参与努力。真正做到保持小城镇个性，就是要留住小城镇特有的形象"元素"，如地域环境、乡土建筑形象、民俗文化的特色和风格等。过去所抨击的小城镇形象"千篇一律"、"千城一面"，正是由于这些元素的丧失。维护历史传承，留存遗迹"命脉"，是保持小城镇特色的关键所在，而小城镇的内涵支撑在于其特殊的环境与景观。注重保护含有特殊文化的遗产和自然遗存，无形中就留住了城镇个性赖以存在的载体。浙江绍兴、乌镇、西塘、苏州的同里、周庄、锦溪等历史文化名镇之所以"古而今、中而新、新而雅"，正是遵循了一种健康的保护与发展的理念。这一理念把沪宁、江浙一带众多的文物古迹和水乡风貌编织起来，"粉墙黛瓦—小桥流水—江南人家"，守住了历史的家园，留住了生命的色彩——让千年古镇形象个性张扬，景观环境魅力尽显，这是一个小城镇和谐、持续、健康发展的关键所在。而新兴的小城镇在现代化物质与精神文明的催生下，该如何使自我的小城镇本土形象与环境得到可持续生态化的永续发展，是当代乃至今后人们的历史使命（图 3-35）。

图 3-35 水乡周庄

（资料来源：作者自摄）

4 小城镇环境景观设计体系

小城镇环境景观的艺术设计，视角宽、范围广，包含了城镇中的一切，这是一种整体观念，并非强调城镇中的一切都属于环境景观艺术设计的内容，也并非使景观设计艺术庸俗化，它是指小城镇中的一切视觉要素，都在直接、间接地充当空间环境中的景观设计要素，互相结成关系并产生影响，共同作用于人、影响着人。

从哲学上看，形成小城镇的环境景观无非分属物质和非物质（意识）两种形态。从社会形态构成来看待小城镇环境景观，可分为城镇自然环境景观，建筑环境景观，民族环境、宗教环境、政治环境、经济环境、文化环境、历史环境等景观。从设计艺术上看待小城镇环境景观，则是以视觉艺术为主导、诸多艺术共同参与的综合设计。小城镇环境景观艺术设计是在一定地域的政治、经济、文化等条件制约下而产生的艺术活动，它的核心是发现美，它的手段是创造美，它的特征是表现美，它的本质是生存美，它的目标是生态平衡，它的表现内容是空间形态、肌理色彩、比例尺度、节奏韵律等。

4.1 景观设计要素与构成关系

小城镇环境景观艺术设计是以整个城镇为背景，从整体综合的角度入手，以小城镇中物象形态和空间环境为研究对象，把有形物质的形状、体积、色彩、质感、气势、节奏、韵律等因素及其相互关系，合理地组织并加以运用，关注其组合的形态功能、道路的网络结构、界面的视觉组合和空间的审美关系，从而艺术地发现、创造与表现，使之成为人们喜爱的安居乐业的理想家园。

在小城镇景观构成中，虽然有许多系统处于城镇环境之中，却并不都是景观艺术所要表现的内容。如建筑的内部结构、商业的经营机制、交通运输的运行与管理等，这些无论是物质形态，还是意识形态，只可作为表现的载体，并不属景观设计艺术所要表现的内容。景观艺术表现只是把环境空间、建筑形态、关系作为研究对象。例如，把商业建筑内外环境、商业交易行为与表现形态——场景中的民众活动作为景观艺术研究的对象。把汽车、火车、轮船、飞机等这些工业产品设计的造型、色彩、肌理作为景观环境艺术中的研究对象。

小城镇景观艺术关注的是物象的形态关系，物象的时空变化形式与空间的环境氛围给人生理、心理所带来的影响等。归根结底，小城镇环境景观艺术关注的是人的生存条件与环境品质，主要通过艺术化（人性化）的景观规划与建设手段来提高人类目光所及的环境景观品位，达到改善与提高人的生存环境质量的目的。

4.1.1 环境设计体系

对于区域小城镇来说，虽然小城镇的景观设计是一个整体的概念，但是当它与环境同在并表达整体的概念时，景观的词义就退居其次，成为环境之中的景观体系了，尽管景观之中又包含着环境，但那毕竟是具体景观中不同层次的环境。所以，要对小城镇景观设计有一个明确的了解和深刻的认识，必须从小城镇的形象与环境设计入手。

4.1.1.1 小城镇形象要素构成

物质世界中任何有形的物体都是具象的。具象的物质形态由体量空间、材质肌理、色彩光影等视觉要素构成。单体建筑由建筑的形体、结构所围合的空间等要素构成；结构是建筑物的内在规定性，它支撑着建筑形体，表达建筑的空间体量与形象。建筑形象是建筑造型界面外在的材料表现，建筑的形态、肌理、色彩、质感、量感和空间感是建筑形象的构成要素。在具象的建筑形态中，隐含着抽象的非物质的内在规定性，其中包括赋予了建筑造型、空间形态、材质肌理、色彩光影的思想理念以及建造时采用的材料工艺与技术手段，这使得建筑形态并非是徒有其表的躯壳，而是蕴涵了一定社会精神和人性的特征，并具备了一定寓意的象征性。

小城镇是建筑群体组合的空间环境。相对于此一单体建筑来说，其他群体的建筑是它的环境背景；相对于一组群体建筑，其周边的自然物象诸如山体、土地、树木、河流、湖泊等托现出景观环境氛围；建筑群体构成的人工环境形象，因场景的视觉关注度和视角而产生景观角色的变化。此外，昼夜更替、四季流转同样令景观环境形象作出改变。故，小城镇景观形象的生成是跨越时空的，就是说小城镇形象的形成具有历史、现实、未来的环境时空迁移特性。一座建筑承载着历史文脉，是一定时期文化的象征，它代表一定地域的环境，一定时期的民风、风俗特色和审美特性，西方人称"建筑是石头写成的史诗"，过去的、现在的建筑风貌，它们在城镇的时空环境中呈现出自己的整体形象，并预示着城镇未来的发展（图4-1、图4-2）。

图4-2　欧洲古镇鸟瞰

（资料来源：苏州科技学院艺术设计专业本科生郝贺贺、

唐苏云、段然、刘春霞、范琳、王晨曦等同学绘制）

小城镇的形象包含着物质的、非物质的两大系列要素，它们相互联系并制约着小城镇的总体风貌。在小城镇形象要素构成中，视觉要素是设计的第一要义，其次是触觉的，甚至是听觉的（自然声音与人为声音，可唤起人的视觉经验与环境形象的联想）。而在人的感官体验中，还有嗅觉、味觉感官，它们以揭示物质本质属性为特征，从非物质的途径唤起人们对物质形象的经验记忆与联想。所以，通过人的视觉、触觉、听觉、嗅觉和味觉等要素所感受到的物质的形、色、质，几乎涵盖了事物有形无形、显性隐性要素的全部，从而构成了小城镇环境景观艺术设计的主要内容。

4.1.1.2　小城镇环境要素构成

按照环境要素的表现形态，可由下列三部分构成：

①自然要素构成：地形地貌、江河湖海、溪流瀑布、泉水池塘、山川丘陵、沙漠戈壁、树木森林、花草动物等有形物质；时间、空间、阳光、空气、气温、风雨雷电、声音等无形物质。

②人工要素构成：小城镇是建筑物群体的集结和排列组合的空间场所。城镇中的建筑物、构筑物、广场、街道、道路交通网线、小城镇公共设施、交通工具（人力车、畜力车、汽车、火车、轮船、飞机等）、工业产品等人工物质及相互关系。

③人文要素构成：社会风俗、习惯、民族特

图4-1　西班牙富埃特文图拉岛某教堂建筑

（资料来源：http://www.quanjing.com/imginfo/）

色、人口构成特色，人们的宗教娱乐活动、劳作、生活、文化特色、民间工艺、环境绘画（壁画）、环境雕刻、广告、影视等（图4-3）。

图4-3 云南石林民族歌舞

（资料来源：作者自摄）

自然要素、人工要素、人文要素的共同参与，相互结成一定的关系，就形成了小城镇环境。

由于对小城镇环境质量的好坏评判，直接取决于人类感官的审美体验，因此，对小城镇环境的三大要素体系所列出的内容主要是以人的视觉所感受的那部分内容以及触觉中的物质体量、肌理、空间。而声音、气温、气味等无形物质，虽无法捕捉，但仍可通过人的耳、鼻、舌等官能感知，要改善它们以利于人，则仍要靠对视觉要素的协调和营造才能达到。在这里，强调的是以人为核心，人以外的主客观事物作用于人感官产生生理、心理反应，故对小城镇镇区环境的要素构成关系可以围绕人的感官展开（表4-1）。

在小城镇环境要素构成中，视觉要素与触觉要素是实物存在，事物的形状、色彩、肌理、体量、空间则通过实物的存在来反映。因此，它们是构成环境要素的硬件部分，也是主要部分。而听觉、嗅觉、味觉所包含的不可视物质，它们的存在形式以及内在属性间接诉诸人的感官，使人感知，因此，它们属于构成环境要素的软件部分，也是从属部分。硬件部分构成的形体空间，软件部分结成的关系氛围，共同构成具有时空特性的小城镇环境（图4-4）。

图4-4 优美的自然景观

（资料来源：http://www.nipic.com/show/1/47/6583921k2736bf3b.html）

4.1.2 景观设计体系

4.1.2.1 小城镇的景观要素构成

景观要素是指大地上相对同质的生态要素系统或单元，分为自然要素、人工要素和人文要素，三大系统。当把小城镇本身作为一个整体景观单元向下推进细分时，就构成下一层次不同类型的景观要素体系，并分别以建筑物、构筑物、街道、交通、广场、公园、绿地、农田、河流、湖泊等物质元素组成，彼此之间具有一定的空间

小城镇环境要素构成			表4-1
要素内容	存在形式	感官知觉	表现状态
时间与空间、阳光、云雾、地形地貌、动植物等自然要素；人工要素的形、色、质	实	视觉	形象
风雨雷电等自然之声，动物与人物之声、人为之声，声音传播的空间、方位、距离	虚	听觉	想象
干湿、冷热、软硬、光涩、体量、材质	实	触觉	体察
动植物、人工物质和自然物质的气味	虚	嗅觉	分辨
物质的甜、酸、苦、辣、香、臭等味道	虚	味觉	品评

异质性，表现为有不同的空间形态、分布格局和承担不同的城镇职能。小城镇的物质景观规划直接涉及自然景观要素、人工景观要素两大体系，并包括人文景观要素。

（1）自然景观要素

地质形貌；土地、水体；季节、时令、天象；动、植物种群类别……

（2）人工景观要素

建筑物、构筑物、雕刻、壁画、环艺作品、公共设施、媒介、绿化……

在这两大体系中，均包含着没有具体形状的物质因素，但它们却与自然的、人工的要素体系形成不可分割的共同体，参与到景观要素中来。如自然界的光、影、风、气，雨、雾、雪、霜，干、湿、温、凉，音、韵、色、相等无形物质。

另一种景观要素体系来自于人类社会的生活与工作，并从小城镇的人工景观和客观物质的形象与环境中体现出来。

（3）人文景观要素

社会环境中的民众生活情态、地方风俗、民族风情，音乐舞蹈、宗教仪式，历史建筑风貌、历史城镇与现代化城镇的环境氛围等（图4-5、表4-2）。

图4-5 藏传佛教信徒活动中的玛尼堆与经幡

（资料来源：http://www.quanjing.com/imginfo/）

小城镇的景观要素构成 表4-2

要素构成＼视觉类别	物质形态	非物质形态	备注
自然景观要素	地质形貌，土地、水体、云雾，动植物种群类别	光影，空气，风雨，雷电，时空，温度，音色	
人工景观要素	建筑物、构筑物、环艺作品、公共设施、绿化、产品	小城镇、建筑室内外空间氛围	
人文景观要素	地方文化、民族宗教，建筑、城镇的各时代风貌	各类属性不同的概念、思想、历史、民族风尚	
小城镇景观综合要素	景观通过人的感官感知——视觉、听觉、触觉、嗅觉、味觉、知觉（眼、耳、鼻、舌、身、意）		

因此，研究小城镇的健康发展，可从城镇群体的景观构成入手，分析城镇化引起的空间效应和对地域发展的特殊意义，并在此意义上引导和把握小城镇的生态发展倾向，研究基质的保护、利用绩效，通过廊道网络引导、过度的有机联系，保持斑块生态功能的可持续性，综合斑块间的依存互补作用，赋予小城镇健康、生态、怡人的景观环境。

4.1.2.2 小城镇景观的生态构成

从小城镇群体生态学意义上研究景观构成，景观由斑块、廊道、基质三种类型组成。

20世纪80年代初期，美国哈佛大学设计研究生院的Richard T.T.Forman教授撰写一系列文章介绍了欧洲景观生态学的一些概念，强调景观生态学的特点是研究较大尺度上不同生态系统的空间格局和相互关系的科学，并提出"斑块—廊道—基质"（patch-corridor-matrix）的研究模式，系统地总结和归纳了景观格局的优化方法，强调景观空间格局对过程的控制和影响作用，即通过格局的改变来维持景观功能、物质流和能量流的安全。其动态、发展的景观生态研究为我国当代小城镇景观规划从单体走向区域—从区域走向单体并深入到地域街区、建筑、构筑、道路、节点等外部环境的景观规划与控制性设计研究奠定了理论基础。

研究景观生态要素构成对于考察一个合理的景观规划设计方案来说是十分必要的。规划、设计方案的内涵通常包括"时空背景、整体景观、景观中的关键点、规划区域的生态特性和空间属性"等五个必不可少的要素。在观察和对比各种不同景观的基础上，景观构成不外乎斑块（patch）、廊道（corridor）和基质（matrix）三种。基质是景观中范围广阔、相对同质且连通性最强的背景地域，代表了景观或区域内最主要的土地、水体利用系统，是一种重要的景观元素。它在很大程度上决定着景观的性质，对景观的动态起着主导作用。斑块指在景观的空间比例尺上所能见到的最小异质性单元，即一个具体的生态系统。它意味着土地利用系统的多样化。廊道起到土地利用系统之间的联系与防护功能。虽然这些都是景观或区域土地持续利用的基本格局，但是这些要素能实现主要的生态或人类生存目标。"斑块—廊道—基质"景观构成模式用一种特殊的"空间语言"具体而形象地描述了景观结构、功能之间的相互关系，在时空上的变化和动态趋势。

运用这一"空间语言"，景观生态学可以超越所研究的城镇体系，进一步放大尺度来探讨国家、洲际，甚至是地球表面的景观是怎样由斑块、廊道和基质所构成的，如何来定量、定性地描述这些基本景观元素的形状、大小、数目和空间关系，以及这些空间属性对景观中的运动和生态流有什么影响。研究不同形状的斑块分别对物种多样性和物种构成有什么不同影响，斑块大小各有什么生态学利弊；直线、弯曲、连续的或是间断的廊道对物种运动和物质流动有什么不同影响；不同的基质纹理（细密或粗散）对生物的运动和干扰的空间扩散有什么影响等（图4-6、表4-3）。

图4-6　城镇生态斑块

（资料来源：作者自摄）

小城镇的生态景观构成　　　　　表4-3

要素构成 \ 视觉类别	物 质 形 态	非物质形态	备注
斑块	生物种群类别、城镇、建筑、构筑物等土地使用及分布	各类物质的不同属性、概念、思想、历史、风尚	
廊道	小城镇之间、镇域内的河道、水系网络、绿篱、通廊	城镇、建筑等之间的物质能量、信息、生态流交互	
基质	地质、形态风貌、山石、土地、水体、气候等基本条件	光影、空气、风雨、雷电、时空、温度、音色	
景观	景观通过人的感官综合感知；主要通过视觉意象考察斑块、廊道、基质三者之间的关系		

围绕着这一系列问题的观察和分析，景观生态学从宏观上总结出关于景观结构与功能关系的一般性原理，为景观规划提供可靠依据，为进行具体的小城镇物质景观详细规划、设计奠定了良好的基础。

4.1.2.3　小城镇景观规划设计

小城镇景观设计通过有效组织、统一规划使

用土地、水体资源，根据生物场疏密聚散的运行规律，系统安排环境景观要素，使之形成可持续发展的生态景观构成关系。在具体设计时，采取"知白守黑、疏密穿插"——"集中与分散相结合"的统一格局对土地利用进行空间格局的优化，对场地的功能关系和景观组织进行综合考察、分析，以获得因地制宜、和谐发展的景观设计。这其中，"白"代表"虚"、"疏"代表"空"，为土地的自然生态尚未被开发利用的斑块或者是再生、恢复的纯自然生态斑块；"黑"代表"实"、"密"代表"盈"，是人类开发使用土地的城镇、建筑等类异质属性的斑块。以"保白限黑"的主导意识，强调"疏"、"密"有致地使用土地，保持大面积自然植被斑块的完整性，充分发挥其生态功能；引导和设计自然斑块以廊道或小型斑块形式分散渗入人为活动控制的城镇、建筑斑块或农耕斑块，同时在人类活动地域沿自然植被斑块和廊道周围地带设计一些人工小斑块，如居住区、农耕区等小斑块。拓展植被，维系物种——用大型自然植被（斑块）涵养水源，维持生物多样性与关键物种的生存；监控用地单元（斑块）的大、小，物质种类的多、少等对比关系，保持环境景观的整体、局部、点的多样性。通过调整景观空间的结构关系，使各类斑块形成大疏、大密或大集中、小分散——大与小、多与少、疏与密、聚与散等对立统一关系，即"通过确立景观的异质性来实现生态保护，以达到保持生物多样性和扩展视觉多样性的目的"。这种景观设计模式，既是景观生态学的理想模式，更是景观设计中的美学法则。

4.1.3 景观艺术设计体系

在环境设计、景观设计的基础上继续加大艺术的含量，或者是从艺术设计角度切入小城镇景观规划、建设，则可以获取全新的设计效果，从而建立属于小城镇环境自己的景观艺术设计体系。

4.1.3.1 设计要素

无论是以单体小城镇或者以群体小城镇为对象的环境景观艺术设计，都必须通过对小城镇物质的、非物质的景观要素形象进行统筹研究，依据自然景观要素、人工景观要素、人文景观要素等相互结成的空间关系与形态模式，按照景观艺术要素构成的一般规律，遵循小城镇景观体系、时空背景的基质环境条件，在整体层面上把握区域景观规划内的空间属性、斑块生态特性、功能特征、边缘廊道网络的交互动态以及斑块之间的形态对比与控制特性等，对景观艺术各系统要素的属性、特征及相互关系、景观系统中的标志物及要素中的关键点进行研究和生态化的景观规划与设计。

从单体的小城镇环境景观设计，推进到区域小城镇环境层面的景观设计，拓展上升到区域以上层面的以全球化生态环境为背景——宏观的小城镇景观设计，可以看出，这是拥有一个庞大的设计要素体系的生态小城镇环境景观工程。在这个巨大的"生态景观工程"中可以分化出三个不同层次的小城镇景观设计要素体系。

（1）宏观景观艺术设计要素

以区域小城镇地理、资源、环境、生态、经济可持续发展为对象的景观策划和规划。

（2）中观景观艺术设计要素

以城镇坊区环境为背景、城镇设计为主导的建筑空间形态、道路交通、功能分布、产业经济结构关系、环境保护的景观规划、设计。

（3）微观景观艺术设计要素

以镇区内的建筑、标志物、广场、公园、绿地种植、理水叠山、铺地、街道、环境艺术品、公共设施、媒介等面状、线状、点状景观为对象的规划和具体设计。

本书主要关注中观层面以下及其微观的景观设计要素与相互关系，并以优化的坊区构成关系，打造属于单体小城镇特有的环境景观风貌。

4.1.3.2 要素关系

单体小城镇环境景观设计是以自然景观环境设计为主导、以人工环境景观为核心、人文环境景观为灵魂的综合景观艺术设计。

（1）小城镇设计范畴的景观艺术

内容包括：①异质镶嵌斑块；②生态交互廊道；③土地水体基质；④物质演化时空等方面，它们构成了小城镇景观艺术的设计范畴。

由广阔的、相对同质且连通性最强的景观背景地域——土地、水体所构成的环境基质，为人类生存居住提供了先决条件。城镇、建筑、构筑、道路、广场、植物、动物等不同属性的物质聚散、运动形态，在道路交通、水系网络以及绿篱通廊的分隔与联结中形成同类或异质的土地"镶嵌物"斑块——小城镇空间组合的形态构成关系，在时间的变迁、空间的演化中，同时也产生物质形态的改变。

小城镇景观艺术所关注的就是在这一基质背景下，大小不同的"镶嵌物"斑块在空间组合、时间演进的过程中，物种多与少、疏与密等生态空间尺度及其物种比例关系。

（2）小城镇景观艺术设计的要素分类

主要由城镇规划艺术、建筑空间艺术、环境陈设艺术、人文传播艺术等系统要素的分类组成，代表了小城镇景观艺术的分类设计要素。

由小城镇空间形象要素与环境景观要素构成分析，可以归纳整理出小城镇环境景观艺术的设计要素。这些要素从空间关系出发，把自然环境的物质实体、人工环境的建筑形态、环境陈设以及社会情态，按照人与景观物象的关系作物质形态和意识形态的分类。无论是自然的、人工的、人文的还是人本的，都是以视觉要素为核心、以城镇建筑为主体的物质形态展开，以人的触觉、听觉、嗅觉、味觉感知为辅助，烘托渲染空间环境景观的艺术气氛，多层面、全方位地改善创造环境。其设计要素及其关系如表4-4所示。

小城镇环境景观艺术设计要素及其关系　　　　表4-4

景观艺术设计要素	表现形式	景观要素系统分类			感官知觉
		自然景观要素	人工景观要素	人文景观要素	
图形、符号、色彩、质、量、光、影	造型	阳光、云气、气候；土地、山川水系；树木、花草、动物、时间变化	建筑物、构筑物、道路、交通、公共设施、产品	社会、政治、经济、民俗、宗教、地域习俗、乡土文化艺术等因素	视觉
借物传音	造声	风雨、雷电、流水、动植物之声	器、物撞击之声	人声、器乐之声	听觉
空间、距离、体量、肌理	感触	自然物质空间、体量、肌理属性	人造物空间、体量肌理	心理与生理空间体量感受	触觉
随物散味	传播	天然物质气味	人工物质气味	经验作用于心理	嗅觉
借物喻味	象征	自然物质味觉属性	人工物质隐含的味道	联想作用于生理	味觉

从设计要素图表中包含的三大系统内容可以看出，以视觉造型为主体的景观艺术设计要素，通过有效的组织视觉图符，构成物质形体的结构关系，并借助事物表面的材料、肌理、质感、量感以及色光、影像流动变化作用于人的视知觉。对于触觉中所表达的体量肌理、空间距离，一方面通过人触摸物体的心理感受，另一方面则需要依靠视知觉对事物空间距离、体量肌理的感知作用于心理，从而唤起触觉经验，达到对环境景观事物的认知目的。

（3）景观设计体系结构及相互关系

景观设计是一门综合设计，它以物质规划为前提，从物质空间形态入手，借助各门类的设计手法，完成物质构成的使用功能、观赏功能、游憩功能，而它们设计的对象同样来自于地球自然和人类社会。从小城镇环境景观艺术设计体系的结构关系图（图4-7）中可以看出，在自然环境景观、人文环境景观、人工环境景观——所谓景观构成的三大体系之外，把人的活动情态作为小城镇环境景观中的核心、最具灵性的景观体系，放置到小城镇环境景观设计的系统要素中来。它表明，虽然在景观规划的硬件设计中，物质空间的形态构成设计是第一性的，但是，这些设计都必须围绕着当地民众的生活、劳作的具体方式展开，离开了本土民众生活、劳作的参与，环境景观的规划设计与建设则变得毫无意义。事实正是如此，当小城镇的景观规划、建设完成以后，小城镇的民众作为景观中活动的主角穿行其中，使得人以外的环境景观成为人类美好环境的陪衬或底景，人与环境对比和谐，主次分明，景观规划与设计才真正实现了它的价值意义。

图4-8　旧时门把手成为传统民俗文化符号

（资料来源：http://www.nipic.com/show/）

其实，由于小城镇环境景观艺术设计的高度综合和融合力，在其规划、设计、创作、建设完成以后，已无法区分是哪种景观体系或艺术占据主导作用，它们相互结合形成可用、可游和美好的视觉景观氛围。而表现出的艺术特性，已经是我中有你、你中有我，是升华了的具有丰富内含的新形式。它不再是单一艺术表现门类的作品，而是特定事物的环境形象艺术品，特定场地的景观艺术（图4-8）。

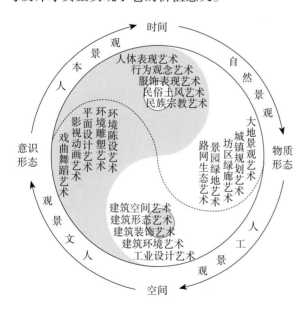

图4-7　小城镇环境景观艺术设计体系结构

从结构关系图中，可以看出小城镇景观艺术的综合设计特征以及在城镇形象中所起的作用。它们被划分为四大类：小城镇自然景观艺术、人工景观艺术、人文景观艺术以及来自于人类本体的人本景观艺术。其属性遵从"物质到意识、自然到人本、整体到局部"从大到小地排列，叠合交错、循环往复：从物质形态作用于意识形态，又从意识形态反作用于物质形态。

小城镇环境景观艺术虽然源于众姊妹艺术，却又不等同于众艺术之和。从系统与整体、整体与要素的关系规律来看，由要素构成的整体已具备了各个要素不具备的新物质、新形态、新的扩张力。小城镇环境景观艺术有它自己的研究对象、内容、特性和使命，更有它自己的规划、设计营造的思维和方法，它自成体系，独立存在且前景广阔。应当看到，在小城镇环境景观艺术设计体系关系构成中：

以土地、水体为前提的自然环境，为人工、人文环境提供了生存、繁荣、发展的景观基础，在小城镇空间中，建筑形态艺术是环境景观设计的主体，物质含量大，功能水准高，是形成城镇环境形象的决定因素。因此，它的条件是苛刻的，深受科学性、技术性、经济性的制约，其艺术含量往往因功能、技术、经济、政治等因素局限而被削弱（图4-9）。

意识形态的。因此，它的艺术表现力很强，表现范围广，对小城镇环境景观起着能动的、潜移默化的作用，也可以说小城镇中人的行为举止、精神面貌是小城镇形象与环境景观中最具灵性和活力的构成要素（图4-10）。

图4-9　德国小镇

（资料来源：施继绘）

图4-10　小区内的亲水景观

（资料来源：http://www.nipic.com/show/1/49/5873642k92f758c6.html）

人文景观艺术以环境陈设（展示）艺术为主导，是小城镇空间、环境、设施的视觉形态艺术，建筑室内外环境，城镇空间环境中的基础设施使用功能的设计与美化，它具有一定的物质含量，也受一定的功能限制、工艺加工技术和创意表现的制约，在不受经济和政治条件的影响下，可以充分体现它的艺术创造，尽可能完整地保存其艺术含量，它是形成小城镇环境景观视觉效果的重点。

人本景观艺术是以人的活动情态为主导的艺术，是人体的功能、行为举止、智慧与情感、语言与个性的创造与展示的艺术。它是人的本体艺术，是"我"之外的"非我"，非我即环境——人际环境的艺术。所以，"非我"的人本艺术是小城镇环境景观艺术中最具灵性的组成部分，由于它的载体是人自身，它的"背景"和"道具"是城镇中的各类物象，它的表现形式过程几乎是纯

从构成要素中可以看出，不同门类的艺术在小城镇环境景观艺术设计体系中扮演的角色，所起的作用是从自然到人类、从空间到实体、从大到小、由远至近、依次排列直至人本的递进关系。

在时间序列上具有由长至短，并向瞬间运动的特点。这其中，包含着事物由静到动，由动而使城镇充满活力的生命运行规律，同时，也揭示了人工的、几何的、抽象的、冷漠的、理性的科学精神向自然的、有机的、具象的、热情的、感性的人文精神相结合而达到相互制约、相互影响、互为依存的对立统一规律。

由图表分析可以得出：小城镇环境景观艺术设计是一种以艺术为出发点，具有自然地质地理、生物生态技术、城镇建筑科学技术、城镇经济与管理等学科为前提基础，自然科学与社会人文相结合的设计体系（图4-11）。

这种设计体系分类思想并不是将景观艺术设计庸俗化，作为广义的景观设计，它的设计要素为人的视觉所及的所有环境物象。在从事具体的景观规划与设计工作时，其艺术的思维和方法进

小城镇环境景观设计体系　81

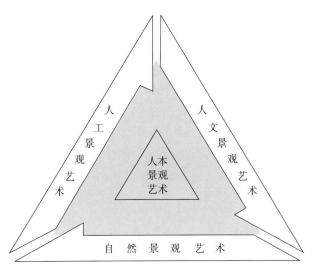

图 4-11 小城镇环境景观艺术

入小城镇建设的前期阶段,通过策划、规划、设计完成景观营造的场地环境,同时又根据环境景观的氛围需要,对环境艺术等一系列的艺术设计创作活动提出统一经营、目标、原则的具体规定和要求,去协调、改善小城镇建设不合理的因素,深化小城镇艺术的内涵,又统摄、组织很强的工艺技术手段去实施完成环境景观的艺术处理(图 4-12)。

图 4-12 欧洲小镇

(资料来源:施继绘)

景观设计在小城镇规划与建设的序列活动中体现出:虚(策划、规划)→实(规划、设计)→虚(创作、设计)→实(设计、施工)的四段过程,即小城镇建设的前期策划、规划→宏观的控制规划、设计→景观艺术创作→景观工程施工设计与管理的序列进程。其中,设计是被动的、有条件的,其表现手段在于参与、引导。当对具体的场地进行景观规划、设计或创作时,这是对一个地域内作景观规划改造,其设计是具体而实际的,方案最终必须以工程形式实施完成。而对景观环境的控制地段采取景观艺术行为时,则要求景观艺术设计要具备艺术家的眼光去观察小城镇形象,以环境保护的意识去策划、引导平衡生态质量和以环境艺术的观念、手法去审视并改善小城镇中的环境要素,"因借"、"随机"、"发现",点石成金,创造美的契机,营造优美怡人的小城镇景观环境(图 4-13)。

图 4-13 因势而建的城镇(西班牙,卡塞雷斯)

(资料来源:http://distribute.quanjing.com)

4.1.3.3 视觉构成

小城镇的建筑密度、容积率、绿化率,代表着人工环境景观与自然环境景观之间的生态对比关系,影响着视觉美感的建立。建筑与自然环境结合,在空间中的表现形态,以其形体结构、形象节奏、比例尺度、材质色彩、光影虚实、高低曲直、浓淡显隐的空间视觉形象使人在获得视觉美感时,产生联想与共鸣,环境景观在人的参与下实现了设计目的。

小城镇的空间形态既是事物构成的物理空间,又是人的感觉认知的视觉空间、心理空间。空间构成通过道路交通、河网水系廊道以水平分隔锁定建筑用地,它是建筑、广场、草坪绿化等异质斑块与土地、水体等环境要素基质之间的比率。建筑物在用地中的分离聚合、疏散密集的矛盾对比关系以及地形、地貌、水系、山川沟壑的影响，决定着小城镇的空间形态以及环境景观的构成。

空间构成以物象垂直分隔占有空间，它是建筑、构筑物的体量、高程与山冈、林木等制高物的用地斑块"镶嵌物"的对比、协调关系，根据建筑物的性质及所在地域、斑块地点及斑块之间的功能、生态关系进行控高，通过街道、水系网络的通廊进行分割与联结，使空间形态间拥有生态、能量、信息交互的条件，具备疏密聚散、参差错落、高低悬殊之审美韵律。

空间的水平、垂直构成关系，造就了环境子空间形态特征，景观构成依赖于这些特征。

小城镇传统的景点以大树、古钟、宗祠、庙宇、塔楼、牌坊、街市、广场、道路、桥梁、绿化、岗坡峰崖、江河水塘、溪流瀑布、温泉热泉、奇花异木等自然的、人工的、人文的要素，创造出许多跨越时空并令人陶醉的环境景观。

这些景观的点状分布与集聚是小城镇一定历史时期内，政治、经济、文化与社会民众的宗教、习俗共同参与沉积而成。故传统的景观，因其包含着神秘幽远的人文历史因素和历经沧桑的景观形象而令人神往。

现代小城镇因科学技术的高度发达而创造了史无前例的新文明，它首先体现在建筑体量增大、竖向空间拔高等方面，抽象的几何形态符号超越了传统人文精神下的自然有机形态，建筑更多地表现结构材质、科技工艺之美，形成了与传统自然审美相对应的技术美学，这种现代文明与古代传统相对比的景观构成在我国许多具有悠久历史传统的小城镇中可谓比比皆是。

现代小城镇的环境景观，主要体现在建筑物的形象、广场、道路、桥梁、交通、水道、人工水体、人工假山、人工绿化、环境雕塑以及小城镇综合基础设施方面。由于现代小城镇的建筑相对密集和对自然环境的侵蚀，以及建筑立面高新建材对阳光的热反射，小城镇中的自然生态早已不是昔日那种："虚阁荫桐，清池涵月，洗出千家烟雨，移将四壁图画，素入镜中飞练，青来郭外环屏"的景象。为了使民众更多地拥有自然，满足潜在意识的怀旧感，在空间构成中更合理地利用土地，更大幅度地引入自然，充分利用水体、植物，让居民在城镇中的自然景观中得到满足（图4-14）。

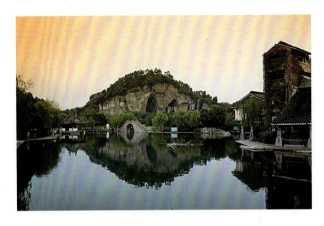

图4-14　山水入境（绍兴鲁镇）

（资料来源：http://www.quanjing.com/imginfo/yt-p0020662.html）

毕竟，小城镇景观设计是一种突出视觉艺术的设计，需要提高眼界、更新观念。从事于城镇规划、建设的各方设计，其人员的艺术素质及在设计过程中所面临的政策、法规、经济等一系列条件限制，使城镇的景观从未达到令人欣慰的程度。所以，即使是新兴小城镇，也仍然面临着沉重的视觉改造、形象树立与景观美化的任务，同时还要解决历史文化遗址、街区的视域视廊保护等任务。

小城镇环境景观艺术设计在空间形态与景观构成中起至关重要的作用，它能有效地利用艺术设计思想和方法去塑造建筑的内外部环境，借助现代设计艺术去调节环境中的光色、肌理、影像的变化，并充分利用环境雕塑、传统浮雕、石刻、壁画等艺术品唯美的魅力，它们以其纯正的艺术内涵来调节空间环境，使环境景观要素在艺术品的统摄"对话"下实现整体景观艺术品位的升华。

小城镇的空间形态与景观构成，还仰仗于艺

术家的创新意识和开创精神，他们善于利用小城镇中自然特征、人工特征、人文特征的有限资料创造出具有无限内涵的新景观。

4.2 环境景观艺术的主体设计

4.2.1 视觉环境与景观形态艺术设计

当小城镇环境景观规划、设计定义在单体小城镇层面时，设计的视野从区域小城镇群体空间——土地、水体、植被、人工构筑等斑块的大小、多少、比例、相互间联结的交通水网通廊与基质的关联中推进到某一个体的斑块。于是，呈现在人们面前的景观物象则是具体的场地、草坪、树林、水塘、广场、建筑物、街道、水巷，公共设施、交通工具（工业产品）、社会活动及人本身，这正是从中观的景观规划推进到微观场地的环境景观规划设计层面，亦即是人们寻常熟视目睹的环境景观物质形态设计。这个层面是环境景观的本体设计，要解决的主要问题是各类物象之间的空间关系；物象之间的类别、大小、多少等比例关系；物象之间的功能联结、交互的通廊功能以及各类物象本体的视觉形态及相互关系。

4.2.1.1 物象轮廓

边界的最小可视单位是物象之间或物象实体本身面与面的过渡转折，它是物质形态占有空间范围的边界或轮廓。边界和轮廓虽然都有边缘的含义，但是却分别指向各自侧重的平面与体量。当把人的目光锁定在小城镇的某一个地块、一条街道的具体场景时，人体的五官感知功能就起到它们应有的作用。视觉，作为第一要义首先感受到的是空间场景中的物象，当物象信息经过视觉处理进入人的大脑产生心理等综合的对比之后，感受到眼前的场景是让人类的情致为之荡漾的某类景观，拟或是平淡无奇、甚至是令人生厌的物境。小城镇环境景观设计就是要把目光所及的场

地在小城镇整体关系中进行功能规划、生态规划和景观规划，在视觉审美层面进行景观艺术的设计，以期创造符合人类健康发展的美好景观（图4-15）。

图 4-15 古镇速写

（资料来源：文剑钢绘）

（1）区域平面

土地蔓延的无限性本没有边界，但是当它作为基质——为其他物象提供镶嵌平面区域时，水体、草坪、道路、广场、建筑等物象在土地平面上镶嵌分划出各自形状的边界。这是一种平面展开的边界轮廓。在地球平面上，我们可以划定一个国家、一个省、一个区域中各小城镇的镇域形状、街区形状、建筑形状，以至于树木正投影的具体形状，它们在平面上占有的位置，将决定其在空间中的形态和体量。

（2）物质体量

当区域平面中的镶嵌物以垂直方向向上发展

时，物象的形态就会以天空为底投射出自己的边界轮廓，物质间轮廓联系、延伸而形成景观天际线；而当物象重叠时，前面的物质形态会以后面的物质形态为底景，衬托出自身的形态边界轮廓来。以某一景观物象为主视点，其对应的物质形态重叠伸向远方就形成了景观视觉通廊；人的视野以最佳的视角——120°眺望眼前的物象时，视觉范围之内就形成了人类感知物象的景观视域。

景观天际线、景观视觉通廊、景观视域等作为人的目力所及的物象空间，是景观艺术设计中景观画面分析、剪裁的重点。在景观设计中，物质的边界轮廓是设计形态学中造型设计的依据，它限定了物质在斑块内面状空间中的占有范围。然而，土地边界轮廓围合斑块中的物质形态和体量才是景观设计学中关注的实质内涵，景观设计把斑块区域内的各类物质进行有机组合，从而得出面状景观（图4-16）。

图4-16 夕阳剪影

（资料来源：http://www.quanjing.com/imginfo/is098r0wb.html）

4.2.1.2 结构网络

小城镇的建筑、广场、草坪、树木、地貌、水体通过道路交通、河道水系等组织形成了小城镇环境景观形态的结构关系。

如果把这种结构关系抽取出来，简化为纵横交错的线条所形成的视觉图形网络，那么令人印象最深的当是城镇地图中所呈现的街道交通网络、河道水系网络等。

小城镇的道路交通网络是边界的延伸和集合，是街坊、居住区、商业区、公共绿地、农田等斑块相互联系的媒介。不同属性的斑块通过边界之间的道路、绿篱网络联结交互，形成综合的、有机发展的整体。

网络的最小单位是网格，一个网格围合就界定为一个斑块，网格作为斑块的边界随地形、地势而变化，这就存在着网格形状的差异，由此带来斑块中镶嵌物质的错位变化。当然，一个斑块中并非是单一物质的镶嵌体，在小城镇内网络的各个平面斑块中，通常以建筑、绿地、树木、水体、道路等构成一个综合的异质同构斑块。小城镇空间的结构体系虽然没有大城市建筑空间结构复杂，但是，由于街道交通、绿篱水系等通廊的分隔使之在空间形态上有了空中的"廊道网络"。平面网络、空中网络构成了小城镇环境景观曲折迂回、参差错落的立体线状景观形态，它们与面状景观交织互映，造就了景观的丰富、多样性。

4.2.1.3 通廊节点

道路交通、河道水系、生态绿篱等视觉通廊的交汇处，往往会形成视觉聚集的节点或中心，而处在节点、中心区域的建筑、构筑、树木花草、环境雕塑等物象，是视觉景观组织的重点。

节点是一个相对的概念。在点、线、面、体的视觉造型符码体系中，点是物质实体平面中的最小单位。当然，把点放大若干倍，将其上升到道路网线层面，它就有了道路交叉点那块节点面积的含义。通常，交叉路口的节点大小要根据道路交通的功能需求来设定，小城镇的次要交叉路口并不设置任何物象，它只是一个可以提供人流、物流运动的交通空间。其中，人、交通工具是这类节点中的动态景观，而它们依托的则是节点周围各斑块中的建筑、树木、草坪、人行铺地等环境物象。

当道路节点因交通功能需求变大，则可能在设计中放大节点的面积，使之形成环岛、街心花园、交通广场甚至形成小型街区。

然而，通廊节点的含义还可以上升到空间形态的视觉通廊、视域范围层面。当连续的景观突然遇到道路、空间形态的转折，如弯道处、端景处的阁塔、楼宇、雕塑等标志性建筑物、湖塘、洲岛、岗坡、大树等物质空间的转换时，这些都被作为视觉景观序列的重要转折节点，对景点组织的强化起到重要的调节作用。

通廊节点会因为人的视觉层面而产生比例、层面的变化。当视线跳出街区、上升到城镇总体、区域城镇、省份、国家等层面，则可以看出道路网络节点消失在街区中、以街区为节点的景观组织会消失在镇区中、以小城镇为节点的景观组织消失在区域、省域、甚至是国家网络间的节点中。

节点景观是线状景观的重点，是面状景观中的标志，它们在景观空间形态、视觉网络组织中起重要的集聚、引导、强化、调节作用（图4-17）

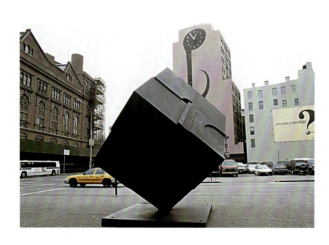

图4-17　街道—广场雕塑

（资料来源：作者自摄）

4.2.1.4　空间形态

在没有物质形态的参与下，空间并不是一种设计元素，只有空间中包含了物质形态要素，空间才变得有意义。在城镇规划、建筑设计、景观艺术设计中，空间被认为是设计成败的关键因素之一。

空间不等同于环境，但是却代表环境的主体含义。景观是环境中的物象在空间中的表现状态。它们之间的关系是实体（图形）与虚空（底景）的关系。

景观设计就是在空间中根据人的需求去调整物质实体形态及其相互关系。在特定的场地空间中，景观造型形态的优劣会在环境对话中给人以视觉、听觉、触觉、嗅觉等全方位的审美感受或体验的分别。就像建筑、草地、树木或环境雕塑作品一样，它们的物质形态、肌理、色彩等因素都会与周围空间环境产生呼应关系、主从关系、图底关系，使人从景观中获得自然与人文、物质与精神等不同方面的精神享受。景观艺术的美也因为空间的自然、和谐氛围而变得更加灿烂。

例如，当我们处在同一空间和时间状态下去观赏景观，可能会专注景观对象的某一物质形态，它可能是一幢建筑、一棵大树、一方广场、一块草坪、一池碧波、一株草、一朵花——拟或是一个人，甚至是某一物象的某一个具体部位，这时，这个物体形态景象就会从它周围的环境中突出和显明，而物体周围的部位、群体物象形态就会从视觉感受中后退、虚化甚至忽略（视而不见）。这就是景观物象在空间中"主宾、实虚、显隐"的视觉表现规律。

由于人在观赏景观时目光是游动的，因此主要关注的部位或主视物会在感觉中产生运动、位移变化，从而造就景观物象主宾的联系、交替，产生"图"与"底"的互换。这就是景观艺术视觉感受的系统性、协同性、相对性，同时，它也是一种视觉审美运动的语言形式，为视觉景观展开了无限遐思。

（1）视域空间景观设计

景观在空间中的展现受具体场地空间形态的制约。视域中的物象应该以空间形态的内在秩序为基础，表现出时间流程上的"时空序列"最佳形态关系，这种形态关系当是"一般与典型、普遍与特殊、主次分明、层次井然、虚实掩映、参差错落——矛盾的对立与统一"。景观设计从生理与心理等方面来感受环境，表现小城镇三维、四维乃至五维以上时空的景观与情感空间意象。

在景观形态艺术设计中，对整体空间环境中的物象轮廓从群体组合关系，到单体造型形态作系统优化调整，根据建筑高程对比、绿化种植疏密、地面材质铺装、环境小品穿插以及物象整体的肌理、色彩等设计要素进行综合构思和"迁想妙得"，构成不同区域的物质形态特征，使之成为环境景观艺术审美的集中体现（图4-18）。

低、大小、曲直、软硬、疏密、进退、虚实等对比中产生景观节奏和韵律（图4-19）

图4-19 水街并行

（资料来源：作者自摄）

图4-18 密林古寺

（资料来源：作者自摄）

（2）视觉通廊景观设计

小城镇空间环境中的景观构成网络体系是指景观视线通廊系统。它规定一个空间序列——视觉通廊范围内保证视线的通达，使人与自然或人文景观保持良好的通视联系，避免优美的景观受到遮挡。在道路、滨水、绿廊等景观设计中，特别是街道、河岸水系网络的景观组织中要特别有意识地对景观视廊进行保护和控制。视觉通廊景观为线状点阵连续景观，其表现类型为：沿街、滨河、临江、湖岸线的景观、绿廊风景线、河网水系景点等表现形式。由于这类景观的线状展开特征，势必在小城镇景观序列上产生"起、承、转、合"的进程，这样，景观物象的起伏，景观点状连接与高潮的有效组织和利用就变得特别重要。通常，在街道景观中根据实际场地条件，因势利导、因借随机。利用商铺、民居的"平铺直叙"，辅以公共建筑、塔楼、大树等体量、高程的对比，组织凹进的街道休憩广场，使之在高

（3）景观节点视觉设计

景观节点设计离不开其存在的网络环境条件。点状景观具有层次、属性的分类：①通常的点状景观在小城镇区域内表现为视觉突出的建筑群体、植物园、公园、开放性公共绿地、广场、历史文化等景点。②在以街区为单元的道路、水系网络中则以单一的建筑、标志物、雕塑、壁画、喷水池、喷泉、特征绿化、广场等景观节点为主导。③根据景点在不同斑块和网络中的位置，节点景观通常分为：文化娱乐中心景观节点、居住生活中心景观节点、商业旅游中心景观节点；交通景观节点、绿化景观节点、洲岛、河湖景观节点等。

对各类节点景观的物质形态设计通常是具体的建筑物、构筑物的形态构造关系，建筑外部形象的控制以及与环境建筑在形态、材质、色彩等方面的和谐关系。节点景观是视觉网络景观的具体化，它是对分布在整个小城镇地域内景观节点的细化推进，其设计手法离不开造型艺术美学原理的基本方法。在节点景观的设计中需要注意的是一定要根据节点的场地、功能、性质与周围环境的关系进行创造和调整，注意与整体环境的协调性，不可毫无特色地"盲从冒进"，也不可脱离实际地"喧宾夺主"。

4.2.1.5 景观意象

小城镇中的街区斑块、功能廊道和节点景观分布在空间中的有序设计，必然会造就出预期的景观效果。然而，这种景观效果是否就是小城镇民众心目中的景观意象？这就要看景观设计的初始理念、原则、目标是否真正代表小城镇历史文化、现代文明和未来的发展趋势了。

当然，现实景观的具象性是易于把握与控制的，最难的是要把人们心目中的意象抽取、统一、具象化并赋予其物质景观的实存意义。

依据景观艺术的主体设计，景观设计师把来自社会不同阶层、不同民族、不同文化背景的民众景观意象进行研究、综合、提炼、萃取，继承历史文脉，融合现代文明，把握发展趋势，造就中国小城镇本土文化一脉相承、生态和谐、可持续发展的环境景观。至于小城镇的景观意象是属于以传统为主导，以现代科技发展为主导，还是以快速城市化之下的全球一体化的国际主义"超现实"的"未来派"的景观意象为主导？那就要看具体的小城镇所具备的是何种条件了（图4-20）。

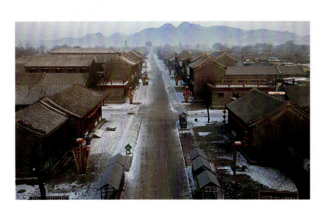

图4-20　北方传统街道（山海关）

（资料来源：http://distribute.quanjing.com//mhrm-dspd27575.jpg）

4.2.2　景观艺术本体设计的基本内涵

4.2.2.1　视觉主导的景观艺术

（1）视觉景观艺术

小城镇环境景观的艺术氛围，首先是通过人的视觉机能感知的，利用人的视觉对外界事物的感知能力，而进行自觉、主动的选择，综合视觉要素并设计出理想的图式。例如：

由于光线的刺激，使人对事物的形状、色彩有了大小、远近、虚实、体量不同的鉴别。

由于视错觉的心理作用，可使人对一定的形状、色彩产生长短、轻重、分割连接、对比位移、冷暖距离、残像幻觉等感受。

由于视觉运动规律，可使人对水平、垂直方向的物体产生前后、次序、尺度、节律等不同的感受。

由于人的视觉区域分布的效果不同，有了主次、虚实、浓淡、深浅的心理感应。

这些视觉感受和心理反应无不通过图形、符号、色彩、肌理、空间、体量等系统视觉要素体现出来。在对小城镇进行环境景观艺术设计时，必须立足全局，从要素入手，运用视觉统一设计原理，把环境景观各系统要素，按照系统科学方法去进行科学分析、系统策划、整体设计，按照艺术设计原理去感悟、构思、捕捉那些能够代表某一小城镇地理风貌、民俗民情、民族文化、民族特色、地方特色及精神气节等方面的最佳图形、符号、色彩；按照一定的时空界限、视觉感受原理区别客观要素交织构成的关系，分析系统功能需求，选取适当的形态构成关系，达到形象鲜明突出、丰富多彩、和谐统一的艺术效果。

在小城镇这个巨系统中，凡涉及视觉审美的造型设计，都应归属于视觉艺术。一般认为，视觉艺术来源于现代设计，属于平面视觉美术设计范畴，它所涉及的二维平面图形的造型设计规律及其色彩的运用，由于现代艺术门类的相互借鉴和渗透，以及社会实际的需求，使之从平面走向立面——建筑的界面，从二维发展到三维立体，甚至是四维时空的艺术设计。其实，视觉艺术并非现代人的创举，人类对于视觉造型艺术的创作设计手法早就存在了，它是一种由绘画、雕塑、工艺等组成的传统（视觉）美术。其中，建筑艺术最善于运用抽象的图形、线条符号，通过一定的材质造型手段,将其运用到建筑造型设计中去,这些在建筑形态和装饰方面表现得尤为明显。而现代视觉艺术则应该是一种发展了的更为自觉、成熟和抽象的艺术,它运用了系统科学方法和现代工业技术美学原则,把对象按照一定的设计原则去规范它,并把图形按照整体性原则、综合性原则,多种思路使之系统、综合和优化,从而得到最佳的设计作品,由于它们多出现于印刷美术设计、商业设计和大众媒体视觉传达设计,使得视觉艺术呈现出重复、快捷、暴风骤雨般的视觉冲击力,这种节奏和效果的时空艺术,相对于建筑和小城镇景观形象来说却大相径庭。因为建筑、城镇的存在是积累的、生长的、相对永久的,几百年、几千年的时间向量。而景观的造型、材质、色彩,一旦生成则凝固在一个时点、地段上,并成为跨越时空、相对永久的实体存在,使其视觉效果在空间的向量上是稳定的,它并不随周围环境的改变而改变形象,但却会因环境的改变而影响其视觉印象。而在时间轴上的运动中,则将时代历史、风雨沧桑凝结其中,于是,建筑形象的视觉效果,在原有的形象里又加入了自然历史与社会历史的"陈年"因素。历史的因素与建筑生成时代所凝结的人文因素和现实社会环境因素,共同作用于人的视觉,给人的感受和联想远比一座新生成的建筑要丰富、厚重和亲切感人。这说明现代视觉艺术与建筑艺术、环境艺术的本质内涵是一致的(图4-21)。

图4-21 山西平遥古城,城门楼

(资料来源:作者自摄)

(2)触觉景观艺术

触觉是人体的特殊反应形式。手触摸物体表面,负重、肌肉紧张运动的感觉结合着皮肤感觉,把关于物体一些属性的信号传递给大脑,于是就有了软硬、光滑、粗糙、干湿、冷热、长短、大小、间隔、距离等体积重量、肌理变化的感受,不同的物体材质,因表面处理与所处环境不同,感受的特性与程度也就不同,于是人对于不同物体、材质就有了区别和选择。当然,人的触觉不仅仅来自于手、脚、躯干、肌肤的各个部位,对于外界物体的接触都有不同程度的感受。由于人类在长期的历史发展中,总是与视觉相配合,这样,人在不能触摸物体的情况下,同样能通过视觉感受的联想来唤起触觉的经验,从而在心理上产生不同的反应。这对于艺术设计来讲,正确选择物质材料,合理运用和加工材质的表面,处理好材质的体量、形态、肌理、色泽也是视觉造型上的共同目标,视觉唤起经验,唤起美感,而触觉亲近、切实、舒适的体验同样可以唤起美感。

触觉的艺术在小城镇环境艺术设计体系中主要体现在建筑装饰艺术和环境雕塑艺术方面。根据触觉的概念和内涵,建筑室内外环境的装饰材质、肌理通过人们的视觉唤起人对事物表面的视觉经验,如玻璃的光洁与凉爽、抛光花岗石的光滑与坚硬、木质的温暖、竹藤的柔韧、砂石的粗糙……视觉的联想,触觉的经验,唤起知觉记忆和美感,于是人对事物的形象特征就有了视觉以外的触觉意象。

在小城镇环境中,雕塑作为环境中的景观,是一种已被民众熟悉了解的艺术。一方面,雕塑是三维立体的艺术,它可放置在一定的地方并影射空间,让人从不同时间、角度去观看,这就要和环境的日影、天光、地景、建筑等因素发生对话。另一方面,它具有可触摸、可亲近的特性——雕塑的材质,通过视觉的唤起而加强了材质的特性,雕塑与人"交流",产生感应。优秀的雕塑作品仿佛一个能量团,总是在向周围环境辐射能量，使空间充斥着运动气息，弥漫着生命的活力。

雕塑是场所的艺术，是小城镇环境艺术设计的重要手段。作为一门独立的艺术，虽然它在历史上曾主要作为宗教的艺术造型，被安放于宗祠、寺庙、道观，影响着宗教环境空间，但在中世纪，它走下神圣的殿堂，步入人间建筑，成为皇宫园林、民宅庭园的重要装饰手段和景观。在近、现代雕塑又走出建筑，成为建筑空间、坊间花园、城市广场及自然环境中的城镇雕塑和装饰雕塑，其在城镇空间的景观作用有时会令人误认为雕塑艺术就是城市环境景观艺术，雕塑与环境景观艺术结下不解之缘。

（3）听觉景观艺术

物体振动所发出的音波作用于人的听觉器官，而引起听觉。声音中，最简单的音波是纯音。物理学上用频率和振幅（强度）两个主要特征来说明纯音的性质。不同频率和振幅的纯音相混淆可以获得一切声音，由这些声音混淆而成的声音称为复音。人根据复音中音频的高低与振幅的强弱及振动形式的关系，按照一定的周期节律、规则，通过发声器（乐器）表现出来就是音乐。

全部声音也可按照它们是否具有周期性而分成两类：即乐声与噪声。乐声是周期性声音振动，如音乐。而噪声则是非周期性声音振动，如自然界的流水声、风吹树叶摩挲的沙沙声、风雨雷电等自然之声，以及敲打声、发动机及其工业机械产品的轰鸣等人造之声，并非所有的噪声都有害而无用。

自然界中的风雨水流之声，虽属噪声，但在小城镇这个充满各种人工嘈杂之声的环境之下，能适当地运用自然之声，既可对噪声作掩声处理，又可唤起人对自然环境的经验想象、遐思等亲昵之情。自然声音的制造多依靠自然之物，如泉水叮咚，风雨潇潇，松涛隆隆，鸟鸣委婉……如果没有好的自然环境与气氛，很难与人的心灵产生共鸣。由此可知，听觉的艺术在于改善和调节小城镇物质构成和生态构成的艺术，自然之声、人工之声、音乐之声，以其不同的频率和振幅表达着小城镇的环境。

声音在空间中传播，代表着事物某些形和质的特性，音乐也可以模仿自然界中的物质运动。潺潺流水，喧嚣怒吼；喷泉瀑布，浪花击石；河湖江海，惊涛拍岸；旌旗猎猎、风啸雷鸣……虽然声音可被模拟，就像绘画可以模拟自然形象一样，然而单纯的模拟绝不是艺术，"是什么使绘画成了模仿的艺术呢？是素描。是什么使音乐成了模仿的艺术呢？是旋律"。旋律以其声音的"抑扬顿挫"表达着情感的波动，旋律携带着令人喜爱的自然之声、动物之声与情感相伴向听者"娓娓道来"，以激发、唤起心灵的共鸣。

听觉设计在小城镇环境景观中既是一种复杂的声学环境设计，又是一种物质景观的品位设计。在现代小城镇设计中，人们常采用人工瀑布、音乐、喷泉、有音响装置的汀步，以及通过音响设备传播出的鸡鸣、狗吠、马嘶……以丰富的自然生态之声慰藉民众回归自然，遐思乡野农耕、怀念故乡的眷恋之情。这些设计不失为环境景观听觉设计的好方法。

应当看到，听觉设计也决非以局部空间环境的乐音处理能解决小城镇的景观环境问题。景观艺术是一种综合的关系设计艺术，尤其是在小城镇这样一个复杂的巨系统里，听觉设计仍要以优化环境、陶冶情操为目的，从根本上治理环境污染，提高环境的生态质量，尤其是自然生态的恢复和建立，具有健康向上的环境质量作背景，乐声才可真正具有抒情、动人的环境景观意义。

（4）嗅觉、味觉景观艺术

挥发物质作用于鼻腔器官的感受细胞而引起嗅觉。物质的内在属性经过人的口、舌等器官的感受细胞而引起味觉。嗅觉、味觉器官是人体中维持生命活动、保持生命健康、充满活力、重要的内外通道，因此，它们既担负着能量供给的任务，又担负着一定的警戒任务，人类敏锐的嗅觉可以帮助发现各种物质的挥发性气体在空气中的不良情况，以引起人的警觉，促使人注意空气污染，以免有害气体进入体内，同时又协同味觉对不同的食物作出不同的反应，在心理和生理上产生影响，从而有效改善物象品质的关联作用。

人的嗅觉、味觉的主要物源来自于人们生活的物质空间，它们通过各种物质、材料所散发的气味，或呈现出的不同色彩，作用于人的嗅觉、味觉或视觉，而影响到人的心理和生理，在确保对人体无害的情况下，通过对于不同气味、色彩物质的选择，并经过艺术的创造和调节，营造出自然芳醇、沁人心脾的气味空间和令人产生美好幻想的味觉美感环境，是小城镇环境艺术设计的重要内容。

嗅觉、味觉设计的对象并不只是气味本身，而是气味的载体。按照载体的物源属性，可分为自然气味、人工气味、社会"人文"气味。三类气味的综合，从另一个侧面，揭示了小城镇环境景观的品位和质量，同时也对小城镇的形象产生影响。

其实，人的嗅觉和味觉体验，还往往伴随着视觉：目有所击，鼻有所闻，口有所尝，故而在嗅觉、味觉设计中就有了形、色、质的造型特征和色、香、味、体有形无形、立体综合的艺术特性了。

小城镇环境景观艺术并不能直接进行嗅觉、味觉设计，但可以通过对环境物象的组织、改造和创意设计，以自然、真实的花草树木芳香，气味源的物象形状、色彩来唤起人对美好嗅觉和味觉的联想体验。当然，在小城镇的空间环境中更多地设计营造一些散发沁人心脾、芳香气味的花草、果木、蔬菜和自然清新的植物来改善城镇空气的质量。

由于小城镇的地域性特征，不同地域的小城镇会因地产植物、动物和水产动植物而产生很大差异，嗅觉、味觉的艺术正可有效利用这种地域优势创造出别开生面、风味独具的地方景观风格（图4-22）

图4-22　新疆伊犁薰衣草田

（资料来源：http://image.baidu.com/）

（5）时间与空间的艺术

小城镇环境景观艺术是视觉的艺术，更是空间与时间的艺术。这种四维的时空视觉特性使人们在观察、认识、理解对象时，保持着运动和发展的眼光，即客观外界的事物是时间轴向上空间和实体的统一。人们对实体形象与环境的感受也是时空与实体的统一。一座建筑的生成是一个时间段内建筑实体在某一特定空间中从无到有的生长过程。建筑的存在过程、衰败过程、更新修复过程，每个时间段内建筑在空间中的形象也有一个由新到旧、改造更新的流变过程，在这种流变过程中，建筑实体所处的空间没有移动，但时间迁移、经年变化、四季更替、时辰流转、阴晴雨雪，却使建筑在每个时间段内，或者事件中呈现出不同的形象，这种形象又由于每个时间段上人们的审美观念不同，而对建筑在空间中的形象美感的感悟也有所不同。古代建筑对古人来说是美好的，这不仅仅因为建筑与人是同一时代的，而现代人也同样能产生美感，这也不仅仅由于它是同一文化背景下的历史建筑。不同时期人们对建筑的美感不同，是由于审美中有许多各自的时代特征和要素。

由时间的发展序列来感悟建筑景观是由于我们用一维轴向将时间贯穿了低速运行的平直坐标。《庄子·齐物论》道："六合之外，圣人存而不论。"这里的"六合"即东西、南北、上下六个方位，也就是一个平直的直角坐标系，他认为现实世界在空间上就是这样的体系。而几乎在同一个时代的古希腊（约公元前4世纪至公元前6世纪）也由数学家欧几里得建立了这种空间体系。然而，传统的三个维度空间的坐标系是把时间和空间作了分隔。到了物理学家爱因斯坦那里，相对论则把空间和时间结合在一起，一个坐标系的时间坐标依赖于另一个相对移动的坐标系的时间和空间坐标，这样，四维时空的概念就确立了。

四维时空概念以流动的相互联系的空间组合来理解环境，要求我们从整个城镇甚至是整个自然界的空间来了解实体，掌握实体与时间空间的辩证关系。通常，人们认为小城镇是一个具有许多建筑实体包括自然实体在内的空间。建筑作为时空中的实体，它的属性和形态不仅限定、影响着建筑周边的自然环境景观氛围，同时，它还限定了一个围合的内部空间。假如建筑内部空间被安置一尊雕像，那么这尊雕像周围的整个内部空间的视觉氛围就被它的存在而限定，正如我们走进香烟萦绕的大雄宝殿，面对大卢舍那佛的塑像，所感悟到的室内空间氛围的效果一样。

虽然时空环境是四维运动和流变的，但我们依然无法去孤立地限定时空，这是由于人的不同文化背景、不同民族习惯、不同地域特色所形成的审美观念。观念的不同，犹如白布进入某种颜色的染缸一样，它将会给小城镇的时空环境带来一种主体色彩，这也许就是小城镇的文化特色、民族特色、地域特色加之现代文明特色。所以，城镇的生成发展都是以建筑为主体沿着一定的时间轴运动和空间形态的变换发展着、膨胀着，占有空间、发展空间。

然而，面对小城镇环境景观的艺术设计有如此众多的美术创作流派和艺术设计思潮，基于思想观念的不同所造就的审美价值的改变，究竟该怎样选择合适的角度，采用何种思想和方法去解决小城镇的环境景观艺术的审美观、价值观和表现手段呢？现代人的设计观念，是建立在多元化背景之上的现代观念，与昔日单纯如一的生态观念和自然审美观念不可同日而语。现代文明又赋予了现代人太多的理想和愿望，的确，社会的发展在给人带来高物质文明的同时，人的自然生态本性也被压抑着、改变着，从某种意义上讲，现代人享有人类五千年文明史以来最优越、最丰富的物质文明的同时，也正遭受着前所未有的压抑、忧虑茫然和不知所云的痛楚。福焉？祸焉？矛盾交织的心理，使心绪无所归属。所以我们不能厚此薄彼，以偏概全，更不能听之任之，放任自流。毕竟小城镇的生态圈能否良性运转，关系到人类的生存和发展，作为生物链中的一个环节，过去的几十年中，人已给这小小的生态圈造成了重创，令环境危机四伏。而人要吸取教训、弥补过失，绝不能再以一己之见而为之，更不能为满足私欲而无所顾忌，应该从生态平衡、可持续发展的原则出发，还生态圈以平衡。

由此可见，时间与空间的艺术，是建立在生态环境良性发展的原则上采用的多元文化的艺术。虽然艺术的发展，从来就是各抒己见，百花齐放，百家争鸣，但在生态二字的约束下，如何保护环境，做到可持续发展，却是不同观念、不同流派面临的共同课题，而由生态展开的有关传统文脉持续与发展，传统建筑和环境的保护和利用，如何选择基准点而使小城镇的资源得到有效保护，并能使现代建筑在形态和材质色彩上以及形象与景观环境的艺术风格上有所创新和发展诸问题，就会同时提到议事日程中来。无论是古典的还是现代的，具象的还是抽象的，繁琐的还是简约的，浪漫的还是正统的，都不失为有效的创作手段为小城镇增光添彩，因为这是在统一的时空原则下以一种健康发展的创作设计理念进行的创造，所以其作品必然是具有强大的生命力而跨越时空的。

（6）生态与绿色的艺术

生态学本来是研究生物的生存方式、生存条件、生存环境以及生物之间相互关系的一门学科。由于现代人类的文明创举，极大地改变了生物的生存环境条件，使得生态的平衡发展受到自有人类文明活动以来最严峻的危机。

生态意识（Sense of Ecology）的具有与淡薄，生态文化的确立与改变，对于生态环境的保护与破坏具有至关重要的作用。在古代特定的生产力水准和社会文化条件下，曾产生过各式各样的生态崇拜现象，如山神、土地、龙王、树精、花妖等。这种崇拜自然与迷信色彩虽不是一种科学的生态观，但在客观上，对于维护古代意义上的生态平衡来说无疑产生了"保护和发展"的作用。然而，在近现代，随着人们在生产领域的不断胜利，人们的物质欲望、经济利益观念愈加膨胀，对自然破坏的深度和广度不断加剧，近代出现的所谓技术生态观，却是注重于对自然的改造和利用，从而造成了对自然环境的种种破坏，只是到了当代，人文生态观念的确立，重新强调了人与自然的和谐、经济发展与生态环境的协调，以及自然生态与社会生态的协调，改变了人们只向自然索取而不图回报的行为。生态环境状况有了良好的开端。如今在设计界所推崇的生态绿色设计，便是人文生态观念的延伸和拓展。

小城镇的生态绿色艺术设计，是小城镇环境景观艺术设计在生态平衡意义上的可持续发展设计。一般来说，小城镇生态景观艺术设计所涉及的生态环境包括自然环境和社会环境两大类。围绕着艺术设计主体，并对其设计行为发生作用的那部分自然物，便是艺术生态自然环境。而由社会百业，包括经济关系、政治关系、伦理关系、家庭关系、文化关系在内的诸因素，构成了艺术生态社会环境。它表明生态环境实际上是由自然生态圈、社会生态圈构成的。而实际上，社会生态圈是以自然生态圈的基础为根本成长发展起来的，它们是相依与渗透的关系。没有自然生态圈，社会生态圈将无所依存。这就是为什么人们如此鄙视破坏自然生态的行为，而又为什么不遗余力地保持生态平衡的潜在意识了。

生态绿色的艺术是建立在自然生态良性发展，促进社会生态与自然生态相融的基础上提出来的。而这种自然生态与社会生态的有机相融、共同发展，从自然生态中寻求美，使人工环境中体现自然美，正是人类千古生存的潜在意识在人内心的波动，中国民宅的庭园艺术、皇家花园和私家宅院的园林艺术，包括古村落、古城镇的生态意象无不是建立在"天人合一"、"万物一体"的统一场论与"人法地、地法天、天法道、道法自然"强调人与自然和谐统一的生态文化观念上。

绿色设计是生态艺术的有机设计，或者说是以绿色植物为基础的发展设计，比如：在建筑室内装饰中，应该以自然的木、石、植物纤维织物等无污染材料为最佳装饰材料，这既是生态设计，也是绿色设计。但是，如果人们都不顾及自然生态规律而向自然强夺豪取自然材料，那么地球上的花草树木会很快荡然无存。所以，绿色设计不仅仅体现在限定材质的设计，更重要的是，有效地利用天然无害的再生材料、现代科技天然合成材料来最大限度地满足人的愿望，同时又保护了生态环境。这便是生态绿色设计的意义所在。

而小城镇生态绿色的景观艺术，则是充分调动和组织自然与社会环境的生态关系，以艺术之美再现自然生态之美，创造和表现绿色景观，通过对形象和空间环境的创造，以象征、比喻、拟人、仿生、隐喻、暗示等手法去体现对人的关怀，对生态的重视，去理顺人与生态的关系。因为，只有人与自然处于最佳的平衡状态时，艺术创作价值开发到极大时，生态质量才可达到最佳状态。

小城镇生态、绿色艺术虽然推崇自然、注重传统，但并不厚古薄今，或者是古代生存意识的复苏，恰恰相反，这是在更为积极的意义上去探索现代城镇文明发展的健康道路。

例如，对于生态环境良好的传统小城镇，在高速发展的现代化文明进程中，能否以老面孔迎接新挑战？传统的木构架大屋顶，低层或多层建筑组成的平面展开式城镇，是否是现代社会具有生态意义的模式？然而一些规划设计的探索表明，高密度、集中式的高层或超高层的摩天大楼建筑形式，可以成为现代化小城镇的一种积极的生态、绿色方案。最新的研究成果表明，城镇化人口越密集，该城镇中每个居民的土地资源、各种能源消耗越小。这种密集向高空和地下发展的模式，解放了土地，降低了城镇温度，减少了热岛效应，抑制了对自然资源的开发和利用。这与传统中平面展开以扩大用地范围来解决城镇的发展功能、以牺牲土地、水体资源来建造视觉景观形成鲜明的对比。同时也证明，新兴的现代化小城镇必须以现实为依据，以地方综合特征为基础去设计新的小城镇空间构成，创造新的景观与环境。

由此可见，生态绿色的景观艺术，是推进小城镇健康发展的有效途径之一。生态绿色艺术设计，通过设计途径获得整体全面的考虑，它包括物质形象和社会形象的融合和统一。

4.2.2.2 空间尺度的物象设计

从空间的产生来看，自然环境物象原本是无尺度的，因为有了人、有了建筑、有了城镇，才使这一系列的物象具备了空间尺度的概念。并且，这种空间尺度是以人为核心的，根据人的生存需求，按照人自身的比例尺度以及心理、情感对空间的要求作用于建筑，于是建筑就具备了人格化的尺度，而建筑物的空间体量、比例尺度又作用于环境，空间、环境、景观的尺度关系也就建立起来了。

空间尺度关系虽然是人与空间环境物象之间的比例关系，然而由于人的民族、宗教信仰、文化背景以及社会科学技术的文明程度都在影响着人与环境的尺度关系，而心理的尺度、生理的尺度、情感的尺度加上人的社会人文精神需求的尺度，这些无形的尺度关系，都会给建筑物的实际尺度产生直接或潜在的影响。李渔在《闲情偶寄》中说道："……堂高数仞、榱题数尺，壮则壮矣，然宜于夏而不宜于冬。登贵人之堂，令人不寒而栗，虽势使之然，亦寥廓有以致之；我有重裘，而彼难挟纩故也。及肩之墙，容膝之屋，俭则俭矣，然适于主而不适于宾，造寒士之庐，使人无忧而叹，虽气盛之耳，亦境地有以迫之，此耐于萧疏，而彼憎岑寂之故也。吾愿显者之居，勿太高广。夫房舍与人，欲其相称。"显而易见，

中国传统建筑的外观以及室内空间是十分讲究人与建筑的比例尺度关系的，以求得相适又相宜。当然，传统建筑除了注重人与建筑的比例尺度的自然统一外，仍能通过对建筑空间形态的尺度调节，赋予建筑以精神的力量，当我们信步于民宅庭院，会给人以宁静、温馨、安全的感觉；当我们漫步于江南园林，都会有清新自然、亲切宜人的感觉；当我们沿故宫建筑群的中轴线走过，又会产生一种庄严、神圣、凛然不可冒犯的至高无上感；而当我们拾级而上，步入山门，仰望庙宇建筑，那大雄宝殿，带给你的将是崇高、摄人心魂的神秘感。同样，西方建筑会给你带来不同感受：古希腊神庙的庄重、典雅；哥特式教堂的崇高雄伟、激动、狂热；拉菲尔的建筑是温馨动人，米开朗琪罗的建筑则是骚动、不安；现代化城市中高耸入云的建筑与大体量、大跨度建筑令人叹为观止的同时，又使人感到人是那样渺小而无所归属（图4-23）。

图4-23 古建筑布局中的"密不透风，疏可走马"

（资料来源：作者自摄）

这一切都是在人的参与下，人与建筑、环境发生关系时，物象的空间、尺度关系通过视觉作用于人的心理而产生的不同感受。正是这种感受引发了人的爱憎、好恶、美丑的情感分别。

小城镇环境景观艺术，充分利用人体与空间环境的尺度关系，按照不同性质的建筑要求去调整自然物、人工物的比例尺度，通过扩大空间和压缩空间尺度关系拔高形体、削弱或加强形体体量来表达一种精神理念和追求，而这种理念和精神一旦在建筑中凝结，必然会通过某种形态和色彩来折射、象征或隐喻其只可意会不可言传的内在情结。

4.2.2.3 心理空间的意象营造

无论是千殊万类的自然景观，还是风情万千的人工景观，都属于"非我"的外在化物质存在，它们的美与丑、善与恶来自于审美主体——自我的参与。一方面，存在物具有感染力的形式，具备引发人类情感的潜质；另一方面，人的自我感官具有欣赏客观事物的功能，但其审美能力却是一种超越生理感官的文化素养，它包含着丰富而深刻的文化内容，必须依仗自我认识感受、体会、征服、开发、利用自然能力的提高，才能使客观物象更加广泛深入地激发人的想象、联想从而产生灵感，创造出超越现实客体的新意境，人们常说"情景交融"、"触物生情"，反过来也"因情生景"，这"情中之景"则是升华了的达到一定高度的意境。费尔巴哈曾经说过：我们用耳朵不只听到流水潺潺和树叶瑟瑟的声音，而且还能听到爱情的智慧和热情的音调，我们用眼睛不只看到镜面和彩色幻象，我们还能看见人的视线。因此，感觉的对象不只是外在事物，而且有内在事物；不只是肉体，而且还有精神，不只是事物，而且还有"自我"……（《费尔巴哈哲学选集》上卷，第172页）。这种感知—联想—灵感—创造，反映了主客体之间的相互关系。

在小城镇环境景观艺术设计中，来自于存在物的形状、线条、空间、色彩、声音等因素构成的形式美，通过人的视觉、听觉、触觉、嗅觉、味觉来体察感悟，结合自身的文化积淀进行自发的组织甚至改造出整齐与节奏，对称与均衡，比例与和谐，主宾与层次，局部与整体，气韵与生动，多样与统一等诸多美的形式和内容，人们借助于景物的朴实纯真、新奇独特、险峻怪异，抒发内心的豪迈，托现出人的社会属性，也托现出某种人格、某种道德品质、某种精神情操的力量。人的文明程度越高，景观艺术设计之美赋予客体之美的价值就越大，相应地人们对于美的感悟就越深刻，这是一种良性循环的递进关系，是情景交融、物境升华的必然结果，也是小城镇环境景观艺术设计的本质体现。

景观艺术的情景交融把小城镇中自然生态与社会生态里各个局部空间环境具有特色的形象和内涵，按照艺术美的形式取舍、提炼、塑造、改观，赋予其形象与环境以新的形态和意境。在这些物象与环境当中，把来自于自然环境中的因地形、地貌、气候的不同所造就的山、峰、岭、峦、丘、壑、川、谷、岗、坡、洞、窟、石、林、藤、木，花草虫鱼，飞禽走兽，水泉溪瀑，河湖塘池，江海天日，风云雷电，气温干湿，雾雨雪霜等特色内容，以及来自于社会环境中的皇家园囿、私家园林、历史建筑、名人故居、书院学堂、宗祠庙宇、塔堰碑坊、传奇典故、神仙鬼怪、民俗风情特色等内容，进行充分利用和改造，或夸张与变形，使之形成独特的自然、人文景观。同时，在景观艺术的情景交融设计中，决不可泥古而不化，置现实条件于不顾，陷于传统审美的理想之中而导致与小城镇的发展方向相悖的设计误区。

毕竟传统的乡村文化、城镇文化是现代城镇发展的基础，而现代文明所造就的摩天大楼，以及超越地域、国界的国际式风格城镇，其形、意、情恰与传统城镇的形象意境形成极大的反差，这种变异，令在城镇中生长、在中国传统文化哺育下的国人身陷矛盾之中。一方面，来自于潜在意识中对自然之美、传统人文之美的渴望；

另一方面，又对于为我们提供了优越的生存条件的现代化城镇而感到向往、压抑或无所适从的矛盾，文化的割裂和艺术的错位造就了怀旧寻根情结，使得已经城镇化的民众虽身居闹市却又存向往乡野的矛盾心理。

现代化的小城镇以其高度的科学精神和勃兴的技术美学造就了物质形象与环境的新景观，它需要以新的观察角度去诠释城镇，以新的审美价值观去审视城镇中的环境景观，更应以科学的生态观去评判生物圈的平衡和可持续发展。

所以，小城镇景观的情景艺术要在高楼大厦的空间构成中去寻求节奏，在街道、广场、草坪、绿化、叠山理水中创造韵律，在小品构筑、公共设施、城市雕塑、环境装饰中去营造景观的诗情画意，并令身临其境的人们感悟科学的人文精神和现代的文明情态意境。

小城镇以其复杂的生态组合为景观艺术设计师提供了再造艺术天地万物的用武之地。而小城镇物象与情境的升华以其特有的时代特征警示人们：快速城市化赋予了小城镇以新的空间形态与环境条件，面对这种科学的人文精神与社会文明风貌，应该如何去营造景观意境，使小城镇的内在精神真正彰显与现代文明相称、与自然生态相融的艺术境界，这是值得人们深入研究的课题。

4.2.3 小城镇景观环境氛围的艺术设计

"环境氛围"是指人的周围空间物质形貌及其相互结成的关系，带给人的气氛和情调感受，是个体的人置身某一场所或环境时通过视觉、听觉等感官感觉产生的心理感知或效果。环境氛围因人与自然的存在而生成。自然环境氛围原本没有属性的分别和形象美丑的高下，一旦有了人类的参与，其氛围就有了分别。当把人的认识、行为附加到空间环境中去，就对环境有了属性、气氛、情调等方面的限定，在人的视觉审视过程中，其景观意义也就产生了。

小城镇环境景观氛围的艺术设计离不开田园农耕自然环境的基本属性，难以超越现代化文明发展的局限，无法脱离社会文化背景下的约定俗成。对其进行环境景观氛围设计，必须紧紧抓住小城镇的本土地方性、民族民俗性以及经济基础、产业特点的社会形态构成，紧密结合当地民众的生活，贴近大众文化的审美需求，引领生态环境景观的健康道路，这样，才能真正做好环境景观艺术设计。

4.2.3.1 文化氛围

对于文化概念的解读，前章已有叙述。虽然中国古代先哲认为："词成锦绣谓之文，衍而泛之谓之化"，现代社会学家也称文化是"一个群体或社会所共同具有的价值观和意义体系，包括这些价值观和意义体系在物质形态上的具体化"。中外学者对于文化一词的注解，历来众说纷纭而又殊途同归。毕竟，文化是人类在社会生存与发展过程中创造、积累的共同财富，它代表了人类的智慧、意愿，是社会物质财富与人类精神财富的象征。

（1）景观文化氛围的基本内涵

对于文化氛围的理解，在于它是依托一种文化背景，由文化本质体系产生和形成，具备自身结构、呈现文化的基本素质和气氛，并能对外界环境产生影响，有着继承、扩散、发展特性的一种体系。对小城镇环境景观文化氛围的研究，应当根据环境景观物质的形态特征、结构关系，首先查看其是否具备景观属性、形象的基本要素，亦即是人类的审美价值观和意义体系在景观物质形态上的具体化反映；其次要查看环境景观是否形成某种文化倾向，呈现出某种气质、情调、气氛、意境等。所以，文化氛围主要包括在人类从事生活、工作——情态活动的范畴之内，即人工景观（包括人类建设恢复的纯自然景观）和社会景观范围。而原始荒蛮无人的自然区域，虽然景色秀美，因其没有人的情态活动参与其中，因之，其景观意境是朴素、荒蛮、神秘，并无文化氛围可言（图4-24）。

图 4-24　杭州南宋御街

（资料来源：http://www.nipic.com/show/1/62/4052477k988169a6.html）

（2）景观文化氛围的构成要素

综上所述，当人类的活动或多或少地融入景观的物质形态时，其景观物象形态作为人以外的环境因素，就有了可以被人类感知的东西。这种被感知的东西可能是一棵古树、一口古井、一幢古塔、一座残破不全的庙宇建筑、一处历史名人宅邸、一片人迹罕至的荒野密林……它们的物质形貌与环境因人类活动参与的多寡而产生文化与荒野氛围的成分变化。历史物象伴随着岁月流逝而穿越时空，带给今人的是古老沧桑、饱经风霜的物质形象，它揭示出人类活动的痕迹、呈现出人类社会曾经的辉煌，这就是小城镇历史文化的积淀，正是这种积淀造就了小城镇环境景观的文化氛围。

小城镇环境景观文化氛围的构成要素是：自然物质空间形态与环境，人工物质空间形态环境，社会物质形态环境。在人的活动行为下，三大体系的时空穿插——精神与物质构成互补融合的关系。

景观环境因人的文化背景不同、知识、经验不同，会对同一种景观的氛围作出不同的判断，产生不同的心理反应。的确，景观是在人类某种文化本质的基础上形成的一种环境氛围，但这种氛围又构成了景观文化氛围的根本要素，对人类从事景观学科的发展研究、开展景观建设提供了现实依据。

世界上，任何一种文化的形成必定有其构成要素的基本特征，不能说人类活动的因素作用于自然界的任何环境物象都可以称其为文化，例如，在原始森林中人类对树木的砍伐行为与小城镇居住区场地中人类建设行为的对比反差。人类社会生活中哪些现象可以称之为文化，不是取决于某些个人的意志，而是要进行实事求是的科学分析和判断，审视其构成文化的要素或体系内涵和特色。

4.2.3.2　艺术氛围

艺术氛围是文化氛围的组成部分，侧重关注环境景观中艺术成分的含量。即，在景观设计中，物质形态功能设计以外视觉形态的艺术"含金量"。环境中，物象本身的艺术性和物象之间结成的美学关系，对环境景观产生直接影响。

（1）环境景观的功能性

小城镇环境景观的设计和营造首先必须具备人类生活的实用功能，无论是房屋建筑形态、道路交通铺地、广场公共设施、绿地植物配置，都必须考虑到小城镇民众的人口规模、性别、年龄结构，土地、水体、森林、植被等资源条件，根据小城镇自身的产业结构与经济构成关系，研究小城镇未来发展的方向与速度，结合地方民众的生活习惯、社会习俗、宗教信仰、民族特色，参照小城镇外部环境的相互关系等因素，在综合了各个要素、条件，分析了景观功能绩效与资源有效利用率以后，再开展小城镇环境景观的总体规划、控制性保护，提出修建、整改的具体意见。虽然从景观的功能使用出发，避免不了"功利主义"的责难，但是，纵观古今，人类的辉煌遗迹景观，哪一项能够脱离人类的使用功能需求？好的设计总是实用功能与艺术审美功能需求的完美结合。

（2）环境景观的艺术性

在环境中，并不是人类目光所及之物象都能被称作景观。从视觉审美角度看待小城镇环境，只有客观环境的物象与主观审美心理重合而引起人类心灵的美好共鸣，才可以被视作景观。

作为小城镇的人工空间环境，所有自然物象、人工物象都是在人类活动作用之下产生的，因此，人的目光所及之处大都具有文化因子的环境氛围。虽然，有许多建筑、构筑环境在审美特性上不尽如人意，但是，人们在观看、浏览时，总能使自己的思想、情感、经验与环境物质形态的某些象征性和隐喻性特征重合，尽管对象并不一定是美好的，有时候是不美甚至是丑陋的、令人厌恶的，对这样一种环境物象，人们戏称其是"另类景观、异化景观、恶劣景观"。无论如何，它还是被称作"景观"的一种，与美好的景观相对峙。因为人们知道，在小城镇民众生活、劳作的环境中，环境物象是一种实实在在的生存依托，它的美是一种自然的、生态的、有用的合理性，并没有做过视觉艺术整合，与现代化小城镇景观营造中为了夸富、求洋、寻求面子、满足虚荣心所建造的可视而不可用、不可游的"闲置景观"相比，前者环境景观的艺术性在于生活的真实性，而后者，如果处理不当则令景观艺术走向虚假、浮华的矫揉造作，成为为了艺术而艺术的伪艺术。

人们从一幅画里可以感受到作者的心性、心境、性格、意图，所以，人们才会说"画如其人"。其实，一处景观何尝不能揭示一方人的性格、习俗和文化特色。

小城镇环境景观的艺术性是指在环境物象中，人类赋予物质形态艺术性的程度、水准和时空迁延过程中的文化积淀——由此所产生的环境景观艺术氛围是否浓厚、纯正、感人，这才是景观艺术审美价值所在。这就是为什么在现代景观与传统景观的对比中，人们发现，虽然现代环境景观的观念新颖、手法现代、材料先进，起点高，效果好，艺术的附加价值也很高，但是，与传统景观相比，它却丧失了地方本土的民族性，缺少含蓄宁静、博大苍劲、伟岸浑厚……

其实，一个时代具有一种人文特色。时代造就人，从而也造就了时代的景观，酿造了环境景观的艺术氛围。需要提醒的是，在营造景观艺术氛围时，策划、设计、营造者必须怀着真诚的情感，以纯正、自然、生态的心境和品格去建造环境景观的整体和每一个细部，倾注的激情和创造性审美的因素越多，则环境的艺术氛围越浓。因为，景观的灵魂包含了人的意愿，并通过景观形态时刻揭示这一特性。观赏、游憩、使用景观的地方民众能够透过景观物象的形态和氛围感受到景观艺术的真正内涵（图4-25）。

图4-25 苏州山塘街

（资料来源：http://www.nipic.com/show/1/62/3855866ka9b983d2.html）

4.2.3.3 生态氛围

在小城镇这个人工环境之中，怎样保护利用自然环境资源，在社会人文环境中怎样确立人与自然生态互为依存、共同发展的关系是景观设计的焦点问题。

对小城镇环境景观生态氛围的创造和设计，需要提高人的认识层面和思想境界，超越本土小城镇景观意识，从区域小城镇乃至全国的小城镇整体层面上去看待小城镇的景观物质形态的功能构成、环境景观艺术构成和人与自然和谐共生的生态构成特色。这样，人必须从大局、长远着眼，为了保护环境资源、消除环境污染，给地球自然植被等生态系统以修补、恢复、再生的时间，人类必须作出让步，寻求有效的方法并以牺牲人类某些"过度奢侈"的利益为代价，减缓对自然资源与环境的破坏,包括在营造景观时对自然资源的利用和开采。

(1)环境景观的自然生态质量

自然环境条件与生物生存是相互作用、相互影响、相互制约、不可分割的统一体。环境是人类以及各类有机体赖以生存的客观条件。在自然环境条件中可以分解为地理、气候、大气圈、土壤、岩石、水系、生物等不同的因子。正是这些因子,组成自然的综合体,是人类发生、生存和发展的物质基础。

地球生物圈是由自然界中具有生命的动物、植物和微生物三大类生物种群因子共同组成的有机整体。到目前为止,已知动、植物有250多万种,微生物3万多种,它们与人类关系密切,互为依存;它们的生命运动自成体系,互为前提,是自然界中能量转化和物质循环的必要环节,对大自然的生态平衡有重要作用,对人类经济文化生活产生积极影响,对改造自然及环境保护起重要作用。

由于生物种群的整个运动过程中贯穿了物质、能量、信息三者的变化、协调和统一,形成了生物体有组织、有秩序的新陈代谢活动。这其中,大气、水体甚至是土壤的条件,都将对人及其各类动物、植物的生存、发展起到至关重要的作用。诚然,土壤、水系对现代人类社会的环境污染有一定的降解甚至是同化作用,人及其他生物对环境也有极强的适应性,但是,污染的持续和程度的提高将加剧生物的变异,并向着异化甚至是物种灭绝的方向发展。

小城镇健康的生态环境景观质量,要求地球原生态系统构成关系的完整性,人居环境必须消除各类污染源,化解建筑、构筑等人工的无机建筑材料对人及生物种群的隔绝、排斥和危害作用,让人类的生存环境具有自然、生态景观的和谐性。而人工环境的自然环境意象,必然是最佳的生态环境:纯净的大气、蔚蓝的天空、清澈的水质,动植物种群与人类的生存活动和谐共生的环境氛围(图4-26)。

图4-26 英国乡村小镇

(资料来源:作者自摄)

(2)环境景观生态设计的格调

在小城镇的人工环境中,景观生态设计并不是简单的植树、养花、种草,环境绿化仅仅是生态设计的重要组成部分。现代化的小城镇景观规划设计中,一个最重要的指导思想就是研究和有效利用人类活动的每一块场地,调整好场地空间中与人密切相关的各类物质形态及其相互关系。根据人类生物的本质属性,配置人类生存环境对于生物群种的选择和利用,充分顾及阳光、空气、气温、气候、水质、地理等因素对人体生物场的潜在影响,所谓"趋利避害"是也。

物质景观的空间氛围生态设计,离不开人类健康的审美心理,而健康的审美心理又来自于人类的认识水准层面。生态氛围的营造更依赖于小城镇民众素质的共同提高,只有环境景观的使用者提高了认识水准,了解人类生存环境、资源与人的休戚相关性,才能真正善待自然,创造出人与自然生态共生共荣的景观意象。

4.2.3.4 人性化景观艺术氛围

这是以人为本,关爱生命、保护生态环境的系统设计,它从人类的生存需求出发,在人的趋吉避凶、温饱安全的自然属性中,在人的情欲舒适、爱美求新的社会属性中游离出不断增长的生态平衡价值观,突出体现高等智慧的人类自知、自觉和觉他:从自然属性中考察人类活动对环境、资源的危害与影响，从社会体系中反省人类文明发展的目标和方向。作为从自然中进化的高等动物，当人类从远古荒蛮的社会走向文明社会，进入到现代高度发达的文明社会，人的生存需求、舒适性需求、奢侈浮华的唯美需求，在不断升级发展的利己欲望驱动下，正在以不惜自然生存环境基础为代价，加快全球城市化物质文明的步伐。虽然发展是肯定的，但是怎样发展，更有利于人类社会未来的长治久安，才是人性化景观艺术设计的根本。

（1）人体尺度的物象环境氛围

通常，在环境景观设计中包含着人体生理空间尺度和人性心理空间尺度两个方面。成功的环境景观总是以人体物理尺度为基准，兼顾景观属性的心理空间尺度需求而展开空间功能与审美的综合设计。

环境景观具有美化城镇环境、增强城镇活力、体现城镇形象的功能特色。在提倡"人文精神"的今天，准确地把握传统文脉，通过塑造人性化的小城镇环境景观来体现设计对使用者的关怀，是景观设计者潜心追求的目标。而具有多样性、发展性以及深刻文化内涵的小城镇环境景观，则是现实生活中人们梦寐以求的企盼。然而，随着后工业社会信息、数码时代的到来，拓宽的街道、拥挤的民宅，高耸云端的楼宇大厦，一切围绕现代化的交通工具——机动车运行的尺度展开，使小城镇逐渐失去了原有的人本尺度。现代人，在为自己创造更为先进的文明，追求更高速度和更好效益时，人本身正在被忽略、被边缘化。当人们经过对现代城市文明发展的反思之后，重新认识到了历史上那些富有生机、充满人性的小城镇景观所具有的文化艺术方面的魅力意义，关爱人性的话题又被重新拾起。

在对小城镇环境景观展开人性化设计时，首先应根据景观在整个小城镇开放空间系统中的功能属性、层面地位，以城镇的整体规模为参照进行总体规划，确定景观的分布范围、控制规模大小，实现不同层次景观的正确布局和定位，抑制不切合实际使用功能的虚夸、浮华风；其次根据人体工程学和环境心理学在空间尺度上的具体需求，落实到街具、设施的尺度上，对不同性别、年龄的人群，如老人、儿童、残疾人以及亲近远疏的人群关系作综合、一般和特殊的空间尺度设计处理，实现景观的使用功能与审美功能的完美结合；在对空间构成的各个界面如道路铺装、绿篱造型、围墙构筑等各景观元素的细部尺度设计上，处理好人行步道视觉层面对各个局部的尺度要求和比例关系。

（2）自然人性的景观艺术氛围

随着人性化的回归，关爱自然、保护环境、呵护人性正在成为设计艺术学科的核心命题。在围绕人性展开一系列设计时，首先面对人的心理及生理上的需求和满足感，这些也恰恰成为现代小城镇空间设计中考虑的基本要素。

在小城镇景观的艺术设计中，要满足人的生存与发展愿望的两大需求，首先是在人的生理方面满足衣、食、住、行等方面的生命存在的根本需求。其次，才涉及人的心理方面的需求，主要满足于人的安全感、领域感、参与感、归属感、舒适感和认同感。其中，安全感、领域感是人类的自然属性——动物生存本能的自然功能需求；参与感、归属感则是个体人在人类社会活动中的具体心理感受；舒适感和认同感则是社会化中的人类属性中对于生存美、生存价值的心理、生理的社会功能需求。

人类在环境景观方面的两大基本诉求，要求环境的自然生态结构贴近人类的自然属性，环境景观的艺术性则贴近人类的社会属性。具体到景观物质形态，则要求物质形态与空间关系在功能、尺度、物种、材料、光色等方面的宜人、安全、和谐作用。在具体的场景设计时，要关注本土民众的审美意向，选择人们熟知的图形、题材作出其不意的创造，应用刚劲有力的直线和舒展飘逸、流畅灵动的曲线对比对环境物象展开各具特色的造型设计。同时，运用自然有机的材料，继承传统手工艺在现代化的环境中营造富有人情味的自然生活空间。"以人为本"的人性化服务思想在景观设计的许多方面有所表现，其衡量的标准就是在视觉审美的背后体现对人性无微不至的关怀。

4.3 景观概念设计与应用设计

景观概念设计是一个形而上的命题，它把原本科学的具有实际意义的景观设计推到了感性、虚幻的经验策划与创新层面的系统设计。

何谓景观的概念设计？在小城镇景观设计中，当把环境当做景观、把景观当做环境时，也就贴近了景观概念设计。对环境与景观这种图与底的角色互换，并非有意含糊主次概念，而是通过层次、位置、角度的转换，达到对于环境、景观相对性的客观认识，这对于整体地认识环境、正确理解景观的审美价值具有重要意义。因为在小城镇空间中，当展现在你面前的物质形象并不被人们认同为美好的景观时，应当选择治理环境还是景观物象？这看起来是一个简单的问题，但是当人们真正面对小城镇街道景观的群体建筑时，就会被眼前的景象所困惑：新建筑作为环境中新的景观标志正展示出它英姿焕发的勃勃生机；单体老建筑沉寂、庄严，与许多传统建筑构成了庄重与和谐的景观环境氛围，但那肃穆的氛围中透射出沧桑、陈旧甚至是破败的没落感，新与旧的对比产生景观形象上的反差。正是这种对比的困惑，使得在城镇建设的高速发展时期，人们来不及分析影响小城镇形象的问题根源，未对其价值进行分析评估而盲目拆建，从而对历史文化和古迹遗址造成了无法挽回的损失。

由于景观物质形态的视觉审美意象不明确，景观物质在空间结构关系的合理性和视觉审美效果上无法得到实际验证，景观的使用功能和审美功能无法通过现实体验和预期，以及景观环境生态在生物种群配置和比例关系构成上不能进行科学、量化的分析、配比，景观的经济价值和社会价值因素不确定以及景观环境材料的环保和安全性等因素造成无法通过传统既定的设计程序来解决，需要景观设计师运用合理的"景观概念"来进行原理、功能、审美、技术、工程等综合分析和判断，这些源于景观规划理论、景观艺术设计表达、景观建设工程实践经验同时被证实为实际而效果显著的设计方法被称为概念设计方法。

小城镇环境景观的概念设计，关键在于概念的提出与运用两个方面。它具体包括景观设计前期的策划酝酿、设计概念的提出与论证、设计概念的扩大化、设计概念的表达；景观规划设计方案、景观设计方案评审、施工技术方案和施工管理方案可行性的论证等诸多步骤。这其中，既包括环境景观文化氛围的思考、景观地域特色的研究，也包括环境景观社会调查、物质空间形态的理解与认同等环节因素。由此可见，概念设计是一个多维度、多方面的整体性设计，是将客观的设计限制，环境需求与设计者的主观能动性统一到一个设计主题的方法。

4.3.1 经验虚拟的设计

景观虚拟设计（Virtual Design of Landscape）属于多学科交叉的艺术规划设计。它凭借景观规划与设计的多重经验，从空间形态学、美术学、艺术设计学、建筑学（包含城市规划、城市设计）、景观学、园林学、植物学、生态学、政治学、经济学、社会学、心理学等众多的学科和专业技术知识，利用计算机辅助设计和多媒体数码图形、影视等音像合成技术，把景观设计对象经过"想象、谋划、论证、方案设计、虚拟表达、可行性评审"等一系列形态构想和虚拟现实的过程，使景观艺术的空间意象虚拟设计成为比"现实"更加自如的"情景"交互。采用并行设计的工作模式，系统考虑来自自然的、人工的、人文的各种要素关系，使从事城镇管理、景观设计、环境艺术设计、施工技术等相关职业的人员之间能够相互理解、相互支持，以便整体掌握新景观在未来开发的全过程，提高环境景观艺术的设计质量和社会性景观结构优化率，从而提升景观的质量和艺术的品位。

4.3.1.1 自由"畅想"

景观概念设计是在景观的创新设计与应用设计等设计过程中不可或缺的重要环节。传统景观设计中的创意构想往往包含了设计原理、方法等经验的积累作用，具有概念设计的基本内涵。但是，由于设计理论研究的匮乏和设计技术、规范的制约，令设计的创新含量在设计过程中逐渐"流失"，其中不可言说的隐忍话题就是对创新性的功过垂成无法预期，在没有把握的创新性设计面前，需要冒险的勇气、甘愿承担身败名裂的风险和下定只许成功不许失败的决心。这就是许多可能是优秀的创新设计无法通过方案评审的重要原因之一。

无论概念设计的产生是否出于这样一种原因，单就概念设计的"自由创新、规范有度、切近现实"等方面的优势，使它令设计创新开启了自由之路、方便之门。现代设计的各行各业中许多成功的优秀创新设计都来自概念设计。

通常，在进行景观虚拟的创新设计时，需要对选题进行全面、深入的研究，经过立项论证后，系统"展开设计策划，确定设计理念，设立意象目标"，为虚拟景观的现实场景打下良好的设计基础。

（1）设计策划

小城镇环境景观设计策划包括：景观概念设计现状分析，景观策划的内容，景观效果预测（方案的可行性与可操作性）等三方面的内容。

①景观概念设计现状分析：全面踏勘、视察小城镇环境、形象的现状，掌握景观点的分布与规模，对景观环境与非景观环境作实用功能、视觉审美功能等方面的比较分析，对环境与景观的物质要素、人文要素作条件的对比、分析；调查现有景观的大众认可度，掌握受众对预想的新景观目标的需求度和审美角度；在对小城镇历史景观与现代景观作综合比较分析以后，明确新景观的设计定位，预测景观的社会效果，并通过同类景观、不同景观在设计方法、提炼特色、营造氛围等方面的策略作分析、比较，理清历史景观与现代景观、普通景观与重点景观、一般景观与专题景观的类别归属、主次宾主、层次区分及相互关系，对所策划的景观造价与景观实际效果作预测分析。调研、访谈、总结近几年景观设计与营造的经验教训，把策划的新景观与小城镇环境既有的景观之间作优劣综合分析，从原理、规范、经验等方面完善设计对象的策划。

②景观策划的内容：第一，要掌握本地景观环境的现状与政策。策划者在拟订策划方案之前，必须与小城镇的最高领导层就小城镇未来的建设方针与发展策略，做深入细致的沟通，以确定小城镇的主要方针政策。双方要研讨有关确定小城镇形象与环境景观规划原则及景观类别定位；景观目标是扩大空间占有率还是追求社会物质与精神文化效益；制定土地资源与历史文化遗迹遗址等政策；确定景观总体规划的规模与范围；景观设计表达与景观工程预算的意向；具体景观点策划设计的目标与原则；小城镇公众活动的参与组织、形式等方面的重点与原则。第二，研究确立景观规划设计目标。所谓目标，就是景观建成后的审美价值与社会价值目标。第三，拟订景观规划设计计划，策划者拟订出景观概念规划的目的，要协助实现的景观功能与审美目标。实施计划包括目标、策划、细部设计等三大部分。第四，编制景观策划调查计划，获得公众对小城镇景观现状认可度、满意度和新景观设立的倾向性等第一手资料。第五，拟订景观策划管理计划。这其中，景观策划目标是策划行为的目的。景观调查计划是搜集、提供第一手材料，而景观管理计划才是获得景观工程成功的有力保障。因此，景观管理计划的重要性不言而喻。第六，景观工程造价预估。任何策划方案所希望实现的目标，实际上就是要实现效益，而损益预估就是要在事前预估该景观的民众利益最大化。

③景观效果预测：景观概念规划设计方案的

可行性与操作性分析。这是对策划方案落实政策的进一步过程，从某种意义上来说，它是计划执行的前奏。一方面，对整个策划方案的可行性与操作性进行必要的事前分析；另一方面，对事后的工程实施进行必要的监督工作的铺垫。这也是决定方案最后能否通过的重要衡量标准之一。

（2）设计概念

景观设计概念是景观概念设计的先导，设计师针对设计时所产生的诸多灵感等感性思维头绪进行归纳、筛选与提炼而产生的思维总结。因此，设计者必须根据前期的景观策划方案所涉及的具体内容、效果、预测的结果，结合小城镇地域特征、文化内涵以及自身独有的创新性思维活动产生一连串的设计想法，才能在诸多的想法与构思上提炼出最准确的设计概念。简而言之，概念设计即是利用设计概念并以其为主线贯穿全部设计过程的设计方法。

景观概念设计是完整而全面的设计过程，它通过设计概念将设计者丰富的感性和瞬间灵感思维准确捕捉并上升为统一的理性思维，从而完成整个设计。景观概念设计与景观设计概念是景观物质整体与景观人文精神的系统关系。景观设计概念决定景观概念设计的属性、规模、原则、规范、目标、效果等，是景观概念设计的内在规定性。景观概念设计必须围绕设计概念展开，设计概念则统摄概念设计的方方面面。

（3）设计意象

设计意象是设计概念导入景观设计以后展开的物质形态概念设计，是景观概念策划中的内容运用部分。景观设计概念的运用过程是理性地将设计概念赋予景观设计的过程，它包括了对设计概念的演绎、推理、发散等思维过程，从而将概念有效地呈现在设计方案之上。如果说从景观概念设计中得出的是设计者的虚幻灵感思维成果，那么概念的运用则是要景观设计师将设计理念的理性发散到物质形态与人文精神等景观设计的每一个设计要素。通常设计意象应包括如下方面：

①物质的空间形态意象：小城镇空间的景观形态及功能研究是设计概念运用中重点考虑的部分。首先，它包括自然空间、人工空间（建筑空间）以及人文空间等各个空间组成部分的功能合理性、视觉审美的艺术性等系列空间对比分析。它要掌握各空间物质形态关系、空间交互关系，人、车流量的大小，空间大小、地位主次、私密开放、动态静态的比较，以及实体与虚拟相对空间的研究等，这样便有利于景观设计师在平面规划与设计时更有效、合理地运用现有空间，使空间的实用性、舒适性、审美特性充分发挥。其次，是进行空间流线的概念化设计。根据不同景观斑块中"镶嵌物"的属性、物种关系——土地、水体、建筑、树木花草、岗坡沟壑等物质属性来运用直线、曲线、折线等交通、绿篱廊道空间。在景观的空间设计中，要尽可能地将设计概念的表达与创意畅想的概念设计合理性相结合，并找到虚幻与理智完美结合的空间表达形式。

②物质形象的界面材质：景观物质的形象界面是物质材料的自然呈现，当然它是在经过概念设计对材料进行选择、优化后的"展示"。设计概念以及概念设计发散而产生形的分解与重构，把人们需求的理想物质材料构成融入物象之中。对材料的选择要依据能否准确表达设计概念来决定。对选择具有人性化的带有民族风格的天然材料，还是选择高科技玻璃、金属等无机材料，由不同的设计概念决定。这样不论是大型的开放性公共空间还是自然宜人的建筑小环境，都会创造出既有对比变化又有统一和谐特征的景观形象，因为这其中有一条内在"灵魂"之线贯穿，那就是设计概念。

③物质形态的光影与色彩：景观物象的材质固有色彩的选择和搭配，往往决定了景观环境的氛围，同时它也是设计概念的重要组成部分。物质形态的色彩既是物质的属性与特征，也代表设计师的意象追求。而物质的形态在空间中因阳光的投射，产生光影效果，它们与物质自身的色调产生动态的昼夜交替变化、四季轮回变化和人工照明的色光装饰效果，为景观设计意象披上了生

机盎然、扑朔迷离的光影色彩，营造了意境非凡的环境景观。

4.3.1.2 概念"预期"

环境景观概念设计在经过前期策划和空间意象的综合规划、设计以后，获得初步的成果，这个阶段性的成果虽然经历了论证、对比、分析、调研的过程，并在综合策划提炼出设计概念后，加以创新性的概念设计运用，获得初期的景观意象，但是这时需要将其推进到概念"预期"的各个阶段，用"规划技术"去规范、要求景观功能实用需求及其物质形态结构关系；以设计艺术去增强、渲染景观艺术品质，提高景观环境的艺术感染力；用当地人的视觉审美眼光去挑剔、感受物质形态及其环境间的审美情趣，使景观概念设计能够真正走向代表小城镇民众意愿的美好景观。

（1）规划技术

环境景观的规划技术包括两层含义：其一是以景观物质使用功能为第一要义的概念规划技术；其二是景观物质形态视觉审美功能的概念规划技术。虽然两层规划含义源于同一景观物象，但是它们代表的却是不同学科、不同门类的规划技术的规范性要求。

例如，建筑是人工构筑的景观，从城镇物质规划技术层面要求，则首先要查看建筑所处地理位置的人文环境因素、自然环境因素、地形地貌、水文、地质、动物、植物等生态环境诸条件；其次是建筑的用地规划，建筑物的空间规划、形态规划、环境规划，道路交通规划、绿地系统规划等以及其他技术类规划。其物质规划的目标围绕人类的使用功能展开，涉及人体工程学上的房屋建筑空间尺度、道路交通尺度、设备设施尺度以及环境心理尺度等因素是否与人的使用功能相符合，并且具有满足现实、切近发展预期的特殊功能。规划技术的核心是小城镇社会物质发展的经济效益最大化。而对建筑景观做物质形态视觉审美功能的概念技术规划时，环境景观的一切要素将围绕着人的视觉、听觉等——人的五官感知功能展开，物质形态的视觉审美要素就会成为"主角"，虽然查看的要素内容与物质功能规划技术的内容相近，但是，其关注的角度、重心和内涵却大相径庭。景观物质形态视觉审美功能的概念规划技术，主要关注物质的空间造型、形体比例、节奏韵律等结构关系；处理物质类别在空间环境中的形态、形象及其相互关系，它要求物质环境景观必须最大限度地满足民众对视觉审美的心理需求，它通过对小城镇建筑、公共设施的用地控制，水、土、动物、植物环境生态资源的有效利用，实现小城镇社会文明发展公众效益的最大化。

环境景观的概念规划技术，通过对小城镇环境景观作物质的、精神的规划、设计，预期实现小城镇总体规划设计的战略性目标。

（2）设计艺术

有学者认为，概念设计是由20世纪60年代的概念艺术演变而来。概念艺术是法国现代思想艺术家马塞尔·杜尚的追随者们发动的一场"概念艺术"运动。从那时起，艺术不再有任何局限，它存在于当下，充斥整个世界，并流行于20世纪70年代以后的欧美各国。

所谓概念艺术，是指艺术家对"艺术"一词所蕴涵的内容和意义再作理论上的"审查"，并企图提出更新的关于"艺术"概念界定的一种现代艺术形态。对于概念设计是艺术发展进程中受概念艺术影响而形成的一种设计模式的说法，尚无史料佐证，但是由概念艺术影响的设计，正不断地被城市规划、城市设计、建筑设计、景观设计、园林设计、环境设计、艺术设计、金融、营销、材料、工艺、产品、教育乃至居民生活方式等各个领域的方方面面所引用。其在景观艺术方面所造就的自由变换的空间意象、无拘无束的物质造型、"诗意栖居"的生态景观，以其崭新的形象、珍贵的原创、领先的艺术形式而取得显著的社会效果，却是不争的事实。

景观概念设计正是这样一种开放的，追求功能与审美、创新与领先的设计艺术。它是物质空间形态和人文场所精神在实用与美观方面的和谐体现。当景观概念意象设计生成之际,它的成果能否达到初期策划的目标,它的艺术效果能否实现设计意象的预期?

①概念设计艺术追求物质使用功能的革新,充分利用景观规划技术和艺术设计技术的表达手段,运用设计要素的物质载体,分析、研究景观物质构成关系、物质功能与审美的创新性与超前性。

②概念设计艺术追求物质空间形态的原创,这是景观概念设计在空间营造和物质形态造型审美方面的艺术目标:在建筑形象和植物种类形态选择搭配上要求空间环境的视觉心理诉求等方面的满足。在这里概念设计探求景观审美的动态因素和发展趋势,以求得在相对的时间和空间中环境氛围的艺术性有新的突破。

③概念设计艺术追求创新、超前的探索。这是一种发展态势,也是景观概念创新设计的意识流露。它处于前沿和领先地位,是设计艺术各系统要素在生存观、价值观、审美观、道德观等方面创新活动的具体体现。

(3)审美情趣

景观概念设计所获得的艺术效果,体现在物质功能创新、审美意象创新和景观艺术氛围创新、领先等方面。其艺术效果能否实现初始策划时确立的目标?能否获得小城镇民众的预期和认同?需要对其空间、形态、环境的审美情趣作并行设计的工作检验。检验工作必须从景观的场所精神开始,察看景观概念设计对场地的水文、地理、气候、环境、资源等条件的利用手段与协调机制是否达到最优化设计,其获得的空间效果能否代表本土民众的情感预期;小城镇的建筑形态、道路交通、滨水网络、乔木、灌木、草丛、农作物等系列植物的物质形貌,能否超越自身的属性、功能的规定性,达到耳目一新、诗情画意、和谐美观的预期;景观的环境氛围能否折射出本土自然、人文历史特有的艺术特质,从而达到人与自然的沟通、情感共鸣,获得最佳的生态艺术氛围的预期(图4-27)

图4-27　湘西风情(速写)

(资料来源:文剑钢绘)

4.3.1.3　虚拟"现实"

在现代设计领域,计算机辅助设计与表达技术正在逐步提高设计人员的工作效率,并以快捷、高效的三维立体设计,在电脑里建立待开发的建筑、产品、环境景观等人造物质空间环境形态系统的三维仿真模型。利用专用软件还可以对概念设计中的物质形态(如建筑、产品等)结构、构件进行力学、应力分析测试,运用物理实验作风洞、运动性和破坏性仿真试验,不合格的部分随时修改。此外,还可以通过营造的三维空间环境,对建筑、景观环境模型进行日照、气候、气温、气味、风力、干湿等模拟仿真测试。由于赋予了概念设计物质形象以相应的材质属性,建立了自然空间照明和环境氛围系统,使建筑、景观环境看起来就像处于现实场景中的物象一样,令观者有身临其境的现实感受,这个过程就是虚拟现实设计。

(1)空间意象

景观设计师通过虚拟现实技术与多媒体技术的有机结合,将概念设计中获得的环境景观意象方案转化为虚拟现实(Virtual Reality)的景观环境模型,改善了人与计算机的交互方式,使虚拟建筑环境所造就的景观意象提前进入"物景人情"的仿真对话阶段。

目前,设计师可以把概念设计的阶段性成果先用CAD系统建模，再转换到虚拟现实环境中，让决策者、管理者或民众代表来感知小城镇环境的景观风貌和意境。景观设计人员也可以利用VR-CAD系统，直接在虚拟环境中进行设计与修改。

例如，在对单体建筑进行仿真设计时，设计师在具有全交互性的设计环境中，利用专用视镜、头盔显示器、具有触觉反馈功能的数据手套、三维位置跟踪器等装置，将视觉、听觉、触觉与虚拟概念建筑模型相连，不仅可以使人进行虚拟的空间全方位的观测，还可以进入建筑内部，体验室内空间环境的氛围，令观者产生一种身临其境的感觉，而且还可以实时地对整个虚拟建筑（virtual Building）设计过程进行分层、分段、分部件的解构检查、评估，实地解决设计中的决策问题、物质形态审美问题、生态环境问题和工程技术问题，使建筑设计思想和环境景观概念得到综合，较为直接地把握了建成景观环境意象的现实效果。

（2）景观形象

在传统的图纸空间里，要解决建筑形象、景观形象、环境氛围的全方位体验、审查和修改很难，人们只能够通过总平面图、场地平面图、鸟瞰图、轴测图和某些角度的透视效果图去审视、构想、虚拟体验建筑形象与环境景观，即使是能够通过按比例缩小的立体模型察看，其效果也十分有限。

而通过计算机综合技术虚拟现实的场景，则逼真地、自由地再现了概念设计后的理想空间与景观形象。更为有意义的是，在人机交互的虚拟空间里，设计师可以通过对场景全方位的视察，进行比例大小、空间内外的自由变换审查，对不合设计要求的物质形态进行实时修改，对景观物质造型表面材质作任意替换对比，直到满意为止。

而环境景观形象的仿真，展现了环境中的土地、水系、植物种类生态景观的预想效果，设计师可以通过现场审查，调整修改。也可以通过互联网将虚拟的建筑、环境雕塑、植物种属等环境物象的形象问题进行设计任务或问题处理分解，快速传递到其他单位或设计师的电脑中，以便快速解决问题，及时获取设计或问题解决的进展情况，对设计工作随时提出意见和建议，形成异地虚拟设计并行工作的方法。这样既方便协作又节省时间，可以大大提高工作效率。更重要的是因为从物质形态到环境景观都是虚拟出来的，这种虚拟现实景观形象的仿真技术有效地节约了时间和大量的人力、物力，确保了概念设计的可行性和可操作性。

（3）环境意境

虚拟现实中的环境景观意境，代表了概念设计中的预期效果。通常，设计师在虚拟场景中可以把物质的形态、体量、材质、光色作任意调整，能够营造出简洁、鲜明、靓丽的时代特色，也可以赋予景观环境以美好的、诗情画意的各类情调和氛围。但是作为一种场所艺术，景观环境的意境还体现出一种时空交替的历史情结和不同地域、民族的文化艺术氛围，而这些必须依靠景观艺术的具体手法，采用界面材质作旧的仿真处理，对特定的空间、选定的界面和景观的细部作材质肌理、环境壁画、环境雕塑、环境小品构筑、环境装饰、环境装置和陈设艺术的概念设计，拟或通过环境景观装饰照明的概念设计手法强化景观的主题。这些景观艺术的概念设计效果依然可以通过虚拟现实的手法，将环境效果调整到理想的境界。

4.3.2 超越理性的设计

景观概念设计虽然是一种自由创意的设计工作方法，但是应当看到在其中依然穿插着大量科学、理性的思维、工程技术性规范和政策指令性制约。毕竟景观是一种综合性的物质形态，它的功能与审美要素并重，它的艺术性往往又取决于它的物质功能的综合构成。更重要的是，它的概念设计成果不能像纯艺术中的绘画一样终结于二维的视觉平面上，也不能像雕塑那样作为三维空间中的纯视觉艺术品展示。景观概念设计在完成策划、创意构想之后，必须将其从二维的或者是三维虚拟现实的方案推进到景观工程的施工技术中去，这一过程就是概念设计的应用过程。所以，景观设计是一种物化的艺术工程，它是科学与艺术、创新与传承、虚拟与现实交替互用的综合设计。

4.3.2.1 理性规范

景观概念的创新设计除了受到设计概念的牵制，还要接受来自两个方面的技术规范制约。其一，是物质空间组合与形态造型在使用功能、审美功能方面的限定；其二，是为了营造这样一种空间物质景观而采取的工程技术方法以及对施工技术的具体指标的规范性、政策性指令和规定。

（1）理性

从景观概念设计的初始策划中可以看出，即使是自由的创意设计也蕴涵着方向性、目的性的制约，那就是抽象、理性的设计概念，正所谓"风筝飞万仞，自由一线牵"。人们常说"建筑师是戴着手铐、脚镣跳舞的艺术家"，景观设计师又何尝完全自由创意过。在进行自由的景观概念设计构思时，作为核心的设计概念犹如系住风筝自由的"线索"，任创新的畅想飞得再高、再远，也不能不受到概念、目标的牵制。倘若这个理性的线索被剪断，那么，放飞的风筝"自由创意"则因失控而归无定所，从而失去"高"、"远"——自由创新的实际意义。

景观概念设计的自由创新，蕴涵着理性的设计概念，它的创意设计始终不离它的核心命题，那就是围绕着人的物质与精神需求展开的"自由"设计。在这里，设计时能够自主的就是寻找最佳"飞行"形式和方法，让自由创新之"风筝"以稳健的姿态飞得更高、更远。

（2）规范

设计人员明白，要想使物质形态符合特定的使用功能和审美功能，必须遵循客观规律，按照人体工程学的内在规定性、环境心理学中的生理、心理尺度以及人际关系的心理尺度和社交尺度关系，解决现实景观的空间、比例问题。能够从景观的物质形态的高低、疏密、强弱、大小、软硬、凹凸、苍润、显隐、曲直、藏露等对比统一规律方面去规范、限定物质的空间审美意象；当然对物质空间、形态的实用、审美需求做技术性处理，同样会对后续的景观工程带来影响。须知，施工技术对于场地的水文、地质、地理、气候、风向、阳光、植被等自然因素以及建筑形体结构、部件构造、设备设施技术要求，材质、肌理、光色、影像、历史、人文等方面的政策、法规要求，都会同时作用于景观环境和物象，对设计中不符合使用功能需求、超出人们审美心理承受能力的物质形态、影响到生物种群的结构关系、乃至影响到人的身心健康的因素必然会做出限定甚至是制裁。

设计师要做的是在规范、政策规定的范围内，如何把创意设计的审美情趣发挥到极致，以便能够创造出实用新潮、引人入胜的艺术景观。

（3）超越

在我国，景观艺术设计在原创、创新领先设计方面一直是十分薄弱的，在小城镇环境内，景观规划设计尤其显得落后。原因在于，现代设计门类的景观艺术在我国起步较晚；而起源于本土的园林艺术，作为现代景观艺术的重要组成部分一直没有真正从传统园林艺术的"绿荫情景"里走出，对现代城镇的公共景观没有起到它应有的作用；西方现代景观学移植于我国，在高等教育体系的专业人才培养上有出色表现，培养的一大批景观设计师，对中国的城市景观建设起到不可小觑的作用，同时由于专业人才的知识结构倾向于现代西方科学的技术与艺术，使得国内本土年轻一代的景观设计师不能熟谙中国传统造景的理与法，没有真正领悟传统文化的精粹。因为这些道理和方法不是专门的教科书，它分散并深深地蕴涵在中国传统文化和地方文化的"汁液"中，需要有心人去品味、提取和长期消化；小城镇管理体制的制约与管理层面综合素质的低下，使得景观规划与设计贪大求洋、盲目攀比，不能客观地反映小城镇的现实和预期，令政府的重要建设工程变成"政绩工程"、"面子工程"；从事景观设计与施工的人员层次悬殊、素质参差不齐，提供的景观设计方案和营建的景观工程处于低水平、低工艺的阶段；大城市的辐射作用力，使小城镇的环境景观一直沿用大城市的理念和方法，令小城镇的景观设计体系处于跟风、照搬和套用的局面，原创、创新设计在快速发展的建设热潮中滞留于口号，没有得到足够的重视。

正因为如此，才给从事小城镇景观与环境艺术设计的专业人员提供了广阔的原创与创新的自由空间，留给设计师的是超越理性和规范的制约，达到知识、能力、胆识和水准的预期。

4.3.2.2 感性经验

（1）讲感性

感性即感觉、直觉，是人类自然属性中特有的功能，是基于人类身体的"视、听、触、嗅、味"五官感知功能对客观事物的感觉反应而产生的情感冲动和欲求的本能。"感性"是属于人类感觉、直觉、知觉等生理、心理认识的活动。虽然小城镇景观概念设计是建立在理性基础之上的经验设计，但是，其中所蕴涵的前期自由直观、直觉感性的设计却对整体的景观功能与形态设计产生举足轻重的影响。直观、感性设计要求景观设计师，要在遵循的基础上超越政策、法规、技术、规范等条件的局限性，主动开启创新感性的大门，运用感性工学（Kansei Engineering）、感性设计（Kansei Design）的动态设计过程，融时代、时尚潮流于地方民族文化的个性之中，表现出景观物质形态的象征性。体现在景观的属性性质、品位质量及审美趣味性等方面，既合于法规规范，又可以化解理性中"教条、古板、僵硬、冷漠"之不足。

（2）凭经验

景观概念设计是以先期的经验积累为前提展开的。由于其中包含着物质形态造型艺术等因素，所以，它又具有感性设计的特点。按照《现代汉语词典》的定义，经验是由实践带来的知识、技能；经验又是人的经历、体验。有时经验和体验的意思相近，有时经验又和经历的意思贴切；体验揭示的是"体感心受"——体验、经历他人的经验，用身心感觉验证，讲求的是对事物结果的直接身心感受；而经历则更多关注的是事件外部的整体或过程。经验虽不特别强求事物的整体与局部、外因、内情，但它却兼而有之，可谓经历、体验两者的统一。

小城镇环境景观的概念设计，正是这样一种理性之上的经验设计。它通过设计师对以往环境景观规划、设计案例的经验中所获得的经历、体验心得，以现有的景观场地条件为基础，以景观规划、设计的一般规律、创新要求、技术要求、政策法规条例为前提而展开全面的景观规划与设计。其设计的内核自然是围绕着景观设计所关注的功能与审美目标展开，并力求营造最佳的艺术氛围。

（3）重设计

虽然，在小城镇环境景观艺术设计中有着太多的"感性—理性—感性"的交织，也有着"创新、实际—概念、规范"的"自由—约束"矛盾对比，都不影响景观艺术的设计宗旨和原则。只要抓住小城镇环境景观规划与设计的本质内涵，注重突出设计中的原创性、创新性、领先性、功能性与审美性的基本原则，定能够营造出超越理性、充满激情、具有浓郁地方特色、民族特色与现代科技文明密切结合的景观艺术氛围来。

4.3.2.3 人性觉悟

小城镇环境景观概念设计是一项充满人性的艺术设计。它的最终成果与没有经过设计的自然"景观"的最大不同体现在三个方面。首先，自然"景观"是大地空间物质形象的自然展示，它之所以被某些人称之为景观，是由于人在观赏自然环境时，其中某些空间、物质形态、肌理、色彩、光影等综合形成的因素具有唤起人的经验、情感的特性，从而使人产生赏心悦目等情感反应。这种"自然景观"是一种自然、原始、朴素的大地环境现象,环境中的"人性"是单向的。其次,是人工景观,包括建筑、构筑、土地、水系、道路交通、植物、动物种群——物质形态等组成的可以唤起人类审美情感的景观,这类景观物象中有人类智慧和劳作痕迹的凝结,包括植物、家禽家畜等自然物种,环境中的"人性"是双向的。最后,人文景观——它的景观主角是人或人类社会,环境是自然环境或人工环境。这类景观要根据人的不同场景、位置、层面、角度、情境来划分景观归属。景观的审美属于情感交互,审美因素复杂多变,环境景观中是人性与情感的交流。

(1) 人性归属

是人创造了小城镇环境景观,环境因人而变得美好温馨、舒适宜人。正因为有这样美好的小城镇景观,才陶冶了小城镇民众一代又一代人的性格,人性因景观而升华,由此,进一步激励、提高人类营造美好景观的视野、手法和层面。景观是陶冶人性的场所,也是美好人性的归属。

(2) 观念更新

景观既然是人性使然,景观必定充满人类社会属性的物质与精神意愿。这就为环境景观的物质形态带来了时代特色、文化特色和个性特色。随着岁月的流逝、时代的变迁,风景依旧而斯人已去。新一代人面对历史的景观有着自己的审美感悟和情怀,同时,他们也正按照自己的时代审美眼光和个体的审美情调进行环境景观的创建。这其中,既有历史文脉的传承,更有时代赋予他们的新观念。让人感到不安的是,既有的景观其使用功能与审美价值能否经历时空变迁的严峻考验?根据景观设计与建造的规律,只有不断更新观念,学会在传统中抽取精粹,在现代文明中体现前瞻,才能够创造出跨越时空、经得起历史考验的环境景观。

(3) 生态觉悟

人性中的社会属性,是在人与人之间的关系中培养生成的,这使得人类的思想情操中多了一层社会觉悟和公共道德规范,也可以说社会的文明使人的自然属性中的"野性"得到束缚和改善。其实,今天的人类社会觉悟,绝不仅仅是围绕着人类社会的发展和人类文明的速度展开的,它应该是站在整个地球生态圈的层面上,查看人类的所作所为以及为人类自身埋下的隐患。在人类的当前与未来存在地球资源与环境、生态与发展的危机时,治理污染、节约资源、能源、创建地球生态平衡的和谐机制已经刻不容缓。人性的觉悟必须提高到生态觉悟层面,才能领悟生命的互为依存、一体发展的真正内涵。这样,环境景观概念设计的最终成果就是有了更为博大和超前的生态理念、生态审美情趣的景观意象(图4-28)。

图4-28 原生态的川藏建筑

(资料来源:邢旺绘)

4.3.3 回归现实的设计

小城镇景观概念设计的运用阶段是设计成败的关键。根据景观的空间形态、物质结构关系,景观未来的变化、更新和发展等各个阶段的要求预测,进行景观功能分解、形态创新、视觉要素结构关系的统一设计,进行满足实用、审美功能的系统化设计。

概念设计对后续详细设计以及材料加工、工艺、施工技术与管理等环节有着举足轻重的作用,不当的概念设计方案会导致工程施工过程反复修改甚至建成后重新改建等一系列问题。因此，为了获得高质量的设计，减少反复，需要把设计过程放在景观建设工程的整体中并行考虑。并行工程就是这样一种崭新快捷的工作模式。它通过整合设计、材料制造与供应、施工与管理、政府决策与管理等单位的一切相关资源，使设计人员尽早全面考虑到景观设计过程中的所有因素，系统、并行地进行环境景观艺术及其相关过程的设计，尤其注重在概念设计阶段的并行协调，以达到提高景观实用与审美质量、降低成本、缩短施工周期和确保工程优良的目的。与小城镇景观艺术工程并行的相关技术和艺术门类集中体现在：方案审查，环境、景观生态评价，工程、材料、技术检验，绩效对比，民意测评等方面；这些并行发展的工作方法构成了概念设计应用过程的综合性分析与设计。

4.3.3.1 景观方案审查

从景观概念策划、规划、设计，到景观艺术的设计与表达，其功能、审美的技术、规范和人性化、生态化等因素，要求景观艺术设计方案成果的质量水平达到设计概念所设立的方向目标。为了确保景观概念设计的成果符合初始的目标和愿望，需要对方案成果做全面的并行检查工作。

（1）满足基本条件

对小城镇环境景观概念设计的方案成果要求：必须遵循前期景观研究策划所设定的原则、要求、目标，对景观用地指标、土地、水体、植物种属的有效利用进行严格控制；充分利用地理、气候条件，把握地形、地势、植被、季风、气温、日照等自然因素，以确保小城镇建筑景观环境的综合质量；满足治理污染、环境保护、生态格局和道路交通的规范设计等经济技术指标的基本条件。

（2）审查理念方法

全面审查景观概念规划与设计方案，对照景观设计目标，察看设计观念的新颖性、设计概念的正确性，能否真正代表景观设计的核心诉求；其设计理念是否清晰，构思是否巧妙且合于法、理；概念设计能否遵循设定的原则、目标开展系统整体的景观功能与视觉审美设计。

（3）审核功能创新

景观设计能够按照人体工程学、环境心理学的空间、功能尺度和心理尺度展开设计。设计中体现因地制宜、因势随机、巧妙合理地使用新材料、新技术、新方法，以改善、更新甚至创新物质的功能使用需求，使物质实用，具有功能新颖、结构合理的特点，同时，景观成果能够贯彻并完成政策、法规的各项条款。

（4）审验艺术原创

审查景观环境的艺术氛围能否达到概念设计所要求的效果目标；环境空间是否符合景观的基本属性和场所精神；景观物质形态在造型、色彩、材质、体量、光影、节奏等审美要素的整合上是否符合社会主流审美情趣，拟或是在原创设计上有所建树，具有景观设计潮流的领先因素和潜质；环境的艺术氛围能否较好地体现小城镇本土的历史文化特色、地方民族特色、民俗民风特色以及现代小城镇与传统风貌密切结合——简约、明快、富有时代气息和民族风尚的环境景观艺术氛围。

（5）预测景观生态

美好的景观总是伴随着良好的地方生态环境。对于小城镇的景观生态建设方案，可围绕区域生态环境条件的现状特色与发展目标展开环境景观概念设计的预测，根据小城镇所处的地理位置、社会经济构成中所承担的角色以及小城镇自身的自然景观、人工景观的先决条件，来设置并建立属于自己镇域环境的动、植物种群结构关系，控制和保护与地方生物关系密切的土地沟壑形态、地形地势特色、河道水系特色、绿地绿廊特色、道路交通特色以及建筑空间特色……

生态规划最终形成的是一个错综复杂的复合工程，它直接牵涉到的是生物工程、环境工程、景观工程等技术问题，最终落脚于艺术的工艺技术和工程。艺术工程的物质含量很小，但是它却是前期各类技术核心目标的最终体现。所以，环境、生态技术等方面的可行性、可操作性直接影响到景观工程的最终成效。由此也可以看出，景观艺术的审美概念，从一开始的景观概念策划生成以后，就贯穿于景观规划、设计和工程施工的各个阶段。

（6）核对施工方案

景观概念设计的最终成果是空间物象的可使用、可游憩、可观赏的现实景观。所以，从概念设计到工程技术设计是二维成果走向三维空间物质的质变。其中，景观工程的施工技术设计与管理方案对景观工程具有决定性的影响。所以，如果说景观概念设计是纸上谈兵，到施工方案这里则是战略战术的编制和实施，而其中的管理方案是决定景观工程质量的关键。

（7）分析工程造价

传统建设工程中包含"功能、经济、美观"三大要素。经济因素是建设工程的基础，更是功能与审美要素的杠杆。当今由于各地小城镇的经济基础不同，使得小城镇在对形象与环境景观的治理与建设工程上存在投入的差异，从而，也给小城镇带来了不同的发展机会。景观工程是一项造福于小城镇民众的阳光工程，它往往伴随着居住区、公共开放区、建筑、广场、道路交通等人工环境而产生，因此，它具有服务于民众，提高民众生存环境质量的职能。考察景观工程经济投入额度，需要根据景观设计的属性、服务对象、服务规模、发展态势展开造价分析，杜绝脱离小城镇的实际条件盲目斥资圈地、拆除来建造一些"大而空"、"洋而俗"、"虚夸浮华"、"可看不可游、更不可用"的政绩工程、面子工程。

4.3.3.2 环境生态评价

依据景观概念设计方案所提供的成果要素，利用生态系统综合、本质的属性特征变化来评价环境质量，是一种较为理想的评价方法。

景观生态学是由多个生态系统组成的大尺度生态范围，是高于生态系统的整体概念。生态学研究领域的内容关系是从微观到宏观："遗传基因—物种—群落—生态系统"，景观系统从全球一体化的城镇整体生态问题来看是大区域、洲际或全球性生态问题，而对单体小城镇一般性的环境景观建设项目的生态影响应该定义在"物种—群落"的生态结构系统范围内。微观的遗传基因和宏观的景观生态，在这类建设项目中，环评是不可能有深入、明确的分析评价结果的。景观概念规划设计的生态环境评价将更多地在土地水系资源利用、景观场地规划分析、景观视觉审美评价以及景观生物种群选配研究等环境系统要素的和谐性方面展开。

（1）水土植物资源利用

对环境资源、能源（包括：水系、土地、植物、动物、矿产等）的节约与利用是景观场地概念规划的前提条件。其一，以小城镇景观元素保护为出发点，把植物种群的生物空间等级系统作为一个整体来对待。针对景观的整体特征，如景观的连续性、异质性和景观的动态变化来进行规划设计。其整体规划要解决的主要问题集中在：栖息地的消失；栖息地（景观）的破碎化；外来物种的入侵和疾病的扩散；过度开发利用；水、空气和土壤的污染；气候的改变等方面。其二，在景观规划中应该采取一系列对应措施消除上述人为的干扰：建立绝对保护的栖息地核心区；建立缓冲区以减少外围人为活动对核心区的干扰；在栖息地之间建立廊道；增加景观的异质性；在关键性的部位引入或恢复乡土景观斑块。其三，保护环境，治理污染，为景观生态建立一个健康的、无污染的生存环境。把人工环境的"三废"危害处理和排放达标作为保护环境的必要条件，景观建设必须遵照国家的法令与规范，以人与自然生态为本，以利于和谐小城镇镇域及其周边环境的生态关系。其四，人工景观的工程建设必须做到融合自然、优化环境，还自然以健康、完整的生态圈。在土地利用良好与场地环境和谐的地方：森林、草地、溪流、田野、道路、村庄、集市、小城镇——景色迷人，令人陶醉。这些来自于科学的规划、合理的开发、适度的保护、有效的限制、综合的利用，保留了乡土环境的地形地势、水系、植物资源，巧妙地利用了气候、自然环境条件，才能够创造出比原有自然环境更为出众的人工景观。

（2）景观场地规划分析

小城镇环境景观概念规划与设计的核心目标是为当地民众创造一个满足生活需要的环境。在作景观场地规划分析与评价时必须考虑环境中的各种因素，如：土地、水体、气候、植物、地形、场地容积、道路交通、建筑物、构筑物等可视的景观因素。在二维场地规划中，设计师关注的是如何确定用地区域以及区域间的关系，区域和整个场地间的相互关系。为了进一步深化概念规划，要集中注意力于平面区域向空间的转化。每一容积或空间要从尺度、形状、材料、色彩、质地和其他特征上进行考虑，以便更好地调节和表达自身功能用途和视觉审美价值。理想的居所是自然场址和景观环境的最佳组合。这一目标的实现程度可作为衡量居住成败以及居住者适应性、健康程度的标准。为了实现这一目标，必须做好以下几点：①勘察基地环境，作场地分析；②掌握地理、地形、水系特征，适应地质构造；③保护自然系统的生态可持续性；④依据自然要素关系，结合土地现状，利用气候条件，减少负面作用；⑤反映人为因素，整合各种要素；⑥发扬本土个性，强化最佳特点。对于任何形式的人工景观、人文景观，无论是镇域还是郊外，只要紧密结合本土条件和场地特色，规划的途径都是一样的。

（3）景观视觉审美评价

景观概念设计成果的视觉审美评价是评价、预测该拟建项目在开发与运营管理中可能给景观环境带来的不利影响，提出对应措施，从而确保拟建项目对周边环境景观产生良好影响。

评价的程序一般为：了解评价范围，确定评价因子，研究拟建项目的周边环境资料，检查基地现状调查资料，虚拟现实场景的视觉测试、体验和预测，提供审美评价，制订对应措施等。在景观场地的现状调查评价中，至少包括以下三方面的内容：①对自然环境方面的研究。如地质、水文、植被、气候等环境条件。②对人文方面的研究。如历史文化、古迹遗存、历史景观的演化过程、民居建筑物的文化风貌、民俗土风对景观特色的影响等。③对审美观念方面的研究，如地方民族、民俗文化特色、历史文脉特色和民众的审美意象等。此外，还应详细调查拟建项目附近区域的未来发展规划、计划以及具体的设计要素，以利于分析它们对拟建项目的制约因素和对现有景观的叠加效应，为景观预测提供较为全面的信息。

视觉审美预测从当地民众的审美角度出发，识别和预测拟建景观的性质规模和对环境产生的重大影响。预测范围包括：①拟建景观与邻近环境在视觉风貌上是否保持一致；②视点、视廊、视域的通达与和谐；③调解环境，改善景观，提高环境的艺术氛围；④拟建景观（包括建筑物）不能对周边环境带来视觉污染（光污染、审美污染）和环境污染（废物排放等）。

进行环境景观审美评价的方法，主要采取二维图纸空间的视觉表达效果、三维的立体模型空间视觉审美评价和虚拟现实的数字化全方位现实环境仿真场景模拟的视觉环境审美评价。

4.3.3.3 工程技术检验

景观概念设计的并行工作，是一项综合而实际的物质形态技术工程。它包含着建设工程、生态工程、艺术工程等不同门类的工程施工组织设计。在贯彻实施小城镇景观工程时，需要将不同门类的工程施工设计进行统筹和协调，以使概念设计的方案目标得以顺利实现。而对于景观工程施工设计是否具备较强的可行性与可操作性，则需要从以下几个方面检验。

（1）景观工程施工技术设计

对于景观设计、施工企业而言，施工组织设计是针对工程施工应投入的人力、物力、财力的合理计划,也是控制工程施工进度,保证施工质量的一个自我约定,更是对投资方所作出的一个重要书面承诺;对于建设方来说,它是用于监督和检查工程技术、施工质量以及掌握工程进度的一个重要依据。因此,决不能有只重视方案设计而轻视工程技术设计的做法。高质量的施工技术设计既可体现施工单位在技术和管理上的能力,同时,也是确保圆满完成工程施工任务的一个重要前提。

（2）施工组织设计内容的质量

正确反映工程概况,拥有施工基地现场环境条件的第一手资料,正确理解景观工程的核心方向,对材料、技术、施工具有系统整体的设计理念;精心准备工程施工技术计划,组织配备技术过硬、素质良好的工程技术与管理队伍,技术路线先进、管理思路清晰。涉及的主要材料采购、仓储、办公、施工人员培训、管理、施工、生活用房等措施计划周密,落实到位;所显示的施工技术方案能够体现施工企业的施工技术水平及管理能力;施工进度计划具体、合理,既合乎投资方意愿,又符合每项技术内容施工所需的时间;在人力、物力的配备方面,能够根据工程各分项内容的需要,科学地安排劳动力和工具设备;施工组织设计方案能够反映出通过技术和管理两方面来保证工程的质量;体现了安全、文明的技术施工的安全管理网络和严格的条例、过硬的措施。

（3）施工组织设计的质量审查

施工组织设计方案的质量应该具备"目标的针对性、内容的完整性和技术施工的可操作性"。作为小城镇中的景观工程,在物质硬件工程完成以后,还遗留有大量的景观绿化、亮化、设施、装置等环境装饰工程。施工组织设计方案应有明确的计划,分段组织、分类实施。针对工程特定的场地条件,对植物、种植、养护施工的时间作详细编制,对其他各类艺术工程做有机穿插统筹,这样才能有效地指导景观工程的施工并保证工程的进度和质量,直至工程竣工验收。

4.3.3.4　景观效益对比

小城镇景观规划设计的核心是关于人类生存环境的建设;为满足人类的各类需求而重点创造物质财富并协调人类与生存环境的关系。景观规划设计从人类需求的核心内容入手,以人为本地展开场地规划设计和以环境物质形态的视觉审美为主导来实施景观资源筹划设计;从景观规划设计的操作落实着手,研究各类景观活动项目空间与时间分布的规律以及相应的规划设计;从景观规划设计诸类别要素的分析、评价突破,判定景观规划设计的价值观念,把景观经济、社会、环境的三大效益评价与景观规划设计关联的各个要素挂钩并使之量化,寻求发现满足社会市场需求的中国景观规划设计的内在规律。景观环境形象、环境生态绿化、大众行为心理等要素对于人们环境心理感受所起的作用是相辅相成、密不可分的。

一个优秀的景观环境设计必定会给人们带来更为丰富的物境、情境、意境的审美享受,由此,也为社会的政治、经济、科学、教育、文化等领域带来长盛不衰的社会效益。

现代小城镇的景观概念规划设计中有一条基本原则,就是看它在多大程度上满足了人类环境活动的需要,是否符合人类的生活行为需求,能否考虑大众的心理诉求、兼顾人类共有的行为,"实用为主、群体优先",这是现代景观规划设计的基本原则。景观效益的优劣,需要遵循概念设计的基本原则,从景观的物境、情境、意境的对比中获得最佳的设计效果。

4.3.3.5　民众意愿预测

小城镇环境景观的民众认可度和满意度预测,是对景观概念设计成果最实际的检验。

传统的方法是以景观设计方案的效果图为主,展示预想的景观形象。现在,随着三维建模技术的普及,沙盘式的景观模型或者是虚拟现实的仿真景观环境效果展示,让民众在观赏中直接领略到新的景观设计的现实效果。

通常，人们评价一处景观首先是从视觉审美开始入手，所以，景观视觉审美具有"先入为主"的基本特点。其次，当人接近景观，进入景观的物质空间，感受到的不仅仅是视觉，还有触觉、听觉、嗅觉拟或是味觉的美感，甚至是环境氛围综合的心理、生理美感体验。景观空间物质形态的美感和环境中透射的历史感、文化感、艺术感等环境的意象与氛围，不仅停留在五官感知阶段，它还包括了环境景观使用的方便、经济的实惠和社会交往的惬意等因素，因之，景观的"可使用、可游憩、可观赏"因素已经成为民意测试中的基本参照内容。至于景观效益的民众满意度如何评判，尚需要通过设计方案展示、模型陈列、多媒体影像合成技术观摩以及数码三维空间仿真演示与体验来产生技术、经济、效益等方面的对比（图4-29）。

图4-29 桂林阳朔旅游景区
（资料来源：作者自摄）

民意测验采取的评审、排队、打分等方法，都是综合了各种因素的评审方法，可以通过等级制、百分制、末位轮番淘汰制等方法来获取本土民众认可度、满意度最高的景观设计方案。

5 小城镇环境景观要素分类

运用系统科学方法把全国不同地域的小城镇进行形象与环境景观属性的分类设计，把单体小城镇中各个景观要素体系进行归纳，把环境景观设计门类参与小城镇规划建设的思想理念、审美观念、设计原则及表达方法进行轻重缓急、主次分明的整理；用CI战略规划思想把视觉艺术统一设计的实施手段移植到小城镇环境景观艺术方面来，使小城镇景观艺术与小城镇的内部环境结构具有协同统一的整体性，即在小城镇整体发展战略思想理念的指导下，以理念识别为核心、以行为识别作保障、以视觉识别为表达与实施手段，去实现小城镇环境生态可持续发展战略的宏伟目标。这种既有科学理论、又有整体规划、更有具体应用程序的系统工程，对环境景观的设计水平与建造质量也提出了更具体、更高的要求。

5.1 景观要素分类概述

5.1.1 景观分类的目的、意义与原则

5.1.1.1 目的

对小城镇的形象与环境景观进行分类设计，是针对小城镇的现状和遵循景观设计的一般规律提出来的，是视觉系统个性化的统一设计。

正如本书前章所概述的那样，改革开放30多年以来是我国小城镇发展与建设最快的历史阶段，由于全国各地小城镇处于不同的地域环境，拥有不同的自然资源、经济基础和产业结构条件，管理力度以及对统一规划的认识不同，使小城镇的发展极不平衡。在小城镇建设加速、民众居住条件得到普遍改善的同时，存在着不容忽视的土地、水体、自然植被等资源浪费与环境污染问题：旧城超强度开发建设，居住环境恶化，历史遗存遭到毁灭性破坏；贪大求洋、盲目攀比，规划、建设管理滞后，建设重复、造成浪费；城镇面貌雷同、"千城一面"，景观建设失控，风景资源遭到破坏，历史文脉断裂，形象错位、生态失衡。

当然，现代小城镇在发展过程中所出现的问题有许多也是由历史的原因、现实的条件和理论的导向造成的。要使小城镇规划工作真正到位，对城乡土地和空间资源起到调控作用，对景观环境的营造起到真实有效的促进作用，需要自上而下和自下而上的系统运筹、协同和整体策划、分类实施的发展战略。

针对小城镇的现状和问题，要高度重视城乡环境景观规划工作的重要性，发挥其对土地、水系等自然资源的调控作用，要求小城镇景观规划立足国情、面对现实、统筹兼顾、综合部署而创建未来。

面对全国3万多座小城镇的规划与建设，我们不可能用某种主观愿望或某种模式去彻底改变既有的物质形态结构，但我们却可以运用系统科学方法或先进的思想观念去面对众多的小城镇，遵循设计的普遍规律，用艺术、心灵、情感、理智——科学地创造个性鲜明的小城镇形象和景观。在传统文化与现代文明的对比中，在中、西方文化冲突与融合中去感悟、捕捉瞬间闪现的美好意象。

在小城镇整体的层面上采取形象与环境景观的分类设计，有助于针对区域小城镇和个体小城镇自身的成长历程，立足本土的实际条件，按照发展方向制订切实可行的发展理念和追求。同时，也可因势利导，从区域小城镇的资源环境、空间功能结构关系，到个体小城镇的建筑风貌、环境条件、空间构成、社会形态、民众心理等因素中整理出能代表小城镇总体形象的视觉符码，这种视觉符码并不是定型的视觉形象，它存在并蕴涵于小城镇形象突出、个性鲜明的环境景观之

中，象征隐喻、显隐并具，由于它是从小城镇视觉要素中抽象出来的特定符号，代表着小城镇的文化风貌、精神理念和追求，故它是一种具有生命扩张力的视觉符码。

5.1.1.2 意义

对小城镇进行分类设计，是以创造历史与现实结合、自然与人工结合、创意与审美结合，具有中国地方特色、民族、民俗特色的小城镇形象和怡人的环境景观为前提的。

什么样的小城镇环境景观形象才具有中国特色？按照视觉统一设计方法营造的环境氛围，会不会因理念相近、风格趋同而导致失去小城镇的形象个性？中国幅员辽阔，人口众多，56个民族共居960多万平方公里的土地，南北跨度大，东西蔓延长：沿海、内陆、高山、平湖、高原、平原、丘陵、峡谷、草原、沙漠、水乡、戈壁……气温的悬殊、气候的反差、水文地质的变化与森林植被特色的分布均表现出鲜明的地域特征。而复杂的人文因素、社会经济、种族血统、民族民俗、宗教信仰、历史文脉等也显示出鲜明的地域特征和个体差异，即使是同一个民族也仍存在着血统、语言的差异。由此可见，地域条件、自然条件、人文因素是造就小城镇"千岩竞秀、万壑争流"、"群芳斗艳"的先决条件。

但在这"形态万千、异彩纷呈"的自然条件和人文因素之下，仍然贯穿着一条历史文脉的主线，那就是博古通今的中国传统造城理念："辨方正位"、"体国经野"和"天人合一"（亦即整体观念、区域观念、自然观念），可以说中国人的环境观念是建立在对物理世界中的天地、自然、社会和人的认识基础之上，以东方哲学和价值体系为参照构架而成的。正是这种理念，使中国传统的聚落由小到大、由弱变强。村落、集镇、城镇、城市、都市，在形象环境上既层次分明，又取得了总体上的和谐统一。文化背景的同一并不意味着"千篇一律"，民族血统的同源并不意味着"千城一面"，这是在一定的美学观念下的造城观念、

生态观念下的环境法则，正像在中国传统绘画理论中关于山水画画法构成的说法："有成法、无定法"。"有成法"是指完成山水画的要诀法则，有一定之规；"无定法"是指作画随机而成，并无一定的模式或方法。例如，小城镇空间环境的装置和环境景观艺术品的创作，皆是根据现实独特的地理条件、环境因素，结合当地的人文因素、社会价值取向来确定创作思路，拟定作品将要达到的效果，每一件环境艺术品，每一个环境空间氛围，都应有它独特的、无法重复的艺术性。如果说"辨方正位"、"体国经野"是构筑城镇的法则，那么"天人合一"、"法无定法"则是环境景观艺术的理念精神、设计实施的要旨了。

古往今来，我国传统的村镇、城市无不沿袭这一理念法则："相地合宜"，因势随机，因借巧施，自然天成，不因循于一招一式，不拘泥于一法一理，创造了我国城镇区域整体的和谐统一与单个村镇的风情万千。如福建闽南的客家土楼聚落、湖南湘西的苗家村寨、云南大理的丽江古村落、江南水乡的周庄、同里、乌镇……

这种在整体观念下呈现出的区域城镇特色、小城镇特色、建筑景观特色乃至建筑小品、环境雕塑，无不形象鲜明、个性独具并各有情趣和意境，它充分体现出"统一没有抹杀个性，个性也未削弱明显的统一"。这是传统、朴素的系统方法在环境景观艺术方面的表现，历史证明，它是最具生命力的取之不竭的源泉。

虽然，现代小城镇的物质构成关系已非昔日可比，建筑形态及空间构成的内涵有了质的改观，文化、艺术、审美呈现出多元化、多重观念的状态；然而，人们对于自然的向往，对于生存环境的舒适需求和对于视觉系统的审美欲望却是从古至今都不曾改变，而且愈演愈烈。在当今城乡一体化的背景下，曾经应环境保护理念呼唤而出的理想城市意象，如"山水城市、花园城市、绿色城市、生态城市"等理想城市的"封号"，已经开始洞开神圣的城市殿堂，让"城市走向乡野，化农村为城镇，化农民为市民"，让规划的

景观意象走向建设实际。

在城乡一体化建设中，由于对城乡资源、环境、文化等社会发展的诸因素利用的不同，会对城镇化发展带来大相径庭的效应。现代城市化是一种强势文明建设，势必在城乡一体化建设中处于核心地位。虽然城乡一体化建设消除了"城乡二元"的局限，突破了城乡的资源壁垒，为城镇发展向乡村延伸开辟了通道，城市经济反哺并促进了乡村城镇化，无疑是积极的，但由于发展所带来的聚落宅基置换、村庄合并集聚、撤边远镇向中心镇发展，看似是一场资源统筹、协同发展的革命，但若引导不当，却也不可避免地会触及中国文化最深层的根基——中华民俗文化的传承。正是依赖于这些根植大地的"原始聚落文化细胞"，使得中华民俗文化的传承具有永续发展的动力。当今的城乡建设，如果对聚落民俗文化保护不当，中华上下五千年的文明历史根基将被连根拔起，传统形象的原型将会被彻底摧毁。对小城镇推行分类设计的意义，正在于此。

一个国家可以用国旗来代表，一枚国徽浓缩了整个国家的形象与精神；紫禁城、天安门、华表，无不从某个角度以简洁的形象和抽象的符码象征着一个国家的气节、精神面貌。分类设计既可把不同区域、不同民族、民俗的小城镇形象拉开距离，又能把处于同一区域、同一民族、民风习俗相近的小城镇景观明确区分，在相同中求差异，在统一中求个性，使小城镇环境景观既有性质相近的精神内涵，又有不同的形象特色，而小城镇这种个性化特色正是其内在本质结构的形式表现，它代表着小城镇的生长速度和发展力源。所以，对小城镇进行分类设计，对塑造千姿百态的小城镇形象和异彩纷呈的景观艺术环境，促进小城镇的健康发展，具有重要的现实意义和长远的战略意义。

5.1.1.3 原则

小城镇环境景观艺术设计必须站在全球生态一体化、全球信息一体化、全球经济一体化的建设与发展层面的高度上，根据城市系统的层次关系、小城镇系统的层面关系和城乡规划工作的内容交互关系，确定小城镇环境景观分类设计的基本原则：①坚持以经济建设为中心，以"健全生态、保护环境、节约资源、协同发展"为立镇之本，以良好的环境景观构建小城镇的和谐社会，促进小城镇经济健康发展；②坚持以人为本、让环境景观为广大居民日益增长的物质和文化生活需求服务；③坚持可持续发展战略，正确理解近期建设与长远发展的战略目标，合理调整景观规划局部与整体的利益，协调经济发展与环境保护的关系，处理好小城镇景观网络的功能作用，做到景观宾主层次明确、"对立与统一"；④坚持小城镇环境景观在区域、镇域、景点规划设计中的整体性、综合性和系统性，促进区域和小城镇城乡的协调发展；⑤坚持国家利益、公众利益和社会公平，实现土地和空间在景观资源方面的合理配置；⑥坚持实事求是，因地制宜、因势随机，建设标准要与当地的经济结构相配合，与社会主义新农村的发展水平相适应；⑦坚持严格保护、合理利用自然遗产和文化遗产，保持民族传统和地方风貌特色；⑧坚持依法制定和实施小城镇环境景观艺术的规划与设计，实现小城镇环境景观规划的法制化。

5.1.2 小城镇景观要素的分类界定

根据我国各地自然环境的生态资源、气候特点，小城镇的生长历程、现状及发展趋势，结合小城镇形象与环境景观的实际状态，可把小城镇景观艺术设计划分为三个系统，即：

以小城镇自然地理环境形态为特征的系统分类——区域小城镇形象与环境景观设计分类；

以小城镇建筑空间环境属性为特征的系统分类——单体小城镇形象与环境景观艺术分类；

以小城镇人文历史环境属性为特征的系统分类——小城镇镇区空间环境景观艺术分类。

①以小城镇自然地理环境形态为特征的系统分类：其根本目的在于从生态意义上突出区域小城镇自然资源环境的基本特征，营造优美的群体

小城镇形象，促使小城镇区域空间功能、结构、环境的优化与生态平衡，在维育小城镇自然生态环境的前提下，促进小城镇的有机增长，实现都市圈、区域城镇资源与环境保护的可持续发展战略。这其中，自然生态是小城镇物质形态构成中最具生命力的要素，自然生态环境优越与否，既决定大城市健康有机的增长，同时也决定了小城镇自身的环境品位与质量。

②以小城镇建筑空间环境属性为特征的系统分类：建筑是处在小城镇自然环境中的人工环境的主要载体。建筑空间因建筑使用属性的不同，会给建筑形象、建筑室内外环境景观带来不同使用属性的典型特性。也正是建筑使用属性的不同，会在建筑单体、群体规模上对建筑所处的场地坊区的自然环境和资源带来承载的压力，同时，建筑使用过程的物质、能量输入与输出，同样也会对建筑环境的空气、气温、气候及环境自然生态带来不同程度的影响和危害。对建筑空间环境景观的分类可以在组织景观建设过程中有的放矢地解决因建设、使用建筑给环境生态带来的系列问题。

③以小城镇人文历史环境属性为特征的系统分类：人文历史要素是小城镇最有活力的视觉景观，是构成视觉形象的精神和灵魂。虽然它在小城镇规划建设中是物质形态的隐性、软件部分，但它的时空特性、人文情感、艺术审美价值却赋予人工物质——建筑形象及其环境以感人的魅力，它以人工构筑或社会活动为载体，通过对物质环境的视觉感受，揭示了事物内部组织深层的性质与象征意义。

每个系统均可根据小城镇的具体特征进行逐级分类，为整体策划、系统设计做好铺垫，直至能够代表小城镇形象个性，使之形成具有不可重复、无可替代的环境景观特色。

无论是对哪一系统分类中的小城镇进行设计，必须以现实基础为起点，在详细调查取得全面的地质资料、气候资料、历史资料及风物人情等资料的情况下，分析、对比、研究空间、功能构成和视觉系统的要素特征，从自然形态、人工形态、社会人文形态中整理既有的景观特色，从历史文献中寻找、挖掘小城镇中潜在的人文、历史景观资料，然后对景观的观赏、游览及综合开发、利用的经济价值作考证、评价，围绕着小城镇规划建设的战略目标和精神理念，制订具体的、可操作的视觉识别设计程序，逐步改善和确立小城镇的环境景观与形象。

5.2 景观要素分类方法

依据小城镇所处的地理位置、地质、水文、气候等基本条件而建立的物质空间形态是小城镇环境景观取向的先决条件。而小城镇的人文、历史景观和产业构成等特点对小城镇景观的文化、艺术氛围产生深刻的影响。景观分类设计将围绕小城镇空间的物质形态和人文精神等体系展开。

5.2.1 以自然地理环境形态为特征的景观要素分类

自然地理环境是构成小城镇物质硬件体系的基本条件。优越、突出的地理环境特征，能轻而易举地左右小城镇的用地规划与空间构成，更能深刻地影响小城镇的形象与环境景观。地理环境的内容包括以下几个方面。

（1）地形地貌特征

地形、地势、色质，山石形态、肌理构造、山岭沟壑的纵横险峻、荒漠戈壁的沉寂凋零、雪山高原的冰天冻土、草原平原的春华秋实……

（2）水系环境特征

溪塘河湖的动静波浪、温泉飞瀑的纱雾帘珠、江波海浪的翻涌轰鸣……

（3）植物种群特征

森林、灌木、草丛、花卉等一系列植物种群和各类动物种群。

（4）气候环境特征

阳光、空气、气温、干湿、风雨雷电、雹雾雪霜……

地形、地势决定了房屋建筑的高低参差、重叠错落，造就了道路的蜿蜒起伏，交通的曲直转折变化，使绿色植物层次分明地掩映衬托着建筑环境，柔化了建筑几何形态过多的直线、棱角；同时，处于小城镇中的水体，以其晶莹透明的色质、相对广阔的水面以及堤岸流畅动人的曲线，使视野疏朗明快，景色虚实相映、自然生动、意境卓越。

对于这一类小城镇的环境景观的艺术设计，应抓住地形、地貌的特性去强化利用，而不是去削弱这种特性，更不能打着小城镇开发建设的旗号去随意地遇山斩山、遇沟填沟、遇曲取直、遇水掩土……而应根据小城镇的居住、生产、交通网络来研究车流、人流、人口结构及其乡镇产业结构等地方特征的战略需求，因地制宜、因势随机，灵动地去保护原地形地貌特色，控制向自然扩张的速度。在用地开发过度、水土保持不良、生态失衡的地域，更应有计划地退耕还林、退田还草，以多年生的草本、木本植物或经济林区还自然以平衡，民众在与自然生态共存中，生活幸福指数会有新的增长点。同时，生态环境的改善，既提高了环境景观的视觉审美价值，又提高了居住、旅游价值。

5.2.1.1 大地景观

（1）山地景观

在山地小城镇区域内，有的镇区位于连绵起伏的丘陵之上，有的处于崇山峻岭之中。面对山坳峡谷、岗坡台地自然环境，山岭迤逦，峰峦巍峨；岩石高耸，悬崖相逼；沟壑幽深，谷垭旖旎；山环水绕，绿林幽密；古木苍苍，花草遍野；其山形地势、地貌水体及南北、东西方向的地域性差异带来各不相同的建设特色。

对这类山冈、峡谷型小城镇的自然环境开展景观设计，要紧紧抓住起伏变幻的地形地势和地理形态特征，以山、水以及野生动物、植物形象特色为设计前提，针对区域小城镇的自然资源利用、开发以及单体小城镇镇区的形象治理问题与地方政府达成共识，统筹策划、制订区域小城镇建设规划，从形象和环境景观系统设计入手，拉开振兴地方小城镇经济的序幕：首先，进行综合、整体的景观策划与规划设计，从小城镇各自的建筑外观上改造城镇空间中相对重要的建筑物形象。其次，以本体小城镇形象与景观环境策划为依据，对沿街建筑形态和立面进行视觉景观统一的规划、整治，梳理天际线，消除视域、视觉通廊内的异质形态对景观视觉审美造成的压力。最后，对小城镇道路交通网络节点、端点及交通花园的景观设计，主要空间环境的山石、山地野生植物巧用与环境雕塑、绘画的设置以及主要街道绿化带的营造、草木花卉品种的设计。

山冈、峡谷型小城镇环境景观艺术设计应该与产业经济、旅游、环保等战略开发相配合，它从视觉艺术系统体现特殊地形地貌的环境意识、生态意识和可持续发展意识，力求在充分保护自然生态的情况下，做到经济自足并不断发展，形象系统工程与旅游开发工程相配合，达到以旅游经济改善地方产业结构，促进经济发展的目的。

地方旅游事业的发展，会刺激地方的工艺品、土特产品、特色植物、珍奇动物的交流，将带来手工业、养殖业的发展。而人流的加大，自然会带来交通、住宿、食品加工等方面的发展，山地草场、密林叠嶂、峡谷漂流、野营度假、养殖体验……这是牵一发而动全身的整体运作。而景观艺术设计则首当其冲，既需要先行一步实施，又需要旷日持久地操作，按阶段地完成目标。从地方民俗土风中寻找设计的灵感和契机，更应与周边环境密切配合，巧妙利用地势、活化地形，从小城镇自然环境中寻找动人心弦之所在，并进行点石成金的开发设计：①奇峰异石环境景观艺术设计。②石林密洞环境景观艺术设计。③摩崖石刻环境景观艺术设计。④黄土高坡环境景观艺术设计。⑤深沟幽壑环境景观艺术设计。⑥密林古道环境景观艺术设计（图5-1）。

图 5-1 山冈型城镇景观

（资料来源：洪和平绘）

（2）平原景观

地势平坦、视域广阔、起伏相对较小的地貌形态是平原型小城镇景观的显著特点。如位于我国第三阶梯的东北平原、华北平原、长江中下游平原和珠江三角洲平原。

平原景观包括海拔高度在1000m以上，面积广大，地形开阔，周边以明显的陡坡为界，相对完整的大面积隆起地域，通常被称作高原上的平原。高原平原与平原的主要区别是海拔较高，它以完整的大面积隆起区别于山地岗坡。在平原上，通常是河道纵横，湖泊密布，土地肥沃，物产丰富，村镇相连，人口密集，是我国乡村城市化发展较快的地域。尤其是长江三角洲、珠江三角洲的平原小城镇建设已发展成为与大城市联结，构成城乡一体的区域性城市或巨型城市，如上海、苏州、无锡、常州一线，广州、番禺、顺德、中山、珠海一线，北京、天津、唐山一线。这些城市之间的小城镇已成功地起到了城市之间的过渡和纽带作用。

当然，在平原景观中，不容忽视的还有广袤无垠的沙漠、戈壁滩景观。沙漠、戈壁中的小城镇通常以绿洲的形式出现，它们以浩瀚的沙漠戈壁为依托，在死寂的荒漠上镶嵌出一个个鲜活靓丽、生机勃勃的"绿色宝石"。

①平原型景观的设计特点：与高原平原小城镇对应，平原型小城镇处于我国地势的第三阶梯，低矮的丘陵山地以下的盆地和开阔地，平均海拔在50m以下，它们密布于我国三大平原之上：略有起伏的东北平原，辽阔坦荡的华北平原，江湖众多的长江中下游平原，还有那富饶、秀丽的珠江三角洲冲积扇平原和景色宜人的沿海平原，均是聚落、村镇萌生发展之宝地。

由于地形地势平坦缓和，使这类小城镇在空间构成上形式接近，小城镇的形象与环境特征在一个地域文化与民族聚居区域内较难拉开距离。这类小城镇在建筑风格上，水体设计与绿化组织上，必须依托大地景观的基本资源特征，开拓、创意并推陈出新，在小城镇的环境景观的创造上赋予小城镇以独特的个性特征。

②个性设计的一般原则：在大的文化背景下，整体的理念精神指导下，从地形起伏上找特征，从水系水体中寻个性，或叠山理水、或筑桥护堤；从小城镇传统建筑中发现灵感，从空间绿地中创造个性，以装饰手法和环境雕塑、壁画及公共设施艺术造型，更为具体、细腻地表现小城镇的内在本质和美感。

③景观形象设计的地方化：虽然文化具有同化的力量，但是由于受历史条件、地理环境、气温气候、生活习惯等因素的影响，以及民族血统、宗教信仰及审美取向的侧重不同，造就了平原型小城镇环境景观形象上的差异性。这种差异是地方小城镇民俗风貌的主要特征。

地方民俗风貌是一种约定俗成的文化传承、积淀过程。早在春秋战国时代，就有学者注意到各流域、各民族所具有的不同风俗习惯，这种风俗体现在建筑与环境、信仰、服饰、婚丧嫁娶、待人接物等社会生活、交往方面构成了小城镇独特的地方形象。《礼记·王制》中云："五方之民皆有性也，不可推移。"汉代民谚"百里不同风，千里不同俗"至今还在民间广为流传。

景观形象的地方化特别强调现代文明中的国际流行式与地方本土文化的对比与融合。改革开放30多年来，现代国际式建筑风格在给城市发展带来现代文明的同时，人们也从中感受到一种文化的断裂、形象的丧失和情感的冷漠。中小城镇在低层次的建设中所带来的资源浪费和形象颓废污染，加重了这种感觉。

出于一种文化的延续和审美需求的满足，景观设计的地方化可以给平原型小城镇注入活力，使之在高速发展中保持鲜明的形象。要营造良好的地方化民俗风貌环境景观，需要将以下因素融入景观设计：a. 经济的民俗——民间传统的经济生产习俗、交易习俗、消费生活习俗；b. 社会的民俗——家庭、亲友乡邻、村镇的传承关系，习俗惯制、人生仪式等；c. 信仰的习俗——宗教信仰、礼仪活动；d. 游艺的习俗——民间传统文化娱乐活动习俗，如舞狮、杂耍、庙会、踏青、祭祀……e. 传统民俗风貌与具有文脉传承的现代化小城镇建筑一起构成了亲切感人的环境景观。

④高原型平原景观的设计要点：由于纬度、海拔和平原高度的相对性，造就了高原型平原小城镇在地貌、气候、生态等方面的特殊性。在对这类小城镇进行自然景观的组织和设计中，要注意以下几点：a. 地形地貌与气温气候特征：高原型小城镇主要分布在我国西部、西南部的青藏、云贵高原以及北部和西北部的内蒙古高原和黄土高原。四大高原构成了我国高原平原的基本形态，也是我国地理三大阶梯中自西向东、自北向南的一、二级阶梯。青藏高原平均海拔4000m以上，高原上峰峦气势磅礴，岭谷并列，湖泊众多，为一级阶梯；青藏高原以东、以北，地势下降至海拔约2000～1000m，形成浩瀚的高原和盆地，构成了云贵高原、黄土高原和内蒙古高原和盆地，为二级阶梯。两大阶梯的高原面积占全国陆地总面积的26%，也是我国少数民族的主要聚居地。由于高原纬度跨度大，海拔高度变化显著，植物垂直分布明确，气候、气温变化明显，使各地小城镇的形成受到地形地貌环境的制约，气候、自然资源和生态环境条件的局限，再加上地方民族和宗教信仰的生活习俗差异，更使小城镇的城镇布局、建筑风格、民众服饰和生活行为大相径庭。b. 高原平原小城镇现状：我国西高东低的三大阶梯关系，不仅区分了地势，也透射出自西向东、自高向低物产渐丰、民众渐富的特点。西部、西北部自然条件恶劣，水土流失严重，沙漠东扩形势逼人。"十五规划"中的"西部大开发"战略无疑是我国政府开始向内陆高寒、贫瘠之地宣战，向沙漠进军，对消除资源与环境危机，刺激内陆小城镇取得生态平衡与可持续发展起到重要引导作用；由于高原平原型小城镇存在一个共同问题，即交通线路长、底子薄，条件差、规划滞后，发展缓慢，在西部大开发的良好机遇中需要迅速转变观念，及时策划，统筹安排，以自然条件的优势、特点积极与外部的"动力机制"相结合，塑造形象、创造条件，形成主动、外展、进取、开放的发展势态。尤其是位于第一阶梯的青藏高原，虽然山地、平原景观雄伟壮观，绚丽多彩，但是高寒令绿色稀少、绝迹（图5-2）。以西藏自治区为例，它幅

图5-2　西藏高原风光

（资料来源：http://www.quanjing.com/imginfo/east-ep-a71-665569.html）

员辽阔，拥有 122.3 万 km² 的地域面积。其城镇形成的特点是由以宗教寺庙为中心的城镇雏形发展而来，这也造就了高原小城镇的风格和地方特色。过去由于经济结构单一，规划滞后，群众参与景观规划的意识淡薄，专项资金十分欠缺，使得小城镇综合设施水平低下；而管理不力，对历史文化名城（镇、村）的保护也局限于控保古建等古迹的保护方面，导致历史环境景观损毁严重，视域、视廊遭到破坏，新型建筑由于缺乏对西藏地域特色的研究和文脉传承，城镇曾一度失去特色，丧失形象。西部大开发使西藏获得良好的发展机遇，近十年已经得到长足的发展。来自 2011 年度的 605.8 亿元的国民生产总值和 20077 元的人均生产总值数据，与 2006 年度的 291.01 亿元的国民生产总值和 10430 元的人均生产总值（西藏 2011 年经济发展数据［N］.西藏日报，2012-02-01）数据相比，5 年的时间分别提高了 108.2% 和 92.5%；在城镇风貌保护上也提高了认识，对环境景观的理解和改善也日渐显著——西部大开发的绩效略见一斑。c. 高原景观设计理念：围绕我国经济战略方针，确定小城镇的总体规划建设理念：保护自然资源，治理环境污染，走人与自然共生共荣、可持续发展的道路；保护历史建筑文化遗产及周边环境，控制视域视廊不被破坏。以现代化科技手段，加快小城镇的建设步伐，促进小城镇的生态平衡；扩大绿化面积，创造小城镇的绿色景观。d. 设计中应遵循的原则：a）生态原则——坚持以小城镇生态和谐理念为灵魂的导向原则。b）地域原则——保持显著的地域特色，独特的民族特色，鲜明的时代特色和浓郁的宗教、民俗特色（维持民族服饰、宗教礼仪、生活起居、社会交往等习俗）。c）民俗原则——继承和发扬民族、民间艺术，挖掘和利用土风习俗文化遗产的瑰宝，使之充分体现在形象设计与环境意境的创造方面。d）审美原则——追求设计审美价值的实现，充分运用刚柔、曲直、疏密、对称、均衡、秩序、韵律、调和、比例等美学原则，达到视觉表面肌理色彩的形式与生态、环境质量内在美的创造。e）视觉原则——坚持抽象与具象、现代与传统的对比与统一，动静合宜，繁简得体。有效地利用和组织空间环境景观中的艺术装饰语言、材料构成，使之在空间序列中创造局部景观空间艺术氛围，实现小城镇历史风貌与现实景观形象的对比与统一。

（3）洲岛景观

绿洲、岛屿型小城镇分布于我国西北部的沙漠、戈壁和东部、南部以及沿海海域之中。特殊的地理、气候环境条件，造就了地形、地貌、气候的特殊性，它们以自身独立的形式与外部大自然环境形成鲜明的对比：荒漠死海包围之中的绿洲城镇；碧水环绕、与世隔绝的海岛、湖心岛小镇以及与大陆架相连接、三面环水的半岛小城镇。

沙漠戈壁中的绿洲小镇，大多建立在冰雪融水冲积形成的平原与沟壑沿岸之地，虽然它比较偏远，交通不便，但由于它水草丰盛，自给自足，在荒漠的对比下显得生机勃勃；而岛屿型小城镇是由渔村、寺庙胜地或边防重地发展而来，拥有独特的地形地貌条件，传统民族习俗、信仰与现代文明形成反差，在蓝天碧海之中越发显示出小城镇的温馨、独特、宁静。它们的城镇风貌受地形、地貌影响较大，镇区内自然环境中拥有玄武岩、砂岩、页岩、珊瑚石等自然资源，更拥有各类稀缺植物和鸟兽的生态资源。

洲、岛型小城镇交通不便，信息不畅，人们观念较为传统，聚落、小城镇在生成、生长发展时期受到了民族宗教信仰、土风习俗的影响，而显现出强烈的地方性、民族性和民俗特征。

由于地形地势所造就的"山重水复"、"峰回路转"，平添了小城镇在空间造型上抑扬顿挫的节律和视而不见的神秘感，加之对于镇区中或周边自然环境的保护、利用、开发，使小城镇的形象与景观意境增色不少，一切自然天成："巧夺天地之造化，妙取鬼斧之神工"（图 5-3）。

图5-3　东海上的东极岛

（资料来源：http://www.dongjidao.com/UpLoadFiles/）

①设计理念：在大的文化背景和整体的国情之下，寻求小城镇自我发展的立足点、增长点，策划远大发展战略目标，保持自我的地方、民族个性，整理出精神追求与意象理念，并围绕发展战略目标做好景观形象统一的策划设计，竖立鲜明独特的形象，建立旅游度假农桑制作的深层体验胜地，营造轻松宜人的艺术环境；开发地方手工业、手工艺以及特种制造加工艺术的旅游经济，创造优越的地理环境和投资环境，促进小城镇的总体开发建设。

②设计手法：传统洲岛小镇通常以寺院、道观或宗祠建筑为中心、为标志，因为它们有较大的体量、疏朗的空间和相对的制高点。而现代小镇的建筑首先在空间形态上打破了原有的空间格局而向空中发展，这样，公共建筑则以相对的制高点在城镇上空显得醒目。现代建筑师虽然在塑造建筑的个性化方面取得了成就，使新建筑形态各异，但是却容易忽略一个重要的视觉审美原则："对比与统一"。对比、和谐、统一是视觉运动、组织审美心理的重要法则。人们在观赏一幅画面时总是在潜意识中把杂乱无章的图符、肌理组合成某种主次分明、有规律、有秩序的东西，如果不能达到某种意象，势必在观众心理上造成无序、不安的困惑和心理情感上的烦乱。审美就是创造一种秩序、和谐，并在秩序和谐之中求变化、对比甚至是变异。现代城镇之所以丧失形象，与建筑形态的多头无序、"各自为政"不无关系。人们常常说："一幅画中处处是华丽的颜色则没有颜色"，"一座城镇处处是形态各异的标志建筑必然失去建筑的标志性"。故景观形象建设可先从标志物切入，对城镇空间形象进行统一设计。

③图形符号、肌理色彩的整理与抽象：从地方建筑形态、装饰图案、民族民俗图案中整理出有代表性的图形符码，通过图形变化，使之成为视觉设计的统一识别符码，并应用于小城镇各装饰艺术领域，它犹如文化的要素形成了小城镇可感知的视觉要素，表达出对传统的继承和发扬。

④旅游景观艺术的创意策划与设计：基于相对边远的地理位置、奇异的地理形貌、纯净无污染的大气、水系条件和较为封闭的小环境因素，为外部人流、尤其是大城市的人们提供了一个体验猎奇、探幽、旅游、度假的风景胜地。洲岛型小镇可利用环境资源，突发奇想进行创意设计。例如，通过大地奇异景观海市蜃楼现象组织环境景观艺术；充分利用沙漠，营造沙浴疗养环境景观艺术；通过种植养殖体验，建立特种动、植物环境景观艺术和民族手工艺制作环境景观艺术；对潮汐、洞窟，可组织海底海洋生物探险环境景观艺术（图5-4）。

图5-4　阳朔山水交融

（资料来源：作者自摄）

洲岛型小城镇以独特的环境要素，将自然景观、人工景观、社会人文景观有意无意地组织在一起，构成了恒定与瞬息万变相结合的动态视觉景观艺术，这种景观的游离与变幻唤起了人的自由想象能力，同时小城镇凭借着扑朔迷离的景观魅力，去吸引人、陶冶人、激发人的创造精神和博大的胸怀。

5.2.1.2 滨水景观

（1）河湖景观

中国传统聚落、村寨、集镇、城市，无不选择地形高敞、依山傍水、向阳避风之地作为城址、宅基，这是基于人类生存的潜在意识，也是人类在与自然界抗争中生存探索的知识积累，它体现了自古以来国人的自然观、风水观、生存观、环境观，即使是在科学高度发达的今天来看，这些选址依然是最佳的选择。自平原到山地，从湖泊到海洋，自北向南、自西向东，有无数座城镇或滨海、或近湖、或临河、或夹江；平坦开阔、崎岖狭窄，直至高山峡谷、深入河源水尽处。由此可见，我国的河湖型小城镇依山滨水分布广泛，地理形貌变化巨大，以及气候生态环境给这些小城镇带来的重大影响。

①景观特色的形成：河湖型小城镇虽然具有地形、地势特殊之变化，但相形之下，水的特色在众多因素中最为突出，故以水为特征，巧用地形地势，则小城镇自有它独特的魅力。河湖型小城镇由于受水系、水体的影响，而使城镇建筑格局及道路交通、绿化、园林均以江河为轴线，以湖、塘为广场进行空间景观组织。

河湖型小城镇传统形象已初步形成，有了它自己的形象基础和内涵，在现代城镇化建设发展中，又增添了新的景观内容，但无论是对这类传统的还是现代的小城镇作环境景观艺术设计，一定要重点关注对水体护坡、驳岸形态与滨水景观天际线的聚散、叠合组织，更应该将水域之中的舟船、游艇、客轮纳入视觉景观要素之中，以动的要素使景观充满灵性和生机，其景观特色的组织应做到整体规划、系统控制、逐步实施：a. 全面考察小城镇的区域地理、地形地势、水体水系网络关系，分析建筑风格、绿化基础及空间构成特色。b. 充分占有该城镇的自然环境资料、社会、人文环境资料。c. 深入研究城镇的生存发展历史，并从航片和总体规划图上了解其规划特征、历史保护以及发展趋势。d. 对比新老街区、建筑的风格，从视觉审美上整理出具有传统、现代象征意义的视觉符号、肌理和色彩，保护历史街区风貌，对历史景观应修旧如旧，保持原貌，对周边环境也应保持其风格上的统一。e. 研究场所环境的现状和特点，确定视觉图符，进行空间景观与环境艺术品的设计、制作。f. 根据道路交通、河网水系的视域、通廊和节点特征，梳理和整治主要标志性建筑及环境景观形象。g. 因地制宜、保护水系，不可压缩水域以填土造地，营造生态环境良好的河湖型小城镇的气候特征。h. 保持镇区内水系沿岸自然形态的优美曲线，注意道路、桥梁、节点的景点组织和绿化。

②镇区内潜在的景观：河湖型小城镇包含了众多不同地域水系水体特征的形象与环境，对它进行再次分类，可得出众多的具有个体小城镇环境的特色景观。整体策划、具体划类，可挖掘出具有特殊自然资源、历史人文环境价值的潜在景观。如对山洪、瀑布、湍流环境，可因势利导地利用自然态势，注重沿岸缓坡、石滩、林木、草甸的形态变化，强化造就动静和谐的游憩条件，使之保持持久展现的自然景观；针对浮桥索道、峡谷险滩、溶洞暗河环境，可以利用险要环境条件，于奇危险峻处加强环境的艺术氛围，制造令人振奋、摄人心魄、引人入胜的身心体验，形成具有视觉冲击力的奇特景观；当然，对沟渠、潭塘、冷、热、沸、温泉，天然浴场环境，可以通过化人工于自然环境，融自然于人工环境，令碧水一方化作明镜，融绿茵生态气象于"荷塘月色"之中，造就情趣自在、超乎情理之外又在情理之中的人水相宜景观（图5-5）。

图 5-5　广西德天瀑布

（资料来源：http://www.quanjing.com/imginfo/1-1885.html）

河湖水系景观的组织和设计是以水的动感造型与人的情态氛围为主要特征的环境景观艺术设计，凭借自然奇观并衬以建筑、绿树、草甸为底景，动中求静，以静制动，情景呼应，虚实相生；有时以中国山水画的写意来创造意境，有时以诗歌的情怀来营造氛围，使景中有情、情中有景，这种自然与人工和谐的环境意象，是河湖沿岸小城镇可遇不可求的景象，不乏人事之工。

（2）水乡景观

湖塘密布、河渠纵横、地势低平、水陆交汇是水乡型小城镇自然地理的主要特征。

①水乡景观意象：水乡型小城镇在自然增长中凝固、积累了许多有价值的文化遗产：优美的建筑形式和灵秀的水乡形象已在世人心目中留下了难以忘却的记忆。无论是先入为主，还是后发先至，人们对"亭榭林中隐"、"舟舸水边斜"、"桥下渔火晚"、"人家共枕河"的水城向往痴迷。水乡小镇以其得天独厚的生存环境和巧夺天工的景观意象，为世人传颂着千古不绝的水乡情话。

水乡小镇的发展因地理位置、水陆交通的条件而受到影响。处于我国东南、南部发达区域，由于铁路、运河交通网络上的小城镇与外部保持了较为良好的联系，故而小城镇经济发展良好，而传统的景观形象正在悄然退隐于现代都市风貌之后，或变异形成"拼盘式"、"混搭式"城镇形象和景观风貌，现代化的建筑突兀矗立，形成了传统民族建筑风格与现代国际建筑风格对峙的局面。同时，由于小城镇的开发扩建，被认为是没有控保价值的老民居建筑正在被大片拆除、分割、蚕食和破坏，而新兴的建筑及其群体因无特定的精神理念和游移不定的文化审美意向，使它的景观语义相对多元并与任何地方的建筑毫无二致，从而导致许多小城镇失去形象，传统水乡意境和神韵荡然无存。而地处边远、交通不便、经济落后的小城镇，因发展速度缓慢，在"前车之鉴"的反思中，如果找准了自我发展的基点、层面和方向，反而会因此受益。有的小城镇不盲从冒进求速度，在保护遗产、保持原真、维持民俗的前提下开发旅游，使之在全国小城镇的快速城市化进程中，扬长避短、别开生面、独树一帜，成为水乡小城镇以旅游经济促发展的一面旗帜。江南水乡名镇周庄、甪直、同里、西塘、南浔、乌镇就是这样的历史名镇。它们以古朴、浓郁的水乡风情，清新隽秀的民族形象和诗情画意的环境意象，成为举世闻名的旅游胜地。每年来自世界各地的观光客在遍游了"水乡泽国"、领略了"小桥、流水、人家"的"渔火"风情后，怀着眷恋不舍别离情，带走了"人间天堂"一袭梦（图 5-6）。

图 5-6　水巷楼阁

（资料来源：作者自摄）

②水乡景观发展途径：文化传承意在"厚古博今"，强调的是保护传统文化遗产，在发展中开阔眼界与胸襟，冷静思考、找准位置，正确制订发展战略。其实，"条条道路通北京"，水乡小镇的发展道路应该是生态平衡、无污染——殊途同归的可持续发展战略目标：即对传统建筑加以保护利用，对现代建筑予以审慎甄别，在继承中发展，在否定中创造，在创造中提升景观的文化品位和意境。

水乡型小城镇在进行形象与环境艺术设计时应注意的几个方面：a. 找准位置：全面考察、研究小城镇的历史、现状，从现有的形象与环境基础上，研究、归纳、提取形象要素，为形象设计定位找准依据。b. 抓住特征：江南水乡小镇有着共同的风貌和特征，乍看，粉墙、黛瓦、石桥、河埠、舟楫……要素相近，但细细分辨，则可从建筑风格、形象及细部处理，环境要素及空间格局，人的服饰、语言行为特征中找出差异；小城镇有着各自不同的生长史，时代性和地域性为地方民族、民俗、乡情特征也披上了统一的色彩，所谓透过现象看本质，从众多的要素中抓住最能揭示事物本质的特征。c. 突出重点：水乡型小城镇，无论是对传统文化的继承还是对现代文明的光大，无不是在对历史与现实的总结对话中提取精化，汇集光辉点。突出重点，是抓住一点，力压异端，不及其余。试想解放初，哪一座小城镇坚持了大屋顶造型特征，突出了粉壁、褐柱、青砖瓦的色质，那么50年后的今天，该是形象突出、别树一帜了。当然，突出重点并非排斥异己、因循守旧、固步自封，所谓立宾主、分主次，层次井然。否则，处处重点，处处突出，只会喧宾夺主，造成无序化。d. 创造意境：水乡小镇的码头、埠头、桥头、水巷、水系交通节点、陆地交叉路口、水陆广场、宗祠、庙宇、园林是环境艺术设计的重点。在大的视觉景观形态既定的情况下，往往通过环境装饰艺术来改善、弥补、提高视觉形象的美感，具体通过灰塑、砖雕、石刻、陶艺来饰壁、铺地、装饰柱头、点缀柱础。或装饰于过门、窗楣、脊饰、檐口、基座、通花、靠坐、栏饰、台饰、月梁、雀替等处，而在一些视域良好、空间开阔处则以环境雕塑来创造景观，甚至在开发传奇、典故环境时，以突发奇想的思维方法，创造出人意料之外，又在情理之中的新境界（图5-7）。

图5-7 江南水乡意象（速写）

（资料来源：文剑钢绘）

③水乡环境景观点的开发：水乡型小城镇包含着大量待开发创新的局部环境景观艺术设计：河埠、水巷、渔猎、垂钓环境艺术；古楼、古塔、古旧民居与庭园环境艺术；社戏、茶庄、庙会的民俗环境艺术；绿藤、水影、科幻、虚拟的环境艺术。而现代小城镇中的公共设施如电杆、灯柱、话亭、各种信息、广告招牌、广场、绿地等，在统一视觉组织中一样可以起到装点城镇，提高城镇现代文明层次和现代审美意象的作用，因为其内在的精神理念的可识别性，使之在千变万化的形式中，达到了视觉符号与内涵的统一，其局部艺术景观点的营造，犹如镶嵌在水乡小镇的颗颗珍珠，它们以其形象的卓越和品位的超绝令小城镇的景观意境得到整体的升华。

（3）湿地景观

"湿地"作为景观设计的专题进入国人的视线，是近十年的事情。伴随着快速城市化和现代文明的发展进程，人们逐渐意识到社会的发展，必须建立在与地球生态和谐共生的理念上。

湿地,作为地球之肾,与森林、海洋并称为全球三大生态系统,具有调节洪水、控制土壤侵蚀流失、涵养水源、净化水质、促淤造陆、美化环境、调节气候等巨大的生态功能;同时,湿地也是地球上最丰富的生物种群孕育生发之地,有无数种类的动、植物在这里生存繁衍,是生命力、生产力最高的生态系统属类之一,不但拥有丰富的动植物与产品资源,提供重要的经济生产功能,同时也给周边居民带来良好的生存条件和巨大的经济效益,甚至造福更为遥远的民众,为之提供珍贵的旅游景观资源和休闲度假胜地。

虽然我国对湿地景观设计的起步较晚,但是应当看到,早在1992年中国的湿地就进入国际《湿地公约》,到目前为止,已经有30块湿地被列入《国际重要湿地名录》,并且于2005年被接受成为《湿地公约》的常务理事国,到2011年,我国共建立湿地自然保护区614个,其中国家级湿地自然保护区91个,使40%的自然湿地得到了有效保护。

但是从总体上看,湿地作为全球性的珍贵自然资源,其规模与面积仍呈现锐减、下降趋势,当前生态敏感与脆弱程度,已经到了需要通过人类社会的法律手段来保护、修复、再造的历史转折点。虽然过去30年,湿地保护在全球环保领域取得了一定进展,但是地球生态环境持续恶化的现实在不断向人类昭示湿地的损毁与消亡在不断加速,目前,全球有50%以上的湿地遭到不同程度的破坏、甚至已经消亡。2012年2月,中国科学院遥感应用研究所公布的最新研究成果显示,"30年来,我国湿地自然保护区内湿地面积总体呈现下降趋势,减少总净面积8152.47km^2,占全国湿地总净减少量的9%"。虽然在国家级湿地自然保护区中湿地大幅减少的势头得到有效控制,但除河流湿地和人工湿地增加外,沼泽、湖泊和滨海湿地仍都在减少。全国有91个国家级湿地保护区的保护成效并没有达到预期目标,现状令人担忧。

在我国,当景观设计与建设的热潮正开始从城市弥漫至乡镇甚至触及到生态敏感的自然湿地时,景观设计师也进入到生态保护与景观建设开发两难的纠结选择境地。景观建设是一把双刃剑,既是造福一方民众的民生大计,任何一任地方行政长官在任期间都会从城镇建设与景观营造入手,因为,这是最为直接、可见的"政绩";同时,又是原始生态环境资源的入侵者、掠夺者。显然,在湿地景观成为城市人重要的旅游休憩选择地的高潮中,提出杜绝开发湿地、减少人工湿地,恢复原生湿地、保护现有湿地的观点似乎有些逆流而不合时宜。但是,这是关乎未来子孙后代得以持续发展的大问题,必须通过不同层次、角度和持续不断地呼吁政府尽快出台针对湿地保护的法令与法规,同时,以正确的景观理念与方法引导对于湿地景观的规划与设计。

鉴于湿地自然资源的稀缺性,人类的建设性开发行为必须在湿地生态敏感保护区的边沿止步,湿地景观设计应坚持"退陆还水、退耕还林、退地还草"的封闭维育原则,并且是"届届持续、代代相传",不得以任何借口去侵占、危及湿地资源;划定湿地生态敏感区的保护范围和提出区内禁止建筑的限令,将景观营造纳入到生态休养、修复、再造的景观生态维育范畴,让走马观花的旅游行为演化为深层的旅游种植养殖、生态互动的体验。

①湿地类型的划分:湿地常常分布在江、河、湖、海、潭、塘等水体的迂回转折岸线和水口、流体交汇处,形态不一,种类多样。如近海、岛屿、峡谷、滩涂、沼泽、湖泊、河流、河口、池塘甚至水库、稻田等都属于湿地范畴。它们的共同特点是表面常年或经常性地覆盖着水或充满了水,是介于陆地和水体之间的过渡地带。依据不同的分类角度和目的等,将这些湿地进行分级、划类。在保继刚、楚义芳的旅游地理学中提出的"以旅游资源本身的特性作为分类标准;以旅游活动的性质作为分类标准;以旅游者的体

验作为分类标准；以及综合资源的特性与游客的体验作为分类标准"具有一定的可操作性。

②湿地景观的分类：湿地景观可以"按照景观属性、风景资源的保护利用现状、规模、级别、来源、体验、等级以及景观使用功能、经营角度进行划类"（卢云亭）。湿地景观视觉系统的分类通常按照原生态自然资源、人工资源和人文资源进行设计的分级与分类，主要包括：a. 地理、水体网络自然景观；生物（植物、动物）景观和气候、季相景观（自然景观）。b. 景观建筑与旅游构筑、设备设施等设计（人工景观）。c. 古迹遗址、旅游商品、活动、环境艺术雕塑与小品等（人文景观）。

③湿地景观设计应注意的问题：a. 湿地保护的生态理念：根据人类的活动行为和习惯，通过对湿地自然资源进行干扰因子分级、划类，区分生态敏感区域中的保护禁入核心地带；深层旅游亲近体验的一般交互地带以及游憩、观光、娱乐的外围缓冲旅游地带。b. 还原湿地的原真手段：对具备还原湿地条件的地块，可因势利导地还原湿地、拓展湿地的生态景观。应遵照"退陆还水、退耕还林、退地还草"的维育原则，采取"拟自然化"的湿地"临摹"手段，将不同属性的地块打造成与真正湿地的结构属性相一致的湿地景观。采用的再造湿地技术为：打开拟造湿地地块的基底，改良基底土壤的结构关系；围堰筑坡，营造供水体来去与植物交互的缓冲条件，提供生态多样性的栖息地；沟通湿地水体网络，种植、养护水生、陆生植物；引入动物、昆虫种类群属；做好湿地水体、生物的净化和防污。c. 因地制宜的生态景观：湿地生态景观营造在尊重自然景观资源的前提下，所有的人工手段都必须遵循自然生态法则：虽为人工，宛若天成。这是人工的自然。因此，景观营造要充分利用不同地势、水体动态、植物种属体量、高程、肌理、色彩，根据疏密关系、节奏韵律进行部署、组织和控制，化设于自然无痕，方为上品。

5.2.1.3 生态景观

（1）田园景观

这是以自然山水为底景，突出农桑渔牧养殖耕作情调的生态型村镇环境景观艺术。

①天人合一的生存意象：田园型小城镇清新自然，贴近人性和耕读生活。当然，并非要求现代人的生存理念必须遵从古人的生活情调，也非劝说人们"了却红尘"而退隐山林，寻求"世外桃源"之乐趣，纯粹是人的本性使然，也是小城镇生态资源环境保护与发展的必然趋势。但是在这高度发达的现代文明社会里，人们既然从快速城市化的发展中找到破坏自然、污染环境的"症结"，就必然希冀寻找一种使小城镇健康发展的正确方式，田园型小城镇亦城亦乡的"城乡一体化"，便有了它回归自然的魅力。

亦城亦乡的田园型小城镇是在攫取了传统乡村田园与小城镇审美意象的基础上注入了现代文明的活力，它首先从城乡统筹资源与环境规划和景观设计上为小城镇的发展铺平了道路，同时，也杜绝和避免了小城镇在膨胀发展过程中将要发生或出现的系列问题。田园型小城镇，是在既定的战略策划中逐步实现阶段计划和形象策划，创造环境景观艺术的审美意境也将逐步实现。

无疑，田园型小城镇是在保持与自然生态和谐的乡村生态状态上关注城镇人工环境的发展，旧有的松散、自由疏朗的平面展开式村镇空间形式将被相对集约地向空中、地下发展。土地资源、能源的综合利用以及环境污染的治理问题是现代小城镇建设必须面对和解决的诸问题。景观艺术环境的创造与形象统一识别设计，将从视觉艺术审美的角度关切小城镇文脉的接续与现代文明的继承和发扬。从审美上实现人们对于大自然之美的向往，从精神理念上揭示人性中生存的本意和对理想的追求。

田园型小城镇并非是一种建城格式，它更多地体现的是对大自然的回归和对传统农桑环境及其生活情调的缅怀。归根结底，这也是中国传统的"效法自然"、"天人合一"的理念表现形式。现代人在高度紧张的工作压力和快节奏的生活方式中，所欠缺、所向往的便是这种轻松怡人、悠闲自得、自由自在、自然亲切的田园风光了。

②自然怀旧的人文情结：现代社会文明改变了人类旧有的生存模式，给现代人的生存带来了极为方便的条件和舒适的居住环境。人的劳动效率及社会生存价值提高了，但是却无法填补人类生态属性中对自然生态环境的向往。在人类的自然属性中，文明的发展对于人的自然眷恋之情和田园牧歌的生活情调却从来没有削弱过，人们丢却不掉对自然美的向往和渴求。大城市中的人们不惜代价，从人工环境中创造自然景观。在节假日，人们更是蜂拥出城，甘愿倾囊如洗也要游历名山大川，饱览并享用大自然的美景……这种矛盾的心理缘于何种情结？试想，若乡村聚落、小镇具备了现代城市生活的种种条件，人们没有生活财产的制约，那么，大都市所面临的将是什么？晋代的陶渊明在辞官退隐后，"采菊东篱下，悠然见南山"，反映了纯朴自然、宁静致远的田园生活情调。在我国大江南北，四海五岳内以农为主的聚落、村镇依然保持着与自然相依的"鱼水"关系。从北国的冰山雪原到南国的热带雨林；从帕米尔高原、喀喇昆仑山的万年冰川到风光如画、四季长春的西双版纳；从水光潋滟、山色空蒙的西子湖畔到山水甲天下的桂林阳朔和以奇绝著称、"归来不看岳"的黄山；更有"大漠孤烟直，长河落日圆"的塞外风情和"今日忽从江上过，始知家在图画中"的两湖美景，为农村聚落、小镇涂上了迷人的景观色彩。

③田园景观设计的常规问题：对田园型小城镇进行视觉景观形象及环境艺术统一设计，除了遵循设计的一般原则，围绕小城镇的理念识别开展设计外，还应关注几个常规问题：a. 自然环境的保护和利用：田园型小城镇以融为原则，与大自然保持高度的和谐一致，使之处于环境优美的大自然怀抱之中，保持镇区内自然环境与镇外环境的自然一致性特征，并充分利用这种特征去化解人工环境边缘线的生硬和现代建筑材料的冷漠，注重垂直绿化和攀缘植物对建筑外墙的绿化装饰作用。b. 人文历史景观的保护与开发：对经过考证确定为有历史保存价值的历史街区、建筑群体或单体建筑，应在修旧如旧的基础上加强对周边环境的保护和利用，力求保护区周边环境的新建筑在空间体量上、视域视廊上不破坏历史景观的视觉环境，即使是在视域中成为底景的新建筑也应该在建筑形态和色彩上与传统建筑在视觉风格上取得统一与和谐。对于历史传说、典故、神话和童话传奇故事中的精华进行视觉化整理，使之成为镇区中特有的艺术环境或民间歌舞、戏曲表演的艺术形式。c. 地方风土人情、民俗艺术的创造性发展，在我国56个民族的文化背景下，呈现出各自绚丽多姿的民族风情、地方习俗和宗教色彩。不同的血缘关系，不同的语种，不同的生活习俗，在各自的地方性环境中表现出了强烈的特征，各地小城镇在某种意义上说，是地方民族习俗的集中体现。d. 地方特色景观设计：小城镇中，从传统手工艺作坊，到现代化地方民间艺术工厂，它们从艺术与生活、艺术与环境等方面揭示了小城镇的内在本质，表现出一种质朴无华、直率情真的地方风格：地方木雕泥塑与图腾艺术；民间布艺玩偶与剪纸艺术；传统编织艺术（竹、草、藤、皮、麻等）；传统制陶烧瓷、蜡染、刺绣、漆器艺术；民族工艺美术品的设计制作工艺；传统金属工艺、玉石雕刻工艺；传统民间绘画、木板印刷艺术（图5-8）。

这些地方民族、宗教、土风艺术是一种极具创造性的装饰艺术——实用工艺美术，它们充斥于小城镇各个空间，成为建筑装饰艺术、空间陈设艺术而活化了小城镇环境景观，它们以浓缩性景观烘托了田园型小城镇的艺术气氛。

④地方民众素质的提高：对田园型小城镇采用视觉形象统一设计，既表达田园小城镇的自然物质形态特征，又体现地方民众的文化教养、社会交往等人文精神理念的基本素质。民众的行为识别既是精神理念的保障，也是形象要素的组

图 5-8　韩国某小镇入口图腾

（资料来源：作者自摄）

成综合，大众形象直接影响小城镇的人文环境景观，潜移默化地影响自然、田园景观的审美取向。因此，对地方大众行为，包括民俗服饰艺术的设计、研究也要有所加强。民众的基本素养在环境观、审美观、生态观、集体观、社会观等方面，应该能较好地体现小城镇景观的美感。

（2）植物景观

绿色植物是自然界生命系统的主体，它孕育生命，滋养人类，既具有调节气候、控制温度、防风固沙、吸尘降噪、防灾之实用机能，更具有美化环境、充任小城镇景观和地域特色象征的审美机能。

现代人类在对现代文明发展的过程中反观内省，无论是历史中的村落，还是现代化的城镇环境，人们已习惯了拥挤的建筑和纵横的街巷，对绿色植物能否在城中多样性地长久存在却关注甚少，总是种植不足、砍伐有余。在现代化的城镇中已很难见到古木参天的老树和绿荫覆盖的古藤。一方面，人以自我意志为中心，恣意砍伐、铲除草木；另一方面，似乎又认为绿色为建筑之衬景，当留一点绿色给建筑，绿色植物成了装点建筑室内外，涂脂抹粉的化妆品或奢侈品而可有可无。绿色生命远非人的行为那般任意损毁，要享受绿色需要旷日持久地等待，少则几十年，多则上百年，所谓"十年树木，百年树人"。同时，人们业已看到昔日绿色景观屏障不知何时消逝、远离城镇，大漠那荒凉的阴影正扑向村落、城镇。人们同时也意识到，七零八落地植树种草，以虚幻的人工生态来圆城镇人那潜藏于心灵深处的绿野之梦，已是杯水车薪，难解这生态环境之危机（图 5-9）。

图 5-9　绿野山林

（资料来源：作者自摄）

以植物特色分类的小城镇，可以直观地分为草原型、森林型或特色植物型环境景观。"天宽地阔、水草丰盛、阳光明媚、空气洁净"是草原型小城镇的自然特征。与草原型小城镇对应，以林木为特征、为发展途径的小城镇同样拥有"葱郁、苍翠、幽深、神秘"的自然景观特征。

草原型小城镇以绿色草甸、草原为基调，配以雪山、森林、湖泊、河溪、大漠、戈壁……形成了其他类型小城镇无法比拟的自然景观。而镇区中建筑的民族特征、宗教气息和民众的生活习俗、行为特征，又构成草原型小城镇独特的人文景观。这类小城镇主要分布于我国内蒙古、宁夏、新疆、青海、西藏等省、自治区，是少数民族集中居住的地区。草原、森林、雪山、高原、丘陵、荒漠、河谷、湖泊、蓝天、白云的自然属性，赋予了小城镇以纯朴、博大、清新、厚重的特色。而毡房、围栅、羊圈、马厩、牛栏、木屋、砖房、多层建筑，以寺庙建筑为中心展开的人工构筑物，形成了具有草原气息的地方民族小城镇景观风貌。

森林型小城镇分布较广，遍及全国大部分省、区，是一个对自然生态影响较大、潜在发展实力较强的体系。虽然，现阶段山区腹地依然经济落后，生活贫困，但随着小城镇建设的快速发展，开放的观念和多重的机遇，必然会给这些山林小镇带来经济的繁荣。

特色植物是地域本土小城镇环境景观风貌的主要表征。如两广的荔枝、木棉、榕树；海南的香蕉、棕榈、椰树；西北戈壁的胡杨、红柳；东北的红松、白桦……创造小城镇的特色植物景观，不单单是要从视觉上获得特殊美感，更重要的是通过强调营造立体绿色植被，从本质上改变小城镇的生态环境。

①草原型小城镇的景观设计：从传统民族建筑、宗教建筑及其装饰、民俗艺术动植物图案中整理出具有复合意义的抽象图形，突出民间手工艺特色和皮革、毛、毡等编织材料特性，使新兴建筑在视觉造型形态及材质色彩上有统一识别的认同感和草原独有的鲜明个性。草原型小城镇不仅是城镇、牧区的连接点，更重要的是作为人类保护森林屏障、向荒漠进军的大本营。传统的畜牧业过度开发，已使草场退化，沙漠扩大，生态环境受到危害。而今，新一轮的小城镇发展战略将以生态平衡为目标，使草原型小城镇在昔日的荒漠、草原上成为生命的据点、绿色的屏障，以人类特有的创造能力，把绿色扩展到它应该生长的地方。

②森林型小城镇面临的机遇和挑战：在我国，森林的覆盖率原本很低，加上20世纪一个时期的"移山填海、垦荒种地"，导致水土资源和草场森林遭遇破坏，大跃进的乱砍滥伐和极端养殖，使适龄成材林木被砍伐殆尽，草场无法维育而生态失衡，环境危机成为全人类面对的共同难题。为给森林、草场以喘息之机，促使自然生态平衡，我国政府通过《森林法》和《自然环境保护法》的制定与管理体制的改善，调整了林业经济发展战略，化开采砍伐为植树造林——所谓的封山育林、弃耕种草、退耕还林，变伐木工为育林人……这一战略性的调整，必然会给我国的生态环境带来转机；由于山林小城镇将面临着"不能坐吃山空"的观念转换和地方经济结构的调整，三产和旅游开始成为小城镇快速发展的新机遇，森林型小城镇将以栽植、维育、保护——多种经营的开放理念迎接前所未有的挑战。a. 森林型小城镇的景观规划：从某种意义上讲，对小城镇进行景观工程的开发设计，可为小城镇带来直观的经济收入和潜在的商机。对森林型小城镇开展环境景观设计，所涉及的首要问题是小城镇的设计理念——战略策划问题，这种策划，必须对小城镇中各系统要素和资源特色进行深入的分析研究，立足现实，确定小城镇精神理念，制订切实可行的发展战略目标。围绕城镇总体战略规划，开展环境景观视觉统一设计，把景观设计理念结合林区的地方性、民族性、民俗性特征和符号，使之形成具有文化传承和开放型的视觉景观形象，在小城镇建设的各个方面实施和应用。由

于它的系统性、整体性，以及它所包容的设计理念，使之在景观设计中便具有了实质性的内容和艺术性特征。b. 以森林生态景观再造绿色家园：森林型小城镇是以绿色多样性生态景观为特征的，对这种生态资源既要保护，又要发展。既不能完全依赖国家扶持，也不能将手伸向自然景观资源，对此，发展经济林木、草场和集约旅游栽种养殖，开发深层次的旅游体验经济是林区小镇脱贫致富的重要途径。c. "以景育林，以艺养林"：森林型小城镇在充分踏堪调研、论证的基础上，必须对其生态旅游景区进行控制性规划和保护性设计定位，以保护林区自然生态环境为基点，开拓视野，营造景观形象，突出拓展生态旅游的产品特色，以林区得天独厚的自然条件和动植物特色的景观旅游，拉动林区的小城镇建设。以灵活的经营机制和动态的产业结构，促使林区的生态平衡，再创林区新的辉煌。

以青海省退耕还林的效益为例，十年来青海实现了从毁林毁草开荒到退耕还林的历史性转变。据国家统计局青海调查总队有关负责人介绍，青海省过去"越垦越穷、越穷越垦"的局面已经被可持续发展的生态新格局取代，取得了生态改善、农牧民增收、农业增效和农村发展的巨大综合效益，得到百万退耕农牧民的拥护和支持。十年来青海省退耕地造林种草 290 万亩，周边荒山造林种草 582 万亩，封山育林 95 万亩，治理水土流失面积 922 万亩，减少 15°以上陡坡耕地 113.3 万亩，减少沙化土地 107.9 万亩，森林覆盖率由 1999 年的 3.1% 提高到目前的 5.3% 以上。草场、森林的复兴，必然带来生态景观的改善，退耕还林工程已成为推动农村牧区产业结构调整和经济腾飞的龙头工程（青海十年退耕还林（还草）成果显著，2010-12-08）。

"绿色生态工程"是摆在小城镇民众面前的首要工程。这一工程必将从城镇走向郊外，从郊外走向乡村旷野并深入自然腹地，成为保护大地环境的绿色工程。它是持久的，要以若干代人的生命为代价，才可将自然生态匡扶、矫正。当然，为了人类的生存和未来，这种付出是值得的。

③特色植物景观对小城镇形象的影响：进行特色植物型分类设计，旨在于从扩展绿色、保护环境出发，以整体发展的战略目光来看待绿色工程，它一反以往的只关注于景点的绿色工程，而忽略小城镇之间景观工程的整体系统性。它是一种整体绿化上的景观建设，即景观绿化系统工程。它应当是从小城镇内外整理、分析出来的真正属于小镇特有的本土特色植物的绿色景观设计。因此，特色植物型小城镇是在绿色系统工程上的形象工程，它集地方植物之大成，从一般植物中挑选典型、从大众草木中提取特色，以植物的地方性为基点，令其发展、扩大、向各视觉要素扩展，使之成为足以代表一座城镇的标志，一种精神化的象征（图 5-10）。

图 5-10 村头老树

（资料来源：洪和平绘）

诚然，绿色景观借助于对乡土树种、草种的选择，搭配种植，可以使之产生多变的表现形态。例如，对树木的种植组织变换可产生观赏型、游览型、体验型、引导型、防护型、隔离型等不同机能类型，加强和削弱树的规模和形态，可产生主次、阵列气势、景深的意境变化，取得节奏韵律的审美特性。而它的本质却在于改变人的观念，陶冶人的性情，以赞美绿化、美化生命之心态去体验、呵护植物，促使植物向着生态平衡、可持续发展的方向运行。

（3）动物景观

在小城镇生态景观环境构成中，以地方性珍奇动物为特征对小城镇景观环境进行分类设计，可有效调节和改善城镇生态要素关系，也不失为一种特殊的经济战略，一种另辟蹊径的发展思路，一种富有创造性的艺术形式。

寻常，在一些以农牧为主的偏远小镇，无论是野生动物，还是家养禽畜，都具有得天独厚的生态优势：滨水临湖近塘小镇，鸭群浩荡，鱼虾丰盛；深山密林之地，麋鹿野畜分聚成群，狮虎熊豹出没。镇内鸡鸣、狗吠、羊咩、牛哞……好一派繁华众生相。昔日，人与动物的亲近之情和传奇色彩，依然留在某些城镇、乡村的意象中。一些极普通的动物，以其平凡的形象和特征，代表着城镇景观，如"羊城"广州，"古象"郑州，深圳的"开垦牛"，神农架的"野人"出没，它们经过艺术家之手而成为一座座城池的标志和景观组织的理念要素。然而，在现代化的小城镇中，这种动物生态景观几乎绝迹。一方面现代科学技术造就的现代建筑环境已很难容纳野生和家养禽畜，另一方面，动物也根本无法在这钢筋、混凝土的环境中生存。偶尔，城镇中的人工生态环境招来成群的鸽子从天而降，漫步于城镇草坪、广场，人禽和睦相处之场景，不禁令人心动，引发人心灵深处摁捺不住的激情。

憨态可掬的熊猫，雍容华贵的孔雀，威武神速的骏马，神出鬼没的"野人"，沙漠之舟的骆驼，雪山高原的牦牛……珍奇动物以其鲜为人知的生活习性和陌生独特的"面孔"令人耳目一新。以珍奇的动物为特征进行环境景观艺术设计，毫无疑问是假借艺术的创造力去要求环境质量的改善，这是建立生态保护的一种措施，也是创造特色旅游景观的一种方式。

珍奇动物型小城镇环境景观艺术设计，要立足于本土现实条件，在充分调查、考证、研究的基础上进行设计定位，在城乡总体精神理念下逐步推行设计方略，深化、实施设计内容，实现以珍奇动物为特征的景观工程，它是小城镇整体经济战略的系统要素，也是开发旅游经济的重要内容。

其实，草原、森林、特色植物、珍奇动物原本是大自然生态环境的生命主体，它们以静态的和动态的生命形式伴随着人类生存活动由远古步入现代文明，然而，这个曾和人混为一体的自然生物圈，时至如今却面目全非，支离破碎。在人类开始修复"生物圈"，还自然"以绿色、以生机"的景观战略规划与实施过程中，开展环境景观系统设计，当是从一个子系统开始，实现整体战略目标的过程。它从各个生态要素展开，以点带面，促使生态整体平衡的升华。所以，这种分类设计方法无论对改变小城镇生态环境质量，还是视觉景观形象艺术，都有重要的现实意义和深远的历史意义。

5.2.2 以建筑空间环境属性为特征的景观要素分类

建筑的属性是由建筑使用的性质来确定的，不同建筑空间的使用功能，会给建筑形态与外环境带来明显的差异性，从而造就了建筑形态的性格与环境风貌的型类相殊。通常人们从建筑空间使用性质与环境特性进行分类，可以分为公共建筑与环境、居住建筑与环境、生产建筑与环境三大类，每一个分类中又有不同属性的细分，从而，使得建筑风貌与景观在小城镇中呈现缤纷多彩的环境形象。

5.2.2.1 公共建筑类环境景观

（1）场地环境景观

仅仅从建筑设计本身而论，对建筑所处的场地规划、建筑设计在技术与艺术的关系处理上并不复杂。但是，当建筑的场地位于某一个地理环境中，就与周边空间环境、街区、区域以及大的环境——城市或小城镇、或乡村、或聚落的环境形成一个难以分割的整体关系，在这个意义上探讨公共建筑设计，就会形成大都市的、大中城市的或乡镇的公共建筑及其景观与形象。居住建筑和生产建筑也不例外，人们会从观察建筑所处的大环境中产生建筑景观的意象联想，于是就有了建筑属性分类对比，以及组团、场地空间形态以外的土地利用率、生态环境的关系、景观规划与景观环境的艺术氛围等问题。因为建筑物的生成会对城市或乡村空间带来重要的景观形象变化。

根据公共建筑的属性与服务对象，公共建筑的外部空间环境虽然受地块使用的局限，但是它在视觉上通常是与小城镇自然空间、人工空间环境相连通，因此，在其建筑场地上的公共建筑形态与体量，一定要与场地周边的空间、环境形态保持最大的适应性与包容性，并与水平延展的深度和垂直空间高度中的城镇视觉形态保持较好的对比与统一关系。在我国，公共建筑虽然服务于民众，但是在使用、组织和管理上却分工明确，管理严谨；受传统"领域"和"安全"思想观念的影响，我国的绝大多数办公、文教、医疗、体育等公共建筑的场地环境依然建有围墙，因此，对公共建筑与环境在组织场地环境景观规划时，应该进行外部环境的分类设计，对封闭的、半开敞的、开敞的场地空间环境中的使用功能、公共设施、环境家具做出不同的景观组织与设计，注意在保证安全性、舒适性的同时，关注场地环境景观设计的等级差别性、景观补益性甚至是景观的多功能复合性；考虑安排环境构筑小品和环境雕塑，以营造不同形态和环境内容的景观艺术氛围。

（2）建筑形态景观

在传统的小城镇中，建筑的属性相对单一，形态也相对统一，通常以居住建筑为主要载体。即便是在闹市中心或繁华街道中设置的店铺、作坊，也多是以住为核心，形成"前店后坊"的综合关系；传统的公共建筑主要集中在宗祠、庙宇、客栈、楼堂、会馆、府衙等方面。

随着现代城市文明的发展，城镇体系中的公共建筑在类型和设计上有了较大的发展，并有许多具体的不同属性的分类，如政府机关、企业的办公建筑；文化、教育建筑；以及服务于社会行业的科研建筑、医疗建筑、体育建筑、商业建筑、旅馆建筑、交通建筑，包括提供游憩、康乐、观瞻的园林建筑、纪念建筑、展演建筑等。虽然类型较多，但建筑设计的要求和程序基本上是一致的。所不同的是小城镇概念的生成较晚，又有着20万~2000人口规模的巨大差距，这为公共建筑规模与服务范畴的定位带来了不确定性，所以，处于规模较小的小城镇中的公共建筑，通常属性复合，专业性不强，建筑自身的视觉形态定位与周边环境的切合度上也存在游离和迷茫；而有一定规模，且与大中城市空间关系密切的小城镇，其公共建筑设计则趋于专业性的行业集聚，性质、服务面向与定位都比较明确，建筑视觉形态多以简洁明快的几何形态向高空拓展，景观形象趋向城市化、都市化。

小城镇中的公共建筑形态与景观设计，必须明确本体的地位、身份和层面。即建筑所处的场地是在小城镇空间环境中的何种地理位置，是在历史街区、旧城区、新城区还是在高新技术开发区？建筑场地在小城镇中的地位，以及小城镇在整个城乡发展中的地域、民族特征，会对建筑形态带来至关重要的作用。因为建筑首先是场地的，其次是周边环境的、街坊的、区域的等；虽然公共建筑形态作为景观视觉要素是醒目的，但是它在整个城镇空间环境中却服从大的景观规划制约，必须根据建筑物的体量、高程以及其建筑的重要程度来决定建筑物在一个地块或坊区、或镇区中的视觉景观的一般性和标志性，否则，所有的公共建筑都要突出其个性和景观的主角统领，势必使城镇空间在无序中失去景观的意境美感及其标志性。

（3）交通交互景观

公共建筑的外部环境通过多个出入口的道路与相邻的其他街道网络、开放空间相连接，于是，公共建筑的内部开敞空间环境与城镇路网、公共绿地、公园空间形成一体化的交通景观或公共交往景观。而小城镇的空间景观通常借助公共建筑良好的形态与环境绿化、设施条件，并以其为景观底景，托现出小城镇应有的活力，以动态的交通与人际交互的人文景观活化人工景观环境的审美氛围。

小城镇公共建筑的交通网络和开放空间环境是本土民众活动行为的开敞空间，具有鲜明的民族、民俗、地域特征，由于服务的对象是本土民众，因此人们对这一类建筑的形态与环境在效率、舒适、美观等方面要求较高，对公共建筑的场地、环境的功能利用需求相对简洁明确，具有方便亲切、人性化的关怀，对建筑环境景观的认同感也较强。

同样，在小城镇公共建筑空间环境中，必须了解各种类型的公共建筑以及场地道路分级、小环境的属性、基本使用与景观审美特征，站在城镇空间设计的层面去把握交通网络节点和开放空间景观的总体规划、控制不同地形、地势、水体等自然环境的特性，用小城镇统一的形象理念去统筹和塑造属于地方本土的不同属性的公共开敞空间与环境景观的独特个性，这样，小城镇的景观才能在丰富的分类体系对比中体现大机大用的非凡意境。

（4）地域风貌景观

公共建筑的物象形态对小城镇的景观风貌产生统领作用，因此，必须对公共建筑与环境进行景观的分类规划、综合设计与控制，可获得地域内不同类型的风貌景观。

①处理好传统风貌与当代形象的对比融合关系：区分符合属性特征的建筑单体或聚落的空间风貌，如办公建筑在小城镇的空间组织中，因所处的城镇区域、地块不同，其建筑物的表现形态也迥异。位于历史风貌保护区的公共建筑与位于旧城区和高新技术开发区的办公建筑在建筑风貌定位、建筑技术、建筑控高的法规制约上也存在较大的差异。比如在我国现阶段，位于新城区或高新技术开发区的办公建筑通常选址优良、空间开敞，具有突出的形态和体量；采用技术先进、使用材料新颖、建筑形象简洁明快、环境庄重典雅、氛围舒适大气，景观、风貌通常会整体规划、分步实施。

②城乡一体化的土地使用关系：根据建筑的使用属性选择合适的地块，并与地块结成对立统一的和谐关系。在空间的联系上，考虑建筑使用资源的充分利用，合理调整适合使用功能的分级道路景观。因为公共建筑的使用往往具有常态、高频与低频使用率，对人流的组织和疏散应考虑一般和特殊的关系，注重流量控制，确保交通安全。例如，位于小城镇中的会议、展陈、科技以及博物场馆公共建筑，可以根据小城镇个体的具体情况，使之组合成为功能复合的行政中心、科文中心或文化艺术中心，让这类建筑的使用功能得到充分发挥，同时，在建筑风貌和景观设计上也因为人流的聚散，有了动静、快慢、疏密等不同的节奏和韵律感。

③公共建筑形象与景观环境的分类营造：商业、办公、文化、医疗、体育、会展、交通等公共建筑在功能使用和建筑外部空间环境的条件需求上悬殊较大，设计中应该根据不同属性的公共建筑，处理好建筑本体的界面形态、肌理与色彩的视觉审美要素，体现建筑的场所与精神；同时，围绕建筑的环境开辟不同属性的外部公共空间；例如，与公共建筑环境配套的道路交通分级网络、不同属性的广场、公园（园林）、绿地栽培、种植，以及公共街具、设施的造型、材质、色彩和光影，在环境中形成的景观特色与空间之间的形态关系。

④公共建筑环境的绿化与小品点缀：是根据公共建筑分类属性的造型、体量、光影和肌理变化作出建筑小环境的绿化形态补益或形、色、质的艺术氛围营造。

⑤公共空间人际交往的环境艺术设计：对于公共建筑的公共空间，通常根据其空间的属性可分为建筑室内公共空间、建筑室外公共空间以及在建筑之间开敞疏朗的坊区间设立的市民交往公共空间。对这类空间的组织，依然是把握功能切合实际、景观审美符合本地观念、交往空间氛围符合民俗基调，才能更好地服务于城镇居民。

⑥公共建筑环境景观的视觉传达：在小城镇中，最能体现民众意愿和认同的是公共建筑及其环境，因为公共建筑景观具有环境的威慑力和同化力，这种力来自于公共建筑在形态、体量、高程等建筑形态的象征性和隐喻性中。办公建筑以自身突出的形态与环境形成强烈的视觉冲击力，于是，完成公共建筑艺术视觉形象的审美传达。

5.2.2.2 居住建筑类环境景观

小城镇中的大量建筑是民宅建筑，这是传统小城镇中住宅私有化中形成的基本模式。由于建筑的选址、造型和组合采取低层的点、线成片的平面展开式，建筑又遵从传统民宅的形制，使之在空间格局和风貌形态上保持突出的一致性和鲜明的地域感。目前，在小城镇的新旧城区中，大量的民宅建筑在空间组合形式和形态上有了质的飞跃：具有明确场地归属的街道、坊区的单体、连体、联排等不同组合的私宅、成片集聚的单位宿舍、商住小区公寓，以及大型的开发性居住区中各种组团的居住建筑类型。居住建筑通过建筑环境中的场园小径、小区分级道路与居住区外部的城镇道路交通相联结，并与办公、文教、医疗、商业、旅馆、餐饮、康乐、交通、会展等公共建筑一起构成了城镇空间错综复杂的空间关系，这种关系遵从小城镇空间设计和上位城镇总体规划的空间组织安排，在某个体系中充当空间环境的视觉要素，形成了居住建筑环境的景观因子，为小城镇景观的视觉情感带来不同景观的情态意境。

小城镇居住建筑景观环境的分类设计，必须突出小城镇的自然环境的基本特征，抓取人工与人文化过程中的典型特征，以彰显居住建筑在特定场地、地域空间、坊区环境中的形态个性以及相互结成的风貌特征。居住建筑的形态与景观设计可按照属性的风格进行分类设计。

（1）传统型景观

传统的居住建筑是从中国封建王朝统治下演化而来的建筑形态，在建筑场地的选取、建筑形态的塑造上遵从自然规律，因势利导、就地取材。多以土木、砖瓦结构成型，"平面展开、正厢围合、三五推进"且高不过三层。尺度体量和形态色彩严格按照"官府、民宅、舍庵"的形制、等第关系。因此，传统建筑传达给人的不仅仅是建筑的象征性和隐喻性，其内容包含了天文、地理、人伦以及风水学的理念和方法，这使得现代人们面对保护良好的传统民居建筑有说不尽的亲近情感和读不完的丰富内涵。虽然伴随着近现代建筑技术的进步与新观念、新材料的引入，传统民宅建筑在构思和文脉延续上依然遵从了"天人合一"的古训和"自然而然、顺理成章"地建设自己的家园。在晚清以后的民国建筑和20世纪新中国成立后的许多乡镇建设的民居建筑中依然能领略到延续了传统文化的民居建筑风采。

虽然传统民居建筑在性质上保持了整体的一致性，但是小城镇自身具有太多的地域文化和民俗风貌特色，这些自然影响到小城镇的民众审美意识和生活习惯，使得传统型建筑反映出较为明显的地域差异性。对传统型居住建筑进行景观设计，必须抓取地域性民俗文化特点，区分建筑生成的年代，对成片民居、沿街民居和园林民居进行分类，甚至是名人、官邸居住建筑也要纳入分类体系，维持老建筑的正常生存状态，修复、复原、重建——甚至是在这个环境中生成的新建筑，必须尊重、保护历史风貌和遗存的原有空间环境关系，做到修旧如旧、重建仿真并保持原住民居的原真性生活状态。对这一类环境景观的设计重在保护和维持，哪怕是街道铺地的一砖一石抑或是建筑外墙批灰与粉饰，必须保持其材料、技术在视觉审美历史感上的一致性。

（2）现代型景观

现代居住建筑拥有良好的建筑与材料技术，在空间环境规划上有相对的灵活性，能够对建筑形态、小区道路、环境绿化和小品构筑、艺术品的设计、制作做到统一规划、整体设计、分步实施。在现代居住区中拥有道路交通网络线性景观，联结居住建筑路径的建筑外部小环境景观，民居聚落、宿舍、公寓、居住小区居民活动休憩的外部交往空间，亲子场地、健身场地、交往娱乐的小型游乐场，生活广场，购物广场，绿地、游园、公园等涵盖了小城镇建筑环境景观的绝大部分内容。

对现代居住建筑进行景观组织与环境设计，需要尊重地方自然环境条件，借用地方人工环境要素，挖掘本土民俗人文历史资源，开展景观规划与设计。

①建筑形态风貌：根据居住建筑的分类和场地环境因素，确定居住建筑的形态和风貌。这其中，必须遵从小城镇的空间规划与控制，注意新建住宅与环境的对比与协调，保持与小城镇形象的一致性。

②场地环境营造：使新建居住建筑的形象融入周边环境，或保持相对醒目的景观特征，必须对场地及周边的水文地理、地质情况作充分的调查，对周边环境的景观形态作充分的研究，并对居住建筑的服务对象、消费能力、审美价值取向作充分的材料收集和论证，树立以人为本的思想和生态设计理念，确定目标和原则，方能推行景观的规划与设计，提出环境整治的方案与方法。例如，居住环境的道路分级与景观节点组织，"理水、叠山、置石"；建筑外观的整改、构筑小品的设置与环境雕塑的创作与点景。让场地景观服务、衬托居住建筑形象，形成个性突出、民众认同、乐于参与的居住景观。

③绿地景观规划：传统居住建筑环境空间遵循的是自然"有机增长"模式，绿化没有得到较好的重视和体现，因此，常常以点对点，不成体系，只有在公共开敞空间方能体现连片的绿化景观。绿地景观规划需要综合考虑建筑形态和空间的天际线，充分利用艺术上的疏密、曲直、显隐、强弱、明暗等形态、肌理色彩、光影对比关系，生成绿色环境的节奏和韵律，衬托建筑的艺术风采。

④视觉艺术处理：现代居住环境在建设初期就纳入绿地、小品构筑系统规划，因此，不但绿化种植体系较为完整，而且还有一定的设备设施服务于民众。但是由于对这一部分的规划常常以种植养殖为目的，其总体规划物的造型、种群搭配、季相的控制、艺术品的安放和对建筑的衬托缺乏艺术性，因此，需要按照景观艺术的思维方法和处理手段去营造住区环境景观的氛围。

（3）植入型景观

虽然对居住建筑进行传统型和现代型的分类，但是在现实中，往往中西建筑对峙、新旧建筑相向，甚至呈现建筑风貌的中西合璧——我中有你，你中有我。建筑风貌缤纷错杂，正如眼下设计界流行的"混搭"风。在艺术上，从来没有一定范式的制约，也从来就是不拘一格去创新，所以对居住建筑景观的设计还要根据现状，运用艺术中多与少、强与弱、主与宾等的矛盾对比，在局部环境中选择突出的、有代表性的建筑形态、树木形状去保持、夸张、突出其视觉地位，用视觉统一的手法整治、改造一般的形态，弥补、修复、强化，令其形态的小环境具有插入、对比点睛的效果，让现实错综复杂的形态生成一定的节奏和韵律，达到视觉美学上的心理意象。

（4）探索型景观

对居住建筑室内空间、形式的探索，对环境中个别服务、设备用房、临建房或其他设施用房，考虑到它们的创新探索、特殊功能或短期行为，可结合所处的场地环境进行大胆的空间、功能、造型探索，让它们与环境家具、雕塑与小品构筑形成系列化的神来点眼之笔，以出其不意的形态、肌理、色彩、光影活化景观效果。

在对居住建筑进行景观分类规划与设计时，要避免"以景为本"，杜绝贪大求洋、攀比夸富、盲目追风、不合时宜的"景观"设计。景观是人与景的互动，虽然有约定俗成的社会审美价值观和相对成熟的造景理念，但是"景配人、人应景"；而获得一定高度的和谐认同，应当是在继承中有扬弃，在发扬中有萃取，所谓"去粗取精、去伪存真"方能彰显情景交融的景观意境。

5.2.2.3 生产建筑类环境景观

对小城镇环境产生重要影响的一类景观是生产建筑与环境景观，即工业、农业、手工业厂房、作坊的建筑及其环境景观。生产建筑起步较早，始于原始社会的手工作坊与饲养、仓储用房。人类进入工业革命以后，生产建筑的进一步分化，使得工业、农业厂房与手工业作坊等分类建筑形式成为城镇经济发展的主导，19世纪以来，世界上有许多城市是靠工业发展而来，工业厂房分别占到城镇建筑的30%、50%、甚至是80%以上，我国有许多城镇就是依赖工业发展了城市，如马鞍山、克拉玛依、大冶等工、矿业城市。对生产型建筑属性进一步分解划类，有助于解决建筑在城乡建设中的形态及其环境景观的营造问题，通过分类方法，能够对其建筑形态和环境作富有特色的景观规划与设计。

（1）工业生产型景观

工业型景观主要是指为工业生产服务的各类建筑，如生产厂房、车间、动力房、仓储用房等。

工业建筑是人们用来创造物质产品，从事生产活动的场所。与一般民用建筑不同的是它除了"人—建筑—环境"的三要素之外，还多了"人—机"之间的关系，即以人为核心组成的"人—机—建筑—环境"四位一体的空间环境关系。除此之外，工业建筑同居住建筑、公共建筑一样，是按照一定的功能需求，围绕人的劳作空间解决人机对话的环境，由人创造，适合人的建筑室内外活动，在空间形态、序列组合、时空效应以及政治、经济、社会效益中表现出独特的空间技术需求关系，即工业建筑设计的"新大轻"（三三三）体系（"三新：新观念、新技术、新材料"；"三大：大跨度、大空间、大体量"；"三轻：轻质材料、轻型结构、轻巧造型"）。

工业性环境需要为企业生产员工营造一个具有领域、归属感的建筑景观环境，以削弱生产过程中那机械乏味、重复单调、缺少情调的平淡与冷漠。需要围绕产业属性、生产序列以及产品特点进行环境景观的规划与分类设计，其设计应遵循的一般原则为：

①以人为本原则：本着效率、公平、人性原则，展开建筑室内外空间功能与环境审美的设计。

②安全环保原则："企业生产，安全第一"。根据生产属性，从建筑空间环境的空气质量、环境辐射监测、控制生产环境的安全指标，使人的生产、生活在具备安全与健康保障的体系下进行。

③低碳节能原则：建筑室内外环境设计遵循简洁、明快、效率、节能、环保的装饰设计原则。

④功能审美原则：工业厂房、车间、设备空间的结构体系，应突出其空间的结构韵律美，采取构筑形态衬托、色彩统一对比等手法，创造愉悦的生产景观。

⑤绿色生态原则：在人工构筑的工业性环境之中，依然需要保持人与绿色植物间的交流沟通，建筑室内外环境尽可能利用植物、水体、山石等自然形态要素调节空间环境；种植、养殖绿色植物，营造生态活力景观，以化解人工构筑钢混结构空间环境的冰冷与坚硬，造就人与自然和谐一体的生态、人性化环境。

（2）农业生产型景观

农业型景观主要是指以农业生产建筑为主导展开的建筑形态与环境景观设计。用于农业、畜牧、渔业生产养殖和加工的厂房建筑，大多散落在贴近自然、便于生产、管理、运输的场地环境之中。如温室、牲畜禽类饲养场、粮食与饲料加工站、农机修理站、农林产品制作工场等厂房。

与工业性厂房不同，农业生产厂房、车间主要是利用大量农作物的果实、种子与植物纤维生产农林副产品，生产对象形态自然、质朴，条件简陋。人们在组织农业厂房景观时，不可忽略农作物、农机具、农业加工设备与场地、农业生产厂房原本就是环境景观的组成要素，在景观组织中，要珍重这些物质形态、肌理、色质、气味的特殊性——它们是本土的、地方的甚至是自然原生态的景观因子，组织利用得当，则成为与大城市景观迥异的观光农业景观、农林加工等建筑环境景观，这同样是稀缺的贴近生活的质朴景观（图5-11）。

图5-11　印度尼西亚松巴岛稻米梯田

（资料来源：http://www.quanjing.com/imginfo/）

农业型景观的内容十分丰富，它们通常以广袤的农村自然资源作底景，或以小城镇民居为对景，其景观组织上联城镇、下络乡村。不同的农业建筑形态为人们提供了可资生产加工、旅游观光的原始自然农业型与发达的现代农业型建筑景观环境（图5-12）。

图5-12　韩国乡野景色

（资料来源：http://www.quanjing.com/imginfo/）

（3）手工作坊型景观

在工农业产业集群中，手工作坊类型的生产模式与建筑环境形态，应该是其中最古老的一种生产行为模式。在我国东部发达地区，由于现代工业文明起步较早，即使是农村也被都市农业、社会主义新农村的当代农业自动化所替代，手工作坊的加工器具、设备和场景，也许只有在新农村的博物馆中才可觅得。而在我国内陆、西部欠发达地区的农村集镇，依然随处可以见到这种手工作坊的存在，它们活跃在人们的生活中，起到重要的供需作用。

农业景观具有丰富的形式美，其天然的形态和质朴的场景富有表现性的美，这种形式、表现性的美需要通过景观的作坊建筑空间环境的功能性和产出才能得到欣赏，为人带来快感。如茶叶手工作坊、磨坊、油坊等。人们通过观看甚至参与其中，感受到赖以生存的食品、茶叶、豆腐等制作过程的辛苦劳作与愉悦。当然，只有当这种类型的农业景观是活生生的、可持续性的，它的功用和产出才对人们所关注的审美有生存价值的贡献。手工作坊的审美价值本质就在于它所传达的信息是表达人类生命、劳作的智慧和活力，它能够唤起人的内在情感并与之共鸣而产生良好的生态景观效应，人们从中可以看出粮食、农作物、水系、土地资源被珍惜的痕迹。

在我国小城镇中，手工作坊种类繁多，所处的建筑环境也有较大的差异性，有棚庵、民宅、商铺、专业作坊以及先进的农业厂房。对这类建筑环境作景观的组织设计，必须根据手工作坊所处的地位、建筑属性和环境开展，不可勉为其难地强调其存在的重要价值，尊重现实、因势利导地开展环境景观的艺术设计。

生产类建筑与环境景观，对从事生产与管理的人员来说，这里是他们生活、劳作的地方，他们参与创造这些景观，最终也成为景观中的一分子。而对于外部的人们而言，对生产景观的审美是一种人性使然，能够参与其中，在人与环境的相互作用中，可得到精神的慰藉和满足（图5-13）。

图 5-13　田园水车

（资料来源：http://www.quanjing.com/imginfo/）

生产性和审美性对于工农业建筑景观来说都是很重要的，缺一不可。当前，新兴的农业景观作为一种审美的类型已经得到了民众认可；而"农业生态建筑"，作为可以生产的并被作为景观欣赏的建筑类型，以其本身与城镇内部资源的生态循环关系，建立了"城—农业—人"的资源循环系统，实现了居民、农业、自然资源永续发展，对解决人口密度、环境污染、粮食紧张、物价上涨等资源和社会问题具有重要的现实意义。生态农业建筑与休闲农业、体验农业、社会主义新农村的生态旅游等工农业生产、旅游方式在当前正得到大力发展，乡村生活方式和农业景观的美吸引了越来越多的"城里"人。因为这些农业景观本身具有高度的文化审美价值，如云南哈尼族的梯田景观；常熟蒋巷村的村民居住景观和新农村产业景观，农业生态建筑景观等。

5.2.3　以人文历史环境属性为特征的景观要素分类

小城镇以人文历史景观为特征进行分类设计，是对内容相近、性质相异的小城镇进行具体的研究，它包括两个方面的内容：首先从建筑文化角度考察小城镇空间形象的变迁以及时代发展的特征，建筑就像一面镜子，折射了它生成时代的历史风貌，诉说着它所经历的沧桑巨变。继而从社会人文历史景观中发现和挖掘隐含在民族、民俗艺术、宗教、信仰理念中的文化艺术特质，它们的含量和构成对小城镇形象与环境是一种潜在、能动、深远的影响。

5.2.3.1　古典型景观

这是一种以小城镇古建筑群体为主要内容的环境景观艺术设计。艺术设计的重点放在修复、改善、改造、利用、开发等方面。

①修复：恢复旧时形象，再现历史景观。历史性建筑因年代久远而使其材质在结构和外观形态上产生很大变化，有的建筑已是破败不堪，岌岌可危，修复工作应以修旧如旧为原则，尽可能地采用相同或相近的材质（如古木、古瓦、古砖等）去替换已破败、腐朽的材质，并进行整形，作旧处理，以取得与历史建筑整体的谐调。

②改善：弥补传统景观环境的缺陷，根据历史资料再现原有建筑的风范；维持古典小城镇的历史形象，将现代城镇的公共设施——电线杆及其网线作改道或施以地下管线网络处理，对灯柱"街道家具"作造型艺术设计，施以绿化配景和环境艺术品的设计安放，使其在形、色、质意境上与小城镇环境的原有形象和环境保持一致，并在整体的环境氛围中升华。

③改造：新旧城区的混合、间杂为这类小城镇的发展增添了商机，也带来了麻烦。保护历史街区和古代建筑，并非是毫无选择和鉴别地保护，在确保历史景观价值的情况下，对既影响小城镇发展，又无历史价值的旧建筑，可根据发展规划作拆除和改建，尤其是对于近现代毫无特色的"新建筑"应根据小城镇性质、特征进行改观，使其在风格上符合整体形象风貌。

④利用：小城镇中的景观，特别是历史街区的形象与环境代表着小镇的文化艺术传统和发展的历史。有着悠久历史传统的小城镇，一定有着丰富的遗产。历史文献的记载，文艺作品的描述、口碑、文采从各个方面揭示了古典小镇迷人的魅力。同时，还有许多传奇、名人旧址、遗物

残存，这些都可作为艺术创作的素材，作为视觉形象与环境的重要组成部分，令小镇生辉。

⑤发展：小城镇的空间环境始终是一个动态变动的空间环境，它的形象、环境、规模在变动中积累形成，在发展中扩大完善，不断更新形象，不断扩展内容。历史的不断发展，将会留下越来越多的沉积和遗物，保护文化遗产犹如编写历史，"去伪存真、去粗取精"，以历史学家和艺术家等专家的眼光去评判审定，旧的东西该取代和改造，文化遗产当细心呵护并加以利用。既保持古典文化的特色，又具有活力的形象与优美的空间，使其具备舒适、便利、安全、卫生等现代文明社会基本的物质条件。

⑥具体创意：低碳经济时代，人们更关心的是现代小城镇该如何低耗能、低污染、高质量地发展，民族文化、历史传统、生活环境、公共设施、城乡空间生态质量与环境景观，无不从各个方面对小城镇的未来提出更高的要求。这样的形势，对理清思路，把握发展方向，确定战略目标，进行自身确切定位就显得至关重要。古典型小城镇虽然拥有较优越的条件，但同样面临着机遇和挑战，在这个以经济为基础的社会，谁能清楚地认识自我、了解自我，树立了良好的形象，创造了优越的环境，谁就能使"自我"成为众多小城镇中耀眼的明星。古典小城镇在保护的基础上，可以有效利用历史遗存的宝贵资源，主要关注以下几个方面：a. 古街古巷、古碑古墓、古树枯井等古旧遗迹环境景观艺术；b. 宗祠牌楼、会馆商号、名人故居等历史建筑环境景观艺术；c. 书院学堂、作坊店铺、石碾水车等历史场景环境景观艺术；d. 本地传奇、野史典故、古旧文物等虚幻神秘环境景观艺术（图5-14）。

古典小城镇有着挖掘不尽、用之不竭的地方财富和历史遗产，以心灵去发现、情感去体验、爱心去创造，小城镇必然能从历史的巨大包袱中走出，既洋溢着历史的风采，又充盈着时代的活力。

图5-14　某古镇街巷（速写）

（资料来源：文剑钢绘）

5.2.3.2　旅游型景观

外出游憩观光、休闲度假、生态疗养是现代人物质生活中的一项精神生活诉求。在当代物质文明高度发达的社会中，来自于快节奏、高速运转的学习、工作压力，使得人们特别需要通过节假日回归自然，到远郊、乡野、古迹、风景名胜处观光，到疗养胜地逗留，以达到气定神闲、身心放松之愉悦，而拥有大自然这笔巨大财富的小城镇，均能够缓解城市压力，疏散人流，以鲜明的个性与独特的艺术环境给人们带来生活功能条件的满足和审美舒适的享受。

①利用景观优势：开发利用小城镇的自然景观、人工景观和社会人文景观，可以使小城镇经济建设整体运作，更能促使旅游经济迅速崛起，成为小城镇经济发展中异军突起的生力军。通过艺术的创作手段，改善小城镇景观环境形象的视觉美感，以极小的投入，可见极大的效益。优美的环境不但提高了小城镇旅游观光的价值，同时也因居民整体素质的提高而树立了良好的形象，创造了有利的投资环境。小城镇在对外开放的联系中，以美丽动人的视觉景观环境达成了人对美好意象的返思，使人身居现实却能虚怀若谷，艺术总是以视幻的意象为现实编织了一个美好的"梦境"。

②灵活旅游开发：旅游、度假、疗养多途径

综合开发，为小城镇景观的视觉艺术功能提出了更高的要求：装饰物质形态，活化空间环境，提高居民素质，以优质的空间环境气氛，展现景观形象的地方性、民族、民俗性特征。毕竟，小城镇的景观形象是在众多的城镇形象对比中得以确立的，故小城镇在策划设计时，应该从整体出发，系统地分析研究，把握景观发展趋势，确定理念目标，以视觉统一的识别设计方法去捕捉城镇的本质、个性、特色、目标，去制订景观设计程序，以使其在操作实施中逐步实现景观形象的确立和环境意境的创造与升华。

旅游型小城镇除了具有其他小城镇普遍的视觉景观要素外，还有它特殊的与性质内容相匹配的局部环境景观艺术，如以山地观光、峡谷寻幽、求知探险为景观的环境营造；以攀岩蹦极、滑翔跳伞、湿地乐园景观为主导的环境营造；以洞窟风光、世界珍奇、民俗风情、宗教圣地和特色疗养景观艺术为主导的环境营造。

任何类型的小城镇都具有旅游性，而任何旅游型的小城镇也同时具有其可品评的景观特征（图 5-15）。

图 5-15　山与民宅

（资料来源：洪和平绘）

旅游型小城镇艺术形象的塑造和环境品位的提高，关键在于运用创造性思维，以出人意料的点子和与众不同的手法将小城镇建设成为适于居住、可观赏、可游玩的度假、疗养胜地。

5.2.3.3　民族型景观

民族特色是民族型小城镇环境景观艺术设计的前提。

①地方民族景观风情：作为多民族、多宗教信仰的中华民族，有着一统的历史文化特色风貌，并成为世界文化体系重要的一支，为世界文明的发展起到了功不可没的作用。作为一个多民族的国家，民族型小城镇特色又是在全国各民族大团结之下的民族个性色彩和民族形象。它从语言、文学、艺术到居住建筑文化、服饰文化、衣食住行等方面，都有其鲜明的不可替代性。民族文化是一个国家得以生存发展的原生动力，如果取消了这种民族文化差异，小城镇的形象就会走向单一和贫乏。近几十年来，我国现代建筑在推崇国际式、削弱民族差异的建筑艺术思潮中，虽然在现代建筑形式上极大地丰富了建筑设计的语言，但是在内容上，尤其是在精神理念上却使城镇形象与景观环境走向了形式丰富中的单调和视觉刺激中的乏味，形象的失落和文化的断裂，导致小城镇物质形态的景观环境在文化上缺乏认同，在艺术上缺少创意，使小城镇形象恶化，走向了视觉环境的危机。

近几年，人们在环境危机意识的驱动下回顾与展望，已有所觉悟，小城镇必须以科学技术为先导，走地方化、民族化的生态平衡发展道路，这样，才能把握在高速发展中不致犯错误。

②民族型小城镇的景观特征：a. 地方民族个性：地方民族建筑特色，装饰风格，陈设艺术，生活习惯及审美特色。b. 地方土风民俗特征：民族服饰、金银首饰风格，成人割礼仪式，婚嫁丧葬仪式，民间歌舞、杂耍、民风习俗。c. 民族宗教信仰与图腾：拜佛祖、敬神仙、祭祖宗的宗教活动、礼仪及自然图腾崇拜。d. 民族艺术与色彩特征：民间剪纸、刺绣、布艺、木雕、石刻、泥塑、竹编、土陶瓷器等装饰艺术、陈设艺术、工艺美术等造型及风格。

③地方民族性潜在的景观资源：民族型小城镇在地域物象、民族风貌的物境人情中，有丰富

的景观资源可以组织开发和利用，如：a. 民族建筑、宗教礼仪环境；b. 民族节日庆典、婚嫁丧葬、图腾祭祀环境；c. 庙会观演、民族影视环境；d. 山精水怪、河神树精、童话民谣等的虚拟环境（图5-16）。

图5-16 少数民族节日庆典风情

（资料来源：http://www.nipic.com/show/）

④民族特征的抽象与设计：个体民族既具有该民族在物象崇拜方面的同一理念追求，又有其在生活行为、审美视觉等方面强烈的统一识别性；物质、精神的特殊风貌，彰显了该民族的地方化特征。同样是哈萨克民族，所处地域的地形、地貌自然环境条件会改变其生活习性和居住习惯，在聚落村镇的形态上就有了迁徙型聚落和永久性村镇。而房屋造型及选材上则有毡房、木构、石构或砖木结构（钢混结构、砖石结构）等房屋造型特征。对民族型小城镇进行景观环境的统一规划、设计，应从民族传统的造型符号及色彩中抽取原始符码，并寻找独特的无可替代的地方化形态语言特征，这样在施以视觉统一设计时才能使景观具有独特的艺术个性和形象魅力。而此，也正是一座小城镇得以突出和发展的契机，因为，环境艺术的创意设计正是通过对人视觉化心理的满足，来促进小城镇环境品质的提高。只有环境品质的提高，小城镇美好的环境景观形象才能真正确立。这是一种互为存在和影响的对立统一关系，而艺术在其中则是一种活性催化剂。

5.2.3.4 宗教型景观

大多数民族都有自己统一的宗教信仰和图腾膜拜物象。在此，以民族特征为基础，主要突出小城镇的宗教环境气息，使之在景观形象上保持自身相对的独立性。

①宗教建筑环境景观特色：宗教型小城镇以镇区寺庙、宗祠建筑环境为中心发展演化而来。这类景观环境多处于民族地区或聚落村寨中的重要区域，享有特殊的场景，对城镇景观形成比较强烈的对比作用，主要有汉族、佛教的宗祠庙宇，也有基督教、伊斯兰教的寺院教堂。原始图腾、祭祀膜拜等宗教信仰的房屋建筑除了具有民族特征外，通常在图案色彩及细部造型处理时具有浓郁的宗教特色。

对这类小城镇进行环境景观艺术设计，首先要突出它的宗教文化氛围，在建筑造型、装饰图案、色彩等方面能体现民族及宗教特征。对具体的建筑环境进行创造，仍然要依据局部建筑环境的使用功能、装饰风格并参照"佛经"、"圣经"、"古兰经"等宗教著作、故事进行创作设计，同时，根据宗教沿用的统一色彩进行创意并扩展这种景观的感染力，这样，设计就具有了深层的内涵和意义。而此类小城镇的景观形象识别，将会因地方性的民族、宗教差异，建筑环境的局部差异而呈现不同的特征（图5-17）。

图5-17 新疆喀什清真寺与民居环境

（资料来源：文剑钢绘）

②宗教人文环境景观特色：民族地区的人们，因宗教信仰的不同，带来生存方式、行为方式、景观审美风格上极大的差异，它体现在人们的服饰上、社交礼仪上、婚丧嫁娶的地方民族风俗上等。例如，伊斯兰教体系，就有回族、维吾尔族、哈萨克族、塔吉克族等民族，这些民族的血统、种族、形象与服饰相差甚远，生活习惯也因为所生存的地域自然环境条件而产生明显差别，由此也造就了一个地域的民族，与另一个地域的民族在人工环境、社会环境的景观观念上大相径庭。当然，虽然地域不同、民族不同，却有着统一的宗教景观形象可识别性，这样，小城镇的系统统一性与地域个性特征就被展现出来。

5.2.3.5 村寨型景观

这是一种以民族血缘关系、宗教部落发展而来的聚落、村寨或村镇环境景观。

基于种族血缘关系、传统生存理念或安全防御功能需求，这类小城镇在空间组织及外围防护功能上呈现出一种以防御工事为主要造型特征的围合、封闭形式的寨墙、城堡等民宅聚落环境景观。在我国边远地区、少数民族地区和交通欠发达的落后地区，这类小城镇的空间组织形态、建筑风格及古代防御寨墙依然得以保护，但是在中原及发达地区，由于小城镇建设的快速发展，规划滞后，管理不力，以及在历次政治运动中对这些遗存作为封建的残余而被拆除，壕沟、吊桥、寨墙、寨门、古旧建筑几乎荡然无存。虽然这类历史遗物曾一度从人们的视野中消逝，但是其建筑设计观念及意识却深刻地影响着国人的建筑作风和景观营造行为，一些可以恢复的古旧遗迹正在得以维修、复原或再建。从福建的客家土楼到湘西苗寨，从云南傣家村寨到北方的四合院，围合封闭、寻求安全的建筑奇观至今独立而不改，它们已经不单单是一种功能上的实用，更重要的是它作为传统建筑环境景观文化的审美要素，给人带来一种视觉审美心理上的满足（图5-18）。

图5-18 福建土楼景观

（资料来源：作者自摄）

当今，在西北腹地、西南边陲，仍有许多由村寨发展而来的小城镇。它们在村镇历史演化与时代文明的进化中，形成了新旧建筑风貌的对比与环境景观使用功能和视觉审美的反差。但是，只要将村寨地域性的生态思想、观念稍加延伸、改变、提取其在景观营建方面的美学思想和具体的造型特征，赋予以现代化城镇的规划理念及科学的管理方法，那么，小城镇在发展过程中就会既保持地方传统村寨景观的视觉艺术特色，又具有现代化城镇的舒适和美感。这种传统文化与现代文明的有机结合，不但不会破坏传统文化和影响发展速度，相反，它们在结合的基础上是保护中利用、改造，开发中继承和创造。是新时期系统科学思想、系统视觉识别设计理念在小城镇环境景观艺术设计方面的应用和创造。它带来的效果是拉大小城镇景观形象的距离，增强小城镇的地方个性，提高视觉识别的认同性，为中国现代城镇文明树立一批鲜明的小城镇景观形象。

5.2.4 其他

这是针对新兴的现代化特殊属性的小城镇，它们随国民经济建设的发展应运而生。由于它们的城镇空间、产业布局与形态结构关系是社会工业化、信息产业化或都市圈城市功能分散下移形成的，且有主导产业作支柱，或者本来就是当地的政治、经济、文化中心，因此，这类小城镇基础好、实力强、设施齐全，在我国小城镇中是一支发展速度较快、现代化文明程度较高的特殊城镇体系。

5.2.4.1 交通、能源型景观

公路、铁路、航运交通将全国的大小城市、城镇、农村，矿山油田，大漠戈壁，森林草原，江河湖海联结成一片，构成了我国水、陆、空立体交叉、功能互补的经济大动脉。

在经济建设中处于交通要道上的村落，因地理位置的优越很快就发展起来，形成了我国的重要城镇或都市。如石家庄、深圳等城市，都是由现代小村落发展而成为我国为数不多的政治、经济、文化中心的省会和举世闻名的现代化都市。因矿山、油田开采建设而发展起来的矿业城市也比比皆是，如玉门市、大庆市、克拉玛依市等。仅仅由于公路网络而成长起来的小城镇便不计其数。即使是在偏远的山区、沼泽、戈壁、雪山、草地，只要有铁路、公路通过，交通便利，必然会为小城镇的发展带来契机。西出阳关，跨过河西走廊，穿越丝路古道，进入戈壁、大漠腹地，沿铁路、公路的小城镇恰似镶嵌在交通网线上的绿色宝石，成为闪耀在沉寂荒茫茫死海中的生命之光。

① 景观取向的"迷茫"：交通、能源型小城镇对我国经济建设起到了不可替代的作用，正是缘于此因，这类小城镇迅速膨胀，形成了公路沿线的带状城镇和铁路、航运枢纽城镇。小城镇的发展为民众生活提供了丰厚的物质条件，但这种小城镇由于发展快，城镇总体规划相对滞后，或编制后"束之高阁"执行不力，而使这类小城镇缺乏引导，环境缺少景观文化的认同感。尤其是交通沿线的带状城镇，资源、能源型城镇；有许多村镇借助交通、能源的经济驱动而自发形成的商贸小镇，由于缺乏规划管理意识，没有做到环境景观的统一规划，使得这类小城镇在有机增长中失控，城镇格局混乱，环境污染、文化断裂、艺术荒芜，环境景观陷入千城一面、丧失形象的尴尬局面。

② 景观属性的划类：交通能源型小城镇数量众多，层次悬殊，按其功能、性质的不同，可划类为公路型、铁路型、港口型、矿山型、油田型等不同类型的小城镇。即使是公路型小城镇，又可因地理位置、地形、地貌细分为高原公路型、平原公路型、丘陵公路型、大漠公路型、草原公路型、雪山公路型、森林公路型、滨江公路型、沿海公路型等。而各类型中还包含有地方性、民族性、宗教性等人文历史特征。

铁路、港口、矿山、油田等小城镇除了具有以上地域特征外，还具有工业产业集群以及与公路、港口并存的交通枢纽重镇的特征。故对这类小城镇进行景观规划、策划城镇形象建设应理顺以下因素：

a. 研究小城镇的发展历史、演进特征，民族结构、人口规模的变动系数。

b. 分析小城镇的产业性质、构成特点及城镇经济支柱产业对城镇发展带来的影响预期。

c. 小城镇景观规划建设的基础与现状，发展态势及方向。

d. 小城镇现有的景观基础与特点，城镇形象基础及空间环境特征。

e. 汇总评价、综合分析来自各方面、各系统的环境景观要素与关系，形成书面材料，作为城镇总体规划、控制性详细规划或修建性详细规划的依据，制订发展战略规划，整理小城镇精神理念追求。

f. 从城镇建筑、环境及设施中整理景观理念、抽取图形符号，确定文化的基点和设计定位，开展城镇景观的统一策划、规划设计，按规划设计分阶段对小城镇景观环境进行改造、对空间形态进行治理。

g. 强调景观艺术设计的地方性，要求城镇规划、建筑设计、园林设计在视觉审美方面的战略策划和阶段性实施，突出小城镇整体形象个性，完善小城镇的生态景观意境，把小城镇的绿色、生态景观设计作为设计的主体工程实施，并以此展开，促使小城镇内的草木绿化由平面向立体多层面的方向发展。

h. 小城镇的景观艺术设计不受某种格式局限，但求"创造具有保持地域形式而不是产品形式的建筑，即强调建筑形式更多地取决于所在地域的特点而不是生产技术本身。简言之，以艺术设计的审美特性去改善城镇的社会生产、居住、娱乐环境的状态，在整体空间构成中推行景观战略，在局部环境中创造艺术景观，促使地方性文化、艺术的复兴"。

交通、能源型小城镇的景观营造必须依赖于小城镇大众行为规范素质的提高，城镇居民作为环境景观中的灵动要素既是人文景观的重要条件，又是影响和决定环境质量、品位的重要因素，优美的小城镇景观环境总是与居民的形象相辅相成，民众素质的提高犹如画中的点睛之笔，可令一幅画生辉，可使整座城镇光彩照人。

5.2.4.2 工商、科技型景观

以某种工业生产为龙头的工业基地型小城镇，以农副商贸为主导的商品集散型专业小城镇，以高科技开发为主导的高新技术开发区、工业园区以及分布于大都市周边地区的卫星城等，主导产业突出、结构明晰，拥有同质化集聚，环境景观现代而时尚是这一类型小城镇的具体体现。

工、商、科技型小城镇是我国现代城乡结合部支柱产业经济类型的小城镇，它的起点高，基础好，镇区综合设施配套相对齐全，建筑群体及街道网线基本能按照总体规划的阶段性发展实施，在对景点的建设，对旧城区与历史地段的保护、利用和改造时，也能按照国家的有关政策结合地方规划管理去实施。实际上，这类新兴的小城镇从规划建设思想到总体发展方向基本上是以现代大城市为模式建造的，城市设计也具有大城市的范式，只是由于规模小、人口少、经济结构单一（趋向专业化）而使它在景观环境风貌上形成了自己的个性特征。但是，如果把这类小城镇的总体形象放到全国各类城镇中去对比，就会看出，这类小城镇犹如大城市的缩微；现代化的建筑、街道、设施、公交及大众视觉媒介，现代化的空间构成、绿树、草坪、广场、花园喷泉、假山、雕塑……现代化的物质文明程度非一般类型小城镇可比，它的物质文化生活之丰富，已接近大中城市的某些指标（图5-19）。

图5-19 江阴市华士镇城镇风貌

（资料来源：江阴市政府网站）

但是，也应当看到，大城市的弊端在这类小城镇中也有显现，那就是城镇本土个性丧失，美感异化，环境缺乏情调和意境；令城镇居民感到城镇形象单一、缺乏文化认同感；景观乏味、生态环境沮丧、压抑和无所适从；更由于在环境治理上没有像大城市那样严格管理，使大多数这类小城镇的居住环境恶劣，镇外环境的土地、水体、大气遭到不同程度的污染和破坏。

在小城镇快速发展的今天，对小城镇的环境景观进行综合治理已提到了重要的议事日程上来。"治理环境，美化家园"，景观工程无疑是小城镇整体策划运作的首要工程。对此类小城镇开展环境景观艺术设计，可以从策划、治理、改善、挖潜、提高、完善等方面开展。

①景观策划：景观设计从视觉艺术角度切入小城镇的规划建设，它要求小城镇内的景观形象和品质完美统一。它运用系统科学方法对城镇内的一切要素按照视觉系统统一设计方法去归纳整理，它并不以改变城镇内大的物质构成关系为目的，它是在美的形式感前提下，要求物质形态达到某种美学形式原则，因此，它也难免为了达

到空间、环境的审美效果会对某些建筑物提出改善、改造、改建甚至是拆除。它的总体原则依然是空间的美化、表面的装饰和视觉美感的达成。所以，它要在充分了解小城镇现状和历史、占有资料并进行了深入的分析、研究的前提下才能开展形象工程的系统策划设计。当然，这种景观策划，必须在治理、改善、优化、提高的现实条件下展开，不可脱离实际的滥建乱造，须知，虚假的景观设计和政绩、面子工程带来的"景观美化运动"会给小城镇的发展带来致命的打击。

②环境治理：景观工程的塑造取决于形象基础和环境基础的物质硬件质量的高低，它包括工业、生活排污处理，以及镇区内河渠、湖塘的污染源治理，对小城镇建筑物、构筑物、空间形态、道路网线、公共设施、广场、绿化、园林、公园、花园的现状考察、分析评价以及对空间中的标志性建筑的景观形象，旧城历史保护区域、地段的视域、视廊现状保护和治理。

③形态改善：围绕小城镇的精神理念和总体规划建设目标，分阶段地对某些建筑物的形象进行弥补和改善，使之在街道交通视廊及建筑群体空间视域上按照一定的艺术规划原则去达成审美的目的。对空间构成、园林构筑、街心花园、绿化栽培等造型设计和环境雕塑品的设置进行统一要求。

④景观挖潜：小城镇内除了现有的环境陈设艺术品与市民广场、邻里中心、社区中心的绿化组织和艺术处理外，要根据现代居住条件及空间美学原则去要求达到美的规范，同时，根据小城镇的历史传说、典故、现代新兴的造园绿化和街道"家具"陈设进行统一艺术设计，充分运用现代科技手段和历史文化的符号，创造现代化小城镇新的人文景观。

⑤格调提高：景观工程的主要目标是提高城镇生存环境质量，塑造良好的小城镇环境，使之具有地方、民族个性、突出形象优美、环境怡人的高品位特征。它的系统策划、最优化选择和综合实施特性，使小城镇景观环境在文化风貌上、视觉认同上、个性艺术特征上、环境品位上、视觉审美上产生质的飞跃。

⑥品位完善：在总体策划实施过程中，形象的形成总是处于一种整体实施与局部调整的过程中。任何一种策划设计只能是一种大的、原则性的、不够具体的规划，它要求在具体设计、实施时能够围绕总体规划原则，根据现实地段的实际情况去补充完善。因之，系统的策划在总体和方向上相对稳定，而在局部中却是一种动态的、不断补益和完善的过程，而它的动与静的统一则是达到策划意象中的高品位形象和相对完美的景观环境。

从以上对社会产业构成特征的分类设计中不难看出，这类小城镇的经济构成基础对小城镇环境景观的深远影响。其实，无论小城镇怎样发展，它的环境与景观形象总是由人去创造和控制。所以，改变人的观念，提高人的文化教养和树立正确的环境景观艺术观念、视觉审美观念，才是改变小城镇的现状，促使小城镇向着生态平衡、可持续发展方向运行的根本动力。

5.2.4.3　低碳、生态型景观

近30年，我国对小城镇建设一直坚持"山水型"、"园林型"、"花园型"等景观风貌模式的导向；近10年，由于地球环境污染、资源能源锐减与生态的危机，小城镇建设形态开始向"生态型"、"低碳型"等类型推进。这些与1993年中国科学家钱学森教授所提出的"社会主义中国应该建山水城市"的倡议有着一脉相承的关系。

关于"山水型"小城镇环境与景观艺术形象的创建思想，是有它比较深远的理论基础和社会实践的，这就是在城镇设计发展的道路上城市文明进程所带来的人居环境污染的困惑。自然山水城市化的建设理念，崇尚耕读文化和诗情画意的山水景观意象，这并非文人小资复古的情怀，不是新贵浮华的沽名钓誉，更不是现代文明奢侈的矫揉造作，而是在尊重自然资源与环境的基础上，推行低碳、生态城市建设，以尊重自然、人

性、科学，融自然山水、社会人文、科学技术于园林、景园艺术思想和创造手法为一体，提取、放大、移植自然生态之精华并应用于城镇景观环境的艺术设计，因之，这是一种促使现代小城镇建设与本土自然和谐共生的生态环境（图5-20）。

图5-20 桂林漓江

（资料来源：http://www.quanjing.com/imginfo/pc158-06.html）

诚然，在城市问题出现之初，世界上一些具有远见卓识之士就开始着手研究城市发展的理想道路和人居环境的理想模式，并提出了相应的城市模式。美国社会学家E·霍华德在19世纪末撰写了《明日，一条通向真正改革和平的道路》，提出了"田园城市"（Garden City）；1932年，美国现代建筑大师F·L·赖特，针对城市问题出版了《正在消失的城市》专著，提出了"广亩城市"（Broadacre City）；1937年法国现代建筑大师勒·柯布西耶提出"阳光城"现代城市模式方案；而芬兰建筑大师E·沙里宁在1942年以《城市，它的生长、衰退和将来》的专著，向世人提出城市的"有机疏散论"；美国建筑师保罗·索勒里于20世纪60年代创建了城市建筑生态学理论——"建筑生态城市"，并尝试将自己理想的城市建筑生态理论与模式应用于实际，兴建了阿科桑底城及"巨构建筑"。人们对于城市发展模式的研究一刻也没有停息过。20世纪70年代，《马丘比丘宪章》的推出，使得人本思想嵌入城市设计模式；20世纪末年《北京宪章》之后，吴良镛院士的"广义建筑学"、"人居环境学"思想成为世纪之交乃至21世纪建设生态城市的行动纲领。

随着21世纪信息产业的飞速发展，在全球经济一体化的引领下，国外对城市化发展又尝试推出"分布式增长（美）"、"都市圈模式（日）"、"中心辐射模式（韩）"以及德国的"小城镇模式"。在我国城市化建设提速的影响下，对应城市发展的"精明增长"，新都市农业主义以及低碳城市正在悄然兴起。这些研究和探索，为小城镇从无序的形象迷失、恶劣的环境污染走向适宜居住、利于持续发展的生态环境景观奠定了良好的基础。

5.2.4.4 特色产业风貌景观

生态型小城镇是在对以上论点综合提炼的基础上，将其灵活运用于小城镇建设中的文明举措。建设具有中国特色的生态小城镇是东方文明理想的未来城镇，它既具有中国传统风水理念，"效法自然，天人合一"的自然观，把山水、园林风光纳入城镇，把小城镇建成可居住、可观赏、可游憩的艺术环境，又具有现代高新科学技术的科学实证观，将广厦林立之建筑和人工河湖之景观作为现代小城镇中的"新山水"、"新园林"、"新花园"。生态和谐型小城镇更具有中华传统诗歌、绘画艺术中的"山水风情"、"田园意境"——一种把自然、人工、人文意象融汇于"山水画"中，洋溢着诗情画意的"现代生态聚落景观"和人文生态景观意象。

无论未来的城市怎样发展，拥有3万多座小城镇的中国势必要遵循自然生态、社会生态平衡的原则与可持续发展的道路，因为地球环境资源的现状与人类文化、历史演进的趋势表明：洪荒始初，人类从宗教文化时代走向近现代科学文化时代，未来的时代应该是以科学为基础而走向生存、艺术文化的时代。这种求神、求善，是宗教文化时代信仰审美的价值观；求是、求实是科学文化时代理想审美的价值观；求真、求美是艺术文化时代人本情感的审美价值观。它们体现了人类认识水平发展的三个阶段：直感—理性—情感。

人类在高科技的推动下正步入信息化社会的数字生存时代，而人类却不愿面对日益荒芜恶化的地球环境，更不愿把过于冷漠、封闭的情感面孔带入新时代。人是自然中的一分子，人是高情感的动物，寻求最佳生态的模式莫过于回归自然，以保持完整的个性、健康的心理和丰富的情感。所以，21世纪将借助生态艺术、生态文化之动力，造就尊重自然、尊重生命、以人为本的生态城镇，这样，创建"生态和谐型"小城镇也就容易理解和把握了（图5-21）。

图5-21　四川传统纸伞制作工艺作坊

（资料来源：潇然摄）

"生态和谐型"小城镇虽然是一种综合、理想的小城镇景观形象与环境模式，但它又是一种开放的小城镇发展模式。作为一种建城理念，作为融景观于自然生态环境系统的艺术设计手法，需要深刻领会其文化内涵，灵活变通分类设计研究中的方法和手段，遵循地方民族文化艺术及生态平衡的原则，定能创造出千殊万类、富有中国地方、民俗、宗教特色的小城镇特色环境景观。

5.3　小城镇镇区景观要素的系统分类

在小城镇景观体系中，由道路交通、水系网络划分、围合而成的地域空间，通常代表了小城镇规划体系中的用地性质、建筑属性和空间环境的特点。如居住区、办公场所、商业、企业、学校、医院等不同属性的斑块空间，其场所中的建筑形态、空间环境属性的悬殊性以及民众生活、社会动态等人文情态意象造就了小城镇景观在不同意象方面的差异。

5.3.1　镇区景观要素的系统分类原则

站在环境、资源、人口、政治、经济、文化、艺术、政策、法规及建设发展等问题的角度来揭示城镇镇区空间设计的母题，必须贯穿景观艺术设计的理念线索，在形态和质量上要求小城镇以治理环境污染、保护自然环境、维持生态平衡、弘扬可持续发展战略为最基本的原则。小城镇景观规划、道路街景处理、广场绿化、环境雕塑的设置是设计中对空间环境构成及物理环境质量在审美意义上和生存质量上的分类设计与表达。规划设计以其纲领性的控制和战略性的设计体现着环境景观艺术理念的统摄力。使小城镇兴建伊始，便具备较好的形象基础和环境景观艺术氛围，而对于更新改造中的小城镇来说，则是一种"承前启后"、"继承发扬"、"提高完善"的设计表达与实施过程。对小城镇进行景观体系的分类设计要遵循如下原则。

5.3.1.1　生态原则

小城镇环境景观艺术设计过程是对既往的优质环境的保护和对劣质环境的改善、优化、提高的过程，更是对城镇的改造、发展，物质硬件设计的生态化、艺术化处理和创造过程。无论任何地理、方位的小城镇，在推行了环境景观艺术设计理念后，都应具备强烈的生态平衡意识和可持续发展观念，遵从自然，效法自然。"觅龙察沙，注意来龙去脉"，"相地合宜，追求阴阳合和"。居住、道路、绿化均依山就势，因势利导，维持和保护自然地理风貌，对"移山填水"、"截流改道"、"夷岗坡为平地"、"凿沟池、筑假山"等行为，也应站在生态角度，谨而慎之，不把人的意志过分地强加于自然，不因人的一时之喜好，以牺牲自然生态景观的代价来创造人工景观。

5.3.1.2 地域原则

我国小城镇分布广泛：平原、山地、滨海、临江、沙漠、戈壁、草原、绿洲……各种自然地形地貌的空间特征造就了小城镇千姿百态的地域景观，同时因地域性特征、民族、宗教和信仰不同形成了当地的建筑文化、民族文化及民族服饰、起居、生活习俗的独特性，造就了富有传统地方特色、民族特色、宗教、民俗特色的人文景观和社会景观。这种景观在现代文化大融合时期所呈现的多元文化，必然给地方传统文化带来冲击，其中规模最大的冲击是由于现代人的居住、生活模式的改变，居住建筑由平面展开或向多层、高层、超高层集合住宅建筑群体发展，传统的独家小院不见了，新的邻里关系以竖向、封闭的空间构成分配了家庭单元，又以小区、公园、广场、邻里中心提供给居民以新的交往、娱乐、休憩形式。传统的富有代表性的建筑群体被作为"古董"珍藏于某个地段，成为人文历史的特殊场所景观。而现代化城镇中的高架快速路、立交桥以及现代化高楼大厦、假山、湖塘、花园和广场，配以抽象的装饰雕塑，利用崭新的高科技手段，带来的高技术美感形成了小城镇富有表现力的新景观。当然，这些景观依然要根植于地方文化，具有浓厚的地方气息，符合当地民族、宗教、民俗特色。

小城镇地域空间特色的分类创造因循于对地方环境、文化的尊敬和理解，从宏观范围来讲是创造千姿百态的小城镇景观形象，千城千面的多样性；从中观范围来讲是创造某个地域某座小城镇的个性、独特性的景观环境。

地方文化是民族文化的源泉，是民族文化最具生命力的组成部分，在设计表达时，为了保护和突出地域特色，往往会在城镇镇域的微观层面，从建筑环境、民众生活习俗入手，因地制宜、因势利导地强化这些特征，使这些特征成为小城镇环境中最为生动的景观要素。

5.3.1.3 时空原则

小城镇建筑、环境及镇中民众，都是空间形态在时间轴向上的延续。建筑生成于某个时空，具有序列递进时空的连续性。小城镇的形成和发展更是于不同的时空呈现不同的景观形象和特征。它实际上也代表着历史的发展和时代的交替。在此，我们之所以特别强调时空原则，是要把当今地域景观时代的现实性，放置于运行发展的时间轴向上，使之在空间上有着纵向可对比的参照。试想，任何一个地域的小城镇都不可能是独立的时空存在，它必然可以从空间上进行横向比较，当前的时空是过去时空的发展延续到现在——而当前的时空必将跨入未来的时空；相对于未来时空，当前的时空依然是过去的历史。

时空原则要求人们立足于当前时空，把握时代性、现实性特征，同时又不可不顾及它的历史文脉和过去的时空环境，更不可图一时之利而忽略了现时对未来时空的影响，因为，小城镇中的建筑及其一切物象都将跨越时空，影响着未来的时空形象与环境。时空原则的系统观、整体观和发展观使当代人们认识到，在一味追求舒适的现实生活时所犯下的错误：环境恶化，大气、水体污染，视觉、听觉污染，交通拥挤，绿地减少，资源枯竭，热岛、温室效应等环境危机，使地球生态严重失衡的后果，无不是在于人的急功近利，盲目发展，不把现时的行为放入时空序列中去考察。当然，造成这种行为也不能排除特殊的社会因素和经济因素。

时空原则，为我们在小城镇规划设计、塑造形象、创造艺术的景观环境时提出更高的水准要求，在这个多元并存、注重保护生态环境的当代社会中，规划、设计应当立足于现实，纵览历史，不可把现实与历史割裂开来，更不可不顾及现时行为对未来产生的影响和后果。因为，我们已发现错误，并认定了生态平衡 "可持续发展"的战略目标。

5.3.1.4 视域原则

视域原则是小城镇景观规划设计中最重要的技术原则，也是最富技巧的原则。它把小城镇的景观要素，诸如标志性建筑、雕塑、山林、崖洞、奇峰异石、林木花卉、平湖飞瀑等景观在组景布局时，有意控制它们周边环境的实物空间组织形态，注意保持它们的空间视距、参差以及在空间中的形象，以造就良好的视野领域、视觉通廊和视点角度。

景观视觉设计的过程也是从整体到局部，再由局部到整体的过程。通过不同层次、角度组织展现小城镇景观，可以使人们由表及里、由小到大、由局部到整体深入地认识城镇。

当然，这样的系统总体视觉效果离不开对景点分布的视觉频率分析。主视点、主视面的确定与景观视觉通廊的建立，离不开设计人员的精心策划、创意设计。它依靠综合的手段，并借助于政策法规及其行之有效的科学管理手段去控制小城镇的生长和发展。使小城镇中的居民身居景观并构成景观，民众的情操得到陶冶，而景观也因人的情操上升更锦上添花，使小城镇真正进入生态平衡发展的良性循环。

从对小城镇镇区景观体系分类设计原则的叙述中可以明确地感受到，在它勾勒出了一个内涵丰富、有血有肉、有情有景、声情并茂、感人至深的小城镇景观形象的同时，也要求景观规划设计营造的广泛性、综合性、材料工艺的多样性与审美视角的多层面特征。这个体系虽然庞大，但它在视觉造型语言和设计营造方面却反映了设计艺术门类的共同特性：注重视觉造型的表现形式，强调空间环境中声、光、色、形、质、意等的综合性审美特征，使景观艺术在塑造小城镇形象与环境中有法可依，有章可循。

5.3.2 镇区景观要素体系的系统分类

在小城镇的景观体系中，按照景观功能与物象审美的含量主要分为：以自然景观—人工景观为主导的物质形态景观；以人工景观—人文景观为主导的意识形态景观等类别。在所有的景观设计类别中，建筑艺术作为人工和人文景观的表现形式是贯穿始终的景观艺术形式：建筑是空间的艺术，更是场所的艺术，其设计决定所处场所物质空间形态构成，决定着小城镇的总体景观形象与环境。所以，现代城镇规划与城镇设计从更为专业的角度来经营建筑、场地及其空间环境，控制建筑的视觉形象和空间环境的审美。既然是从景观环境审美的角度去要求和考察城镇，就必须更加关注小城镇中自然环境的保护和环境污染的治理，维持人工环境与自然环境的平衡与发展。

5.3.2.1 以自然形态为主导的分类景观

在小城镇中，大量的人工景观需要引入和再造自然，以最大的可能来保护城镇内部的自然生态，并通过融合、嵌入缩微、美化象征等手段引入自然、再现自然，使人们从有限的天地中领略到自然带给人的清新、自由和愉悦。景观环境引入自然的模式为：

①自然引入人工环境：建筑包裹自然。室内、庭园等建筑环境景观绿化营造的人性化。

②社会嵌入自然环境：自然包围人工环境。园林、建筑环境因借自然、人文环境景观的生态化。

③天然与人工的和谐：自然与人工环境的相融。生态建筑及其自然资源的再生和利用（图5-22）。

图5-22 武夷山景区嵌于山体的亭子

（资料来源：作者自摄）

多元的文化基因，多维的人生观念和快速多变的生活节奏要求景观设计的多样综合的感受。今天的环境景观意象是伴随着视觉全方位展开的听觉、触觉、嗅觉、味觉感受。耳闻目染，感同身受并通过高科技手段来延伸人的各种感官知觉，使之形成多维、立体、超越时空的综合感受和联想。把自然形态与人工环境意象作为景观设计过程中的主体思维想象，其创造性和可操作性具有较强的生态协同意义。

以人为起点的人文景观是围绕人类社会的演化、发展规律、运动形式展开的设计。它以城镇建筑环境、自然环境为背景，利用城镇空间组织展现人类活动，以动态的景观托现城镇中那被凝固了的历史人文景观。以人的参与活化城镇自然和人工环境的物质硬件。的确，小城镇的物质形态建设是第一性的，但是试想一下，如果是一座无人的小城镇，那么这座小城镇就成了失去灵魂的空壳；同样，以某种文化背景建造的小城镇景观，如果更换了不同文化背景的民众来居住，则令人产生"貌合神离、表里不一"的感觉。由此可以看出，社会人文景观在城镇景观中的核心与主导作用。

5.3.2.2 以人工形态为主导的分类景观

①建筑视觉形态分类：小城镇景观设计的本质是对建筑形态及其环境关系的处理。在建筑设计中，图形、符号作为形态构成的基本元素表达着建筑的形态与体量。如果将构成建筑形态的图形符号进一步分解，就成为视觉造型语言中的"点、线、面，材质、肌理，色、光、影"等更基本的造型元素组合而成。在建筑初步设计中，人们对点、线、面的视觉原理、组合规律及其成图应用都已作了深入的研究，并作为基本的训练要求设计人员首先掌握，是应知应会的入门功夫。但正像造型艺术门类中各专业的共同要求一样，对于图形符号的组合除了必须依据功能使用为前提以外，其造型的技术、形态鉴定与视觉审美评价却是非技术性的，对应的是美的感知能力和鉴赏甄别能力。这就要求设计人员超越工程技术技巧，注重对思想情操的陶冶和艺术造诣的积累提高，尤其是注意用环境艺术的理念，去调节和控制建筑在空间环境中的景观形态构成规律。

②建筑空间关系分类：建筑的形态构成具有多样复杂性，绝非是简单几何形的机械组合。点的形状，线的形态运动，面的肌理色彩，体的光影所造成的形象、表情与意境，它们在组合成建筑的形态环境时，共同完成了设计的理念，并在形态中彰显出来。

建筑形体组合的方法众多，但毕竟这是一种图形简化、抽象的几何形态组合，所得出的形体也更多地表现出理性、冷寂，缺少有机、率性的激情，在建筑与环境设计中通常把地方传统的、民族的、自然的、有机的形态融入其中，或者干脆在其原形上采用现代简约、抽象的设计手法，使形态既保留有机特征，又有现代气息，让建筑初步具有象征性意义。建筑形态在生成过程中凝结了设计者的意念、对建筑使用功能的诉求和对建筑形态风貌的追求。它的实体形态经过设计者的立意构思，并通过构成方法表达出建筑的属性功能、建筑形态的精神象征以及建筑意象所引发的理想追求和审美意境，使人通过对建筑的视觉感知与解读而感悟。在建筑艺术中常用的象征设计手法有：a. 形态的类比象征；b. 形态的数理象征；c. 色彩的情感象征；d. 形态的人文象征。如建筑细部造型的"植物、动物、人物的图案化装饰，对鱼形装饰有谐音'余'之意"，蝙蝠为变福，鹿为"禄"等。而在中国园林建筑里，通过对位、收放、虚实和其他风水堪舆理念，诠释人对自然生存法则的运用，在达成视觉形式美的法则时，也象征了人的精神理念与愿望目标的追求。

建筑的象征表达手法多样、广泛，具象的、抽象的、直接的、引申的都可使人感知并受到不同程度的影响，既表达了个人意志，又代表了某种社会意识和时代精神，按照格式塔心理学的说法，它产生的是一种心理上的"场"，它通过视觉的力作用于人的感官，引起的心理情感变化，使人对建筑的象征喻义在感悟中受到陶冶（图5-23）。

图 5-23　浙江嘉善市西塘镇

（资料来源：作者自摄）

③建筑环境氛围分类：当建筑形成一定的空间环境时，人们还会根据建筑环境使用功能的属性进行景观分类，采取针对性的多样化装饰艺术手段，让建筑环境的视觉形态更加符合人类意象中"理想化的舒适与美观"的氛围景观。装饰艺术是营造景观环境氛围的主要方法，其涉及的领域从平面装饰、立体装饰、空间装饰到动态的人体装饰、服饰、日用品装饰、工业产品装饰等，它的现实性、大众化的造景功能对建筑环境影响的深刻程度是任何一种造型艺术都无法比拟的。装饰以人类特有的实践活动和独具特色的行为模式，运用了条理化、规律化、程式化、理想化等设计方法，综合视觉规律、材料的性能、工艺技术等手段，使现实得以美化，使理想变成现实，意象得以物化。作为一种具有主动意识和强烈的目标"活动"，它立足于现实，并受到装饰对象、环境功能、材料技术、工艺制作等条件的制约。

④人工装饰景观分类：小城镇人工景观环境是以材料作装饰依托的实用美术。景观环境装饰对材料的依赖性，使得它离开材料便无法生存，整个装饰艺术的历史可以说就是一个材料的发展历史、场地景观的营造历史。故景观装饰艺术与社会科学技术的发展是紧密相连的。装饰艺术又是时代的艺术，它的生成必定是某一时空环境中的艺术。"环境"作为装饰作品的特定场所，使之在某种意义上讲"是一种生活的艺术"。装饰艺术更是一种文化现象，它的地方性、民族性、宗教性以及广大民众的参与性使其作品形成了一定文化审美的独特个性。装饰作品随着建筑环境属性的不同，与设计风格、材料构成、表现形式一起跨越社会发展的时空，使其作品在场景装饰之外又蕴涵了难以解说的历史复杂性（图5-24）。

图 5-24　吴中东山镇建筑空间氛围

（资料来源：作者自摄）

a. 环境装饰的材料特征：装饰艺术通过材料肌理、色彩来造型、装饰美化物象与环境。在审美价值面前，一切材料都处于平等地位。正如一尊泥塑和一尊铸铜雕像，它们的艺术审美价值首先是在于它的美好形式，然后才论及材质，好的艺术品总是材质与形式的完美结合。装饰材料包括天然与人工材料两大类。天然材料如石、木、纤维材料（毛、麻、丝、竹、棕、柳、藤等）、陶土、土漆、植物、矿物颜料。人工材料如金属、玻璃材料，人工纤维以及石膏、水泥、塑料、玻璃钢等。每一种材料相应地有一种加工工艺，如手工雕刻、机械加工、编织印染、制陶烧瓷、翻制、切割、焊接、镶嵌、黏结、漆艺等工艺技术。装饰艺术的造型除了对形象的推敲和形式上的独特处理外，最主要的还是要考虑通过材料特性、材质的美感来达到设计的预期效果。

b. 环境装饰的空间尺度特征：表现在建筑室内外界面装饰、环境绘画、环境雕塑、工业产品造型等方面。这是因为，一切艺术设计的对象都可归结于人，人体尺度（生理与心理尺度）深刻影响着设计的方向和目的。装饰艺术必然遵循这个原则，以人的空间尺度感来要求装饰艺术设计，构成作品在空间环境中的效果。装饰受尺度和性质的影响而限定所服务的内容、形式和风格。这种限定，使建筑室内外装饰艺术在视觉整体上趋向和谐一致。然而，并非所有的建筑环境都要求装饰艺术品与建筑环境和谐，某些建筑环境允许装饰艺术的个性相对独立地存在，充分发挥装饰艺术的特性来填充、美化、统摄建筑及其景观环境。

c. 环境装饰突出的形式特征：体现在视觉艺术语言与形式方面，装饰艺术比其他造型艺术更加注重形式本身的美感，为了追求形式美感，有时甚至会忽略形式所表达的内容。但为了形式而形式，也往往使装饰走向空洞、矫饰而落于俗套。

d. 环境装饰强烈的环境特征：装饰艺术离不开人的生活环境，而人的生活环境又离不开建筑、城镇，所以，装饰艺术在很大程度上是以建筑及其环境为母题展开的设计，正因为如此，包豪斯提出了一切艺术活动都应以建筑为中心的纲领。建筑装饰壁画、建筑装饰雕刻、建筑装饰照明、建筑装饰壁饰、陈设等装饰艺术都是以建筑为载体引发的装饰艺术。既然建筑艺术是这些装饰艺术的依托和目的，那么建筑的风格、形式也就作为先决条件制约了这些装饰艺术的创作和实施。

e. 环境装饰珍贵的时空特征：它强调装饰艺术的时代感，注意传统艺术的继承与创新。同时，注重建筑空间及整个城镇空间的联系性。装饰艺术是一定时间和空间的艺术，具有跨越时空的特性。毕竟装饰艺术是文化体系中的一个分支，它的时空性与建筑艺术的时空性是一致的，它们都具有成为文化遗产的可能性，所以装饰艺术的设计水准与工艺质量是十分重要的。

虽然，建筑作为人工环境景观的设计表达顾及了自然与人工、历史与人文，也探求了生态绿色建筑、环境的平衡与发展，但作为人，仅仅是在物质条件上满足生存欲望是远远不够的。人之所以是人，是因为人有情感、有理想、有个性，有创造和审美的欲望，所以，个性化与自娱性为人提供了多层面的宣泄渠道。环境景观艺术以其扑朔迷离的手段造就了人类意象中的精神世界。视觉的审美特征起到了连接环境彼岸的"桥梁"、"媒介"和"过滤"作用，所以小城镇的人工环境景观艺术犹如"点金之魔杖，变形之魔方"，它可"化平淡为神奇"、"化朴拙为高古"、"化单一为丰富"、化人为为"自然—人工和谐之美"，赋予小城镇的局部建筑环境属类以令人心动的情感和难以忘怀的独特意象，使人犹如生存在诗的"意境"中。

5.3.2.3 以人文形态为主导的分类景观

以人文形态为主导的景观分类，强调小城镇时空序列的统一设计，即社会、生态发展时空序列的连续性，建筑空间隔而不断，绿色生命从有机生态环境延伸到无机环境，生成诗意盎然的万千意象。同时，注重设计"立意"和构思，"外师造化，中得心源"，"迁想妙得"，把历史的、人文的、宗教民俗、乡土风情与现代科学相结合，创造具有时代性、地域性、民族性的人文环境，将确定的构思以图纸、模型、文字说明等表达形式展现出设计效果，使观者在情感上引起共鸣，唤起对形象与环境美的遐思和诗情画意的感悟，人文环境景观的分类方法是综合地运用空间装饰艺术的表现技巧，能动而有效地调动一切手段，并能使各个条件因素统一、融合、相得益彰地形成一个有机的整体。

（1）环境陈设艺术

环境陈设艺术具有装饰艺术的主要功能，它通过对建筑环境属性的分类装饰，突出场地景观的使用功能和独特的艺术感染力。传统中的公共设施，诸如座椅、长凳、休闲台凳、儿童游乐场所器具、交通亭、信息亭、线杆灯柱、路标招牌、人工天桥、铺地及其公共空间照明等，由于只注重功能，而不关切它在独特环境中的形象和意境，使得它们在造型形态、色彩装饰方面有碍环境的审美效果。而现代公共设施正从使用功能走向工业产品造型设计和艺术化的公共艺术，成为集使用功能与审美功能合二为一的环境陈设艺术，它们与环境中的标志、广告、匾牌、壁画、雕塑、艺术照明以及假山、喷泉等环境媒介艺术一起对塑造小城镇的形象与景观环境起到重要的分类装饰作用。

（2）环境雕塑艺术

环境雕塑是一种相对独立的三维空间实体造型艺术。某种程度上，环境雕塑始终是一定材料构成的实体造型艺术，一定场地环境独特的空间形体艺术。它可视可触、可用可游，以其实体的形体语言与环境属性同构，成为一种表达不同景观分类场景的环境艺术品。

环境雕塑对空间环境有着很强的统摄力，但同时，环境因素对所包围的空间雕塑实体产生着限定制约作用。环境雕塑艺术与其他——诸如建筑艺术、装饰艺术门类，具有同样的视觉造型、环境装饰等功能条件。它的形体轮廓动态、语义造型与绘画相近；它的空间实体构成法则与自身形体结构、力学及材质运用关系与建筑相近；而它的纪念性、装饰性以及对环境的统摄力又与装饰艺术一脉相承。因之，现代环境雕塑艺术的表达方法通常是把艺术构思、创作的前期过程作为作品成功的关键，对空间、尺度、材质的选用总是放在要表达的基地空间环境中去推敲、评判。加强基地平面的综合性，力求施工工艺、加工技术、配套设施的完善（雕塑通常与水体结合紧密，常伴随有水体形态、音乐喷泉、照明设计、色光设计以及现代科技带来的新手法、新颖效果设计），要求中期工程设计与最终的施工质量管理达到设计的预想效果（图5-25）。

图5-25　图腾雕塑

（资料来源：作者自摄）

（3）环境壁画艺术

由三维的造型艺术转向二维的形态艺术就是人们熟知的绘画艺术（环境界面的壁画）。当绘画由纯粹的高雅艺术走向社会世俗而进入到城镇空间，对环境起美化装饰作用时，就成为街市环境、建筑墙面或实体界面的艺术景观。最常见的壁画艺术是以墙壁为载体，以装饰特殊场景为目的的大型作品，不论什么材料、何种形式。既然壁画主要以建筑墙面为载体，那么它的边界、构图、透视色彩都要受到建筑界面、构成（诸如门、窗洞、墙面饰物）及建筑结构部件的影响，更要受到建筑特定环境的制约。建筑室内外界面的功能性质、建筑特定的外环境在很大程度上限定了壁画的内容。所以，环境壁画艺术的创作内容、手段，必须根据所要服务的人文场所环境进行分类，控制形式、色彩和材料。尤其是现代壁画已不再完全依赖于手工绘制的颜料和表现手段，它注重对环境的匹配和装饰效果。广泛使用陶瓷、木材、金属、纤维、玻璃以及大型平面板材的电脑饰品雕刻等，以材料丰富的质感和特性形成了形式繁多的浮雕、镂空壁画、装饰隔断、装置壁画艺术。这些，对建筑人文环境美化起到了不可替代的装饰作用。

（4）视觉传达艺术

视觉传达艺术由平面视觉媒介的美术设计发展而来，后由于科技的发展使摄影、摄像、音像影视合成的多媒体数码技术共同参与进来，使平面的静态走向了四维时空——声、光、色、形一体化的动态视觉传媒艺术。传媒艺术的视觉造型部分也由传统的印刷品：报纸、海报、招贴、广告、摄影的公共媒介增添了银幕、屏幕、三维摄影、传媒艺术，尤其是当今信息技术的发达，使得传媒艺术跻身于互联网电脑屏幕，成为一展风流的网络艺术。传媒艺术以它广泛的设计和丰富多彩的表现手段在现代人的日常生活中占据了重要位置，它的信息容量及传递速度，它的视觉冲击力及效果，它的感人至深的静态画面和数字合成技术所产生的动态画面视觉效果，成为小城镇环境中一道靓丽的景观色彩，具有其他艺术无法取代的优势。

①平面设计艺术：在视觉传达艺术中，由印刷美术设计展开的街道界面文字艺术设计、平面广告艺术、招贴、海报、报刊、杂志及建筑物的门墙——凡是小城镇中人所目击的平面装饰，均属于平面美术设计。传媒艺术以平面设计为主导，充当着媒介体，传达着不断变幻的信息。

平面设计以文字表现艺术为视觉图形、符号设计，它除了具有造型方面的形体结构关系以外，还具有其他抽象符号所不具备的特殊功能。这就是文字符号所独有的字、词、句意功能——语言功能。作为象形、表意的汉字，既可使人领略到它的造型美，更能使人从字里行间领略到它所表达的思维、语意和情感；而作为表音文字的英文等，它们除了具有典型的抽象造型功能外，也能揭示思想、情感、韵律、力量及时代特性。

而广告艺术既是平面的艺术，也是三维立体的艺术，更是时空音响混成的艺术。广告通常以海报、招贴、文字、文学语言以及绘画、摄影、图片技术来揭示广告的视觉审美特性，传达其主要传播的信息。它们通常借助于报刊、杂志、广播、电视、电影、网络等媒体传播信息，也通过美术广告工作人员制作于街市，充斥于建筑物墙壁、招牌而成了城镇环境中的设施与景观装饰，并且进入千家万户，成为人们餐桌、炕头中目之所及、无处不在的社会生活景观艺术。

广告是一种宣传、传播艺术形式，它借助各种媒体，采取各种艺术形式，服务于对象，使人们在完成视觉审美之余，也同时接纳了它要传播的内容。抛开广告、摄影艺术的传播信息与刺激消费的功能，其视觉的造型、画面的审美仍是第一性的。毕竟广告摄影或广告影视艺术依然以直观的视觉效果和动人情感的因素，象征、暗示或直接地揭示美好的潜质和功能，它所具有的认知功能、心理功能、艺术功能和宣传教育功能使人在赏心悦目、领会意境之际也同时接受了来自于画面文字、语言及伴声的艺术表现效果和信息传播功能。

广告画面的创作设计表达与平面艺术相近，它通过文字与画面将口号、标语、商标、厂牌、照片、录像、包装装潢等图形符号按美术和文学艺术表现形式和要求在选定的媒介体上进行安排组合，并按不同的几何形体安排画面塑造形象。而影视广告则借助影视技术手段，创造了时空环境声情并茂的动态景观画面，这种形、声、意一体的画面组合为广告艺术带来无限生机，同时也为其视觉艺术效果再添靓丽。

在小城镇的环境中，适当地利用广告设施去装饰商业街建筑及营造人文环境景观，能够丰富市镇色彩，增添时代魅力。但毕竟人们生存的空间是有限的，现代城镇景观依靠建筑艺术、装饰艺术完成了城镇区域中的物质硬件的建设与装饰，构筑了舒适美观的生存环境，有计划、有重点地利用媒体广告丰富城镇景观，尚能形成形、色、声、情并茂的视听环境，但若组织不当，到处充斥着广告则贻害环境，给视听空间带来污染。在我国现有的大中城市中，各种广告争先恐后地跻身于街头，充斥于人耳目，令人眼花缭乱。有人曾粗略地统计过，城市人一天接受广告信息传播不下 2000 件，城市中的民众从媒体中得到益处之余又不同程度地受到了伤害。可见，传媒艺术，尤其是广告传播应该有节制、有法度，并以高质量的视觉效果去装点环境，而不应该为了突出自身的传播，造成环境污染。

②视觉传媒设计艺术：有学者根据艺术形象的存在方式来划分各门艺术，可分为时间艺术、空间艺术与时空艺术三大类。"时间艺术有音乐、文学等，这类艺术形象要在一定的时间流程中展开和完成，不具备空间的具体性。空间艺术有绘画、雕塑、建筑等，它们存在于一定的空间之中，以静止的凝固状态诉诸人们的感官，往往依靠'盘马弯弓昔不发'的暗示来造成时间张力的幻觉……时空艺术有戏曲舞蹈与影视，它既存在于具体的空间，又具备穿越时间和空间的流程，构成因素是多维的。尤其是影视艺术，无论在时空规模或时空组合形态方面都是一种极为复杂多变的时空复合体。"

我们尚且不去评价这种分类和观点的确切性，影视艺术作为一门综合艺术，它以其独有的空间造型特性和跨越时空的穿插组合特征，自由地出入于不同时代、时点，任意地穿越不同的空间。它那逼真地再现现实场景的能力，可能是任何一类艺术都无法独立实现的。影视艺术以特有的综合手法——蒙太奇手法把各门类艺术：音乐、绘画、雕塑、建筑、装饰、音响等众艺术门类之长集于一身，成为声、光、色、形并具，表达自如的艺术（图 5-26）。

图 5-26　实景演出《印象刘三姐》

（资料来源：http://www.quanjing.com/imginfo/177-2551.html）

虽然影视艺术具有视觉造型的普遍特征，但它却又不把造型的实体作为视觉表达的终极目标。它借助摄影、摄像技术，经过镜头、胶片等光学、科技处理，使空间实体转化成为一种可视的影像艺术——即三维空间实体转换到二维屏幕上，以声、光、色、形等合成技术，再现、表现和创造三维空间的艺术。可见影视艺术首先具备视觉造型艺术中的三维空间实体原形，其次以它特有的镜头处理，将不同地点、不同时间、不同环境的三维空间物象剪取，按照一定的文字艺术的情节内容的要求，使之经过切换组合，即各种蒙太奇手法，最终放映与观众的视觉心理同构，展示出具有逼真性、假定性、抒情性、象征性的影像画面。

影视艺术最终的效果必须通过声、光、色、形等视听形式表现出来，因之，无论它是通过摄影造型、美工造型、演员动作造型，还是通过大的环境综合艺术造型，它们都离不开视觉艺术造型的基本元素的应用。依然要借助绘画的构图来完成主体人物、陪衬人物以及环境（前景、后景）因素构成画面，它依然要通过线条、色彩、面积、位置、亮度、视点等方面得以实现，用中国话"惨淡经营"形容影视艺术的画面构成也可谓恰如其分。

对于影视艺术设计作品的最终效果，由于它的专业特性与本书的议题较远，在此，所研讨的是影视艺术必须面对的视觉造型艺术，即有一定的人物参与的声、光、色、形空间环境并存的实际视觉形象的塑造。究其源，察其本，影视艺术与绘画艺术、雕塑、建筑、装饰有浓厚的血缘关系，与语言文学、诗歌、音乐、舞蹈等艺术密不可分，与现代科技的发展更有"鱼水之情"，在统一的思想方法组合下，赋予了空间形象以时空、情节、情感，赋予了一连串视觉画面的影像，传达感人的魅力。影视艺术来源于生活，其画面影像是现实形象与环境的反映，但它又不是现实中的原形，而是经过艺术加工、技术组合、再创造的现实形象，它源于现实却比现实生活更高、更美。

我国现有的新兴小城镇和传统的小城镇曾经为影视艺术提供了理想的外景地。当明确了影视艺术对外景地的要求后，不难看出：凡是传统文化保持得比较完整的小城，北方的平遥、太谷县城，南方的周庄、甪直、同里、锦溪小镇，还有一些现代新兴的小城镇如张家港等，它们皆以自己独特的风貌和怡人的环境，而成为影视艺术外景地的最佳选点，也成为当今人们的旅游热点，这些小城镇仅以自身环境景观的优越性，拉动了旅游经济，带动了整个小城镇的发展。

可见，有意识地强化和营造具有地方特征、民族特征，并赋予现代小城镇以明显的个性，则可达到人们所形容的"如诗如画的小城风光"，而创造声情、形象并茂的小城镇影视艺术环境则更令人宛若生活在如画如诗的屏幕影像之中。

虽然对镇区景观要素体系作了自然的、人工的、人文的形态系统分类，但是，在这些体系中，真正具有决定性的还是来自于人类自身对景观要素体系的影响力。这就是以人本形态为主导的分类景观：

（1）人本形态艺术的景观特征

人本景观的设计对象是人，但是人却必须以上系统分类为环境、为依托。人的行为举止、相互关系包括人本身，作为小城镇景观中的主角、设计的中心、服务的根本，同时也体现了人在环境中的参与精神。即：人既是环境中的主人，又是环境中的分子和要素。人的形象是小城镇景观形象的组成部分，人的行为及其活动空间，表达了物质空间的可用性：人因环境而生存发展，环境也因人的存在而有价值、意义。

人本景观艺术中所包含的民族宗教艺术、民俗土风艺术、服饰表现艺术、人体表现艺术等，在创作设计方面具有如下特征：

①在小城镇环境景观艺术设计体系中以人本景观为主导的系列艺术是物质要素含量较少、精神要素含量较高的艺术。

②人本艺术中都具有以人体活力、人的情态表达、人的生命活力为视觉要素，以人体表情动态为艺术表现的载体，并以人的肢体语言和语音节奏能动性地塑造超越现实生活原则的艺术形象。

③人本艺术是一种综合艺术、瞬间与连续结合的时空艺术。

④人本艺术借助服装、道具以及各种科技手段，以光电、音效制造环境景观的艺术气氛，以语言、文字、音乐、美术、工艺、礼仪等赋予人的行为表达以一定的情感、意义，具有象征、隐喻、感化人的号召力。

（2）人本行为艺术的景观分类

服饰艺术作为人本行为艺术的形态设计，既属于工艺美术——工业美术，又是人体的艺术。从各方面来说服饰艺术是极具综合性的艺术，它从社会文化、地方风情方面，展示了小城镇的地方环境和活动的景观色彩。对人来讲，服饰是人体的屏障和装饰，它表达人类的情感和对生活的追求。对服饰艺术来讲，人体作为服饰造型的依据和根本，借助人体展示了服饰的装饰魅力。服饰艺术是一种不断变化的艺术，它注重情致、强调精神，通过艺术设计获得一定的款式、色彩——连同衣料、做工、装饰，反映人的性别、年龄、职业、文化、性格、品位等特征。服饰的艺术具有写实性，也具有象征性，它的扩张、压抑、抒情随人体的动态而丰富人体造型，表达人的内在情感。服饰艺术从另一个侧面突出了小城镇的时代、民族、民俗特征及景观审美特性（图5-27）。

而人体表现艺术则以人体的健康、活力，线条的姿态、节奏为造型审美的基础，以人体自身的各种动态和装饰形式来揭示人体的曲线美、机能美、力量美、韵律美、生命美、精神美。如体育运动、武术、艺术体操、裸体艺术、人体彩绘艺术、杂技、舞蹈及各种表演艺术，作为人类社会个体的本体艺术，它们是景观类别中最具灵性的高智能生态景观，社会百业的人们，正是从生活中领悟到生命运动的真谛，从而义无反顾地研究、创造属于人类特有的生命景观情趣。

图 5-27　塔吉克老人（速写）

（资料来源：文剑钢绘）

6 小城镇环境景观要素设计

在小城镇环境景观设计中，依据视觉艺术的美学原则，通过不同的视觉设计方法，可以使现实空间的物质形象具有主次、层级、节奏的对比，产生和谐的景观形态关系。而物质空间形态的景观化则是通过视觉符号解码、人文情态意象、景观审美要素这几个方面进行具体设计。这些设计可以归纳为二维的平面设计、三维的立体设计以及四维的时空设计，它们共同构成了空间环境景观设计体系。由于景观设计是一种综合的、富有人文情感的创造性活动，审美活动又是建立在主观认识的基础上，这使得设计过程集中体现了人类的情感和对生活的态度。本章通过对景观要素设计方法的研究和运用，试图在物质空间中解读小城镇景观所蕴涵的视觉艺术特征和文化历史内涵，建立一种人与人、人与城镇文明、人与自然环境的和谐共生关系。

6.1 物质形态要素的视觉设计

对物质符号的形态研究，是设计学的基础，也是解决造型审美、提高能力水平的第一步。从审美形态学角度看，其侧重于物质形态本身的形式和符号要素这两个方面。由于视错觉的心理作用，可使人对一定的形、色产生长短轻重、分割连接、对比位移、冷暖距离、残像幻觉等感受。而这些视觉运动规律又可使人对水平、垂直方向的物体感受有着先后、次序、尺度、节律等不同的感受。由于人对视觉区域分布的感应不同，则有了主次、虚实、浓淡、深浅的心理反应。这些视觉感受对应的心理反应无不通过图形、符号、色彩、肌理、空间、体量等景观系统视觉要素体现出来。

视觉要素的规律性质、表现形态以及相互关系对小城镇的景观构成和整体形象起决定作用。在对城镇进行景观设计时，必须立足全局，从要素入手，运用视觉统一设计原理，把城镇环境各构成要素，按照系统科学方法进行科学分析，按照艺术设计原理感悟、构思、捕捉到能够代表某一小城镇地理风貌、民俗民情、民族文化、民族特色、地方特色及精神气节等方面的最佳图形、符号、色彩，并遵循整体性原则、综合性原则、最优化原则，按照一定的时空界限、视觉感受原理区别客观要素交织构成的关系，分析功能需求，选取适当的材料加工工艺技术，达到形象鲜明突出、丰富多彩、和谐统一的艺术效果。

6.1.1 形态要素的符号解码

6.1.1.1 二维的形

任何景观都是以一定的形式——可用、可赏、可游、可触等具体物质的形态存在的，所以景观的创造势必涉及形式（吴家烨《景观生态学》）。点、线、面作为二维形的基本构成要素，通过组合的样式产生形式美感。而形式美是有规律的，可以利用形式美的规律创造出美的形式。点、线、面三者的区分界限必须通过其与周围要素比较或视其存在的位置而感知出来。

（1）点

点是视觉符号中最细小的要素，也是视觉可见的最小形式的单位。在自然形态中，点既可被视知，也可被感知。在几何学的定义上，被界定为没有面积只有位置的几何图形，点没有维度，因此是零维度。标志着空间中的位置，它没有长度、宽度或深度，因此是静态的、无方向和中心化的。

在现代设计学中，点作为简洁的设计形态，是具有一定形状和微小面积的构成要素。其形状一般有方形、圆形、三角形等几何形，也有偶然形。点与线，点与面，其界限并无具体的区分标准，而是通过与周围造型要素的比较，感觉到其存在的位置和形态。

点是物象的浓缩，蕴涵"力"的生命。通常，只有一个点时，往往是视线集中的焦点，此时的点具有一种内在张力，在平面设计中，点往往处于视觉中心或者造型的兴趣中心，而在景观设计中往往就是空间环境中的重要节点。比如，标志性的建筑物，道路中心的标志物，以及各种具有视觉张力的构筑物。当有两个或者更多的点同时出现在一个画面中时，人们的视线就会在点所形成的空间中不停移动，使得对象的外形特征得到强化。另外，当点形成网状排布时，网点的排列在混乱中会形成秩序，慢慢再延伸中形成一种图形。一般来说，内向的点有集中感，渐变的序列点则有时有着远近翻转感，有时富有方向感，具有动态的惯性，因此，其延续及波动的活力很强。

（2）线

点是线的起始，线是点的排列或移动的轨迹。也可以将长度远远大于宽度的形称之为线。但在几何学的定义中，线只有位置及长度，不具有宽度和厚度。线的种类比点复杂，按照形态分类，大致可以分成直线（水平线、垂直线、斜线）、折线（锯齿状、直角状）、曲线（几何形：圆形、半圆形、椭圆形等；自由形：S形、C形、漩涡形等）三大类。

线的基本特性是具有动势和运动感。康定斯基曾明确地指出："点是静止，线产生于运动，表现出内在活动的紧张"。利用线条的直、曲等不同形态的方向性、运动感、速度感等因素，在空间环境中以突出某种线条为主，间以其他线条为对比，创造出富有节奏和韵律的线性美学特征。线性的美学往往给人的直观感觉有时简单而有力，有时蜿蜒而意境深远，可以较轻易地在城镇中感觉到它的存在。

比如，在城镇空间中，塔式建筑物笔直竖向的轮廓线，给人一种刚强有力、严肃挺拔的男性

效果，而裙房的水平边缘线给人以宁静、舒缓和延展，引起随和、平静的感觉。同时，富有动感、变化无穷的曲线则可以表达出流畅、动荡、委婉等不同的性情，因此在小城镇景观设计中往往需要通过将垂直线与水平发展的线条以及弧形曲线相结合，并通过自然林木的有机线条来柔化空间线性的单一呆板的缺点，创造出节奏明快、韵律动人的景观形象（图6-1）。

图6-1 交河故城

（资料来源：吴冠中）

（3）面

面是点线的集合体，是线并置、偏移的轨迹，它有大小、形状之分。从几何角度来说，面是具有长度、宽度而无厚度的形体。面有位置和方向的性质，面的转折构成体块，是体的外表。

在视觉要素中，面是用于定义空间或体积的边界。面的形态也是多种多样的，不同形态的面在视觉上有不同的作用和特征。直线形的面具有直线所体现的心理特征，如方形、矩形、三角形等有简洁、明了、安定、次序感，是男性的性格。曲线形面具有柔软、轻松饱满的感受，是女性的象征。偶然形的面比较自然、生动，富有情趣。

设计师通过不同形式面的表达，可以表现出理性的秩序感、简洁纯朴的视觉特征、天然而成的情趣和意味等。在环境景观设计中，通过空间环境中不同物体表面，以及自然和人工空间界面的处理，注重物体表面的材质、色彩、形状等要素的表达，可以突出不同地域的环境特征和文化底蕴。无论是点还是线都要确定其位置或状态，都需要依附于面，才能显现其性格。在景观环境设计过程中，点、线、面三要素往往结合在一起运用，通过不同的组合形式变化能创造出大小、多少、分合、聚散等矛盾的对比，产生不同的视觉和心理感受，表现出不同的空间和环境性格特征。

6.1.1.2 三维的态

（1）体量

体量通常是指物体的大小、属性、质地在视觉上造成的重量感觉（重量感觉又来源于人在生活中的经验积累的比较）。在视觉上构成了三个平面维度（长、宽、高）以上的立体形状给人的明确的、量感的视觉感受，体块越大，明暗对比越强，物体的量感就越强。

一般来说，物质的量感要通过人的尺度对比，产生视觉效果或心理感知。天安门广场是国家政治中心，权力与地位的象征。天安门城楼建筑位于国家政治中心广场——天安门广场南北轴线的北端上，它坐北向南，给人雄伟壮观、庄严肃穆的视觉冲击力和巨大量感的震撼力。它的体量是通过传统建筑形制——民宅、官府、皇宫的体量对比产生的。在小城镇建设中，传统的宗祠、庙宇（供奉神灵的殿堂）通常也通过超大的比例尺度，使人对建筑具有神圣、畏惧的"力"、"量"。而现代小城镇中，公共、商业建筑与民宅建筑的对比也会因尺度、材质、色彩所造就的精神面貌给人以不同的分量感觉。在设计上，把握建筑物的基本属性，运用物质的空间、体量、光影特征造就不同的景观意象，这样有利于彰显建筑那摄人心魄的象征神圣的力量。

景观设计中的造型往往是以体的形式表现出来，根据不同的景观功能和要求，采用不同的设计表现方法，结合周围的整体环境，从三维空间确定景观要素和谐统一的形象。如在广场设计中，对比不同体块大小的雕塑，就可以让人在视线范围内感受到庄重感抑或亲切感。通常在设计中，考虑到人的生理尺度，从不同的功能用途出发，设计出人性化的景观建筑小品以及富有视觉美感的景观装饰品。道路、公共设施、工业产品等的规划设计与人体尺度相联系，又要顾及人的审美需求，赋予物象以合适的比例尺度与形态，使城镇中的人工物品看着美观，用得舒服。如广场、绿地、园林、邻里中心以及娱乐休憩场所，公共设施、路灯柱、电话亭、公共汽车站、座椅、长凳、台阶、花池，处处尺度可人，关怀备至（图6-2）。

图6-2 伏于山脊，成与天时

（资料来源：作者自摄）

（2）色彩

色彩和光线是认识事物形态、丰富视觉体验的必要条件。没有光，就没有色，有色就必有光。

在艺术家、文学家、设计师眼中，色彩是一种表达艺术情感的重要视觉组成部分，是一般美感中最大众化的形式。色彩有增强识别记忆的特性，也有引起回忆、唤起联想的审美价值。通过色光的视觉刺激，直接影响人们的情致，因此产生四维的态势。人们对景观的体验，由体量感知物质空间，由视觉感知物体色彩，物质的空间体量和色彩质感既依附于物质实体，也依赖于光、附着于具象的实体色彩存在。色光是空间的非物质化和边缘化，是"视觉表象中最变幻莫测的一个维度"（鲁道夫·阿恩海姆）。

色彩视觉的三个心理学量度：色相、明度和饱和度，是认识其他色彩心理效应和情感效应的基础，识别色彩与鉴别色差也同样是建立在这三个基本心理学量度的基础之上。还有一些由色彩刺激引起的与色彩视觉性质的关联属性，色彩的冷暖与重量感觉是最普遍的视觉心理经验。

在现代景观设计中，设计师自觉或不自觉地应用着色彩的文化与心理知觉原理，捕捉客观物体的色彩对视觉心理造成的印象，并将对象的色彩从它们被限定的状态中释放出来，使之具有一定的情感表现力，再赋予其象征性的结构而成为有生命力的景观元素。作为日本的著名建筑师安藤忠雄，他所有的设计理念都来自于对自己生长、生活环境的感知，所以他所设计的建筑景观，具有浓郁的日本文化气息和民族特征，继承了日本传统枯山水庭院的纯粹性，用灰色的混凝土墙面制造出了均质的表面。在这种表面所围合的空间中，光影成为组织空间的重要元素——变幻莫测的光波阴影从庭院上空宣泄投入室内地下，产生出幽远宁静的美感，通过运用这种非彩色系的色彩营造出了一种日本特有的禅宗意境。

（3）质感

质感是指物质属性的材质感，材质在物质表面呈现不同的色彩和纹理，被称为肌理。质感一般可以分为两类：视觉质感和触觉质感。人们通过对物体表面不同的质感获得心理感受而积累经验，当视觉接收到材质肌理的信息，则会唤起触觉经验的描述，于是，视觉就会运用粗细、轻重、冷热、干湿、软硬等触觉经验的词汇来表示这种感受。

在景观设计中，质的表现形式往往和材料密不可分，随着现代技术的不断发展，材料的变迁对于质感的表达意义非凡。一个古代的木结构亭子，完全可以运用玻璃材料进行重构达到一种全新的功能和审美体验。古今结合，是景观设计中常常运用的设计创新手法。光滑与粗糙，就可以通过金属和毛石进行对比；自然与人工，可以通过木质和石材的对比使用来表现。同时，人们可以借助高科技手段，通过人工模拟手段来制造一些珍奇稀缺的材质肌理，用以替换、节约、保护那些有限的生物和自然资源，如紫檀木、红木、梨木以及玛瑙、翡翠、钻石等珍贵资源。在景观设计中巧妙地利用自然材质和人工材质的肌理可以丰富景观的视觉内涵，令景观体现出不同地域小城镇的特色和风貌。

（4）光影

光影是三维以上物质形态的视觉存在。当人们面对二维的表象，仅能感受到光线随人的视觉从上到下、从左到右、无限平寂地向四方延展，这是一个冷寂无影的世界。当平面出现转折或隆起时，物质的体量也就出现了。由于同一光源无法同时照射在一个物体的多个平面上，于是形成背光面并托现出物体的光影对比形态。

人类所认识的世界是三维立体的时间与空间并存的世界。依托人的视觉，通过光线的照射，人们感受到物质形态随着光线的漂移而改变着形体的光影姿态，同时也展示着物质生存幻灭的基本规律。

物体的形态只有在光的照射下才可能被视觉感知，而且光的强弱、光色的冷暖投射在空间中的物体上，能够通过明暗和色彩起到调节物体表面的肌理以及整体形象的视觉效果，从而在人们的视觉心理形成不同的情感反应。自然光下，光与影会赋予景观造型丰富的动态构图，光就像一位伟大的艺术家，当它从地平线升起、落下，地球万物就有了分秒、时辰、日月、季相、年代、世纪的不同变化。景观物象在这样的时空艺术家面前，其空间造型的体量，物象的构成关系，在景观空间的天地、四方，排列组合并表现出动态的光影形态、节奏韵律关系，这种形态会随着时间的推移而改变物象的空间关系，物质丰富多样的光影形态变化使得景观视觉心理受到感染，于是景观就有了强大的生命力。

6.1.1.3 四维的势

四维时空概念以流动的相互联系的空间组合来理解环境，要求人们从整个城镇甚至是整个自然界的空间演化来了解实体，掌握实体空间与时间的辩证关系。

（1）时间

在许多城镇中，城镇特色会通过不同的阶段性建设特征反映出来，时间向度会引导出一个地区城镇景观风貌和不同时间过程中呈现的环境变化。一年四季、昼夜更替、一日之内不同时间的景观伴随着风、雨、雪、霜、日照、气温、干湿度等相应的气象特征都会对小城镇景观特色产生影响（图6-3）。

图6-3　苍树见古稀，人间长四时

（资料来源：作者自摄）

因为小城镇建筑的存在是相对恒定、积累增生的，拥有百年、千年的时间向量。它们的造型、材质、色彩，一旦生成则凝固在一个时点、地段的场地上，并成为跨越时空的、相对永久的实体存在，使其视觉效果在空间的向量上是稳定的，它并不随周围环境的改变而改变形态，但却会因环境的改变而影响其视觉印象。而在时间轴向的运动中，则将历史时代、季候沧桑凝结其中，于是，建筑形象的视觉效果，是在原有的形象里又加入了历史、季候的因素。历史的因素与建筑生成时代所凝结的人文因素和现实社会环境因素，共同作用于人的视觉，给人的感受和联想，远比一座新生成的建筑内涵要丰富、亲切感人。城镇化是一个不断形成新的城镇肌理、充实城镇内涵、提高文明程度和发展城镇规模的过程。环境空间形态随着时间的轴向推移而不断地更新空间、变化形态，从而赋予环境以新颖、成熟、古旧的景观形象。

（2）空间

老子在《道德经》中说："埏埴以为器，当其无、有器之用；凿户牖以为室，当其无、有室之用"，说明了空间的本质。空间的本质在于其可用性，即空间的功能性。如果是一片空地，无参照尺度，就不成为空间。但是，一旦添加了实体围合，有了间隔，便形成了空间。这就是一个空间从无到有产生的"概念"。空间创造体现为环境设施之间的组合方式，是一种场所的内聚力。空间一般是通过众多物质形态的参差错落表现出景观画面的深度效果。

所谓空间尺度，通常是指空间大小尺度或者是在空间中物体大小和人体尺度大小的相对关系。一般空间内可感知尺度的范围可以分成三个方面：一是人体尺度，注重人体物理反映的尺度；二是小尺度，也是人的心理尺度——亲切尺度，通常会给人比较安全、舒适的空间尺度感觉；三是大尺度，其尺度范围往往超过人体使用功能的常规判断，比如一些纪念性广场、纪念性雕塑、纪念性建筑等和宗教、游憩、开放空间的大草坪等。大尺度具有向自然环境延伸的隐喻或象征性因素，因此大尺度往往是超越了人的使用功能向着车行尺度、社会尺度甚至是理想化的特殊空间尺度拓展。

空间因人的介入具有明确的序列组合，既有水平面上空间与空间的横向套穿，也有垂直层面上的空间层次的上下套穿，这种纵横立体的空间套穿层次特征便产生了人在这中间的层次、位置问题。一座建筑的生成是一个时间段内建筑实体在某一特定空间中从无到有的生长过程，建筑与建筑、建筑与环境在场地使用的属性上也具有明确的空间序列，这就是人进入城镇空间的景观序列。

通常，人们认为小城镇是一个具有许多建筑实体包括自然实体在内的空间。建筑作为时空中的实体，它还限定了一个内部的空间。假如内部空间被安置一尊雕像，那么这尊雕像周围的空间就从整个内部空间中被它的设置而限定出来，正如我们走进香烟萦绕的大雄宝殿面对大卢舍那佛的塑像时所感悟到的室内空间氛围的效果一样。

小城镇的景观设计主要针对的是城镇公共用地空间设计，包括城镇公园、道路、绿化和广场等。其空间向度包容的范围很大，处理着很多复杂又很关键的空间尺度问题。因此，把握空间中大与小、实与虚的关系是人性化处理空间的重要考量因素。设计必须考虑这种时空要素的具体特征，给设计成果打上不同场地环境、不同时代、不同社会、不同时空的烙印。

（3）气势

气势通常是指人或事物的视觉形象所表现出来的气度、力量或威势。人们习惯于通过视觉感知他人或外界物象的形体、气量、态势，并把影像物质面貌的这种内在因素归纳为某种具有精神、气质的隐喻和象征，从而形成视觉景观中代表气韵、意境等诗情画意内涵的重要组成部分。

虽然国人讲"气势"，但实际上气势是一种虚幻的、并无特指实体的对应关系。它不存在于物质的表象世界，但是它却可以通过视知觉的经验唤起，感受到气势的大小、强弱，这就决定了观察者自身的文化素养、血缘关系以及审美价值观的形成与取向。环境景观依形态而变化，对景观气势与意境的感应因人而异。景观设计与环境氛围营造中，必须知人、识人，从景观审美的主流导向中把握设计的原则，这样，就可以因势利导地创建人们所需要的景观气势、气机和气韵。

6.1.2 符号组合的审美规律

美，是人类生存、繁衍、发展的本源动力，审美活动是在这种动力的推动下，促使人类认识世界、改造世界的一种特殊形式。通过对物象文化的形式组合，合理运用各种美学规律，可以创造出多样统一、和谐宜人的人居环境。

设计是一种创造美的方法和手段。设计通过设计理念的引导，借助视觉要素——符号和图形传达视觉信息，表达心理感受，满足生理诉求。通常，图形、符号的组织形式决定了物象形态和环境特色。整个物质世界就是图形、符号组合下的关系场。图形、符号按照设计师的意愿，构成各类空间物象与环境，代表了人类的理想和愿望，从而给人的情感、心理和生理带来不同的景观反应。因此，审视物质形象就可以发觉，其实客观物象不但表达本体意义，同时还传播着象征的意义，代表着某种氛围的环境场。通过对符号、图形间的分离、连接、重复、错位、密集、并列、渐变等不同的组合方法，使得事物的形态、空间关系发生主次、虚实、节奏、韵律等各种变化，从而赋予事物以新的景象。

6.1.2.1 对比律

美是一种相对的心理感受，是在物象之间的要素关系的对比中产生的。物象之间的形状、尺度、体积、重量、颜色、质感、方向性、规则性、节奏性和连续性等对比关系，可以造就物质空间形态的视觉美感，设计借助这种对比律，发现、创造符合人的审美心理和生理需求的环境景观。

①疏密、聚散：疏密关系主要表现在集聚与分散的关系处理上，平面布局和位置的安排关系到物质实体与空间的疏密、聚散。其实，除构图设计以外，绘画、书法等艺术也非常讲究疏密、聚散关系的处理，绘画讲究"经营位置"，书法讲究"谋篇布局"，其中重要的一点就是要有疏有密，有聚有散，而不可平均分布。那么怎样才能做到疏密有致，有聚有散呢？一种最常见的手法就是要留出间隙来，这在绘画上被称之为"留白"或书法上的"布白"。留白给观赏者以神思的空间，给作品以意境延伸的广度。古人作画留白，旨在表现一种天人关系，虚实相生，有无相成，有一种悠悠隐逸之美。

小城镇景观设计在内容上显然不同于绘画与书法，但在总体布局和经营位置方面却毫不例外地要遵循疏密有致、有聚有散的原则。这主要体现在建筑的布局，以及滨水、绿地和树木的配置等几个方面，尤其表现在建筑形态的布局上。

一个好的建筑形态布局应当是疏密结合、聚散相辅相成的。只有密集聚合而没有稀疏分散，人会感觉紧张与压抑；反之，只有稀疏分散而没有密集，人们则会因过于松散而感觉没有归属，缺少安全，缺少兴奋。而两者相结合，则使人们能够随着疏密聚合关系的改变而相应地产生一张一弛的节奏感（图6-4）。

图6-4 开合有度，意境自生（英国小镇）

（资料来源：邢旺摄）

②曲直、刚柔：曲直对比来源于线性的直观变化对比，可以是自然舒展的河岸自然曲线与道桥的对比，也可以是建筑和自然树木绿冠景观立面变化的对比。笔直的物象给人明确的方向感和力量感，而曲折感如同溪水潺潺的驳岸，抑或是蜿蜒幽远的长廊。刚强和柔和是形容男性和女性最有代表性的词汇。刚柔并济，给人带来力量感的同时，又充满了柔情与温馨。人工规范的机械美和环境自由的开放美，在设计时通过艺术化的曲直和刚柔的对比处理，可以达到一种人工和自然环境的协调，使得人感到亲切和自然。

③显隐、藏露：显和隐，藏与露，是空间中正负形的叠和，也是主与次的虚实与远近。在空间中，交织的单元体相互推挤，形成宾主对比的空间形态。显、露正是一种正面、直接的表达方式，而隐、藏则包含了一种含蓄、婉约的情节。在景观设计中，"显山露水"是小城镇景观设计中常用基于良好山川秀水的地理环境而加以人工改造的设计理念。为了使得人工设计的构筑物与环境更好地对比与协调，通过加强、突出有当地特色文脉和形态肌理的艺术处理手法，将建筑与环境有机对比与融合。另一方面，通过运用"隐"与"藏"的设计手法，往往是有意弱化陪衬物而突出主体，甚至造就出虚实相映的"柳暗花明"、"曲径通幽"而引人入胜景，使得人在"扑朔迷离"的景象中，妙趣横生，其乐无穷。这些手法与中国古典园林建筑中的入口厅堂，假山、照壁，亭榭、廊桥转折处的巧妙运用，谓之"障景法"是如出一辙的。

6.1.2.2 统一律

统一律是"以小对比求大一统"的审美规律。对立是绝对的，统一是相对的。人类生存的物质世界本就是一对对矛盾的统一体，运用一种视觉审美的观念来统一眼前这缤纷的物质世界，则可实现观察者心中的构想或意象。而美观构图是视觉审美的首要法则。审美统一可以通过多种视觉美观构图原理的运用达到其效果，这些原理包括重点、均衡、序列、重复、比例、尺度、简洁、对称、节奏等。

一般来说，小城镇环境景观艺术设计把城镇看做一个整体，通过梳理小城镇的景观环境资源、形象特色风貌，形成统一的目标和原则，并对各个局部、空间和平面以具体的美化设计和综合的处理，以达到局部与整体的统一。小城镇景观设计中的各种要素之间那富有变化的协同，才能使得空间体感和外在形象与自然环境之间产生统一感，并且是一种多样性的统一。

首先，在设计时需要遵循功能和形式的统一。小城镇的建设，首先是进行功能分区规划，对小城镇内的居住办公、商贸旅游、文化教育、工矿生产、耕种养殖等各行业进行分区组织、分布穿插,以及对历史文化和自然资源进行保护和利用,其系统规划和统一运作质量直接影响小城镇发展的命运。而功能分区也同样对小城镇的环境景观产生很大的制约性。在不同的用地性质中,建筑物的形象、结构、体量、材料、肌理、色彩的处理将采用不同手法,使之呈现不同特征,建筑群体的空间形态也存在很大差异。即使是道路交通,对小城镇形象与环境也有一定的影响。道路网络的分割与联系把功能分区有机地组织起来,形成了既有分隔、又有联系的动态空间。

其次,基于系统视觉设计原理,可以从地域范畴协调整个小城镇的空间要素系统,让多个小城镇联结并构成区域小城镇的整体。作为一个系统,小城镇是结构、功能、环境要素在某一时间和空间的统一体,环境景观作为一个有机的组成部分需要将主观和客观的要素系统地结合,包括建筑群体、绿化、地形地貌、气候等物质要素和人文风俗、行为特征、艺术风格等主观要素,最终通过设计的手段达到人与环境整体的统一。

6.1.2.3 和谐律

在设计构成中,和谐是指按照某种视觉秩序安排相似、相关甚至是相对的构图元素,使整个构图由于对比的一致性而赏心悦目,更由于视觉对比的统一性而倍感骄傲。其实,和谐美是追求对立统一的最高形式的美,是自然与人工、物质与精神的有机结合体。

在西方,资产阶级思想文化中所要求的是一种动态的、精神的美,"和谐"是启蒙主义美学的核心思想。在古希腊人的观念里,和谐作为一种美,是最本质的东西,但它实际上指的是一种狭义的美——优美。代表古罗马时期美学形态观念创新的是朗吉努斯,他认为在一切事物中实际上存在着一种和传统美不一样的东西,是一种用崇高的心灵去看待事物的伟大的东西,其实,就是将形式美的规律赋予物质本身,又同时浸润心灵,求一种身心的和谐之美。在欧洲中世纪的一些城镇中,对于自然的尊重是放在首位的,将天然景色作为最主要的人居环境要素,所有的建筑、教堂、广场等人工物都是依托自然环境而建,总是逐步有序地建造,以至于到了如今在欧洲还能使人们有幸看到那些空间和文脉延续继承的优美城镇。

在东方,从自然生态中寻求美,使人工环境中体现自然和谐美,是东方民族千古生存的潜在意识在当代人内心的波动。比如,在中国园林中的皇家花园和私家园林艺术,以及古村落、古城镇的生态意象无不是建立在"天人合一"、"万物一体"的宇宙自然的和谐律中。人们遵从自然规律,讲求"人法地、地法天、天法道、道法自然"——人与自然的和谐统一关系。从古至今"和谐"、"和合"观都是一种从对自然的崇尚和对和谐的理解发展而来的观念(图6-5)。

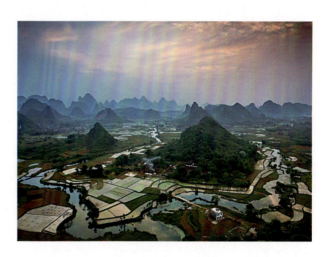

图6-5 人法地、地法天、天法道、道法自然
(资料来源:http://www.quanjing.com/imginfo/90-3867.html)

景观设计师应当从各种环境生态、生活的场景中寻求适合的设计手段,并将自然生态系统纳入城镇人工与人文环境的要素体系中,追求生态与城市和谐共生的效应,这是人与自然、城镇与自然的和谐;当然,小城镇必须建立开敞空间系统,追求宜人的空间和适当的尺度,支持连续的步行空间——这是人与城镇的和谐;主张在对环境正确理解的基础上,联系整体环境考虑详细的景观艺术设计——这是与生存环境的和谐;提供土地的混合使用,激发城镇的活力——这是土地综合利用和空间功能最大化之间的和谐与平衡。

和谐不是一成不变的和谐，而是动态的和谐、发展的和谐。视觉景观从环境各要素出发，寻求城镇结构的合理化，空间形态的合理化，并依据这些合理化，营造出自然和人工环境相和谐的景观艺术氛围。

6.1.3 物象意境的心理审验

6.1.3.1 物象·意境·境界

物象有形状、色彩和属性等，是具体可感知的客观存在。意象是指融入了人们主观情感的客观物象，它渗透了人的审美意识和人格情趣。一般来说，在艺术创造的过程中都会借助客观事物来抒发情怀，化物象为意象。这个过程实际上是观察者审美心理的自我满足：物象激发意象，意象达成心中理想的景观意境。从物象到意象，要经过筛选和提炼，是一种艺术创作活动；意象到心境，则表达思想感情与所描绘的图景有机融合而形成的艺术境界。它通常指事物整体所造成的符合心理愿望的意境，这种意境却由于个体的人的文化教养和艺术造诣产生不同的内涵境界。而意象只是构成意境的一些具体形态单位。总之，物象、意象两者各有特色：一是客观存在的事物，一是融入了主观情感的客观物象。它们之间又有互为联系的渐进式：物象是意象的基础，意象构成意境，三者都是人们表达主观意识的语汇。

"物象"与"意象"是两个较为常见的审美范畴。"人心之动，物使之然也。"（《礼记·乐记》）物象的获得，不是凭空虚构。凭空虚构，难以创作出生动具体的物象。生活，是获取物象的源泉，但物象并不等同于生活中客观存在的物状，"物象"是艺术作品中模写的事物形象或景象，它来源于现实，又高于现实，它浸透着艺术家对生活的独特感受和理解。由于个人才能、气质各不相同，因而观察事物就有不同的角度和方式，对物象的感知也就千变万化，复杂多样，即刘勰所谓："物有恒姿，而思无定检，或率尔造极，或精思愈殊。"（《文心雕龙·物色》）

小城镇景观设计中的物象，所强调的不仅是外观，而且包括内在的神韵。所谓"象"有两种状态，一是物象，是客体的物（自然物或人工物）所展现的形象，是客观存在；二是表象，是知觉感知事物所形成的映像，是存在于主题头脑中的概念。物象的视角关注是由外及内，而意象则更多的是由内向外。物象，要在写物；意象，重在达意。物以象明，意以象传，两者都离不开象。但物象如画桥碧荫，容易绮丽；意象却如悠悠花香，追求蕴藉。

在小城镇景观设计中，物象是通过不同空间设计要素的组合而呈现的。有别于工业化和现代化的大城市规划和景观设计，小城镇大多依托当地的自然地理环境优势，具有良好的物象创作素材、淳朴的民风、较小的人口规模以及简洁的功能组织，通过一定的艺术技巧加工，就可以形成多层次、生动活泼的小城镇景观环境，做到既有"味"又有"情"。

6.1.3.2 物质境象的心理感知

从审美心理学理论来看，人类的一切活动，都离不开对客观事物的认知反应。在认知不同对象的时候，人所经历的心理反应过程有很大的差异性。当人的视觉受到熟知物象形态的刺激，曾经的视觉感受经验被唤起，于是记忆中的物象会与人的现实感觉中的物象并置，在比较中产生差异或者是异样的形态感知，这种感知同时伴随着人的情感，于是感知事物就具有突出的审美意向活动。艺术作品或者其他某种美的事物，之所以能成为审美的对象而被感知，就是因为其作品、审美对象，给了审美主体的感觉器官一个美的形象刺激，所以才能够带来不同感官在心理上、生理上不同程度的快感和精神、情感的愉悦。

而对于物象审美的体验，主要是通过人们拥有的知识和生活经验，把物象放入其中和其内容联系起来，从而获得对对象的深刻理解。人是环境的核心和根本，人的心理需求是否得到满足，取决于城镇环境各要素关系是否取悦于人的感官，是否达到审美的需求。

在审美过程当中，由于审美者面对的是富有吸引力的美的形象，自然会唤起对事物的种种联想和想象。这些联想和想象是在对审美对象有所感受、有所理解的基础上产生的。它们反过来又会加深感受和理解。想象包括创造想象、再造想象、自由想象。对于一个景观设计师来说，再造想象是一种基本的空间思维能力，是根据语言、符号、图样的描述和对现实的暗示，在人头脑中构想出对应的形象（图6-6）。

图6-6 仰望金山寺塔
（资料来源：作者自摄）

在美国著名心理学家马斯洛看来，人类的价值体系存在两种不同的需要，一种是沿生物谱系上升的本能或者冲动的低级生理需要，另一类是生物进化而逐渐显现的高级需要。人类对于意境的欲求，实际上是最高层次自我价值实现的一种表现。一个舒适的环境与简陋困苦的环境相比会显现出其他诱人的价值。一个善良、真诚、美好的人比其他人更能体会存在于世间中的真、善、美。因此，当人们在生存活动中发现具有崇高的价值时，同时在自己的内心中会渴望加强和实现这种价值。"天人合一"就是人类千百年生存活动中发现的崇高真理，是任何时代的人在设计中需要追求的意境和实现的价值。

其实，作为景观设计师，要能够准确地把握小城镇性质、功能，同时根据当地自然生态系统和人文历史内涵，在充分了解人的生理机能的前提下，利用人的视觉对外界事物的感知能力，自觉、主动地选择环境景观要素，从而得出理想的意境美。环境景观的成败，终究是需要人去评价和感受的，然而小城镇建设前期的设计是具有决定性的，它能固化一个景观环境成为人们精神寄托的美丽家园。我国杰出的学者、诗人、书法家沈尹默曾经讲过一段话："不论是石刻或者墨迹，表现于外的总是静的形式，形象定下来了，书法形象刻在石头上、写在纸上定下来不变了，但是构成这么一个形象，这么一个静的诗，它却是动的结果。这个动的诗现在留在静的形当中了，现在要求观赏者通过想象的体会活动，使动者复活，通过想象，使原先包含在静的形当中的诗复活起来，重新出现在眼前。在这瞬间，不但可以接触到五光十色的神采，而且还可以感觉到音乐般轻重快慢的节奏。"

倘若能够创造出如此意境美的物象景观，即可以使人们在青山绿水、诗情画意中涤荡心灵，感受着村镇聚落的场所精神，揭示、领悟那凝固的音乐韵律和歌舞升平的美好意境。

6.1.3.3 物象意境美的塑造

（1）物象的心境

意境是指主观意象与客观景象达到高度统一后所呈现出的"情与景汇、意与象通、诗情画意、虚实相生"的无穷韵味和高尚的空间境界。

在对景观的鉴赏中，主观"触景生情意"，客观"以景激情趣"，感染并使主客观产生"情景交融",意和境统一地表达了现实景观的内涵,同时也彰显出感受景观品位与境界的心境。这是因为景观的自在性会因为主观的感受表达与欣赏反映之间同样能够达到高度一致的心境合一。因此,意与境二者的结合既是一种艺术境界,又是一种"情与理"、"形与神"的统一。在情理、形神相互渗透、制约的过程中,实现了从虚无的"心境"向现实"意境"的超越。

意境的概念通常被运用到诗情、画意上,集中反映在中国山水画方面,进而拓展到中国的造园、皇家宫苑、私家庭园并得到迅速的发展。早在三国、两晋、南北朝时期,受道家思维和玄学的影响,山水画的创作已经跨入重"写生"的时期,并具有"畅神"、"怡情"的士大夫文人思想。中国传统绘画中的意境美,尊崇空间物象的自然随机,追求空间物象中"传神达意"的和谐与统一。在古代山水画的创作中,主要运用了写意的手法,在审美意识上具有两重属性,一是对于客观事物的艺术再现,二是主观精神世界的表达。画家通过"外师造化,中得心源",在自然、生活和艺术美三方面取得了高度的和谐统一。这一点可以从中国古典园林中得到最好的体现。

中国园林区别于世界上其他园林体系的最大特点就在于它不以创造具体的园林形象为最终目的,它追求的是表现形外之意,意外之形,也就是所谓意境。意境,实质上是园主所向往的意象心境,从中寄托着园主的情感、观念和哲理的一种理想审美境界。它通过园主对自然景物的典型概括和提炼,赋予景象以某种精神情感的寄托,然后加以引导和深化,使观赏者在游览观赏这些具体的景象时,触景生情,产生共鸣,激发联想,对眼前景象进行不断的补充与拓展,感悟到景象所蕴藏的情感、观念,甚至直接体验到某种人生哲理,从而获得精神上的一种超脱与自由,享受到审美的愉悦。现代人生活节奏快,不可能像古人一般整日赏花饮酒,闲情雅致,当然也不会产生那么多丰富的情感,但作为社会整体的一员,必定时刻与周围的一切产生联系。好的景观设计师能洞察人的情感,体会文化与哲理的审美,其作品必将与社会产生更多的共鸣。

(2)生态的意境

在中国的造园论中,山水是自然景观的主体形态要素,山水与自然生态之间的必然联系被文化传统所规定,它是造园的前提。中国的山水画是一个远比西方的风景画更伟大的传统。在中国传统文人的意识中,因势利导、理水叠山的造景方法,本来就是要创建一个理想的家园,这种造景立意的方法手段拟或是从道家所谓的"隐逸自然的家园"中借鉴。因此,通过表现山水画所描绘的自然生态画意,构筑园林的理想境界便理所当然地成为文化传统景苑的典范。计成在《园冶》中提到"宛如画意";画论中也强调:"意贵乎远,境贵乎深。"为求得意境深远,中国古典园林往往采用深藏浅露的造园手法,将精彩之处藏于密林山石之中,避免一览无余。真山真水般的自然风情被人工化的手段浓缩在了半亩方田的私人园林之中,让人充满"一枝红杏出墙来"的好奇与联想(图6-7)。

图6-7 古镇曲径(速写)

(资料来源:文剑钢绘)

什么样的环境才能体现一种"自然、生态"的理想状态？如果把"自然"当成造物主，或者更强调这一点，自然本身理论上便应该是完美无缺的。模仿"自然"的"理念"，重视"自然"的秩序和理想，当然就应该能够获得真实的、完美的再现。但是，如果更多地把"自然"当做"自然物"、"自然界"去理解，它在人们的眼中显然就是不完美的，因为文人化的美景范式在某种程度上会制约和规范它。绘画和设计正是通过对自然的提炼和剪裁才达到了一种理想的"生态自然"状态。

自古就有"桂林山水甲天下"的说法，而地处广西桂林市区南面的阳朔县，更有着阳朔山水甲桂林，"群峰倒影山浮水，无山无水不入神"之高度赞誉。阳朔自然风光在世界上占有重要的位置。地处中亚热带季风区，属典型的喀斯特岩溶地貌，境内山峰林立，平地拔起，千姿百态，如人物、似走兽、若器皿、类飞禽，可谓情趣横生，令人回味无穷。山上竹木繁茂，四季常青，山山有洞，洞洞奇美，洞中乳石遍布，晶莹剔透，如艺术长廊，似天然迷宫。阳朔的山青翠欲滴，奇峰突兀，水清澈透明，碧水悠悠，如情似梦。唐代著名文学家韩愈形容为"江作青罗带，山如碧玉簪"，是美丽的桂林山水之精华所在。阳朔的城镇建设保护并凸显了山水文化特色，将"十里画廊"的"诗情画意"完全地贯穿于建构水系生态与人工景观等环境要素的改造和设计中，创造出一幅幅古朴、淡雅的写意水墨山水画意境。

（3）人文的境界

人工物象是人类生存环境中最普遍存在的事物，可以说绝大多数的人居环境是由人工产物形成。如同西方古典园林对植物均衡对称的种植、造型整齐一律的修剪和富有情趣的路径设计一般。自然人工化的园林具有明确的轴线引导，讲究几何图案的组织，方正有度，法理森严，工整又不失情趣的人文景观特点，托现出建筑与景苑相映互衬、史诗般的景观意境。

同样，中国的宫廷园林建筑群体在营造景观中也以严格的中轴对称，表达出主轴线上的主体建筑和两边的群体建筑与空间环境给人昭示的方正、整齐、等级、威严的景观意境感受。其实，建筑的艺术手法与音乐有许多近似之处，建筑形态的参差，体量的轻重、大小的节奏，建筑群体的基调以及建筑象征性的手法寓意，通过材质肌理、光影变换所带来的重复、突变等，建立在科学合理的视觉形态审美关系上的艺术手法，使建筑表达的意象犹如具有生命一般。建筑这种完全人工化的产物，它所表达的甚至是超越了建筑使用功能与审美功能之外的人文情操的感化功能，建筑设计的好坏不仅仅直接关系到环境质量的优劣和视觉审美的满足，更重要的是建筑彰显的社会人文情操的境界，是一个社会历史时期的文明特征和缩影。

在中国，往往最能让人产生景观联想的空间形态是山环水绕、景色秀丽的聚落、村镇。江南水乡小城镇常常以水为题，因水得景，构成各种不同风格的滨水景观，从而使小城镇湖光山色美如图画。而不同地域的水体和岸线形态，也以其自身的优势创造出不同特色的水域环境；人工化水体和堤岸都要经过景观艺术设计的加工提炼，以自然和谐、品格清越的艺术表现手法，创造出既贴近现实地理风貌，又保留历史演化的痕迹，满足现代人的生活趣味、人生理想的审美心理。例如，在江南水乡城镇建设中的滨水驳岸处理可以优先考虑保持沼泽、湿地与野生植物现状，沿袭江南古典园林中筑泥土缓坡入水、点湖石分界警示的做法，创造亲水性的游憩滨水景观空间。而北方城镇的河湖水体由于季节性缺水的环境条件，在滨水堤岸边应当加强种植，慎用垂直刀切、笔直的石材筑坡，在不影响泄洪的前提下应以柔化的手法延缓水流速度，预留岸线湿地，沟通生态交融，形成优越的生态廊道景观。

随着信息时代和低碳生存方式的到来，如今的人工环境意境可以通过艺术和技术相结合的创新手段，运用人工化的形态、电子技术的声、像、光、色设备手段，使人工景观要素散发出迷人的魅力，让人在城镇广场、街道、建筑景观中，体会更加丰富的现代生活乐趣。

6.2 人文情态意象的视觉设计

环境景观设计的出发点是以人为本，所营造的景观成果存在于人们的生活环境中，服务于人。这整个过程的核心是"人为自己"的设计。对小城镇环境展开景观艺术设计，既可以通过美化环境来陶冶人，又可通过提高人的素质和行为来作用于环境、影响环境，使环境之美在人的参与中充满灵性，环境又在人的感应中得到品位的升华。

人景感应、人物相融。小城镇的景观形态和意象不仅仅是彰显着人的需要与追求，重要的是人们在从事社会生产与实践的过程中通常是把自己作为环境景观中的一分子去看待。人的生物属性、动物本能与社会理性综合地融汇于生活的各种关系总和之中，以充满活力的生命动态，充实、丰富、延续着景观意象和情态意境。人作为生物界的一员，生老病死在所难免，但是人的思想和精神遗存确实可以真真切切物化在景观的要素中，从而把真、善、美的优良品质延续给子孙后代。这些具有小城镇环境特色的人文景观要素，增强和丰富了小城镇的历史文化内涵。比如农耕文化、服饰文化、饮食文化、宗教祭祀文化等，在不同地域、不同民族、不同时代都有不同的形式，是小城镇景观特色的一个重要方面，在进行小城镇景观规划设计时应该给予保护，突出浓郁的民族特色和地方特色。

6.2.1 人本情结

6.2.1.1 人的自然属性

人是自然之子，人的生存、发展离不开自然界并受自然规律的约束。小城镇产生于自然环境，其环境包括了自然和人工环境，而社会的人文环境虽然是非物质的无形存在，但是它又融汇于小城镇的人工环境和自然环境之中，让人们能够真切地感受到它的存在和根本作用。

从人的生活需求来看，可以分为物质和精神层次的需求。从人的自然属性出发，就是为了满足衣、食、住、行的需求，肉体的生存繁衍特性；而人的社会属性则是指在实践活动的基础上，人生的价值追求与人相互之间发生的各种关系。自然属性是人存在的生物基础，社会属性是人繁衍发展的文明载体，没有自然属性就没有社会属性，没有社会属性也就无以证实万物存在的可能，两者是有机统一的辩证关系。

著名人本主义心理学家马斯洛先生曾经说过："只有当衣食足而知荣耻之后，才能使追求另一个层次的需要成为现实。当一系列需要的满足受到干扰而无法实现时，低层次的需要就会变成优先考虑的对象。"此时，你最好首先争取满足"低层次的需要"，因为做到了这一点，"高层次的需要"自然就会不约而来。人本的设计思维是为了满足人的生理需要，如衣、食、住、行、繁衍等，再者是为了满足人的心理需求包括安全、交往、感受等。在人居环境学科的范畴中，强调人与人、人与自然的相互关系。人的需求是人类对于空间聚居需求形成最主要的"力"，聚居是人类生活系统的物质表现形式（图6-8）。

人本设计是一种人性化的设计思维，"以人为本"正体现了景观设计中的一条重要原则，本土化设计体现出地方文化设计才是真正为居民所能接受的空间基调，有一种亲切和归属的感觉。在面向21世纪的小康型城镇建设中，人们对于居住质量好坏的定义，已不再是过去的有房居住，而是越来越关心自身生存的人居环境。有关小城镇的人居调查显示，问题最多的是认为公共服务设施不完善，没有必要的老人儿童活动场所，城镇缺乏地域特色，居住区环境脏乱差等。解决这些问题的途径，已不是单单依靠技术手段，而是要加强小城镇的人居环境的艺术设计，创造具有实用性的、艺术美的境界。

图 6-8 贵州黔东南地区从江县肇兴侗寨全景
（资料来源：邓秋红绘）

6.2.1.2 人本设计原则

从某种意义上说，环境生态危机的问题就是人类自身行为与发展的问题。在设计方法上，应该根据人类的实际需求，讲究取之有道，用之有度。城市化进程的加快，是在肆意挑衅自然生态与资源的承受能力。比如小城镇住宅建设关系到环境的土地利用、环境的整体面貌、环境的卫生条件等。人的居住需求得到满足的同时，要注重其与环境保护与生态环境建设的衔接。其实，空间本身是一个整体，人与动、植物共用一个地球物质空间，环境的恶化、物种的锐减，标志着人类生存环境的每况愈下，因此，视觉设计要依附具体的人本属性，结合自然环境在人的视觉范围产生愉悦的快感。

具有地方传统特色的小城镇环境，是按照当地人的生活习惯而设计的。中国古代小城镇的建立，与其说是营造布局设计，不如说是顺天尽性、效法自然、有机发展而来，它们无不以山水为本根，觅土色光润、植物繁茂为宅基之神韵，求安康和谐之居所。现存许多小城镇的景观规划都可以借鉴其合乎人本精神的发展模式。如：在云南哀牢山中聚居的哈尼族村寨。在这里，海拔 2000m 之上是族人世代保护的丛林，高山接引了来自印度洋的暖湿气流，云雾弥漫，是属于"神"的"龙山"；中部是属于聚居、劳作的生活场所；海拔在 1500~2000m 之间，来之"龙山"的甘泉，流趟过家家门前，荡尽生存环境的污浊粪肥，灌溉下部的梯田作物；寨子以下的层层梯田，则属于人工与自然和谐共处的场所。在天、地、人的关系中，"人法天，天法道，道法自然"而获得了安栖之地。同样，在贵州省的都柳江两岸，分布着许多侗族村寨。每个寨子都无一例外地分布在蜿蜒江水的凹岸坡地上，寨后山上是一片比寨子更古老的"风水"林，这是一片禁地，里面停放着祖先的遗体或骨灰，寨规是"伐一棵树，罚一头牛"；每寨必临一片卵石滩地，这里水涨水落，鹅鸭与儿童共欢；而耕种的梯田却在对岸的山坡上，或者在被绿色的"风水林"隔开的同一面山坡上。尽管山地的坍方和泥石流时有发生，而寨子却几百年来安然无恙。对于如此的大地景观和人本环境，英国著名的科技史家李约瑟大为感叹："在中国人的心灵深处必充满着诗意"，这诗意正是古今中外的人类所追寻的聚居生存理念。

人是环境使用和审美的主体，每一个开放空间都是由若干个小空间组成的空间组合体，其空间尺度的人性化直接关系到空间的品质和艺术氛围的形成，影响人们的交往欲望。首先，根据景观在整个小城镇开放空间系统中的功能定位，先进行视域景观范围第一层面的尺度规划，实现大、中、小景观的正态分布，抑制不科学的超大规模广场的浮夸风。其次，根据构成空间组合体的若干小空间的使用功能，以人体工程和行为心理为参照进行动态适用功能第二层面的尺度规划，可依照亲友、陌生人和中间者三种场距进行规划，形成较强的领域感和归属感。而对于微观上的构成空间各元素的细部尺寸，如铺装花纹的尺度和比例关系、砖石尺寸、景观灯的高度、垃圾箱的间距是视觉心理递进到触摸感官生理的第三层面等。比如，在小城镇居住区景观中，注重提供公众活动场所家具的钢木、皮藤、布艺材质的肌理表面和营造激发交流欲望的情景空间，能使居民获得亲切、舒适、轻松、愉悦、尊严、平静、安全、自由真实的视听、触摸、味觉心理，感受场所精神的力量。

总之，景观设计最先应当满足的是人的自然属性需求，并十分关注人的社会属性需求。著名的城市规划专家道萨迪亚斯曾经提出了"安托帮"的理想社会模式，想象出了适合人类居住的人间天堂，他认为，人类的聚居必须同时遵循五大原则：交往机会最大、联系方式最省、安全性最优、人与其他要素的关系最优，以及由此产生的最佳整体环境。只有这些标准达到了，才能让人心安理得地生活和居住，找到一种如同"婴儿在母亲体内的感觉"，和谐的人居，就是强调人与物质环境、人与人的和谐。

6.2.2 文化情结

《周易·贲卦·彖辞》有云："刚柔交错，天文也；文明以止，人文也。观乎天文，以察时变，观乎人文，以化成天下。"这是一段被无数学者引征的经典语录，它既阐述了"天人之际"的自然法则，又彰显了"人文之际"的社会秩序。对中国传统文化理念来说，人来于自然，人的秉性和生命的本源应该符合自然天性。人之所以是人，是因为人的社会化生存，具备了超越一切生物的智慧，这种智慧不是别的，正是社会的"人文化"。故顺天道以求"天人合一"，是人类对自然规律的认可，察人事以得"人文合一"，则是认识自我，以求耦合发展。从这一点来看待人类社会的一切行为，可总结为："在自然中生存，在人文中发展"。在营造城市、建造家园的过程中，

不惜以沉重的代价宣泄文化情结以求得视觉景观的审美慰藉，则是不难理解了。

6.2.2.1 人的社会属性

文化情结本质上是人类与环境的关系在历史发展中的表现。深入透视人类真实的社会属性和需要，不是人类要试图征服自然，甚至也不是模仿自然，而是让人在生存环境中产生一种归属感。文化景观是人类为满足需要从事生存活动、社会活动的过程中在自然景观基础上有意无意地叠加或融入的景观，是文化的外在表现形式和特定地域人地关系的反映，更是人类社会属性的产物。其实，人类的生存观、价值观，包括人的喜怒哀乐等情致，并不是个体的人所能形成的一种属性和特点，这一切，必须附属于一定的社会人群和一定的民族地域文化特点，因此，人那"求舒适，讲美观"——爱美求新的社会属性离不开其赖以生存的社会文化环境。

文化总是从不同的学科角度来体现其概念的多样性。当人类的各种各样的器具用品、行为方式，甚至思想观念，皆为文化之符号或文本时，文化的创造在某种程度上说就是符号的创造！从符号的角度看，文化的基本功能在于表征。符号之所以被创造出来，就是为了向人们传达某种意义。因此，从根本上说，表征一方面涉及符号自身与意图和被表征物之间的复杂关系，另一方面又和特定语境中的交流、传播、理解和解释密切相关。文化究其本质乃是借助符号来传达意义的人类行为，文化的核心就是意义的创造、交往、理解和解释。

文化的发展使人类能根据各种有利条件来改变环境、改变自己的行为方式来适应改变了的新环境，从而也孕育、造就了人类的社会属性。在产生文化以前，人类只能通过生物进化的自然属性来适应环境的变化，文化使人超越了动物的范畴，拥有了"自主、自决与觉他"的能动性，人的社会属性的能动创新与发展作用，促使人缩短适应过程并加快了学习、实践

和运用。人的社会属性自始至终浸润在文化环境并穿越历史的发展过程。

6.2.2.2 文化传承原则

近年来，随着城乡一体化建设的快速推进和经济利益的驱使，一些小城镇不惜在珍稀的地理生态资源和历史文化遗产区域进行开发，人类文明的步伐进一步涉入曾经令行禁止的生态敏感区域，城镇更新为获取经济效益最大化，而大面积拆毁古旧建筑和历史街区，使生态敏感区遭到重创，不能再生的传统风貌、历史遗产等遭受严重破坏，小城镇正在失去生态依托、丧失传统历史信念、价值和特色，造成无法挽回的损失。景观设计本身体现了人在环境中的主角及其参与精神。在化解不利环境生态可持续发展的因素，继承和创新小城镇文化内涵的景观设计过程中，应当注意以下几点：

①关爱人性："人是社会的主体，是处在一定社会关系中具体的人"。"人是自然环境的客体，是跨越自然、人工、人文空间环境关系的关键因素"。设计应该从人的社会属性出发，站在人与自然生态平衡的基点上，在社会生产、生活和动态发展中适度把握人的物质与精神需求。要把握景观设计中的文化情结，就要处理好人的现实需求与发展需求的矛盾，处理好人类社会与自然环境生态之间的矛盾。关爱人性不是狭隘地、自私地站在满足人那无边的欲望立场之上，而是从地球自然环境资源与人类未来的长效永续发展因素出发，用人文化的理智，解决景观文化设计过程中的传承与发展问题。

②情景互动：景观设计在社会发展过程中是一种重要的文化现象。景观所投射出的人文意象体现人的思想、情态与活动的目的，具有巨大的包容性。营造景观时那丰富的思想和变幻的情感形成了纷繁多样的景观艺术风格与情趣，造就了环境景观形象的多样化特征。同时，作为"造景之人"在接受教育文化的过程中也逐渐积累了审视环境景观的能力和水平，虽然人的个体性差异使人的景观审美交流产生层次参差、感受迥异的差别，但是，文化的本土性、地域性、民族性与宗教性特征会给景观的设计与营造带来人景统一、情景混成的一致性。另一方面，人的生存繁衍是以审美情感的动力为基础的，而情感则是以艺术创新为载体、为表现形式。生存需要审美，审美离不开艺术，而艺术美需要真情实感，没有情感的艺术是没有生命的艺术。所以，小城镇环境景观设计是站在艺术审美的角度去经营城镇的生态环境，以艺术的情感去创造景观环境。

③本土文化：本土文化是人类在寻求改善生存方式的过程中逐步形成的，是民族精神之所在，它有着整体、开放、发展的特性，同时又具有相对的稳定性、连惯性和积淀性。由于地域、语言、人种等不同，造就文化具有相对的独立性和种群分属。从本质上讲，各种文化之间不存在优劣、高下之分，但由于时代与文明发展不同，却存在先进和落后之别。而设计的文化情结是要保留环境景观文化中隐含的真、善、美的人性基因，正是这种基因，才使景观具有"场所精神"并充满魅力。社会学家赫伯特·盖斯指出：人所创造的人工作品是一个潜在环境，这个环境只有在文化背景的基础上被人们感受到之后，才能变成一个有效环境，因此，有效环境可以定义为潜在环境的一种表现形式，即使用者对这个潜在环境公开地或潜在地认可。

④文脉继承：特色文化是城镇发展的灵魂和精髓。每一座城镇的发展都面临着对历史传统文化、地方特色的继承和发展，都面临着如何将民族历史文化和具有时代特征的现代风格相结合的问题，挖掘特色是延续文化的核心目标。比如，贵州的镇远是全国历史文化名城，有以国家重点文物保护单位青龙洞古建筑群为主体的青龙寺等文物名胜60余处和独特的舞阳河自然景观。镇远与其他城镇相比，其特色更多地表现在文化与自然遗存的艺术价值上。对镇远这样的历史文化名城进行保护性规划和更新建设，就必须从保护文化古迹及历史地段，保护和延续古城的规划格

局和风貌特色入手。特别需要注意的是，保护特色不仅仅是保护几处古迹文物、几幢建筑、一段城墙，更重要的是要保留历史特色的现状格局和整体风貌，要保留成片的重点历史街区，保护街区民居、生活情态的原真性。

⑤地方特色：景观文化的地域性可以通过地方自然环境要素和人工构造物的视觉符号来传达。比如，在景观植物设计中，要充分考虑南北地域气候、植物的实用性、象征性和文化背景的差异性。在北方以及中原一带有"门前栽棵槐，有福慢慢来"的俗语，表达了人们对槐树的喜爱。主要原因是槐树冠大荫浓，树姿优美，老而不衰，能很好地改善宅院的小气候，并且槐树全身都是宝：槐花、槐米、槐角均可入药，枝叶也有清热解毒的功效。其木材优良，是建筑和家具的好材料。在南方，人们喜好在宅前屋后密植四季常青的翠竹。因为竹子享有"岁寒三友"及"四君子"之一的美誉。古人形容竹子说："竹子有青翠欲滴，四时一贯的色泽之美，也有潇潇的音韵之胜，更有含露吐雾，滴沥空庭的意境之妙"。选用竹子的目的在于创造一种感受，这种感受是基于中国传统的文化赋予竹子萧然洒脱、高风亮节、虚怀若谷、坚忍不拔的文化内涵，使观赏者通过物象意境的感受而联想起意境的感受，塑造一个清幽宁静的空间（图6-9）。

⑥个性认同：掌握人的文化属性，创造大众认同的美景。作为景观设计师，必须深刻领悟个体审美经验对景观审美的导向性。设计必须贴近本土实际，充分了解小城镇的文化背景，发掘隐藏在历史文化积淀中的核心价值，并且通过符号化的视觉艺术设计，展现出人们对于环境景观的认同感和归属感。总之，景观文化所呈现的历史阶段性和多元性需要整合和提炼，需要同小城镇当地的经济基础和人的思想观念相结合。比如，在一些经济相对落后的少数民族地区，由于交通闭塞、地形地貌复杂，每个民族和地区按自己的文化和生活模式建设家园，形成了大分散、小聚居的特点，留下了丰富的文化遗产。尤其是以民族村寨、民族古镇为载体的民族聚落文化保存得相当完整，构成了一部部形象迥异的"聚落文化史"和一幅幅绚丽多姿的"民居民俗画"，折射出丰富的文化信息，塑造出风格独特的小城镇形象。例如，在建筑景观上，苗族的干阑式吊脚楼建筑，布依族、仡佬族的石构建筑，回族的清真寺建筑，瑶族的权权房建筑，土家族的道巷和耳房建筑等，匠心独具，令人叹为观止。在服饰景观方面，有苗族妇女的百褶裙，彝族的披衫瓦拉，瑶族的白裤瑶、青裤瑶、长衫瑶，仡佬族的布包头等，多姿多彩，令人目不暇接。在婚俗景观方面，各个民族也是独具特色。许多小城镇旅游景观设计，通过挖掘当地丰富的文化资源，进行艺术的构思，展现出许多具有地域特色的文化景观：石文化、酒文化、茶文化和饮食文化等。这些小城镇因为文化而存在，景观因文化而鲜活。

小城镇景观设计，留给人们的感受和需求应当是不同时期保留和延续下来的不同民族、民俗、乡土文化和人文历史，深厚的人文、历史积淀将成就小城镇景观独特的个性表征，通过文化的形象化——延续着人们对环境文脉的记忆！

6.2.3 历史情结

历史遗存大致可以分为两大类，一类是物质

图6-9 中国城镇中的西式居住建筑（速写）

（资料来源：文剑钢绘）

财富，另一类是精神财富。代表物质遗迹有如万里长城、原始村落和传统民居聚落等。历史上许多珍贵的遗存已经在历代生产、生活中被更替、消耗，被自然吞噬，被战争毁灭，被特别的政治运动以"破旧立新"或城镇更新、美化行为强权地掠夺和置换掉了。历史环境和古旧建筑往往是小城镇美好形象与景观的象征，规定着小城镇的特色，如曲阜的孔庙、正定的隆兴寺、赵县的赵州桥、茨坪的井冈山根据地旧址、新疆的伊斯兰清真寺建筑等。当历史的痕迹被慢慢销蚀，人类对于自身的存在和文明的方向将变得更加迷茫。对于精神财富来说，非物质性的历史遗存是存在于意识形态中的宝贵的思想积淀，一般体现在人类的生活方式、风俗习惯、民族的气节等多方面，需要人与人的沟通和继承。另外，散落于历史文献中或流传于人民群众口头的那些美丽神话、历史典故和名人轶事，是当地居民的一种情感认同和精神寄托，挖掘这些素材，选择适当的形式来展示丰富的历史资源，可以创造出有渊源内涵的小城镇特色景观环境。

6.2.3.1 人的社会价值

在文化发展进程中，人是社会文明发展的倡导者、缔造者，人生的全部价值就是一部社会文明发展的教科书：偶然的、特殊的、个别的事物经过历史的淘汰、浓缩、沉积、提炼所得到并传于后世，带有普遍意义和规律的那一部分物质和精神便是传统的财富。回顾具有悠久历史的传统文化，面对高度发达的现代化文明，人类总是站在传统的基础，知过去，识现在，通未来。昨天已经成为历史，今天的现实将成为明天的历史。生命短暂，景观永存。把握生命的意义，才能领悟设计的真谛。

（1）追根溯源，明确人与历史遗存的关系

历史遗产是客观实存，它既忠实地记录沧桑岁月，风雨历程，也向当代传递着丰富的文化信息；它们静谧而有生机地展现在城镇或乡村，显示了历史的厚重和肃穆，见证了时代的喧嚣与繁荣，深刻反映了当时人们的精神状态和生活态度。比如，一座座古建筑、古遗址、古墓冢，通常寂然而庄严，具有"婉约千年跨越，不觉百世更替"——景观沧桑依旧，人生至理永存的恒定自然景观。

回顾历史，了解民族的根源和出处，感受古人的衣食住行、喜怒哀乐、审美情趣等活动状态和思想情感，可以使人认识自我，以不断总结经验：历史虽然不能重演，但却能从物质景观遗存中，追溯过去的一切，从残缺不全的史料中寻觅祖先的生活轨迹；从景观展现的风貌意境中诠释古人和今人的关系；从历史的遗存来强化和复活祖先生存状态那尘封的记忆；更能通过现代景观设计手段，在一定程度上让当代人"身临其境"地感受过去。

（2）把握现实，确立人与物质意象的价值

任何景观设计都是对于人类历史、文化的挖掘和现实物质形象化的表达。好的景观设计能够逐渐在人们心里形成一种记忆，并且将物质空间的形象转化成为意识形态的需求、理想景观的意象，激发民众主人翁式的价值归属感（图6-10）。

图6-10 追根溯源，红尘净土

（资料来源：作者自摄）

归属感是活在此时此地的人们对于空间环境的一种依恋和认同，某种意义上等同于人们常说的"场所精神"。"场所精神"通常昭示空间的气质与品位，它能给人心灵以空间艺术的震撼，一种潜在无形的场能，是开放空间景观艺术的最高境界。物质的景观是有生命的躯体，需要人类情志活动赋予其生命，将设计的理想通过物象表达，然后传递给身边的人们，从而使得物质意象本身具有人的生命价值，得以持续而永久性地保留和延续。

6.2.3.2 历史保护原则

基于人类浓烈的怀旧、历史情结，人们会不遗余力地研究、鉴别、保护和继承历史的遗产。当然，城镇历史文化遗产保护的内容丰富而宽泛，这里主要是指对具有文物、美学价值的物质形态的保护，包括城镇建设和发展中所形成的建筑、街区、路网、居住区、市政设施以及工业遗存等。这丰厚的历史遗存，可以说是社会文明的现实，是历史文明的延续，也是未来宝贵的遗产。从景观意象的控制性规划过程来看，要把握以下原则。

（1）尊重历史的原真性原则

保护历史文化遗存的本来面貌，要保护它所遗存的全部历史信息，坚持"整旧如故，以存其真"的原则，维修使其"延年益寿"而不是"以假乱真"。针对历史遗存的不可再生性，采取"透明的保存方式"，即通过技术手段维持它的风貌，同时能够让人近距离地亲密接触和感知，甚至让真切的生活融入到历史环境中，起到活化历史遗存的目的。

（2）坚持人与环境的共生性原则

一个历史文化遗存是连同其环境一同存在的，保护不仅是保护其本身，还要保护其周围的环境，特别是对于街区、地段、景区、景点，要保护整体的环境，这样才能体现出小城镇整体历史的风貌。强调人的共生关系，就是在设计时要考虑居民的生活活动及与此相关的所有环境对象，做到从整体考虑。

（3）坚持可持续发展的原则

保护是为了更好地延续。从另一个方面讲，活着的人文景观遗存，是最好的历史保护。历史保护不仅是为了保存珍贵的历史遗存，重要的是留下小城镇的历史传统、建筑的精华、原住居民的原真生活状态。完整地保护这些历史文化的载体，从中可以滋养出新时代下的小城镇的未来。只有永续利用才能使历史遗存真正"活"起来。

（4）注重历史财产的公共性原则

小城镇历史遗存保护是社会公共财富的保护，代表公共利益的政府理应有所投入，应根据各地的财政经济状况有计划、有目标、有步骤地投入，使得每个时代的人都能平等地享有历史遗存的资源和环境，更好地继承和发展。近年来，小城镇历史文化保护工作越来越受到重视。在城市规划层面，住建部提出的城镇规划强制性内容包括红线（规划线）、绿线（绿地）、蓝线（水系）、黄线（重大基础设施用地影响范围）和紫线（历史街区）。紫线是指已确认登记包括已经公布的城镇各类文物遗存范围保护控制线，是城镇规划强制性内容的组成部分。在国家政策宏观指导下，针对小城镇景观设计层面的地方措施也在不断出台。如今，城乡一体化的整体运作给许多小城镇带来资源统筹、产业转移和特色经济利益驱使的冲动，一些小城镇因片面地为营造繁荣景象或创建所谓"文明城镇"，而不吝以牺牲宝贵的自然资源、人文积淀为代价，反而造成"拔苗助长"，欲速则不达而贻害无穷。然而，往往是那些没有崭新的商业街，没有都市喧嚣的传统村镇，才更吸引游人的目光，其原汁原味的传统意象或"社会主义新农村"的人文景观形象给人留下了深刻的印象（图6-11）。

图6-11 宽窄子巷历史街区更新

（资料来源：作者自摄）

6.2.3.3 可持续发展原则

传统的景观因其包含着神秘幽远的人文历史因素让历经沧桑的形象令人神往。小城镇传统的景点以大树、古钟、宗祠、庙宇、塔楼、牌坊、街市、广场、道路、桥梁、绿化、岗坡峰崖、江河水塘、溪流瀑布、温泉热泉、奇花异木等自然的、人工的、人文的要素，创造出许多令人陶醉的景观。这些景观既是小城镇一定历史时期政治、经济、文化与社会民众的宗教、习俗共同参与的沉积，又是小城镇社会文明可持续发展中具有宝贵价值的人文景观。

因此，从人文情态的角度出发，关注人的主体参与性和情感交融性，对小城镇环境景观设计进行优化，加强人们对于环境的记忆，增强其在环境中的归属感，同时对人的行为进行环境艺术的影响和陶冶，更能激发小城镇景观的活力，这种互为律动的效应必将成为小城镇发展的有生力量，对小城镇的健康发展有着深远的意义。

随着文明程度的提高，人类会愈加把生命与社会价值联结在一起。珍爱生命，平等和公正地善待每一个生命，将人的生命融入和体现到自然环境中，景观设计正是这样一种把人类情态建立在生活场景中的综合的艺术科学，景观设计师的责任是要把历史和现代、自然和人工因素结合起来，通过设计手段来提高人居环境质量，同时保护和发展小城镇的文化和历史遗存，为城镇建设创造新的形式，并保持小城镇历史发展的连续性，形成古为今用、洋为中用、中而出新、新而出彩的景观风情。

6.3 景观要素空间构成设计

小城镇环境景观特色的营造，是要以小城镇空间结构形式、产业分布特征、地方经济实力、历史文化风貌等因素为设计依据，使之达到特色化、宜人化、高品质的环境生态质量和效果。

小城镇空间环境景观既有城市化进程未来发展趋势的特征，又有着传统村镇沿袭发展而来的环境基础。所有的景观通过空间要素来体现，强调的是开放性公共空间的发展，主要包括道路交通、建筑构筑、场地绿化、公共设施、装饰小品等景观要素空间构成的内容。通过对小城镇有形、无形物质景观要素和人文精神景观要素的合理化、有序化控制和整合，统筹规划城乡空间物质构成，系统考虑具体要素的分类设计方法，在设计美学原则的引导下，创造出充满生机、富有特色的环境景观。

6.3.1 道路交通

交通规划和设计是引导城镇空间序列的重要手段，在整个小城镇中，道路系统拥有着如同建筑走廊的内部秩序，同时，它又是构成城镇基本骨架的主要因素。小城镇交通的组织，主次干道、高速公路、停车场、停车库以及路边停车等的布局与设计形成城镇空间骨架，对城镇的运行效率产生重大影响。然而，如果道路交通设计不合理，就会对城镇环境产生很大的负面影响，直接影响人类活动的连续性和安全性，还会使得道路景观变得单调和枯燥。

目前，由于我国小城镇的经济发展水平依然不高，道路交通系统尚欠发达，往往要依托城镇体系规划和区域规划的发展契机来构建主要的对外交通干道。城镇道路等级一般比较低，城镇与外界交流相对闭塞。在现阶段，应当根据小城镇实际的用地范围、机动车和非机动车的交通流量合理规划交通干道（包括全镇性和过境性）、生活服务性道路（区干道）和支路。

道路是景观设计中不可缺少的构成要素，是景观的骨架、网络。道路景观的规划布置，往往反映不同的景观面貌和风格。道路景观和多数城镇道路的不同之处，在于除了组织交通、运输等功能之外，还有其景观上的要求，比如美化环境、提供休憩场所等。道路景观的线型、断面、色彩等本身也是景观的一部分。道路景观的视觉效果，直接影响着城镇形态特征和动态格局。因此，城镇道路景观设计必须在满足道路交通功能的前提下，根据其特定的性质和目的，结合道路沿线的气候条件、地形地貌、生态环境等自然因素和区域的历史文化、风俗习惯等人文因素进行综合考虑，并注重抓好以下几个方面。

6.3.1.1 道路景观功能

①道路设计规范：合理控制小城镇道路红线宽度，创造人性化的道路景观界面。一般来说，道路的宽度是由机动车道、非机动车道、人行道等组成；道路红线为路幅宽度的边界线，是规划控制的界限，通常为人行道与临街建筑物用地的分界线；景观设计可根据城镇的不同道路红线，充分考虑敷设地下、地上工程管线和城镇公用设施所需增加的宽度，选择配置行道树。在动态视觉设计前提下满足人车通行——生产、救护、消防、游览、生活等通行需求，控制和形成道路的景观，提升小城镇的整体形象。

注重道路线性功能和景观的视觉性。小城镇应该根据自己的经济实力，适当选取一些主要道路进行景观设计，形成景观道路。景观道路的平面形式，有自由、曲线的形式，也有规则、直线的形式，形成两种迥然不同的景观风格。不管采取什么样的形式，景观道路忌讳断头路、回头路，在某些城镇空间重要节点处，可以设置道路环岛或者形成户外广场空间。对处于城镇发展轴线的景观道路，应当在确保道路宽度有发展空间的前提下，促使道路功能多元化，因地制宜地设置人性化的开放空间。

当然，景观道路也可以根据功能需要采用多样化断面的形式。比如，在人行道设计方法上可以更加多样化，通过增加断面形式变化，如不同宽狭变化，增加休息亭与小广场空间相结合等。使得道路不仅仅满足车辆通勤功能，同时为小城镇居民提供可以短时停留的间歇空间。

②道路视觉安全：道路景观设计应当考虑驾驶员和行人的安全性。因此，在景观设计时要充分考虑视觉空间大小、安全设施的色彩及尺度、道路感觉的多样性、视觉导向和视觉连续性等交通心理因素。鉴于司乘人员是在行驶的汽车上感觉动态景观，视野范围狭小，因此，要求沿道路的景观必须结合环境变化或大尺度、大色调、流线型地同比例协调。道路交叉口要尽量靠近正交，避免多路交叉，避免锐角而导致车辆不易转弯发生交通事故，同时，人行道设计时要考虑到残障人士使用的便捷性和安全性。

6.3.1.2 道路节点景观

从道路视觉效果来看，道路是景观的视觉通廊，更是组织景观节点的关键。而营造景观的视觉通廊、节点应做到巧于因借，因势利导地展开设计。对道路地面的铺装应根据功能需求做到因地制宜，采用不同颜色的路面材料来分别修筑路肩、行车道和分隔带，既加强了道路的装饰性，又提供了良好的视觉导向。在工程建设中，道路景观建设必须做到经济效益和社会效益有机结合，景观设计结合原有地形地貌，避免人为地开挖掩埋，使公路与周围环境相融合，避免隔断生态环境空间或视觉景观空间，让道路真正成为自然生态与视觉景观斑块之间的网络通廊。

对于自然条件优越的小城镇，道路网络应从植物与地貌保护出发，根据地形地貌迂回曲折，让路网完全融合在自然环境之中。另一方面，在一些景观道路的设计中，为了延长游览路线，增加游览趣味，提高景点利用率，景观道路往往因势随机地设计成蜿蜒起伏状态。在道路转折或节点处布置山石、树木等要素，起到点景的作用。在选择路线方案时，通过仔细的踏勘，调查每个路线方案的沿线地形地貌、风景特点，确定一些风景控制目标（如名胜古迹、奇石险峰、百转千回的溪流等），同时确定一些须回避的特殊目标，如森林保护区、农田保护区等，然后反复比较线位，充分利用风景资源，使沿线视野景观多样化，使其巧妙地融入自然风景中。根据设计规范，山坡坡度不小于6%时，要顺着等高线作盘山路状；考虑自行车时坡度不大于8%，汽车不大于15%；如果考虑人力三轮车，坡度应当更小，为不大于3%；当人行坡度不小于10%时，要考虑设计台阶。

6.3.1.3 道路绿化景观

道路绿化是功能与景观生态的有机结合。道路两侧设置绿化带，使其形成绿色长廊，既起到视觉引导作用，又起到防尘隔声、协调环境景观的作用。在绿化带中，需要结合当地自然气候条件和道路性质，选择种植耐修剪、防风抗病的景观行道树，注意控制树木间距。如绿化带占地较宽，可以考虑乔、灌结合形成色彩绚丽的绿化带。在特殊道路地段，如峡谷、滨江道路，在天堑开挖的悬崖边坡道路是景观绿化中一个难度较大的课题，它同时具有防护性和景观性的双重功能。提高这种道路绿化率，对稳定路基、防止冲刷形成坍方和泥石流、保持水土具有很好的护坡功能。由于边坡坡面土质为路基填筑用土，或路堑开挖后暴露的土体，土石混杂难于种植，且灌溉条件差，养护难度高，因此要求做好草种选择、种植方式、养护、管理等工作。另外，垂直绿化部位主要有浆砌护坡、挡墙等，可通过在其下栽植攀缘植物如爬山虎、凌霄等，或在其顶部栽植垂枝藤本植物，以遮蔽构造物，起到柔化道路界面的作用。

6.3.1.4 道路功能扩展

随着汽车数量的迅猛增长和机动类交通工具的不断更新发展，小城镇自然传承下来的路网已经不具备现代化机动车交通使用功能的基本需求。在内陆经济欠发达地区，由于小城镇总体规划滞后，道路交通一直以来都没有真正解决发展中的交通流量和停车场地的需求。在发达地区，虽然经过不同程度的道路网线规划，但是其功能依然落后于机动交通的发展速度，已经造成道路交通的超负荷运行。由于停车场的缺失，使得机动车辆乱停乱放严重，既阻碍交通、危及路人生命财产安全，又对小城镇视觉景观带来负面影响。道路交通设计除了主要针对城镇核心区、商住区等人流密集地区的详细规划以外，更应该合理规划普通街区及城乡交互的快行和慢行交通路网，设置可利用的停车场地和交通服务设施；通过景观组织和绿化种植等手段，疏散、引导和规范车辆交通及其停放，使之在功能有序运行的情况下，形成统一、秩序和人性化的景观效果。

对道路服务设施和构筑物的设计，也要采取整体规划，强调标志鲜明、风格统一。在设计上，应将城镇道路交通设置与城乡互通立交、服务区、收费站等建筑设施作为一个整体通盘考虑，确定统一的设计主题，同中求异，根据功能和服务对象的不同特点，在风格、造型、色彩、规模等方面有所变化；使沿途桥梁、涵洞、立交、跨线桥等景观富有节奏和韵律；不仅考虑其技术经济的合理性，还要有新颖、与该地区相融的自然环境，与风土人情相互呼应的优美景观，营造一个准确、高效、良好的道路交通环境，从而使人心理愉悦，消除疲劳，确保安全。

6.3.2 建筑构筑

建筑物是小城镇环境景观中的决定性因素，建筑构筑及其群体组合的优劣直接影响城镇环境景观的视觉评价。然而，小城镇在历史演化与自然生长过程中，并非是在视觉上全部理想化并符合一定的美学范式，它的形象与环境在视觉品质上总是良莠共存，这是发展过程中的现实存在，正是这种存在，就需要通过现代景观设计的手段加以控制和引导。从视觉美学的角度出发，首先关注建筑的体量，即其高低、大小、形态、气势等；其次要关心建筑的风格形式，即建筑的形象、材质、色彩、光影的美感等。在小城镇景观设计范畴中，从整体空间角度进行分析，对每座建筑场地、周边环境、占地面积、容积率、空地率、建筑高度、体量、形态、质地、色彩等方面作综合评价和控制性研究论证，提出形态整治、修改的统一规划、设计要求并分阶段实施。当然，建筑本身是艺术创造的产物，它可以映射出设计师的思想、意识、水平和境界，所以，注重提高设计师自身的修养和水平是十分必要的。

6.3.2.1 建筑功能形态与美观

采用美学原理处理建筑的形体、比例、尺度，均衡、节奏、质感、色彩、装饰、光影等基本元素。根据小城镇当地的自然风土人情，解决好建筑的形象、风格、特征。一般来说，小城镇传统建筑、构筑物的体量较小，人口密度较低，能够保证有良好的日照条件和疏朗的空间环境，主要是在建筑设计的功能布局上要合理体现以人为本的思想，提供一个实用而舒适的人性空间。

建筑的形式应当结合本地建筑传统，融合具有时代性，不同政治、经济、文化背景下产生的不同风格，将其进行统一创新。简单地对中国传统建筑的照搬或者对西方现代建筑的盲目模仿都是不对的，只有充分理解传统和现代建筑精神，在当前自然、社会条件下把传统和现代有机结合，才能产生"西而东、洋而中、中而新、新而雅"的设计。

6.3.2.2 建筑风貌的特色对比

这是对建筑空间体量与群体外观形象在视觉图形和符号方面的统一整合和综合性设计。保护历史建筑的环境景观与周围环境群体建筑物之间的协调关系，是对城镇文脉的一种延续；同时，要保证建筑物之间的空间比例关系，保证城镇视域、视廊的通达性与天际线的视觉美感和特色；由于建筑构筑本身就是一种四维的形态语汇，是本土文化在时空演化过程中的叠加，具有强烈的场地精神象征。所以，将现代多元化的景观要素和传统古老的地方特色有机结合，形成新与旧、传统与现代的对比，是解决小城镇景观风貌的继承与发扬、保护与创新的有效方法。

6.3.2.3 建筑生态性与本土化

讲究建筑材料的原真性和生态性是小城镇景观特色的重要保证。当前，人类面临严峻的生态环境问题，自然资源严重浪费和过度开发加重了生态危机。恰当地运用材料和技术解决建筑建造问题，使建筑融入本土环境、形象持久、跨越时空、满足使用与审美的需求功能。提倡就地取材，并且严格控制不可再生材料的使用，这不仅可以降低小城镇建设成本，还可以降低交通运输对能源的消耗，实现小城镇建设的可持续发展（图6-12）。

图6-12 韩国某古村本土建筑

（资料来源：作者自摄）

6.3.2.4 建筑色彩的地方性统一

小城镇的建筑环境要求建筑用色的地方性对比与统一。根据小城镇的地理、气候、资源环境特点以及本土民族文化特色，来决定建筑外观的色彩。通常，小城镇中的民众生活在浓浓的民族、民俗乡情之中，依据本土民族文化的特性形成本土民众喜闻乐见的色彩和情感的象征。在湿润、温暖的东南方，在气候寒冷干燥、色彩绚丽丰富的西北部雪域高原民族地区，都会因气候影响而导致景观植物的季节性变化，从而造就色彩环境的变化，建筑因气候、环境和本土材质色彩的变化而呈现出与地方土壤、石材、林木草场相适应、相协调的色彩。在这种大的城镇环境色调中，设计人员应该从本土建筑色彩中吸取营养，提取具有鲜明的地方时代性的建筑色彩，形成时代色彩的对比，以丰富环境景观的色彩。

6.3.2.5 乡土建筑景观遗产保护

乡土建筑的保护是历史村镇保护的重点。对乡土建筑和历史遗存的保护可以采用以下方法：①原真保留。对于那些具有极高历史价值的建筑一般采用这一方法。如安徽的西递、宏村；浙江的乌镇、安昌；江苏昆山的锦溪等古镇，就很好地保留了明清以来各时期的古镇原貌和传统建筑风貌。②适当改造。将原有建筑的外表保留，对其功能进行完善，继续发挥其使用价值。③新旧协调。要求新建筑的设计风格与古建筑一致，新旧建筑产生协调统一的美感。如果小城镇所处的地方古建筑很多，可以开辟专门的古建筑保护区，对建筑、街区、人文等景观全部保留而在另一地方建立新区，为了区分新区与古建筑区，可以利用水体、绿化带等隔离，避免新旧建筑反差过大产生不协调感（图6-13）。

图6-13 山居人家

（资料来源：作者自摄）

6.3.3 场地绿化

场地绿化是小城镇景观环境设计的重要组成部分，是促进人与自然和谐共生的联系纽带和桥梁。由于小城镇的建设规模和人口密度主要是从初始的聚落和乡村发展而来，与大中城市相比悬殊较大，许多自然绿色景观是依托农田、荒地和自然山林绿化呈现出来。绿化景观设计旨在通过人工手段创造出与人们生活息息相关的场地绿化，以此美化和丰富城镇居民的生活水平和质量。从城镇用地分类看，小城镇绿地系统包括：公共绿地、居住绿地、防护绿地、生产绿地、交通绿地和其他。由于小城镇的人口和用地规模的限制，小城镇系统中的公园、街头绿地等数量在现阶段少而单一，生产绿地和防护绿地的比重较大；并且由于资金投入的局限，小城镇的绿化建设水平整体偏低。

在小城镇整个生态环境系统中，镇中的公园、滨河绿地、居住庭院等绿化场地是一个有机的组成部分。随着城镇布局的进一步合理化，绿化建设以点、线、面的形式分布于城镇体系中。点状绿化主要由工业厂区、住宅小区内部绿化以及街道旁的绿地广场等组成，它更能体现出一种人性化的绿化景观设计；城镇中呈线型延伸的绿地主要是道路两侧的绿化带，它们不仅是绿色城市轴线，也是联系面状、点状绿地、空间的纽带；坡地、农田、公园形成了大块的"面"状绿化，它们是城镇绿化的主体，对生态环境起着极大的改善作用。

基于小城镇空间点、线、面有机穿插组合的考虑，需要在小城镇绿化建设中引进"斑块—廊道—基质"的生态景观学概念。小城镇的绿化应从整体格局上来进行考虑，首先，要有大面积的绿地斑块，在小城镇的绿地系统规划阶段就应该考虑，尤其是尚未开发的小城镇在景观绿化方面有着广阔的发展空间；其次，大的斑块利用廊道进行连接，廊道的建设可以充分利用道路绿化和河流的绿化带来进行，起到连接城外大面积绿地和小城镇内部的绿地斑块的作用，为生物活动提供通道，有效保持生物的多样性，维持生态平衡，建设可持续发展的小城镇人居环境。

6.3.3.1 整体环境绿化设计原则

植物是景观设计中重要的设计元素。在场地绿化设计中,针对植物的功能配置和造型特点,根据不同植物分类,采取不同处理手法。植物作为具有生命力的物种载体,是调节生态环境的重要元素,是美化城镇人工环境的重要表现素材,在场地绿化设计时需要注意以下几方面:

①从生态学角度出发,首先应因地制宜,尊重自然植物的生长规律,大力提倡开发和运用乡土花草、树种,以本土植物配置来丰富地方景观特色。其次,尊重植物的多样性,构建丰富的植物群落。物种多样性是生物多样性的基础,每种植物本身无所谓优劣好坏,发挥植物自身的特色,合理配置和适当的管理才能构成富有生机的植物景观。一般来说,植物品种的搭配要遵循生物进化的原则,在景观规划设计中,落叶植物和常青植物的使用,应保持一定的比例平衡关系,最好的方式就是将两类植物有效地组合起来,从而在视觉上相互补充。因此,设计师应该尽量挖掘植物的各种特点,根据环境景观的属性需求,合理配置适应性较强、生长速度较快、色彩丰富、形态各异的绿树种群搭配,提高景观的视觉审美效果。

②从植物造型艺术出发,充分运用季相性的形、色与气味,注重不同层次的配置,从而达到最佳的滞尘、降温、保湿和净化空气、吸收噪声、美化环境的作用。植物的季相性表达主要体现在不同时节,观叶、观果的植物视觉形态和嗅觉的变换体验。视觉体验主要在于植物叶冠与色彩搭配,嗅觉自然是侧重植物的芳香之气。通常,使用常青植物作为基调,配以各种花色以增添活力,同时吸引观赏者注意设计中的重点景观。在设计中,植物配置的色彩组合应与其他观赏性相协调,起到突出植物的尺度和形态的作用。比如,突出季节的主题设计,可以在花卉选择上使用春桃、夏荷、秋菊、冬梅,在树种选择上使用春柳、夏槐、秋枫、冬柏;在场地绿化设计时可以考虑植物前、中、后三个层次的组景,通过不同的植物形态、花色、香气的差异,运用合理的配置方式,比如孤植、对植、群植等,根据花木的形态特点和数量予以适当的搭配,以点、线、面、体的形式参与空间的构成和分割,使人能够明确感受大自然的时令景观气息,让绿化场所成为人性化的游憩空间。

③从空间视觉感受出发,一般考虑水平和垂直配置两个方面。比如,注重绿化与房屋建筑、河湖道路的多层次、垂直立体的配置,形成城在林中、路在荫中、宅在园中、人在景中的总体格局。真正的绿化,不再是简单的种树或植草,而是应该有层次、有时序地进行。即春有花,夏有荫,秋有果,冬有绿——体现"春生夏长,秋收冬藏"的季节观赏性;落叶乔木、常青灌木和草皮地被等高低不齐;既有中心绿地作点睛之笔,又有环状绿带引向各个边陲。

④从历史文化角度出发,植物景观要与环境相协调,同时提高绿化的人文品位。小城镇中的物种、群落、环境和人类文化的多样性影响着城镇的结构、功能及其可持续发展。植物景观是保持和塑造城镇风情、文脉和特色的重要方面。在世界经济一体化与文化多元化并行发展的今天,历史文化连续性原则更应该成为植物景观设计的指导原则。a. 理清历史文脉的主流,重视景观资源的继承、保护和利用,以自然生态条件和地域性植被为基础,将民俗风情、传统文化、宗教信仰、历史文物等融合在植物景观中,使植物景观具有明显的地域性和文化性特征,产生可识别性和独特个性。荷兰的郁金香文化、日本的樱花文化已经成为一种符号和标志,其植物景观功能如同城镇中显著的建筑物或雕塑,可以记载一个地区的历史,传播一个城镇的文化。比如,中国人善于以竹造园,在古典园林中时时能让人体味"纷披疏落竹影"、"曲径通幽、竹外怡红"等如诗如画之美。南山竹海位于江苏省溧阳南部山区小城镇的特色植物文化景观旅游区,展现给人的是乡土、古朴的自然美,以及竹子衍生发展的文化产业给社会经济带来的繁荣。而北宋著名的

画家兼山水画理论家郭熙写的《山水训》中也有这样的意象描述："真山之烟岚，四时不同。春山淡冶而如笑，夏山苍翠而欲滴，秋山明净而如妆，冬山惨淡而如睡。" b．古树名木保护也是小城镇绿化建设中的重要环节。保护对象是指城乡范围内树龄在百年以上的树木，具有科研、历史价值和纪念意义的树木，珍稀树种、列级保护的树木，树形奇特、国内外罕见的树木以及在园林风景区起重要点缀作用的树木。它们是历史的见证，是活的文物，是具有很高的文化价值的历史遗产，另外还具有科技、科普价值，要防止"大树迁居、古树进城"——"顾此失彼"的生态悲剧重演，把植物与场所精神的"根"留住。

⑤从人本情结和感受出发，考虑绿化形态尺度和植物质地的人性化，提倡"以人为本，崇尚自然，天人合一"。一方面，为满足人们回归自然的渴望，各种空间中的设备设置、材料质感的应用及景观的创造应充分考虑人们钟情于自然的心理需求，并利用具有生态保健功能的植物提高环境质量。杀菌和净化空气，以利于居民的身心健康。一个理想的设计中，考虑到人的尺度和视线范围，按不同比例大小配置不同类型的植物，在质地选取和使用上结合植物的大小、形态和色彩以便增强植物景观的亲绿性。在另一方面，绿化建设要坚持"以人为本"，贴近百姓，使绿地分布尽可能均匀，让更多的居民享受绿化带来的舒适与美感。要突出抓好小城镇公共绿地建设，结合城镇化进程中产业结构调整置换出一定的开敞空间用于绿化，提供更多的休闲游憩空间（图6-14）。

6.3.3.2 局部景观绿化设计方法
（1）广场绿地设计

在小城镇环境景观中，广场绿地不仅是供人休闲游憩和唤起人们对环境场所的归属感，更是唤起公民审美意象的认同感。设计时，既要考虑居民活动的空间实用功能，又要将绿化景观的观赏性结合起来，形成软施硬质混合铺地要素结合、游憩和观赏功能相结合的城镇景观。

图6-14 四川柳江古镇大树景观
（资料来源：潇然摄影）

小城镇在建设绿地广场时，其用地规模要与人口规模、周围环境相协调，符合当地民众的实际需要。绿地广场设计布局应科学合理，并充分考虑到建成后的实际利用率，避免形成虚假的景观和无用的摆设，提高景观的生态作用，注重植物造景，加强养护管理。在大面积的绿地中，根据广场的性质和环境特点，可增建亭台楼阁、小桥流水、瀑布花坛等具体景观，以充分满足现代人崇尚田园生活的闲情逸趣。

园路是广场绿地景观中重要的组成部分。园路的线形设计应充分考虑广场造景的需要，以达到蜿蜒起伏、曲折有致。在园路的总体布局基础上，可进行平曲线和竖曲线设计。平曲线设计包括确定道路的宽度、平曲线半径和曲线加宽等；竖曲线设计包括道路的纵横坡度、弯道、超高等。园路主要通过路面铺装形式来实现。路面铺装材料很多，比如石板、瓦片、水泥、木板、竹片等。路面及两旁的绿化可用草坪、花簇、树丛的形式布置，应尽可能利用原有地形，强调整体景观的丰富性和协调性。

对花景和树丛的规划设计也要按照园林植物生态习性和园林艺术布局的要求，合理配置并创造出各种优美景观，以充分发挥园林的游憩与观赏功能。首先，各种植物之间的配置要侧重考虑种类的选择、树丛的组合，平面和立面的构图、色彩、季相及意境的创造。其次，要结合景观设计中其他要素如山石、水体、建筑、园路等配置。其类型大致可以分为自然式和规则式两种：自然式配置——以模仿自然、强调变化为主，具有活泼、愉快、幽雅的自然情调。其种植形式有孤植、丛植、群植树木等；规则式配置——多以某一轴线为对称或成行成排种植，如对植、行列植等，它给人以雄伟、庄重、肃穆之感。考虑到人们游园活动的需要，规则式草坪坡度可设计成5%，自然式草坪坡度可设计成5%～15%，一般坡度设计在5%～10%左右，以保证排水畅通（图6-15）。

图6-15 滨水连廊
（资料来源：陈强绘）

草坪是大面积运用的广场植物景观要素，通常给人们视觉心理造成舒适、轻松、心旷神怡的感觉。草坪覆盖地面，可以防止水土冲刷，维护缓坡绿色景观，同时具有冬暖夏凉之效。绿色草坪还可以吸收强光中对视力有害的紫外线，保护人们的视力健康。有些草种对毒气反应很敏感，如紫花苜蓿、三叶草对二氧化硫敏感，金钱草对氟化氢反应敏感，万寿菊对氯气反应敏感等，因此，可以利用它们监测环境污染。现代园林绿地中的草坪，通常衬托树丛、建筑和水面，使绿地景观开合有度、疏密有致；宽广的草坪适宜游人休息、赏景活动，使游人胸怀开朗，心情舒畅，消除疲劳，振奋精神，促进身心健康。

（2）街道绿化设计

对小城镇主次干道和街巷绿化，可以引入公共绿道的概念，采取植树成荫的办法，营造优雅的林荫大道。在道路交叉路口和比较宽阔的道路空间节点上，可以设置绿岛、街心花园或小游园。也可在街道节点和休闲环境中进行特色绿化竖向组团布景。对特殊树形的绿色环境营造，要因地制宜，尽可能选择本地易栽、易活、易养的树木。杜绝名贵大型树木、古树千里移栽的急功近利做法，这样不但花费大量资金，还会因为造景方法相近形成新的"千城一面"；更不应该为营造新的景观破坏原有的自然生态格局；以本土植物来营造小城镇形象，让本土植物创造本土文化，表现原汁原味的小城镇特色。

（3）滨河绿带设计

道路一侧面临河、湖、江沿岸的狭长绿带称为滨河绿带，是一些小城镇自然景观的组成部分。由于自然条件优越、环境优美，是行人和附近居民休息赏景的好地方，是夏季纳凉胜地。滨河绿带的设计要根据其功能、地形和河岸的变化而定。根据驳岸变化和岸边水情不同，可以在水边适当布置耐水性的乔、灌木，设置草坪、花坛、树丛、座椅等，留出疏朗的视野，使开阔的水面给人们带来开朗、幽静、亲切的感受。为保护堤岸，可以考虑永久性驳岸；如水面较宽，常用缓坡、岸墙；如水面狭窄，可用石柱、栏杆。设立园林小品和步道要自然布局，靠岸一侧可以种植花草灌木和滨水植物，以丰富案线的视觉景观。

（4）绿化小品设计

景观小品直接对环境气氛起烘托作用。以植物为特色的小品装置艺术，常见的有用各种草本花卉创造形形色色的人工器物，包括花池、花坛、花台、花箱、植物雕塑等。这些独具匠心的花器和小品多被布置在交叉路口、道路广场、街头绿地、主要建筑物前、滨河绿地等风景视线集中处，起着装饰美化的作用。另外，随着材料科学的不断发达，专供花灌木或草本花卉栽植使用的花箱设计也日趋多元化，可以运用竹藤、塑料、原木、不锈钢等材料设计个性化并具有小城镇特色的造型，机动灵活地布置在室内、窗前、入口、道旁及广场边缘等处。

6.3.4 公共设施

公共设施是一个比较宽泛而模糊的定义。我国的一些学者认为：公共设施包括公共绿地、广场、道路和休憩空间的设施等。而有外国学者认为："公共设施就是指城市内开放的用于室外活动的、人们可以感知的设施，它具有几何特征和美学质量，包括公共的、半公共的供内部使用的设施"。其实，两者的定义是存在共性的，环境中的公共服务设施，就是在城市外部空间中为人所服务的设施，是人们日常生活的一个组成部分。

从宏观建筑的角度看，小城镇中公共建筑所包含的设施、设备等是小城镇居民最常面对的公共设施，主要包括镇政府、幼儿园、敬老院、活动中心、人民医院、邮电局、法院、小商品市场等文教和商业设施。从微观要素层次看，环境中公共设施的分类可以更细，按照设施景观的服务用途，可以将景观分为七类：①休息设施，如座椅、休息亭；②服务设施，如电话亭、书报亭、灯柱、邮筒；③信息设施，如标志、指示牌；④卫生设施，如垃圾桶、公共厕所；⑤运动设施，如各类运动场、球场；⑥游乐设施，如儿童游戏设施、露天健身器材等；⑦交通设施，如隔离墩、路障、候车亭等。

在人们的日常生活中，公共设施与人们的户外活动关系密切，是促进人与人、人与社会交流的道具，协调着人与环境的关系，是人们物质和精神生活的真实写照。总体来说，是丰富人民生活、完善城镇的服务功能、提高生活质量的重要组成部分。优秀的公共设施设计，应当是协调城镇内各个建筑单体存在的不和谐，使城镇空间变得亲切并适宜居住，充分考虑到它们的物质使用功能和精神功能的作用，提高其整体的景观形象，体现出城镇特有的人文精神与艺术内涵，同时提高一个城镇的文化形象和城镇魅力。在景观设计时，应注意以下几个方面。

6.3.4.1 功能性和人性化

公共设施的人性化设计，具体包括设备设施的安放地点、位置、环境的适宜性；其形态、尺度、色彩、质感、识别性、和谐性等功能使用的便利性、通俗性等。各项设备设施应该以满足使用者的需求为设计目标，在符合人体工程学的尺度下，提供舒适的设备、设施，并考虑外观美以增加环境视觉美的趣味。作为设计师，要了解参考人机工程学的尺寸模式，根据设备、设施的实体特征（如大小、质量、材料、安全、距离等）、美学特征（大小、造型、颜色、质感）以及机能特征（品质影响及使用机能），并预期不同的设施设计及组合、造型配置后所能形成的品质和感觉，确定发挥其潜能。另外，人性化设计要能够尊重本土居民的生活习俗，对各种设施设置要先进行调查研究，大到设备、设施具体的服务半径研究，小到设备、设施具体尺度和当地人的举手投足的生活和交往习惯的研究，使公共设施充分起到实用、美观的功能作用。

6.3.4.2 安全性和便捷性

小城镇的公共设施建设，一定程度上反映了城镇居民的精神文明风貌，是小城镇向现代化发展的具体体现。但是在当前实施过程中，为了防止设施遭到人为的损坏或者被丢失，各种设备、设施应建造和设置必要的围护和安全措施，比如大型的运动设施等。对于小型的设备、设施应该根据不同属性采取不同的安全防护方法。在考虑到设备、设施本身的人性化时，正面积极引导和教育居民合理使用公共设施，爱惜公共财物，提高民众的素质，以期在物质和精神文明中双丰收。

6.3.4.3 多样性和统一性

人类生活的城镇是一个复杂的巨系统。公共设施随着人类社会的不断进步而出现，对于诸如邮局等公共设施在人们脑海中已经有了固定的形象，其形象上的统一识别性能够给予人们的生活以便利。在整个公共设施系统中，设计师应该对于环境设施进行整体的布局分类安排，考虑其尺度比例和用材着色，建立一套主次分明、形象统一的特色设施体系，体现城镇基础设施的改善和整体风貌的提升。在我国，许多具有地方特色的小城镇已经开始注重公共设施的开发和利用，特别是一些以旅游业为主导的小城镇，环境设施已经很好地融入整体的景观设计中，注重设计内在的功能结构的合理性，同时兼顾外在形象的延续性，做到多样统一。

6.3.4.4 地方性和文化性

公共设施的设计同样受到地方环境和历史人文因素的影响：地方文化的不同、民族与历史发展的特征不同、传统与宗教信仰的不同、使用环境与目的的不同、使用者的不同都会在公共设施的功能、造型等方面显现出突出的特征。在设计时，要善于利用这种特征，在地域文化的背景下，结合当地自身造型和色彩上的传统特色，通过创新化和人工化的设计，将公共设施与环境相融合。事实上，在地域辽阔、多民族的中国，许多小城镇在历史发展中形成了自己独特的建筑风格，如北京的四合院、黄土高原的窑洞、江南水乡的粉墙黛瓦、福建的客家土楼等，在这些不同风格的地区安置公共设施时，为了不破坏当地建筑的风格，设计公共设施时就必须考虑到整体建筑环境氛围，从中抽取出诸如形态、色彩、文化等隐含的因素，运用到公共设施设计中去。

6.3.5 装饰小品

装饰小品属于工艺品或产品等实用艺术设计范畴，需要有绘画、雕塑等纯艺术领域的造型创作能力和环境艺术的创新设计能力。作为一种艺术形式，装饰小品通过艺术手段将人的审美感知和事物的本质美在人工环境中展现出来。小品在一定程度上是环境中的附加品，就如同室内装修时墙上的一幅画，没有它房子依旧可以居住，有了它生活环境改善了，这是从追求物质财富上升到精神层次的审美活动，是建设小康社会的重要体现。按照一定的审美图式去创造环境氛围，并有效地利用壁画、装置、陈设、城市雕塑、园林雕塑去提高环境的品位，以精神要素作用于物质要素，使小城镇景观建设达到优化人居质量的目的。

在小城镇景观设计中，装饰小品如雕塑、壁画、灯具、标志物等影响着小城镇的形象和空间构成，它们以独特的造型和大信息量的视觉艺术传播形式，成为环境中的亮点。把那些用语言、文字等抽象形式记录下来的文化资源，运用环境艺术的手段加以具体化和强化渲染，通过小品设施这种有形的艺术形式能够展现小城镇特有的文化风采。在小城镇环境设计中，克服单纯的模仿、抄袭、照搬其他国家和地区的文化精品，真正在设计中将自己民族的文化价值体现出来。小城镇的装饰艺术品设计只有根植于本土的民族文化，才能使艺术作品持续焕发生命力（图6-16）。

图6-16 苏州陆巷古村落的过街牌楼——解元牌坊楼装饰

（资料来源：作者自摄）

小品设施的数量和种类依小城镇道路、街区不同而有所不同，相对城镇而言内容比较简单，但是并不等于专业可以粗制滥造，要避免公式化题材，避免题材和环境不协调的现象。对于这些与人们生活密切相关、与人有亲切尺度的小品的精心设计，能够不失时机地向使用者传达出关心和爱护的情感信息，使人们体会出小城镇所蕴涵的人情味。

6.3.5.1 环境雕塑设计

雕塑是场所、环境的雕塑。小城镇中的环境雕塑创作和设计与建筑装饰联系密切，与宗教信仰关系紧密。通常以有关小城镇的历史事件、名人轶事、英雄人物、动植物或宗教题材为主导，以生动的写实雕塑作品为主要表现形式，成为城镇的象征。随着人们思想的开放和审美意识形态的转变，越来越多的抽象雕塑作品作为景观节点中的环境艺术品或者街道家具艺术出现在大街小巷，活跃了环境气氛，丰富了环境景观视觉审美的内涵。

在现代小城镇环境中，有的现代雕塑设计出发点是为了延续文脉，改善环境，有的是为了提高环境景观艺术氛围，创造旅游景观条件。其造福一方的出发点尚好，但是，需要付出极其昂贵的建造成本和时间代价，值得人们深思。在现实生活中，真正好的艺术作品不是跟风、攀比，人云亦云，盲从冒进——不但庸俗，而且使得景观雕塑小品成了千篇一律的产品而非艺术品，破坏环境，祸乱乡野，贻害四方。在当前的小城镇建设中，许多城镇管辖区域内，包含着多个生态、湿地公园开发设计项目，其中在一些人工或自然环境中建造环境雕塑不乏其例，其开发、设计的理念脱离了环境的实际需要，脱离了自身的社会、经济条件和功能，使这些开发设计流于空洞、脱离现实（图6-17）。

当然，真正好的景观雕塑需要时间来考验，久而久之，它们形成一个地区某些场景中必需的、约定俗成的范式或时代的象征。在小城镇环境设计中很多是出现在宅门和桥头的石狮雕塑等一些蕴涵美好生活憧憬的雕塑小品。由于它们精致灵巧，往往受到人们的喜爱，但是要杜绝盲目跟风建设，强调赋予雕塑小品亲切的设计感，切不可因其小而降低制作工艺，削弱艺术含量，降低艺术品格。

图6-17　广州陈家祠堂庭院环境景观雕塑

（资料来源：作者自摄）

6.3.5.2 入口景观设计

小城镇的入口景观，是一座城镇的"门户和脸面"，是迎宾送友的重要标志场所，其景观形象的重要性不言而喻。从景观的类型看，入口景观往往处于一些重要的对外交通道路上。为了增加标识性和地方知名度，许多城镇都对交通要冲或城镇门户进行精心设计，形成入口景观。一般设计方法有：

①入口点景艺术小品：入口景观主要以雕塑、建筑或构筑、点景艺术小品等标志性建筑或艺术品，结合较为开阔的小型广场，连接入镇主要交通要道或街道，配合树木、花坛等绿化而成为良好的景观，雕塑常以地方历史传说、名人、图腾或象征小城镇发展理念精神的主题性或象征性题材，强化视觉效果，使作品在环境中突出醒目。

②入口环境条件的活用：在小城镇入口处若有古树、山石、小桥、河溪、湖塘等人工或自然景观元素可资利用，与入口街道、广场等巧妙结

合，更能增强地方性和可识别性。由于城镇门户的功能形态不同，古代城门的防御功能比现在城门的装饰功能要强得多，其外在形象大不相同。比如，城门是我国历史城镇最典型的形象代表，门楼上往往以匾额标明城镇的名称，如宏村、西递、周庄、同里、大理、山海关等。而现代小城镇往往没有明显的"门户"之见，而是假以公路沟通城镇内外交通联系，在通往城镇的公路端部设置象征城镇入口的交通标志，如用醒目的指示牌牌坊或用雕塑及体量相对高大的建筑物等来强调城镇入口。

近年来，随着人们对小城镇形象认识的提高，各地小城镇更加重视"入口形象"，已形成较好的现代"景观门户"之见。许多小城镇在入口过境公路的节点处大做文章，进行统一规划和布局，用良好的镇区入口景观给人们留下深刻而美好的记忆，同时，美好的入口景观也能给本土居民带来主人翁感、责任感、归属感。然而，毕竟这是一个小城镇多条道路入口的过境景观，是出入小城镇的起止点，具有过境景观的明显特点，设计时，应该根据小城镇环境景观的总体布局、场地现状和功能需求，进行景观控制，避免脱离实际、浪费自然生态资源。

6.3.5.3 标志物设计

城镇中标志物和标牌作为传递信息、增强形象识别的公共设施，是小城镇现代化环境景观中的重要视觉要素。它们包括广场、建筑、古树名木、环境雕塑、指示牌、宣传牌、牌匾和灯箱等。标志物与标牌在人们的视域范围之内，通过空间环境物象的对比设计，以突出的视觉冲击力传递信息，表达其人性化的关怀。在具备说明和导向系统功能的前提下，标牌的系统设计应该是小城镇文化的具体体现，从标牌的外形风格定位到材质的选用处理，都应该和特定的环境相协调。

①建筑、构筑标志物：小城镇中具有明显空间体量和形态的建筑物、构筑物（甚至是宗祠、庙宇、牌坊等）都可能自然形成小城镇中的标志物，而伴随着场地建筑的自然物如古藤、老树、石隘、断崖，都可能成为城镇中令人难以忘却的能够代表小城镇环境景观风貌的标志物。当今，由于建筑物的体量、高程不断增大，现代化的建筑、桥梁将以新的景观形象入主小城镇标志物系列，在进行小城镇景观规划设计时，要控制、协调作为标志性建筑物的数量和主宾关系，不然，小城镇的建筑会在"群星斗妍"的纷争中失去标志性作用。

②文化休闲类标志：要图文并茂；形态、色、质可以根据所处环境的条件适当地变化，对于色彩的色相和饱和度要与建筑物相协调，发光标志宜根据行业属性、规范和创意来选择表达形式。

③生态旅游类标志：造型要简单朴素，能够融入自然环境中，建议使用原始的自然材料和肌理，与大自然相得益彰。

总之，标志系统的设计要讲究整体性和系统性原则，应该对其设置高度、位置和样式做出统一设计，使其具有连续和谐的景观效果。

6.3.5.4 铺装图案设计

铺装是小城镇某些地面的视觉小品景观。由于铺地"地位低下"，其工艺、形式的装饰设计往往容易被忽视。但是，新颖的、适宜的铺地内容，往往拉近人地关系，密切了人与地景和物景的情感距离，且人的脚力与地景亲密接触，更加能增强亲切感，起到强化景观意境的作用。其实，铺地图案就好像是地面上的工艺美术作品展陈，具有因地制宜、自然随机、小中见大、以少胜多、打破单调乏味的装饰效果，手段简明而有效。铺地和其他景观要素一样，同样源远流长，隽永美丽，"铺叙"了城镇历史和文化的璀璨篇章（图6-18）。

一般小城镇环境中的铺地，都是采用当地的自然石材，如石条、石砖、青砖、青瓦、卵石等不同材质的色质、肌理进行归类、分彩，选取生活中表达吉庆、祥瑞、幸福的动植物原型进行图案设计，并巧妙地运用归类、分色的材质进行工艺铺装，以美好的装饰效果达成心中的愿望，图案铺装是劳动人民艺术才能和勤劳智慧的象征。各民族、各地区因气候、季相以及文化、经济等条件的限制，表现方法不尽相同。

图 6-18　福建南靖土楼下地面铺饰

（资料来源：苏州科技学院艺术设计专业本科生郝贺贺、唐苏云、段然、刘春霞、范琳、王晨曦等同学绘制）

在我国南方，尤其是在私家古典园林中，那些色彩丰富，用砖、石、瓦砾等材料组成精美图案的"花街铺地"，更是其中的经典。其式样、内涵，更是洋洋大观。明代著名造园家计成所写的《园冶》，对此有生动描述："大凡砌地铺街，小异花园住宅。唯厅堂广厦，中铺一概磨砖，如路径盘蹊，长砌多般乱石，中庭或宜叠胜，近砌亦可回文。八角嵌方，选鹅子铺成蜀锦；层楼出步，就花梢琢拟秦台。锦线瓦条，台全石版；吟花席地，醉月铺毡。废瓦篇也有行时，当湖石削铺，波纹汹涌；破方砖可留大用，绕梅花磨斗，冰裂纷坛。路径寻常，阶除脱俗，莲生袜底，步出个中来；翠拾林深，春从何处是。花环窄路偏宜石，堂回空庭须用砖。各式方圆，随意铺砌，磨归瓦作，杂用钩儿。"这其中包含了各种铺地的图案设计、制作工艺和文化寓意，同时这些形式多样的铺地图案具有很强的趣味性和艺术性，是在今后设计中值得借鉴的珍贵资料。

6.3.5.5　灯光灯具设计

夜幕降临，闪烁的灯光仿佛是小城镇多情的眼睛映射着镇区的心灵。古往今来，照明灯具的科技含量与照明装饰功效不断提高，灯饰的形式日益丰富多彩，灯具的材质也趋向科学合理。小城镇亮化体系的形成是小城镇现代化的一项标志性工程。照明和灯具的设计与选择，更是体现景观设计细节的重要方面，设计要重视小城镇历史文脉的表现以及对现代文明的创造，特别是运用现代亮化的手法达到城镇空间属性的表现是非常重要的。

灯具种类繁多，通常包括：高杆路灯、园林灯、草坪灯、水池灯等。灯具的选择需要根据具体环境中的植物配置，并与周边建筑的造型相协调。景观灯具设计集文化和功能于一体，是组成城镇空间特性的重要因素之一。灯具设计往往是功能结合艺术，在视觉造型上更侧重视觉美感。由于人性化的尺度，因而注重细部的精致处理，在视觉形态上具有同一感。比如，由乳白钢化玻璃和黑色铸铁构成的现代园路灯，造型简洁、方正，给人以大方简洁之美。而位于一些历史古镇街道两旁的灯具，则更加具有地方特色、古色古香的形色效果。加上现代设计创新的方法，富有变化地融入中国园林要素，加上富有现代感的玻璃材质，是一种可持续发展的设计方法。

在一般的外部空间照明设计中，需要把握以下原则：①照度合适，规避眩光，避免光污染。②注重可识别的视觉导向。③尺度宜人，坚固耐用，保证安全。④发展经济，节约能源。⑤结合照明功能，创造视觉趣味。

6.4 环境景观艺术的综合设计

小城镇环境景观设计本身，是自然和人工的结合，是物质形象与人文意境的统一，是广泛建立于自然科学和人文社会科学背景下的艺术创新活动。由于环境中视觉要素的复杂、多样性，加之艺术多样化的创造手段，要营造出能够让人"诗意栖居"的环境，就需要协调这种要素之间的比例、层次、关系，使其形成一个有机的整体。

景观设计主要解决小城镇中的土地利用和民众户外活动空间设计，是将历经沧桑巨变的自然进化过程和人类改造性的实践活动相联系，并且在大地环境中留下符号和烙印。只有通过景观设计师从不同角度挖掘环境存在的价值和创造场所精神，将物质规划设计手段同社会人文历史相结合，多模式、多手段地解决环境问题，并作艺术化处理，才能真正提高人们的生活质量。

在环境景观艺术的综合设计上，必须了解景观存在的意义、人性的本质需求和生命存在的价值。从人性、情感的"理与情"上揭示抽象设计的情境内涵，真正体现环境景观的性格和气质。正如美国著名的城市历史学家刘易斯·芒福德曾经说过的："最初的城市是神灵的家园，而最后的城市本身变成了改造人类的主要场所，人性在这里得以充分发挥。城市的主要功能是化力为形，化能量为文化，化死物为活生生的艺术形象，化生物繁衍为社会创造性。"（《城市发展史》）小城镇的发展正是城市发展的雏形，将环境中的"形象"与"文化"有机结合，将展现人性美的艺术形象深深扎根在小城镇的环境景观设计中，衍生成为社会文明进步的一部分，解决客观事物的主观审美矛盾与需求。

6.4.1 景观空间的"理"

景观空间设计的"理"是存在于设计师脑海中的设计规律、遵循标准、思维程序、方法和原则，是人类出于生存本能的一种需求和创造性思想行为。伴随着社会生产力的不断发展，随着人类自身的进化和社会机制的不断健全，关于客观事物发展的规律和得失标准会逐渐提高和丰富，人们需要用更加理智的态度、更加科学的道理来看待所有事物及事物本身所具有的形态。

小城镇景观是在一定的经济条件下构成的，必须满足社会的功能、时代的需求，也要符合自然规律，遵循生态原则，体现视觉审美价值。景观设计作品如果要有持久的生命力，必定是在总体上达到了这些因素的互相平衡：它们与时代精神息息相关，古今中外融会贯通；在物象表达方式上既符合自然科学理性的原则，又符合文明社会情境交融的发展态势；揭示人类本性、满足社会需要、代表技术发展、反映美学观念和价值取向。

6.4.1.1 "理"的演化

纵观历史长河，人类社会的每一个进步都是依靠生产力和技术水平等提升物质环境的宜居性而发展起来的。一方面，这种作用力改善人类生存的条件；另一方面，不断侵蚀自然资源。在这个过程中，人们开始不断地反思自己的生存之道：农业、工业、快速城市化信息时代的数字生存模式，以及不断发展的生存理念所主导的人类行为方式。环境中最灵动的是人的思维力量，它通过社会的道理形成了社会、经济力量，它是形成我们生存环境的重要因素，因此，社会和经济既是影响环境设计的外在力量，也蕴涵着设计环境为之服务的人群活动与需求对环境适应性的反馈检验力量。景观设计的意义，从本能的适应发展到了如今的和谐共生境界，是"理"的态势经由设计表达的进取。

（1）农业时代——自然的约束

身处农业社会的人们，极度地崇尚自然，由于生产力水平力低下，靠天吃饭的日子使人们相信神灵的存在，崇敬天神，祈求上苍、保佑平安。与此同时，人们在劳作的过程中体味和欣赏着自然景观中山川田野的壮美和秀丽、原始、朴实的大地景观，这是一种劳作生活闲暇时的享受，是通过视觉审美产生的愉悦感，是对于山水的情感寄托。

艺术大师罗丹曾说过，"艺术的对象乃是自然本身，自然是艺术所要表现的对象和主体。我服从自然，从来不想命令自然。我唯一的欲望，就是像仆人似地忠实于自然"。虽然是身处19世纪下半叶，自然规律仍被提到相当的高度，人们想要了解自然，发现自然的规律，按照自然行事是当时的口号。与此相比，长期处于小农经济的中国，一向就有着"崇尚自然，天人合一"的宇宙整体观念，对于自然美的憧憬和向往，造就了"虽由人作，宛自天开"的园林艺术成就。当时的景观，大抵就是优美自然风景的代名词，设计理念的形成是对于自然的真实膜拜和写意的抽象。

（2）工业时代——机器的革命

18世纪，英国的工业革命是一场物质生产的革命，是一次财富聚集和繁荣的收获，物质生产的发展改变了人类单一依靠土地的生产方式，工业革命使人口出现前所未有的增长成为可能。到了19世纪末、20世纪初，发生在欧美国家的工业技术发展迅速，在各种机械、设备不断发明的基础上，又产生了一次重要的变革和发展。资本主义经济发展推动的文化观念的转变，是人们从对超凡的神学研究开始转向对人类现世生活的关注，对自然与农耕景观之美的感知已成为大部分人生活的组成部分。聚居在城市中的人们需要一个身心再生的空间，来舒缓机械时代繁重的重复劳动，各种形式的绿地和公园成为人们喜闻乐见的游憩空间。

通过人工化设计的公共绿地景观，拥有着舒展的绿色视觉空间，融合草地、树丛、滨水等自然要素，同时加入富有变化的地形、装饰小品、公共设施等，在阳光和蓝天的映衬下，使得畅游其中的人们感受到了身心的放松和人性的回归，渴望健康与内心快乐并存。这一时期，设计真正开始关注和满足机器化大生产时代生活领域中的社会问题，环境景观设计使得人与自然、生产与生活的矛盾得到缓解。

（3）信息时代——生态的反思

大工业时代的遗留对人类的改变和影响远远超过我们的想象，城市像一个拥有超级发动机的卡车，满载着商品横冲直撞于大街小巷，不断拓展自己的市场，人们发疯似的追逐着卡车，却被烟黑色的尾气熏得睁不开眼。然而，在高度发达的信息时代，信息技术的发达使得人与人的交流趋于贫乏和冷漠，人类越来越依赖与电脑共同生存于"网络"，甚至有些迷失了方向。这种生活方式的转变，使人忽略了自然环境的存在价值，导致严重威胁了生态的平衡，面对频繁的天灾人祸，人类自身的生存和延续受到了威胁。与此同时，小城镇和郊区开始脱离城市的发展，过多地被孤立和隔离，衰退的迹象更加明显。美国著名城市研究专家詹姆斯·特拉斐尔说：科技改变城市的面貌，欲望则铸造城市的品格。过度的欲望造就的可能是叛逆的性格，受到破坏的大地景观正在呻吟，于是有更多人开始关注这些受到严重伤害的土地，景观设计的恢复性和再生性发展趋势已经势不可挡，正在补偿已经丧失的生态意义，更多地需要靠现世的人们去维系和创造可持续发展的景观。

生态景观规划的创始者麦克哈格认为："如果要创造一个善良的城市，而不是一个窒息人类灵性的城市，我们需要同时选择城市和自然，缺一不可。两者虽然不同，但互相依赖；两者同时能提高人类生存的条件和意义。"景观设计的理念最终还将回归自然的原点，通过对环境的设计使人与自然、大地相互协调、和谐共存。

6.4.1.2 "理"的设计

（1）功能——基本的语言

功能设计是出于对人的基本需要考虑的，是设计中不可回避的重要因素，空间功能的优劣是判定景观优劣的重要标准，而把握空间设计的理，就是要注重空间"形"的把握，也就是一般意义上的形式与功能的统一。虽然为各种各样的目的而设计，但景观设计最终关系到为了人类的使用而创造建筑环境。为普通人提供实用、舒适、温馨的设计应该是景观设计师追求的境界。

"形"的设计表达是有一定规律可循的。首先，景观空间的营造不能只是营建一个功能性的构筑物和相关的开放空间，内外空间的处理是将视野的开阔性和空间的内聚性结合起来。同时，营造与生活质量和优美相关的风景和环境。景观的功能问题不应只是与那些特殊的土地相关，那些因为审美价值而闻名的场地相关，主要是关注身边的场所，包括自家的宅前院后。其次，景观来自人类生活领域空间中各种尺度和每一天的活动，景观的功能和质量在各种尺度上都反映着一个国家或地区的实力和态度，景观设计要注重细节的把握，如座椅高度要符合人机工程学原理，体现人性的关怀。最后，景观设计作为一门艺术，对于形式的把握要吸取丰富的艺术表现形式，从早期的古典主义、立体主义到超现实主义、构成主义、极简主义、波谱艺术，每一种艺术思潮都会给设计师提供一个从平面到空间的感悟。绘画由于自身的线条、块面和色彩似乎很容易被转化为设计平面图中的一些要素，因而一直影响着景观设计的发展，追求创新的景观设计师们已从现代绘画中获得了无穷的灵感。

对于小城镇设计而言，形的语言把握同样需要建立在功能基础上。在以农业生产为主导的广大小城镇中，将大地的装饰艺术和农作物相联系，想象绿油油的菜地，黄澄澄的稻田，五彩缤纷的花海，或许还可以提供有情趣的迷宫式田园旅游开发项目，或许景观本身的美将打动城市中为生活而艰辛奔波的人们返璞归真，寻求一份舒适与恬静。

（2）能量——积极的语言

环境的能量来自于生态的可持续发展，更来自于人类生存与文化的延续。协调不同空间尺度上的文化圈与生物圈之间的相互关系成为景观设计所必须面对的紧迫问题。人类作为一个物种的生存和延续，而又依赖于其他物种的生存和延续以及多种文化基因的保存。

景观设计作为空间治理的一种手段，是社会发展的积极推动力量。景观的积极作用已经被世人所接受，并超过了历史上的任何时期，如今面对的基地现场越来越多的是那些看来毫无价值的废弃地、垃圾场或其他被人类生产生活破坏了的区域，设计师必须学会保留那些具有良好潜质的地块，节约自然资源和能源。今天的景观设计师更多的是在治疗城市疮疤，用景观的方式修复城市肌肤，促进城市各个系统的良性发展。在这一过程中，首先需要的不是创造，而是解决各种各样的问题。这样，景观设计的积极意义不在于它创造了怎样的形式和风景，而在于它对社会发展的促进作用，将景观的力量延续，将人类的生存延续，这是一条不变的理念。

希腊哲学家亚里士多德曾说："人们之所以从乡村来到城市，是为了生活得更好。"而对于今天生活在小城镇的人们，渴望的是通过景观的方法有步骤、可持续地生活得更好！

6.4.2 景观环境的"情"

"情"是人的思想情感。内在的"情"付诸于外界的"景"而触发心绪的变化，谓之"触景生情"。自然的天地、环境原本无情无景，因为有了人类视觉审美的发动，所看到的物质景象激发了人的心情、思绪变化，产生了"喜、怒、哀、乐、爱、恨、情、仇"等不同的情绪感触，可谓"情景交融"。

6.4.2.1 "情"的形成

对于环境景观的情感投入，是人类内心追求生存安全和渴望舒适生活的一种表达方式。当人漫步荒漠之中，一种莫名的绝望和恐惧会催生出潜意识的求生意志和对于生命的珍惜。当人畅游在一望无垠的茵茵草原上，心旷神怡地呼吸周围的气息，急于打开自己的心扉与大地对话，人在这样如诗如画，或是梦幻般的环境中，内心的隐私可以直接释放，赤裸裸地与大地神灵交流，这就是对于环境无处不在的情感投入与互动。一定程度上，景观的存在陶冶了人的性情与存在方式,本质上,是人的存在感知并决定了景观的存在和生成。景观因人而生,又因观景而生情。其实,人对环境的情感表达是通过人的主观审美活动和对于文化历史的感知而形成的。

(1)景观审美化

情感活动是审美心理当中极为重要的组成部分,人类情感动力主要依赖审美能力。因为任何审美过程,如果不能动之以情,那就不能使人产生美感或者至少说这个美感尚未形成。审美不是纯粹对于美鉴赏,而是在好坏、美丑、善恶的二元对立过程中对于真善美的萃取选择。当你对客观环境产生了态度,这个视觉心理态度变为生理感觉,这个生理感觉又被你体验出来并诉诸情感,这个过程才能称为情感状态。

如今,日常生活审美化在不断发展。审美化论题的一个主要倡导者维尔什在《审美化过程:现象,区分与前景》中评述:"我们无疑在经历着一种美学的膨胀。它从个体的风格化、城市的设计与组织,扩展到理论领域。越来越多的现实因素正笼罩在审美之中。作为一个整体的现实逐渐被看做是一种审美的建构物。"审美化过程实际上不仅限于城镇的装饰、购物商业街的花样翻新、各种娱乐活动的繁荣等表面的现象,实际上应当把它看做是一个深刻的、经过媒介而发生的、体现于生产过程与现实建构过程的巨大社会,环境的审美化理应是时代的产物。

人是地球生物圈中唯一具有这种主观能动调控自己生存环境的生物,原本的理性生存,按照人的行为体验和审美感觉,改变着周围的环境和景观,为了记忆,为了遗存,为了发展,为了创新,审美情结渗透融入日常生活中,正影响和改变着我们的生活方式。

(2)环境人文化

景观设计作为一种物质性、社会性的实践,其目标在于为人类营造最佳的生活环境和文化语境,并处理好人与自然之间的关系。景观与社会、人的生活环境的各个层面有着紧密的联系。小城镇在发展过程中,景观设计应当掌控人类对于空间环境的审美欲望,将小城镇建设提升到实质性的管理阶段,当一座小城镇以"自我实现"和"自我解放"为人文精神时,说明作为主体活动的人的公众参与已经达到了一个高度,环境作为一个整体就具有了人文化的倾向。

当前,在一些小城镇开发过程中,一些由农村闯荡出去后暴富归来的建设者、开发商往往在经济实力与文化品位的实力上难以相称,这就使得小城镇建设在暴发户与小农意识的支配下发展,无可避免地出现广场金玉堆砌、建筑镏金溢彩现象。根本原因在于农业生产和生活方式的价值取向和以贵为美的价值取向与现代文化素养方面的矛盾。提升小城镇居民的文化素质,合理有效地表达对于场所的认同和感知,对于延续和传承环境的历史文化起着重要作用。

因此,文化给人们提供了处理人与自然关系的认知模式,斯蒂文·布拉萨在《景观美学》中指出,文化被定义为连续的符号,其中一些就在景观当中。在人文化的环境中,我们要做的是吸纳传统物质文化精粹为现代生活服务,在传承时要考虑视觉审美上的去伪存真、去粗取精。以中国古代家具为例,具有简洁优雅造型的明代家具对比体积庞大、雕龙刻凤的清代家具,其简约的设计体现出木质纹理的自然美感,不失现代感。环境中的要素,如同室内的家具,优秀的文化积淀足以牵动人的情感和眷恋(图6-19)。

图6-19 教堂,环境定义文化

(资料来源:作者自摄)

6.4.2.2 "情"的表达

美国著名景观设计师约翰·O·西蒙兹先生说："人们规划的不是场所，不是空间，也不是内容，人们规划的是一种体验"，而具有场所情感的景观则恰恰会带给人不一样的体验，它会使你着迷，使你沉浸，使你不自觉地将人生的回忆和故事带入环境中去联想、去思考。

情感是内在思想和精神境界的外在流露，是虚幻而不定的表达方式，人们需要懂得如何经营空间环境积淀下来的情感。在小城镇中，贴近自然居住方式，表现为以个体为单位的人们，呈现出微小结构在自然中寻找落脚点，用直接沉浸的方式体验自然能量，领悟居住场所的意义。比如，云南哈尼族村头大树下的磨秋场，山寨梯田上两条田埂的交会之处，一棵泼洒着浓荫的大青树，一脉清流从树下淌过；青藏高原村镇聚落的村头或交叉路旁，围着比村庄更古老的玛尼堆，那玛尼堆是由一方方刻着经文的石块垒就，每个石块是由路人从远方带来的；江南水乡的石阜头上，小孩们缠着白发老人讲述着关于门前那条河，河上那座桥的动人故事，讲述他少年时的钟爱，曾经在此浣纱、红罗裙倒映水中的美景。这些没有人为设计的公共场所却充满着生活本真的含义与人类情感的自然流露。情感的经营，寻求的就是人与人交流的地方，一个供人共享同欢、看和被看的所在，是寄托希望并以其为众望所归的地方。

情感的维系，是保持小城镇景观活力的内在推动力。"情由景生，景由心造"。景观不是客观的存在物，景观本身包含了人的感知和情感外化，离不开人的感知。单单从客观的物理存在角度和纯主体的理解都不能够把握景观的本质，景观是主客体的互动，将个人感受、记忆、体验和情感，融合到生产、生活、宗教、历史、文化等各个环节，才能在更深层次上丰富环境的艺术美感。

6.4.3 情景交融的景观艺术

无论是千殊万类的自然景观，还是风情万千的人工景观，都属于"非我"的外在化物质存在，它们的美与丑、善与恶来自于审美主体和自然的参与。一方面，存在物具有感染力的形式，具备引发人类情感的潜质；另一方面，人的感官具有欣赏客观事物的功能，但其审美能力却是一种超越生理感官的文化素养，它包含着丰富而深刻的文化内容，必须依仗自我认识、感受、体会、征服、开发、利用自然并提高能力，才能使客观物象更加广泛深入地激发人的想象、联想从而产生灵感，创造出超越现实客体的新意境，人们常说"触物生情"，反过来也"因情生景"最终达到"情景交融"，这"情中之景"到"情景交融"则是升华了的达到一定高度的意境。

情景交融的景观艺术是表现和再现的统一，是交织了理与情的场所艺术，是人类追求的和谐统一艺术生活的最高境界。

6.4.3.1 表现与再现的统一

要表达情景交融的艺术美，就必须在景观设计过程中合理恰当地再现客观事物和表现主观情意，两者互相依存，互为补充。古人云："情与景遇，则情愈深；景与情会，则景常新。"景的再现和情的表达是从艺术诞生之初就存在的。当远古的先民情不自禁手舞足蹈而模仿鸟兽的动作时，既是对客观事物的再现也是主观情感的表现，岩石上描绘的牛羊壁画，是因祈祷、敬畏而模仿，从而表达愿望和情感。如今，通过绘画、雕塑等艺术创作手法，运用抽象、夸张、形变、矛盾等多样化的艺术表现手法，传递小城镇风情万种的自然和人文景观。

由于许多小城镇的经济落后，小城镇空间形态和面貌往往受到自然的损毁或人为的改变，多数已为历史长河所湮没。针对这样的外部空间设计，一般会结合现代城镇功能，通过对有重要价值、体现特定历史风貌的景观空间的选择性保护和旧貌再现，创造出既体现历史文脉又适应现代生活的环境景观；通过恢复原真性的形态与使用功能的再现，表现出有记忆的、活生生的历史场所景观。

6.4.3.2 情景与生活的统一

小城镇景观是人类生存和栖居的空间环境，是承载了多种物质和精神功能的载体，人的存在赋予环境以气质和性格。俗话说，一方水土养一方人，小城镇人工空间，作为一个空间环境实体，包容着自然的变迁和人类的活动，掺杂着人的活动而成为记忆的符号——记载人类过去、表达希望与理想，赖以认同和寄托的物质空间和精神语言。

懂得生活真谛的人，才能创造出真善美的环境。生活的空间是人类情感与环境交融的载体，艺术表达情感与生活的内涵与象征。小城镇环境中，来自于物象的形态、声、色、光影的形式美感是由内心朴实、善良、智慧的劳动人民通过历年风雨沧桑积淀而成的，景观设计师的职责不仅仅是简单地创造舒适宜人的空间，更重要的是将设计理念融合并植入文化和传统的根基中，用艺术去感化灵魂，抒发情感，提高人类社会的文明程度。这样，艺术设计之美赋予客体之美的价值就更大，相应地人们对于美的感悟就越深刻，这是一种良性循环的递进关系，是情景交融、物与境升华的必然结果，也是小城镇景观设计的本质体现。

艺术能够创造一种理想的形式，表达情感追求的一种境界，生活的艺术就是一种境界形式。从艺术的角度切入小城镇的景观建设，是运用形式美的规律和法则去提炼、改造、赋予城镇街道、广场、绿地等要素以美的构造和美的体验，于平淡无奇的生活场景中，提炼、挖掘出环境景观的意象美感，展示动人的景观艺术美的真谛所在。

小城镇的自然山川之美感化和养育一方儿女，在潜意识中的自然美和人性美的追求已经树立，设计师的职责就是挖掘、引导并营造一种更好的生存方式，让生活中的那些非物质形态艺术美同样继承和传播。情景交融的意境美，吸引着城市中人们趋之若鹜地前往，正是这种美丽动人、牵动人心，使得小城镇大街小巷游人如织，依旧充满魅力、活力和朝气（图6-20）。

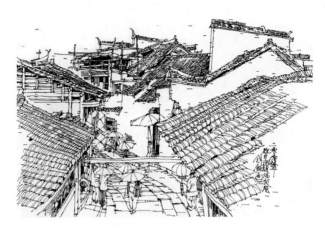

图6-20　湘西凤凰市井一隅

（资料来源：文剑钢绘）

如今，传统的乡村文化和现代的城镇文化碰撞和交流，使得环境景观设计有着同一化的趋势，人们的价值取向会在崇尚生态文明与拜金享乐主义上作出选择。设计师和社会方方面面都有责任和义务倡导自然生态保护和科学人文精神，以传统中优秀的审美价值观去审视和引导环境景观设计，而不是片面追求优越的生存条件或审美景观，否则会丧失小城镇独有的生活面貌，以及对于自然生态和人文历史的保护与自然和谐美的追求。生态和谐的"情景交融"是最高形式美的追求，在条件尚未成熟阶段，我们应当将其视为长远的、可持续发展的目标，全面提高小城镇的物质和精神文明的建设层次，创造出现代人工环境与自然环境"情景交融"、和谐共生的美好景观。

6.5　环境景观设计程序

当人们明白景观的存在依赖于人类的视觉与自然界的物象交流而"景因情生"时，景象也因为被人感知、引发情感变化而"触景生情"，这是一个交互式的"情景交融"过程——没有情，哪来的景；没有景，缘何生情。我们不能主观地说：物象的存在先于人的感知；也不能武断地讲：是人通过视觉心理而感知到物象的存在。实际上，也只有社会化意义的"人"才配拥有"景观"，具有观景能力。也正是具有景观的判断力，人类才会不遗余力地去改造自然环境，兴建人工环境，设计和营造化人工、人文于自然的生态景观。

6.5.1 景观策划程序

"设计改变生活"。人类正是依靠自身的主观能动性，去改变生存环境的，景观设计正是这样一种改造环境、美化环境，使环境条件舒适并达到赏心悦目的景观状态。这种将人类思维情感中的环境景观意象从抽象虚无的思维形态转化为可视、可用的现实景观环境的做法，需要遵循一定的设计程序，以逐步达成设计的目标。景观策划程序则是设计程序前期的景观意象设计、构思过程。

6.5.1.1 景观策划前提

"策划"的含义为计谋、办法、策略。现代意义上的策划通常被认为是为完成某一项任务或达到预期目标，对所采取的方法、途径、程序等进行周密、逻辑的考虑而拟出具体的文字与图纸的方案计划。策划的核心是"谋略"，即由目标所引导出的某种"立场、观点及方法"。

为实现现代城乡总体规划的总目标，在小城镇环境与景观设计中对其方法、过程及景观艺术的核心问题进行探求，从而得出定性、定量和审美价值取向的约定俗成的结果，以指导下一步的环境景观艺术设计，这一研究过程就是景观策划过程。

景观策划是环境与景观设计特定领域内设计师根据城镇总体规划的目标设定，从环境艺术和景观设计角度出发，不仅依赖于经验和规范，而且以实地调查为基础，通过运用现代科技手段对景观建设工程进行客观分析，最终定性或定量地得出实现既定目标所要遵循的方法及程序的研究工作。景观策划是为保证项目在设计与实施后具有较高的经济效益、环境效益和社会效益而提供科学的依据。

景观策划通常有三个要素：

（1）要有明确的、具体的目标，即依据总体规划而设定的景观建设项目；

（2）要有能对景观设计方法、手段和景观预期成果及其结论进行客观评价的可行性；

（3）要有能对景观设计程序和景观工程建设过程进行预测的可能性。

6.5.1.2 景观策划内容

归纳起来，景观策划通常包含目标、条件、构想、方法与手段的表达等内容。

景观策划向上以"立项建议书"或"可行性报告"和总体规划与设计相联系，向下以"策划报告书"和景观规划与设计相联系。它的目的是要将小城镇总体规划思想科学地贯彻到设计中去，以达到预期的目标，并为实现其目标，综合平衡各阶段的各个因素与条件，积极协调各方面关系。虽然策划的结论对设计来讲是指导性的，但在设计阶段对策划的反馈修正也不少见。

（1）建设目标

一方面，建设目标是在总体规划或城镇设计中就已经有了方向，但是在景观策划阶段有必要对其目标进行检验、修正和明确。另一方面，景观环境艺术设计本身也要确定建设目标，明确建设方向。在建设目标的具体确定中，首先要明确定位，即建设项目在小城镇景观体系中的地位层面和作用大小，然后要对拟建项目所处地域的社会环境因素及其相互关系等对未来使用与观赏功能作出预测，同时对投资规模、建设过程等作出明确且可行的设想和论证。

（2）环境条件

①外部条件：景观环境设计中的外部条件主要包括自然环境、人工环境和人文环境。不同的地理位置，不同的自然地形，不同的环境条件，

对小城镇环境景观的设计有密切的关系。环境景观工程在一定的自然与人工环境之中，与一定的社会因素结合，受到各种各样有形无形因素的影响，从而形成环境景观的基本性格特征。

在不同地域的小城镇中，不同程度地拥有文化遗产或者地域文化景观要素资源，在进行景观策划中要加以研究和保护，结合小城镇的人文环境进行策划，以确保其景观内涵的独特个性。

②内部条件：景观设计项目的内部条件就是对景观最直接的功能要求。环境景观的总体布局应有全局观点，结合考虑、预想到环境景观物质形态和空间形态关系的各个因素，作出总体策划，使环境景观的功能和艺术处理与城镇规划、设计等各个因素彼此协调，形成一个有机的整体。在景观策划中，既要考虑使用的功能性、经济性、艺术性等因素，同时还要考虑当地的历史、文化背景、城镇规划要求、周围环境条件等因素。

（3）项目策划的构想和表现

环境景观的空间尺度和造型、材料、色彩等因素应与周围环境相协调。景观设计构思要把客观存在的"境"与主观构思的"意"相结合，一方面要分析环境对景观可能产生的影响，另一方面要分析景观在小城镇人文环境或自然环境中的特点与效果。景观策划中应因地制宜，结合地形的变化，利用有利的环境资源，创造有特色的小城镇景观。

（4）项目运作方法和程序研究

在景观工程项目的设计与施工实现过程中，其建设项目的运作方法和程序研究是策划的一项重要内容。这个内容主要是指由立项、策划、设计再到项目实施的序列运作过程，它关系到从虚到实、从单一到综合、从工程技术到科学艺术各个方面，不能程序错乱，也不能简单划一。它所涉及的法规、管理、技术、施工规范、理念、方法、途径，直接影响管理者、设计者、施工者的决策等因素。其中法律、规范和制度是项目运作方法和程序研究的基本依据。

虽然小城镇环境景观设计是一个以视觉艺术为主导的巨系统，但是它依然遵从设计类的普遍规律，在与其他设计类专业的协同运作中，首先从思想、观点、理念、方法上渗透进入城乡规划与城镇建筑设计的工程项目中去，其参与的程度、模式不尽相同，但是其内在的制约性和影响力，却始终与规划、设计的关系是密切、统一的动态过程，它随着属性需求的变化而不断变化，具有超前性、整体性和时代性。

景观策划受小城镇总体规划的指导，接受总体规划的思想，并为达成规划项目既定的目标准备条件，确定设计内涵，构想设计的具体模式，进而对其实现的手段进行策略上的判定和探讨。

当然，在以景观项目为对象时，景观策划又与景观规划、设计产生叠合递进的逻辑关系。即景观策划具有管理学上的基本特性，偏重研究宏观的、整体内部各系统的关系问题，而景观规划则倾向于技术层面，关注整体的、系统内部各要素之间的相互关系，二者在编制、执行政策、法规和宏观调控方面具有叠合性，而在侧重点上却有所不同。因此，景观策划总是先于景观规划，其关系依次为：

城镇规划→城镇设计→景观策划→景观规划→景观（艺术）设计

（背景）→（前提）→（依据）→（方法）→（手段）

6.5.1.3 景观策划程序

一般来说景观策划的程序可以分为以下几个方面。

（1）设定目标

根据总体规划的目标，明确项目的用途、使用目的，确定项目的性质、规模等。

（2）环境调研

外部条件的调查。查阅项目和行业的立法、规范、标准等的制约条件，调查项目的社会和人文环境，包括经济环境、投资环境、技术环境、人口构成、文化环境、生活方式等，还包括地理、地形、地质、气候、日照、能源等自然物质环境以及各种城市基础设施等建设条件。

内部条件调查。这是对项目的功能要求、定位、性质、使用方式以及内部运转条件进行调查，确定项目与规模相适应的投资预算。

（3）设计策划

设计构想。对项目的各项要求进行规定，明确任务。对环境景观的功能性质、定位、概念以及形式安排、空间与交通联系、景观艺术效果有初步的构想。

（4）技术策划

技术构想。主要是对项目的建设技术手段、设备标准等进行策划，研究建设项目设计和施工中的各技术环节条件和特征，协调与其他技术部门之间的关系，为项目设计提供技术支持。

（5）经济策划

经济策划。根据设计构想和技术构想委托经济师草拟出分项投资估算，计算一次性投资的总额，并根据现有建成的相关项目，估算项目建成后的运营费用等，计算项目的损益及可能的回报率。环境景观项目建成后有三方面效益：即经济效益、社会效益和环境效益。这三个效益的高低以及是否具备开发的基本要求，是评价环境景观设计成败的主要因素。在这三个指标中，片面地强调某一方面都是不可行的。

（6）策划成果

①成果内容。景观策划成果的内容包括：a. 景观项目的背景分析；b. 项目建设的可行性论证；c. 景观系统构成的基本内涵；d. 景观的综合效益表达。

②成果形式。一般以文本材料为主导，拟订策划建议书或报告书，其中包括文字、数码图形或虚拟现实的影视资料。拟订策划报告是将整个策划工作文件化、逻辑化、资料化和规范化的过程，它的成果是对整个景观策划全部工作的总结和表述，它将对下一步的设计和工程建设起到科学的指导作用，是项目进行具体设计的科学的、合乎逻辑的依据，也便于投资者作出正确的选择与决策。

6.5.2 景观概念设计程序

在小城镇环境景观艺术设计中，景观的概念设想是创造性思维的具体体现。概念景观是一种理想化的物质存在形式。在景观设计中，依据环境景观整体中的结构体系与各系统之间的功能与视觉审美关系，参照景观工程经验中所获得的基本设计原理、设计思想与方法，以解决概念中对设计所要求的结构功能和景观效果。其中，景观概念设计程序是实现设计目标的重要条件，它既概括设计的复杂方式和过程，也表达设计的意义与哲理。

6.5.2.1 概念设计条件

流行于当代的概念设计来源于林同炎对建筑设计的贡献：所谓的概念设计一般指不经数值计算，尤其在一些难以作出精确理性分析或在规范中难以规定的问题中，依据整体结构体系与分体系之间的力学关系、结构破坏机理、震害、试验现象和工程经验所获得的基本设计原则和设计思想，从整体的角度来确定建筑结构的总体布置和抗震细部措施的宏观控制。运用概念性近似估算方法，可以在建筑设计的方案阶段迅速、有效地对结构体系进行构思、比较与选择，易于手算。所得出的方案往往概念清晰、定性正确，避免后期设计阶段一些不必要的繁琐运算，具有较好的经济可靠性能。同时，也是判断计算机内力分析输出数据可靠与否的主要依据。

景观概念设计是这一"概念设计"的拓展，它利用设计概念并以其为主线贯穿全部设计过程，从而形成独特的、富有创新性的景观设计方法。景观概念设计是完整而全面的设计过程，它通过设计概念将设计者繁复的感性和瞬间的创造性思维上升到专业设计领域，结合过去成功的景观工程案例，依据景观建设项目策划、景观规划成果，融合政策、法规、规范等因素，形成统一的理性思维，从而完成整个景观的概念设计。

6.5.2.2 概念设计方法

小城镇环境景观的概念设计需要全面、整体、统一的思维能力，概念设计的中心在于设计概念的提出、确立与运用是否准确，概念思想完全决定了概念设计的意义与价值。设计概念的提出注重设计者的主观感性思维，只要是出自于设计分析的想法都应扩展和联想并将其记录下来，以便为设计概念提出而准备丰富的材料。

在这个思考过程中主要运用的思维方式有联想、组合、移植和归纳：

①联想：在对当前的事物进行分析、综合、判断的思维过程中，思考联系到其他事物的思维方式，扩展了原有的思维空间。在概念设计的实际运用过程中便是依靠市场调查、客户分析、景观工程效益对比性总结等实践经验而得出的结论进行联想从而启发进一步思维活动的开展。设计者的本体思维差异也决定了其联想空间深度和广度的相互差异。

②组合：组合性思维是将现有的现象或方法进行重组，从而产生新的形式与方法，它能为创造性思维提供更加广阔的线索。

③移植：是将不同学科的原理、技术、形象和创意方法运用到景观设计领域中，对原有材料进行分析的思考方法，它能帮助我们在设计思考过程中提供更加广阔的思维空间。

④归纳：在于对原有材料及认知进行系统化的整理，在不同思考结果中抽取其共同部分，从而达到化零为整，抽象出具有代表意义的设计概念的思考模式。设计概念的提出往往是归纳性思维的结果。

小城镇环境景观的概念设计是基于重大建设项目的前卫性概念策划和设想，是抽象构思与具象表达多元化、多倾向性反复推敲、验证的过程，是满足约束条件下由功能确定出形式的设计过程。打破常规的创新是概念设计的灵魂。

景观概念设计的关键在于概念的提出与运用两个方面，其设计的思维进阶与表达程序包括：设计前期的策划准备；技术及可行性的论证；地域特征的研究；空间形式的理解；文化意义的思考；设计概念的提出与讨论；设计概念的扩大化；概念设计的表达；概念设计的评审等诸多步骤。由此可见，景观概念设计是一个整体性多方面的设计，是将客观的设计限制、市场要求与设计者的主观能动性统一到一个设计主题的设计方法。

小城镇环境景观概念设计的核心是要有主题和新意，即所谓的创意与特色。创意、特色是环境景观设计的灵魂。环境景观设计构思要把客观存在的"境"与主观构思的"意"相结合，一方面要分析环境对景观可能产生的影响，另一方面要分析景观在小城镇人文环境或自然环境中的特点与效果。在景观策划与设计中，应因地制宜地结合地形的变化，利用有利的环境资源，创造富有特色的小城镇景观。

6.5.2.3 概念设计程序

景观概念设计阶段，并不要求空间尺度关系的精确性，不拘泥于成熟技术规范的限定，其目标是在满足功能的前提下对节奏、韵律、层次、空间、色彩导向等诸多设计元素应用的合理性，用功能来匹配审美要素的结构形式，用视觉表达来展现设计师智慧的重要构思阶段中推理思维及"迁想妙得"的创新性思维。许多景观学者与专家重视概念设计中的创新价值预期和未来发展的导向性，重视设计的超前性。

小城镇景观概念设计是以创新为本位，以实验为基础，以小城镇未来发展需求为导向的设计流程。因此，优秀的景观设计作品无论是在理论上、还是实践中，都应在可实现、可操作的基础上，大胆设想，有效保护生态环境，合理利用自然环境资源，综合组织和协调人工环境的硬质界面，更多地建造或创造使用功能舒适、氛围亲切感人、民众喜爱的环境景观。

根据景观概念设计的一般规律和设计师的习惯性做法，景观概念设计的一般程序如图 6-21 所示。

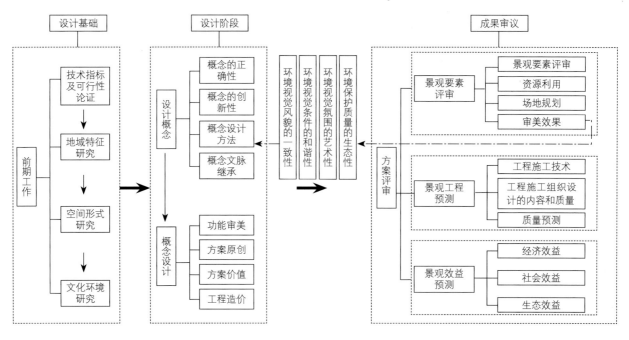

图 6-21 景观概念设计程序

6.5.3 景观方案设计程序

与景观概念设计不同，现实中的景观设计所要顾及的因素多而复杂，虽然设计程序同样要经过由浅入深、从粗到细、不断完善的过程，但是设计师在进行基地调查，熟悉物质环境、社会文化环境和视觉环境后，更加关注景观的现实性，即景观设计在满足功能的同时，能否在现有的工程技术、经济核算、法规规范方面得到有力的支撑和尽可能少的限制，在现实条件的制约下，对所有与设计有关的内容进行概括和分析，扫除、屏蔽掉影响方案设计与实施的因素和环节，甚至是牺牲富有创新价值而风险大、难以实现的"设计亮点"，最后进行方案设计，为完成设计的任务创造最佳条件。

6.5.3.1 景观设计内容

（1）景观规划设计

环境景观规划设计包括视觉景观形象、环境生态绿化、大众行为心理三方面的内容，这些内容，正是前文提到的景观设计的三大要素，即自然景观要素、人工景观要素、人文景观要素。

视觉景观形象主要是从人类视觉形象感受要求出发，根据美学规律，利用空间中的主要实体物象——如建筑物、构筑物、环境雕塑或者是富有特色的自然物象及其相互关系等，研究如何创造赏心悦目的环境形象。

环境生态绿化主要是从人类的生理感受要求出发，根据自然界的生物学原理，利用地形、地貌、土壤、水体、阳光、气候、动植物等自然或人工改良的自然要素，研究如何创造令人舒适的良好的物理环境。

大众行为心理是从人类的心理精神感受要求出发，根据人类在环境中的行为心理乃至精神活动的规律，利用人类社会心理、文化引导，研究如何创造使人赏心悦目、浮想联翩、积极向上的精神环境。

视觉景观形象、环境生态绿化、大众行为心理三要素对于人们景观环境感受所起到的作用是相辅相成、密不可分的。通过以视觉为主的感受通道，借助于物化了的景观环境形态，在人们的行为心理上引起反应。一个优秀的景观环境给人们带来的感受，必定包含着三个要素的共同作用。

（2）景观设施设计

环境景观设施伴随着人类文明诞生，并因循

城镇文化和机制的要求发展变化，它遍布于我们的生活环境，参与城镇景观舞台的表演，为方便人们的生活提供服务，为提高城镇功效作出贡献。

景观设施按照功能分为小城镇空间设施和局部景观设施。小城镇空间设施是指对城镇整体空间形象起作用的环境设施单体和群体，包括领域、开放空间、通道、领域边缘及领域地标等。局部景观设施主要指城镇装饰、广告标识、庆典活动用具等，对小环境或短时间起作用的环境设施单体和群体。

环境设施作为一套技术和艺术的综合系统工程，在反映最新科技、文化及人类思维的同时，又与越来越多的学科和专业相互交融。为适应城镇生活的日益多样化和信息情报智能的迅速扩大趋势，环境设施的内容和功能也一直进行着相应的变革，一方面，某些不适于现今生活设施的内容逐渐消失，而新的内容层出不穷、花样翻新；另一方面，某些曾经销声匿迹的东西可能改头换面被人重新启用，而今天正在时兴的某些设施及其特征，又可能面临着解体的危机和融合的契机。也就是说，环境设施无论在内容和形式上都处于不断消亡与产生、更新与变异、潜流与主流的交替演化之中。

（3）硬质景观设计

硬质景观是指以人造形式存在的各种景观要素，如墙体、铺地、栏杆、景观构筑等。硬质景观并不是简单的某一物质形态造型与材质肌理的设计，它往往是建筑物界面、地面与公共设施硬件在空间环境中的比例尺度与综合对比关系。

（4）软质景观设计

软质景观是指以自然形态存在的各种景观要素，如树木、水体、阳光、空气、气候、照明、声环境，包括地方民俗、宗教、生活方式、环境艺术等社会人文因素。

6.5.3.2 景观设计方法

先进而科学的设计方法是景观工程得以成功的关键。设计方法取决于设计思维方法，在正确的认识观念和科学的设计思维引导下，环境景观设计师按照景观建设任务书，把设计、施工和使用过程中所存在的或可能发生的问题用方案图纸、数字媒体和文字形式表达出来，作为空间造型、设备材料、施工组织和各工种在建造过程中相互配合协作的共同依据，便于整个工程造价得以控制在预定的投资限额范围内，并使建成的环境景观能够满足使用者和社会所期望的各种要求，达成充分因借自然、慎行人工改观、营造和谐氛围的目的。

（1）基地调查与分析

景观拟建地通常被称为基地，它是因自然场景和人类活动共同作用下形成的复杂实体空间，它与外部环境有着密切的关系。设计师在进行景观设计之前应当明确项目的属性，区分景观设计在整个项目中是充当配合总体规划的角色，还是参与建筑场地环境的景观规划，拟或是担当主角对主题性风景园林、开放性公园、绿地的景观规划与设计。属性、目标确定后，应对基地进行全面的、系统的调查与分析，为后续的设计提供细致、可靠的依据。

基地现状调查包括收集与基地有关的技术资料和进行实地踏勘、测量两部分工作。有些技术资料如基地所在地区的城市规划资料、气象资料、基地地形及现状图、管线资料、现状绿化资料等可以到相关部门查询得到。对查询不到的但又是设计所必需的资料，可通过实地调查、勘测得到，如基地与环境的视觉质量、基地小气候条件等。基地调查的内容有：

①地理条件：地形、地势、水体、土壤、植被等；

②气象资料：日照、气温、降雨、季风、季相等条件变化；

③人工设施：建筑物、构筑物、道路和公共开敞空间；

④视觉质量：基地物象现状、环境视域和视觉通廊条件与主体物象情况；

⑤景观因子：物质视觉环境、知觉环境（人

类眼、耳、鼻、舌、身等五官感知）、社会环境（民俗、宗教、信仰、政策、法规等）的景观因子及综合条件。

基地分析是在客观调查和主观评价的基础上，对基地及环境的各种因素作出综合性的分析与评价，使基地的潜力得到充分发挥。基地分析在整个设计过程中占有很重要的地位，深入细致地进行基地分析有助于用地的规划和各项内容的详细设计，并且在分析过程中产生的一些设想也很有利用价值。基地分析包括在地形资料的基础上进行坡级分析、排水类型分析，在土壤资料的基础上进行土壤承载分析，在气象资料基础上进行日照、气候、季相关系构成等分析。

在基地调查和分析时，所有资料应尽量用图或图解并配以适当的文字说明的方法表述，并做到简明扼要。这样资料才直观、具体、醒目，给设计师带来方便。

（2）景观设计的内容研究

①自然环境形态内容：基地地形、地势是造就景观节奏韵律最基本的自然资源。在此基础上结合实地调查可进一步掌握现有的地形起伏与分布，整个基地的坡级分布和地形的自然排水类型。其中，地形的陡缓程度和分布应用坡度分析图来表示，因为地形图只能表明基地整体起伏，而表示不出不同坡度地形的分布。地形陡缓程度的分析十分重要，它能帮助设计师确定建筑物、道路、绿化、广场、停车场地以及不同坡度形态、材质、光影的静态与动态构成关系，要求的功能、审美与内容是否适合，并能够以最合理的关系建构在某一地形上。

例如，对土壤调查的内容有：土壤的类型、结构、pH值、有机物的含量、含水量、透水性、承载力、抗剪切强度、安息角、冻土层深度、冻土期的长短、土壤受侵蚀状况。在土壤调查中有时还可以通过观察当地植物群落中某些能指示土壤类型、肥沃程度及含水量的指示性植物和土壤的颜色来协助调查。

而对于水体现状调查和分析的内容有：a.现有水面的位置、范围、平均深度、常年水位、枯水位和丰水位，以及洪涝期（50年不遇、100年不遇）的水域范围和水位差；b.水面岸线情况：包括岸线的形式、受洪涝破坏的程度、滨水的湿地、植物、生态种群、现有驳岸的稳定性；c.地下水位波动范围、地下常年水位、地下水及地表水水质、污染源的位置及污染物成分；d.现有水面与基地外水系的关系，包括流向与落差，进排水口，各种水工设施如水闸、水坝等的使用情况；e.结合地形划分出汇水区，标明汇水点或排水体，主要汇水线。地形中的脊线通常成为分水线，是划分汇水区的界线；山谷线常称为汇水线，是地表水汇集线。

除此之外，还需要了解地表径流情况，包括地表径流的位置、方向、强度、沿程的土壤和植被状况以及所产生的土壤侵蚀和沉积现象。地表径流的方式、强度和速度取决于地形。在自然水文类型中，谷线所形成的径流量较大且侵蚀较严重，陡坡、长坡所形成的径流速度较大。另外，当地表面较光滑、没有植被、土壤黏性大时，也会加强地表径流。

对基地现状植被调查的内容有：现状植被的种类、数量、分布、季相形态变化、色彩变化以及可利用的程度。在基地范围小，种类不复杂的情况下，可直接进行实地调查和测量定位，这时可结合基地底图和植物调查表格将植物的基本情况记录下来，同时可作些现场评价。对规模较大、组成复杂的林地应利用林业部门的调查结果，或将林地划分成网格状，通过抽样调查标出植物组成的分布、空间郁闭度与林内环境等内容的调查图。

基地的气象资料包括基地所在地区或小城镇常年积累的气象资料和基地范围内的小气候资料。a. 日照条件：在同一地区，一年中的太阳高度角和日照时数的两极对比（夏至和冬至）。根据太阳高度角和方位角可以分析日照状况，确定阴坡和永久无日照区。通常用冬至阴影线定出永久日照区，将建筑物北面的儿童游戏场、花园等尽量设在永久日照区内。用夏至阴影线定出永久无日照区，避免设置需日照的内容。根据阴影图还可划分出不同的日照条件区，为种植设计提供设计依据。b. 温度、风、湿度和降雨通常需要了解年平均温度、湿度、降雨量，历年持续低温或高温阶段的天数，月最低、最高温度和平均温度，月风、季风的风向和强度等。

②人工环境的现状条件：a. 基地范围及环境：应明确拟建景观用地的界线及其与周围用地界线或规划红线的关系；了解基地现有建筑物、构筑物等的使用情况，园林建筑平面、立面、标高以及与道路的连接情况；了解道路的宽度和分级、道路面层材料、道路平曲线及主要点的标高、道路排水形式、道路边沟的尺寸和材料；了解广场的位置、大小、铺装、标高以及排水形式；了解电缆线、通信线、给水排水管、燃气管等主要管线的位置、走向和长度以及各种管线的管径和埋深等技术参数。当然，对交通和用地、知觉环境、小气候条件等，更需要从城镇发展规划中研究基地所处地区的用地性质、发展方向，邻近用地的发展以及包括交通、管线、水系、植被等一系列环境、生态专项规划的详细情况等。b. 视觉质量：对基地内的景观和从基地中视线可及的周围环境景观的质量需要经实地踏勘研究、论证后才能作出评价；根据各方位的视觉特征，确定它们对基地将来景观形成所起的作用。通过现状景观视觉调查结果应用图表示，在图上标出确切的观景位置、视轴方向、视域范围、亲近与清晰程度作出简要的评价。c. 景观用地规划：结合基地条件合理地进行安排与布置，一方面为具体特定要求的内容安排相适应的基地位置；另一方面为某种基地布置恰当内容，尽量减少矛盾，避免冲突。景观用地规划主要考虑以下几方面的内容：找出各使用区之间理想的功能关系；在基地调查和分析的基础上合理利用基地现状条件；精心安排和组织空间序列，控制物质形态，引导基地环境的关系构成向着人类认同的意象景观方向发展。

③人文环境的历史资源：环境景观具有使用和美观的双重作用，根据不同环境景观的性质和特征，它们在使用与观赏双重作用方面表现是不平衡的。实用性比较强的环境景观首要的是体现使用效果，艺术处理处于次要地位。作为政治、文化、纪念性区域的环境景观，它们的艺术处理就居于较重要的地位。

环境景观的艺术设计不仅仅是一个艺术性的问题，还有更深刻的内涵。通过环境景观可以反映出所处的时代精神面貌，反映特定的小城镇在一定历史时期的文化传统积淀。a. 环境景观的造型：比较完美的环境景观艺术设计，首先要有良好的比例和适宜的尺度，良好的平面布置、空间造型组合、细部工艺设计的配合，充分考虑材料、色彩和建造技术之间的相互关系，形成较为统一的具有艺术特色和艺术个性的环境景观。b. 环境景观的性格：环境景观的性格主要取决于景观的性质和内容，很大程度上取决于环境景观形象的基本特征，环境景观形式要有意识地表现出其性质和内容所决定的形象特征。政治、纪念性环境景观设计要求布局严整、庄重，商业、休闲性环境景观设计形式可以自由、轻松、优雅。c. 环境景观的时代性、民族性和地方性：环境景观是一个时代特征的重要载体。环境景观艺术设计必须有时代精神和风格，同时还要运用最新的设计思想和理论，利用新技术、新工艺、新材料、新的艺术手法，反映时代水平，使环境景观设计具有时代感。

6.5.3.3 景观设计程序

为了使环境景观设计顺利进行，确保设计成功，在众多设计因素、矛盾与问题中，必须根据环境景观设计与实践的一般规律，科学、合理地安排设计工作程序。环境景观设计程序应该在项目目标、原则确定之后，根据设计内容的属性、范畴做好调研、资料汇总与分析，从宏观到微观、从整体到局部、从大处到细节，步步推进而走向深入。景观设计程序可分为以下几个阶段。

（1）设计任务书

在任务书阶段，设计师应充分了解设计委托方的具体要求，有哪些愿望，对设计要求的造价和时间期限等内容。这些内容往往是整个设计的根本依据，从中可以确定哪些值得深入细致地调查和分析，哪些只要作一般的了解。在任务书阶段很少用到图面，常用以文字说明为主的文件。

（2）基地调查和分析

掌握了任务书阶段的内容后就应该着手进行基地调查，收集与基地有关的资料，补充并完善不完整的内容，对整个基地及环境状况进行综合分析。要了解并掌握各种环境景观的外部条件和客观情况，如自然条件包括地形、气候、地质、自然环境等，城市规划对环境景观的要求，使用者对环境景观的要求，特别是环境景观所应具备的各项使用要求，经济估算的依据、资金、材料、施工技术和装备，以及可能影响工程的其他客观因素。收集来的资料和分析的结果应尽量用图面、表格或图解等方式表示，通常用基地资料图记录调查内容，用基地分析图表示分析的结果。这些图常用徒手线条勾绘，图面应简洁、醒目、说明问题，图中常用各种标记符号，并配以简要的文字说明或解释。

（3）方案设计

当基地规模较大及所安排的内容较多时，就应该在方案设计之前先做出整个景观的用地规划或景观的策划布置，尽量利用基地条件，保证功能合理，使各项内容各得其所，然后再去分块进行局部景区或景点的方案设计。若景区的范围较小，功能不复杂，则可以直接进行方案设计。方案设计阶段本身又根据方案发展的情况分为方案的构思、方案的选择与确定、方案的完成三个过程。综合考虑任务书所要求的内容及环境条件，提出一些方案构思和设想，在经过方案对比、权衡利弊后，确定一个较好的方案构思，并吸取其他并行方案的优点和特色形成一个综合的方案，最后协调完善，完成方案的初步设计。这一阶段的工作主要包括功能分区，结合基地条件、空间及视觉构图确定各种使用区的平面位置（包括交通的布置和分级、广场和停车场地的安排、建筑及入口的确定、景观节点和重点景观的控制等内容）。常用的图面有功能关系图、功能分析图、方案构思图和各类规划及总平面图。

在这个阶段，当设计者对环境景观的功能性质、定位、概念以及形式安排有了初步布局之后，要重点考虑和处理环境景观与城市规划的关系；景观与城市形态、风格、周围环境的体量和尺度以及景观对城市交通的影响等。

（4）初步设计

方案设计完成后应与委托方共同商议，然后根据商讨结果对方案进行修改和调整，本阶段为初步设计阶段。这是环境景观设计过程中的关键阶段，也是整个设计构思基本成形的阶段。在这一阶段要考虑环境景观的合理布局、空间和交通联系合理、景观艺术效果。一旦初步方案定下来后，就要对整个方案进行各方面的详细设计，包括确定准确的形状、尺寸、色彩和材料，完成各局部详细的平立剖面图、详图、园景的透视图、表现整体设计的鸟瞰图。为了取得良好的艺术效果，还应该和结构的合理性相统一。因此，结构方式的选择应考虑坚固耐久、施工方便及造价的经济合理等。

（5）施工图设计

施工图设计阶段是将设计工作与施工工作连接起来的桥梁。施工图设计主要通过图纸，把设计意图和全部设计结果，包括做法和尺寸等表达出来作为工人施工制作的依据。根据所设计的方案，结合各工种的要求分别绘制出能具体、准确地指导施工的各种图面，这些图面应能清楚、准确地表示出各项设计内容的位置、形状、材料、尺寸、种类、数量、色彩以及构造和结构，完成施工平面图、地形设计图、植物配置、种植平面图、景观建筑施工图、景观节点详图等。施工图设计要求明细、周全、表达确切无误。在这个阶段要重视详图设计，又称为细部设计，主要解决艺术上的整体与细部、风格、比例和尺度的相互关系，它很大程度上会影响整个环境结构设计的艺术水平。

7 小城镇环境景观分类设计

在城市发展演化过程中，人类对自然的态度经历了"恐惧敬畏—改造利用—攫取破坏—保护尊重—和谐发展"的过程。当前，坚持城、镇、村与自然生态可持续发展已经成为全人类的共识。在处理人与自然生态的关系上，必须学会尊重自然、认识自然，保护自然生态资源，才能创造和谐健康、景致怡人的城镇景观。

根据景观设计的系统要素，从区域小城镇景观设计切入，按照大类整合并参照如下系统分类（表7-1）。

小城镇区域景观体系的设计分类　　　　　　表7-1

空间	以自然地理环境形态为特征的设计分类	以建筑空间环境属性为特征的设计分类	以人文历史环境属性为特征的设计分类	其他（以社会产业构成为特征的设计分类）
区域小城镇景观规划	大地景观：山川、平原、洲岛	生产建筑环境景观	古典型景观	交通能源型景观
	滨水景观：河湖、水乡、湿地	居住建筑环境景观	旅游型景观	工商科技型景观
	生态景观：田园、植物、动物	公共建筑环境景观	民族型景观	低碳生态型景观
	—	—	宗教型景观	地方特色风貌景观
形态	以自然形态为主导	以人工形态为主导	以人文形态为主导	以人本形态为主导
小城镇镇区景观规划	自然引入人工环境，建筑浸入自然	建筑视觉形态艺术	环境陈设艺术	民族宗教艺术
	社会嵌入自然环境，自然包容人工环境	建筑空间关系艺术	环境雕塑艺术	民俗土风艺术
	天然与人工和谐，自然与人工环境相融	建筑环境氛围艺术	环境壁画艺术	服饰表现艺术
	"天人合一"	装饰景观艺术	视觉传达艺术	人体表现艺术

在景观设计中，自然景观是最初始原生、丰富多变的要素体系，其他任何体系的景观要素构成都脱离不了自然环境的基础和铺垫。

7.1 自然景观的分类设计

自然景观是人类世代共享的珍贵资源，世界上任何一座城镇都是在一定的地理环境中形成的，特定的地形地貌和自然条件，是其产生和发展的依托，也是创造建筑环境景观的前提。从自然环境中生长起来的小城镇人工环境，其物质形态风貌、材质色彩与空间构成直接受地理条件、地形地貌的影响和制约：平原的旷达、丘陵的起伏、山峦的重叠、河溪的纵横，或隔山分立、或傍水相依，蔓延逶迤、奇峻高杰、转折旖旋……同时，还伴随着气候、气温、气流、干湿变化，通风、采光、向阳等因素，造就了小城镇的生态环境小气候。这些因素是小城镇规划、建筑设计、园林设计必须遵从和利用的先决条件，更是环境景观艺术充分发挥艺术创作特性，顺应地理气候，活用、妙用地形、地貌、地理特征的依据。

7.1.1 自然地质景观艺术设计

根据自然地质形貌的万千变化，其地域地质形貌可分为山地、丘陵、高原、平原、盆地五种基本形态。而在具体的地质地势分类中，又可以从山川峡谷、戈壁沙漠、江河洲岛、滨水湿地以及特殊的地表形态入手进行景观的分类设计。

7.1.1.1 山川峡谷地貌景观设计

山川峡谷是由于地壳构造运动形成的地貌，在冰川融水、峡谷水流的切、削、蚀、刻作用下而形成的悬崖峭壁、岗坡沟壑、垭口谷地的自然景观。按地球表面地质形态的凹凸隆起形态可排列为山地、岗坡、丘陵、盆地。因沟壑峡谷的断面形态不同，又有峡谷、嶂谷、V形谷、垭口、"一线天"等类型。峡谷两岸峭崖对峙、谷深流急、银瀑飞泻；滩险激流处，水石相搏、惊涛拍岸、震耳欲聋；绝壁之上，藤蔓攀附、古木丛生。在峡谷两岸徒步、在垭口处登高、在悬崖处眺望，就能领略奇峰绝壁、盘江旖旎和重峦叠嶂、蹊径交错等地貌景观的神韵，体会当地民族风情、游历文物古迹、赏析石刻壁画等人文景观的意境。从景观审美角度看，无论居于高山之巅或峡谷之底，这些地貌都可使环境产生伟岸、崇高、深邃、幽远的景观意象。人们极度崇拜自然之造化，并将其按照人的意愿勾勒营造成为宜居、舒适的人性化空间，作为生存、安全的庇护场所，让人联想"高处不胜寒"同时又产生"光脱人间世，疑登阆苑仙"的审美感受。

（1）岩溶地貌景观

岩溶地貌又称喀斯特地貌，是一种在巨厚的碳酸盐岩层上由于水的溶蚀、析出和沉积等化学变化过程而形成的地貌。岩溶地貌景观通常除溶洞位于地下外，其余均在地表。按岩溶出露条件可分为"裸奔型喀斯特、覆盖型喀斯特、埋藏型喀斯特"；岩溶形态包括切割表浅的石芽、石笋以及基部相连顶部分离的峰丛、切割到底如林而立的峰林和傲然耸立在一片平地上的孤峰。岩溶地貌景观形态主要包括：石钟乳、石笋、石柱、石幔、石花等形态，以及溶洞中的地下河、湖和地下瀑布等水体变化。在我国，岩溶地质景观十分广泛，主要集中在广西、云南、贵州等省，如桂林和云南的路南石林都闻名于世（图7-1）。

图7-1　芦笛岩溶洞景观

（资料来源：作者自摄）

（2）丹霞地貌景观

丹霞地貌主要位于广东省，由于有特殊的地质构造，故成为著名的旅游胜地。丹霞地貌属于红层地貌，所谓"红层"是指在中生代侏罗纪至新生代第三纪沉积形成的红色岩系，岩性较软，岩层水平层理及垂直节理发育，经长期风化、侵蚀，奇峰突起、高低错落，岩层厚薄参差；奇峰、赤岗、赤壁、岩洞等特殊地貌，偶有植被点缀其间，远远望去，红色山体掩映着绿色植被，在太阳光的照射下更是妩媚动人。尤其是由内外应力作用发育而成的方山顶部平齐，四壁陡峭；奇峰或似堡垒、或似宝塔、或似各种生灵抑或人类性器官；断崖绝壁，赤如朝霞，壁上往往有沿层面发育的浅小顺直的岩洞。丹山碧水相辉映，其形态逼真、色彩之美无与伦比。无论春夏秋冬，由680多座顶平、身陡、麓缓的红色砂砾岩石构成的丹霞山，时时呈现"色如渥丹，灿若明霞"的壮丽景观。

（3）综合地貌景观

山川峡谷地貌景观是以丰厚的自然资源为观赏主体，景观规划设计主要是在生态旅游理念的引导下，以保护为前提，通过游览路线、观赏角度的组织对自然资源加以特色的强化、内容的充实和利用。设计目标通常在于对自然景观的诗意景象的发现、创意畅想的引导以及突如其来的意象激发等景观审美心理体验的实现等方面。目前，随着旅游模式的拓展，传统的走马观花式的浏览正在被深层次的旅游体验所代替，化被动的旅游为主动的参与、互动，甚至是小住一段，通过主体的休憩劳作与景区的美型美色融为一体，实现"天人合一"，体会真正的"情景交融"（图7-2）。

图7-2 山体景观

（资料来源：刘虎摄）

由于中国地大物博，地质形貌差别较大，通常在进行地质形貌景观保护与开发时，要注意采用因势利导、机动灵活的设计手法：

①利用地形转折、起伏的特性，加强、夸张地表风貌的特征。造就形象突出、节奏明快、诗意盎然的自然环境。

②利用山、崖、坡、石、水体的自然阻隔，制造叠加、穿插、疏密、显隐、藏露的空间环境序列，造就递进、幽远的神秘感（其分隔和穿插可用垂直、水平等手法）。

③尽可能地保留和保护自然形成的地形、地貌特征，哪怕是一丘一壑、一树一石也应保留维护，并以绿化和自然材质改善的手法去衬托环境，避免人工斧凿修补之痕，以天然野趣、原汁原味的自然景观去调节城镇中大量充斥的人工景观。

④充分发挥艺术的创造力去造就地形地貌的人文景观。

小城镇中自然景观资源有限，而人们可以根据自然环境形象去强化这种特征，因势利导，因势随机，遇坡堆山，逢沟开河，干涸引水，荷塘泛舟，疏浚水系网络——这种无风起波、有风起浪、推波助澜、无中生有的创作思想可令自然地理风貌保持鲜明特色，同时，对废渣堆、污水池也可按环境保护的法则令其成为青山绿水、碧野滴翠之所在。而对于一些特殊的地形、地貌传说："博望坡"、"望夫崖"、"百里溪"、"屈原冈"、"断肠石"、"滴泪泉"、"白莲窟"、"蝙蝠洞"等传说遗址史料，当以艺术的想象力和创造力，辅以环境雕塑、壁画、岩画和摩崖石刻，配以环境艺术照明，再现、活用这些地理风情，造就特殊的人文与自然相得益彰的环境景观艺术（图7-3）。

图7-3 山环水绕，峰回路转的武夷山

（资料来源：作者自摄）

7.1.1.2 戈壁沙漠地貌景观设计

沙漠、戈壁滩、雅丹等干旱地貌景观，是一种特殊的、富有魅力的自然景观类型。广袤无垠的沙漠中那形态诡异的万年枯木、不畏干旱的千年胡杨、红柳、骆驼刺镶嵌在连绵起伏的沙丘和荒芜冷漠的戈壁滩上，以其博大、宽广、沉寂和海市蜃楼的幻象等自然景观给人以生命、永恒的启迪。在这些人迹罕至的地区，曾经是繁华富足的文明发达之地，也曾经是大洋那神秘莫测的海底。地壳的变迁令桑田沦为荒原、沧海化作戈壁。从风蚀砂岩的断层中，依稀可见海洋生物的踪迹，从茫茫戈壁中可遇白骨嶙峋的动物遗骸。那极富神秘色彩的雅丹地貌（雅丹的维语解释）以其光怪陆离的神奇景观吸引着无数游客前往参观、体验、挑战生命的极限（图7-4）。

图7-4 戈壁沙漠景观

（资料来源：http://www.quanjing.com/imginfo/107-0025.html）

干旱的沙漠在风雨的侵蚀、冲刷下使得其中的基岩台地节理、裂隙加宽扩大，形成剥蚀沟谷、洼地、孤岛状的平台小山，随之演变为万千石柱或石墩。令初次来临的旅游者就像进入了一座颓废了的古城：地面纵横交错的沟谷似条条龙脊和网络般的"街道"，千姿百态的石柱、石墩"楼群""沿街而建"，座座城堡尽显高耸、诡异之景象。这样的"龙城"或魔鬼之都，在我国柴达木、准噶尔盆地内数量众多、规模不一，景象之奇异当是最佳的地貌景观游览资源之一。

7.1.1.3 江河洲岛地貌景观设计

按照不同的水体特征，可以将江湖洲岛、河网滨水的水体景观划分为以下几种景观类型。

（1）江河景观

江河景观是水体景观的重要类型之一。陆地上纵横交错的江河溪流，在流经不同的地理环境及地貌部位时会形成形态各异的自然景观，如河溪自峡谷湍流奔泻，在地质断层落差处形成瀑布（如黄果树瀑布）；随山谷而转折、遇滩涂而逶迤；或穿越密林，或汇聚成湖泊，河网水系因地随机的自然形态，与沿途的山川峡谷、高原平原、密林古道相结合，从而形成不同凡响的大地江河景观。

（2）湖塘景观

湖泊、塘潭景观，是陆地表面天然洼地中河流、雨水汇聚蓄积的水体，是陆地水体景观的主要类型。小城镇镇域湖泊、潭塘的自然景观有几个基本要素：一是水体形态，它是湖泊、潭塘的平面形状，由于湖泊、潭塘所处地理地势和环境形态成因不同，其滨水岸线的跌宕起伏、凸出凹进滩涂形态也不尽相同；二是湖影，它是水清如碧、倒影清丽的见证，岸线陆地的自然风光或人工形态，配以云雾、天光构成清秀旖旎的水影景观；三是湖色，指湖泊的颜色与美景。湖泊、潭塘所处的自然、人工地理环境影响甚至是决定着湖、塘水体的容颜与姿色。湖泊水景观所形成的"平湖如镜"、"山形树影"、"湖天一色"是水景观的特殊表现形式（图7-5）。

图7-5 河川掠影

（资料来源：作者自摄）

（3）瀑布景观

瀑布景观，是从河床地质横断面陡坡、悬崖处倾泻下来的水流。由三个部分组成：造瀑层、瀑下深潭及瀑前峡谷。瀑布是极具有吸引力的自然景观资源，主要特点是山与水的有机结合、谷与崖的前接后续、树与石的相互映衬，具有形、色、声的要素，这三个要素的不同组合变化，形成千姿百态、四维时空流变的瀑布美景。

（4）泉水景观

泉水是地下水涌出地表的初始处。当潜水面被地面切断时，地下水即可露出地面，这种渗出的水沿着固定的出口源源不断地流出，就是泉水景观。泉水与蓄水层的岩性和地形部位密切相关。在自然界中，形成泉的主要因素是地质构造、地貌和水文地质条件等，在我国各地分布着许多不同的温泉、热泉等，山东济南的趵突泉则是天下泉水中闻名遐迩的泉水景观。泉水景观通常与人工、人文景象的营造相配合，以便使单一的泉水景观形成丰富而有情趣的综合景观。

（5）海洋景观

海洋景观资源的形成原因是多方面的，它由水陆、气候、生物及人文等多种因素作用而成，其中水陆的交互影响尤为重要。如水的因素有：洋流、潮汐、波浪、水温、盐度、颜色等。陆地因素有：岩性、构造、地貌、火山、地震、泥沙、河流等。海洋景观可以分为：海岸地貌景观、海滨沙滩景观。

（6）洲岛景观

干涸的沙漠中一片绿洲，绵长的海岸线以及近海处的半岛和孤岛可以使广阔无垠的视野中闪耀出令人熟知而心动的生命迹象和参差错落的洲岛自然生态景观。在内陆沙漠戈壁、沿海滨水地区的小城镇，绿洲中的自然植被和江河湖海的水体当然就是组成小城镇景观的最重要因素，它珍贵的绿色、蜿蜒变换的岸线形态、跌宕起伏的水体流动音声和闪耀其中的色形、光影，成为洲岛类小城镇最富表现力的自然景观素材。绿色的生机、水体的灵动在广袤的瀚海中掀起一片生命的"绿浪"，与小城镇中人工物质形态能够形成非常富有意蕴的对比，让人在强烈的对比中感受大自然的造化和生命的珍贵与活力。

对自然景观的设计，是在尊重自然、保护自然的前提下展开的一系列组织、引导方法，以及采取因势随机的视觉审美完善手段。

①形：小城镇规划建设以遵从自然地形、地貌为依据，在沿河、滨水、洲岛地段，应该对水陆的自然形态加以保护，规划道路沿水岸、湿地、滩涂若即若离地兴建，既给人们创造亲近滨水的观赏游憩、亲水机会，也给湿地、滩涂滨水生态敏感区域留下一片生态延续发展的保护地，尤其是对滨水岸线的道路，要根据生态迁徙、交流、繁衍的规律，留足其休养生息的资源和空间、沟通和交流的条件，采取栈道、桥梁等形式使道路飘离植物生发的泥土，出让生态廊道和区域，顺势利导、自然弯曲、因形随机。对洲岛滨水的自然形态和野生植被，应该像保护文化遗产一般，在确保自然形态及排水泄洪之功能外，加强堤岸在抗洪功能之上的造型形态和综合管理。既保持水体沿岸自然、优美的生态曲线形态，又令堤坡跌宕起伏，景色变化丰富。

②质：主要指水体的质量以及植物生长的品质，让组成水域景观的视觉物质要素，如护堤、构筑物等形成形象审美与内在品质一致的水域、洲岛景观。水的质量是水体环境艺术的核心内容，再好的岸线形态，若没有清澈的碧水奔流，而是以令人窒息的污浊臭水流淌，岂不令人窒息、伤感沮丧而大煞风景，这种水体环境污染现象在现代小城镇中有着不同程度的反映。故，人类应该检点自身的行为，加强对居住环境的改善，从衣食住行做起，绿化与水域保护并重，还绿色于城镇，给水质以洁净。

而对于水体岸线护堤造型，在防洪抗灾功能的前提下，同时注重岸线生态保护与视觉审美的营造。水系的流畅，堤岸的曲线当以自然的泥土、沙、石柔化，以硬质的钢筋水泥做防护的基层。现代水利技术可根据这些材质的构造肌理，结合堤岸造型的结构、力学关系，造就出内部牢固、外部生态、绿色、自然美观的岸线。而不是以全部裸露、僵硬、冷酷的"钢筋水泥锁大堤"。在坚固的基层之上敷以厚实的泥土，养植草丛、灌木以护堤岸，保持湿地、树林的层次递进以作为抗洪缓冲的滩涂，更重要的是，在这些地方，正是自然物种栖息、流通的生态交汇区，对小城镇的生态多样性保护具有重要意义，同时，沿岸的绿化、树木花草在其层次、节奏上的起伏变化中自然天成、隐约婉转、诗意盎然。

③趣：曲折流畅的岸线，清澈明净的水面，绿荫叠翠的堤坡衬以远景中的建筑群已是波光闪烁、倒影婆娑。在堤岸近景处，河埠、码头间，雕塑、亭榭装饰，瀑布、喷泉点缀，奇石、异木隐蔽，配以树木花草、座椅石凳，供休憩娱乐，时有鸽、鸟觅食，偶有鹿、兔出没……景色交融的生活情趣，已是景不醉人人自醉也。

7.1.2 绿色植物景观艺术设计

地形地貌、水体、绿化、建筑、道路等因素对小城镇气候产生直接影响。有研究表明，在大中城镇中，建筑物、路面铺装造成的热反射是环境热岛效应的主要因素，而绿化水体则是小环境中最好的气候调节者，尤其是绿色植物，更是城镇中生态环境难得的绿色屏障。绿化工程是一个整体中的系统工程，它不仅仅是政府的行为，更是全社会民众的共同参与行为。植树种草在有关部门的组织指导下展开，在园林艺术、环境景观艺术等专业的统一设计下实施。

通常，绿色植物的种植首先要求具备地方性特征，同时又具有功能性、经济性、观赏性特征。植物的观赏效果重在组织形式及物种的穿插、搭配，除了移植外地植物作为调节外，还应充分发挥本土的各类木本、草本、藤本植物以满足各种绿化形式及观赏效果的需要。小城镇自然的景观绿化由外围到镇区中心，是从自然疏朗到人工密集环境的组织与设计，重点在于建筑室内外环境的绿色植物调节。

7.1.2.1 由内到外的绿化景观设计

室内空间环境的绿化，是最贴近人类生活劳作场景和最直接的人性化设计。室内绿化以选择阴性、观赏型植物为主，它们在室内出现，会形成三层含义：①作为绿色生命，以植物本体顽强的生命特征来证明绿色的珍稀和贵重；②透过盆栽的片片绿叶可以让人们深切地感受和向往那自然绿色景观的天地空间；③从室内绿色养植向室外空间环境绿化过渡，并形成由城内绿色空间向城外绿色植被蔓延的绿色浪潮。这种由内到外、贯穿连通的绿色景观规划建设，无疑为人工环境和社会环境增添了生机勃勃的氛围。室内绿化虽然多为人工养殖的绿色植物装饰，但是它与室外的自然绿地植被可以形成呼应和鲜明的对比关系，通过设计营造，可以创造人工自然和原野自然穿插互补的情趣，化解城镇建筑、道路铺地的硬质边界，以绿色的生命消除自然和人工的对立。

7.1.2.2 自下而上的绿化景观设计

传统的绿化首先从建筑外部环境或中庭的地面栽植养植开始，建筑的庭园、露台直至外墙立面和屋面皆可作为绿化装饰的平面。这种由水平面向垂直面发展、由地面向空中提升——自下而上的绿化模式是人们改善生存环境常用的方法。例如，在19世纪中叶，西方发达国家的草皮屋顶被广泛应用并产生积极的影响。至20世纪50年代末到60年代初，一些公共或私人的屋顶花园才开始建设。许多精美宽敞的屋顶花园被建成。20世纪60年代我国才开始研究屋顶绿化艺术和技术。近几十年来，德国、日本对屋顶绿化及其相关技术有了较深入的研究，并形成了一整套完善的技术，是世界上屋顶绿化技术水平发展较快的国家。

随着目前小城镇物质空间的扩容，沥青地面、水泥石材铺地与楼宇的砖墙、高架桥硬质路面相互辐射所产生的热量逐渐形成热岛效应，传统的街道绿化和家庭自然随机的阳台、外墙攀援绿色点缀已经无法抵挡太阳的辐射。于是，建筑物自下而上的立体空间绿化变得越来越重要。拓展建筑物外墙、屋面绿化模式可以有效利用立体空间，是垂直绿化的重要形式，它在不增加土地面积的条件下改善环境，降低人居环境对土地资源的依赖程度。因此，发展建筑物外墙、屋面绿化的一体化，是发展建筑环境生态共生的重要方法。这种提高建筑物绿化率的方法，实际上也是要提高建筑物的"自我生存"能力，即通过建筑结构、材料设计与建筑设备的合理使用，提高自然资源与能源的循环利用率，强化建筑物自身健康生存的能力。

随着我国城乡一体化的推进，小城镇建成区中绿地面积不足的现象开始重蹈大城市问题的覆辙。推行绿色建筑设计，研究垂直绿化技术，建设屋顶花园，提高城镇绿化覆盖率，改善城镇生态环境，加强景观美化建设已成为当今人居环境绿化的重要组成部分。这方面，有的城镇起步较早，做得比较好。在一些大中城市或江南小城镇，随处可见多层建筑和民宅的外墙被绿色植物包裹，那葱葱绿荫的攀援植物，沿墙而上，直达屋面，它们自由生长，在墙上编织出一个个窗洞，令建筑室内外在夏日酷暑中保持凉爽，并呈现出勃勃生机。屋顶绿化可以提高建筑环境景观的审美价值，降低热岛效应，改善建筑的小气候环境，也可降低屋面径流系数，有效地削减雨水流失量。屋顶花园的构成要素繁多，运用手法多样。花园内亭台楼阁、池沼汀步、小桥流水、绿树成荫、藤萝密布、养鱼观花，那宁静的园林、诗一般的美景，在夜幕中把酒赏月，竟似身处天上仙景一般。

7.1.2.3 品质升华的绿化景观设计

绿化工程是视觉系统工程的重要组成部分，直接体现小城镇景观建设的理念精神和文化素养。在统一视觉设计的策划下，经过筛选排序，按照经济林、防护林、观赏林以及小环境衬景，调节并分阶段组织实施，而特色植物的个性品质的强化，则要在整体设计的运作下逐步使之规模化、形象化。通过景色的组织，展示其本质特性，从而使之从精神理念上具备某种标志性、象征性的含义，形与质在形象的塑造过程中得到升华。例如，有的小城镇以发展某种经济果、木、花、草为主，而使这种植物成了小城镇的特色形象和标志，在这方面，已经有知名度的有新疆吐鲁番葡萄沟的葡萄、哈密的甜瓜、山东烟台的苹果、新疆库尔勒的香梨等。

景观设计通常以这些自然、人工绿色工程为基础，从艺术设计的角度去强化其绿意盎然的人文气息。景观规划设计根据当地特色种植的地理气候条件，结合当地民族、宗教习俗，按照视觉景观审美的要素，为景观的视觉审美增加许多令人难以忘怀的人文景观亮点，让人们在绿色景观的氛围中去观赏、游玩、品尝，甚至是亲力亲为的种植、采摘、制作体验。让美景不但映入眼帘，还要融化于心中而难以忘怀。

7.1.3 气候季相景观艺术设计

在宇宙空间中，地球因自身运行过程中与太阳及星际之间的关系变化，产生有规律的季节气候变化，这种变化主要通过地球大气层冷热，空气干湿，天气的风云雷电、雨雪雾霜等现象给地球生态尤其是绿色植物产生了四季分明的迹象变化——春生、夏长、秋收、冬藏。这些变化不但令绿色植物产生较大的形象变化，还包括地球上所有的动物、人类也随着这种规律产生了气候季相的变化。自然景观、人工景观乃至人文景观都随气候季相发生改变。气候季相的变化特征，恰恰为地球上的生态景观带来异地相殊的丰富形象：当一个地方正值春暖花开，而另一个地方已经度过漫漫长夏，开始秋收冬藏。虽然在我国没有赤道火热与南北极冰火两重天地的强烈景观对比，但是我国的戈壁雪山、沙漠森林、江河湖海遍布、阡陌纵横、丘陵绵延、人类活动与自然环境景观有直接联系，气候和季相直接影响以上要素形成自然环境景观。

7.1.3.1 雨水景观设计

雨水是一种珍贵的自然景观资源，"恰当的雨水管理和设计可以使雨水通过渗透、蒸发和排放等过程参与自然循环，发挥雨水的生态功能和景观功能。雨水管理不是简单的工程技术，需要艺术设计的理论指导。通过艺术设计才能将雨水工程的实用功能和景观艺术相结合，从而提高雨水管理的综合价值"。

在中国古代，雨水不仅仅是一种自然气象，它更是一种动态的环境氛围营造因素，令寻常的景观披上朦胧、虚幻、阴郁、辛酸、苦楚的面纱，令观赏者情绪低落，随雨景而低沉和伤感。当然，不同的雨速和雨量裹挟着雷电、云雾也给人带来不同的惊喜、震撼甚至是不可言说的快感和意境。雨水景观规划建设是有效地利用这一长期被忽略的自然资源，在城市景观建设过程中统一规划，构筑雨水收集、运送以及汇集容纳设施体系，共同组成截留、分流系统。在分流理论和艺术理论的指导下，通过借鉴英、美、德等国家雨水收集与管理的方法，按照艺术视觉形态设计手法把雨水管理工程变成城镇景观设施，创造生态节约型的城镇景观。

在没有采用人工化管理雨水方法之前，自然界是通过"蒸发、渗透、径流"的系列作用完成雨水的"自组织"管理的。城镇的人工雨水管理体系将雨水的处理分成蒸发、渗透、排放三个部分，变自然的径流为主动建构一系列容纳、溢流、分流以及渗透和排放设施系统的综合作用，模拟自然进行雨水管理。充分利用水体循环、排水的自然规律，打造雨水与水体景观。在雨水的利用中，要突出使用与观赏的目的性，把娱乐、安全、交往以及审美功能关系作为雨水收集、传送和容纳三个子系统，着重考虑人的亲水性原则，在选择靠近水源的地方开挖水面，利用等高线布置，形成合理的排水落差，在密切注意雨水

流量的前提下，确定形成不同流动性和场面性的水体景观。在雨水景观的组织设计中，场面性的景观审美依然是环境中起关键作用的物质形态系统，它们的空间形貌在雨水朦胧中呈现出恬淡、宁静、幽远的美景。如江南水乡著名的"吴门烟雨"、西蜀之地的"巴山夜雨"、桂林阳朔的"十里画廊"雨中游等意境（图7-6）。

图7-6　朦胧细雨中的"十里画廊"

（资料来源：靳明飞绘）

7.1.3.2 云雾景观设计

云雾是水汽凝结而成的自然气象，它的迷离与朦胧属性赋予了自然与人工环境景观以神奇、神秘、非凡的吸引力。我国古代就有"山无云不奇，水无雾不秀"的说法。每当春末、夏初，秋凉、冬临，多有山峰峡谷、丛林村镇被云遮雾盖，随云雾浓淡显隐和飘忽不定的动态游弋，为村镇乡野的景观平添了几分诗意美景。由于云雾属于地理、气候的自然景观，有着小环境水汽形成的必备条件，所以，本土地方的自然水系、水体保护与积蓄才是云雾景观生成的重要前提。云雾景观之所以令人神往，还在于它"一视同仁"的自然平等特征，它可以使世界的万物统一在一种纯净、高洁的情调中，让世间纷杂冗余的物象形态统一在恬淡虚无之中。有时，云雾也可以结合阳光、雷电的特性在大地空间展示彩虹霞光、闪电雷鸣的声、光、色效应，以不同寻常的视觉

形态扣动人的心弦；它能消除庞杂、化繁为简、化实为虚、以虚计实，可使人顿觉心旷神怡，飘飘欲仙。云雾景观的设计从根本上是尊重自然现状，通过梳理小城镇的河网水系，强化自然河湖水体的保有量和自然雨水的收集利用，以优化了的小城镇小气候环境，形成与自然环境相对融合的云雾景观意境（图7-7）。

植物组合和预设的冰雪活动景象空间实现冰雪景观设计的意境目标（图7-8）。

图7-8　千年古刹，银装素裹

（资料来源：作者自摄）

图7-7　海滩雾境

（资料来源：http://www.quanjing.com/imginfo/36riv0017rm.html）

7.1.3.3　冰雪景观设计

雪是中纬度以上地区的冬季和高纬度地区及雪线以上山顶地带出现的一种特殊天气降水现象。在冬季，利用雪与其他景象配合，即形成了"千里冰封、万里雪飘、原驰蜡象"、林海雪原等壮丽的冰雪景观。冰山与冰川是水的一种存在形式，是雪经过一系列变化转变而来的。我国北方大部分地区在冬季都会拥有得天独厚的冰雪自然景观，中原与长江以南的地区，冰雪天气较少，保持的时间也较短，因此在南方广大地区，冰雪现象也是一种珍稀的景观资源。冰山雪原的形态千姿百态，变化无穷，构成一幅幅由白色、绿色和落叶乔木那裸体枝干穿插的纯洁、直观的生机和"真"彩色画卷，在阳光的照射下形态各异的、冰清玉洁的形态折射出强烈的五色彩光，使人热爱自然、回归自然的情怀油然而生。景观设计必须是在寻常景观体系的规划设计中预留和拓展将要展现的冰雪现象的特色景观，以分层次的

7.1.3.4　季相景观设计

气候季相景观设计是充分利用自然界的物理现象，去组织小城镇的自然生态环境景观，利用自然条件，去改善和造就变幻无穷的人间美景。当然，气候季相的景观设计，必须和大地的自然、人工物象相结合，才能使气候季相景观具有意义，而自然景象则在这样的环境氛围中更加绚丽多彩。

旭日夕阳、云翳霞光、雨雾雪霜是最具魅力和吸引力的自然景观。"观日出、赏落日，探云雾、踏雪霜"是人们重要的审美活动需求，它使人心旷神怡，领略到生命的神圣、充满活力的豪迈；它使人觉悟到辉煌成果的终结并预示着另一个使命的开始。云海在日月升腾沉降中为大地景观变换迷彩、霓裳，大地景观因时光流转、季相变换而风姿多彩；当大气在一定条件下形成云层、雾霜后，必然下降身形抚掠山坳、丛林，亲吻大地、海洋，人们因此登高山之巅、云雾之上俯瞰在云海薄雾笼罩下的城镇乡野、聚落村庄；但见无边云雾，如临大海之滨，观云波雾浪卷涌飞溅、直与天齐。而当日出日落时分，就会形成彩霞云翳景观，昭示时光的昼夜更替。例如，"黄山

四绝"之一的云海可谓是驰名中外的自然景观。

气候季相虽然是一种无形无质的自然现象，但它可借助天体物理现象，展示它那强大的自然力量和形象。风、云、雷、电、阴、晴、雨、雪、冰、雾、雹、霜……这些自然的气象态势施加到大地自然物象中来，则令大地才"春光乍泄"，忽又"秋高气爽"；风起云涌处，林木摇曳、叶飞枝舞、飞沙走石、雷电交加、大雨倾盆、天地如洗；或冰天雪地、银装素裹、天地一色。大自然气候的无常变化规定着朝暮四时、四季更替之变化，制约着生物成长发育，所谓"春生夏长，秋实冬藏"——世间万物遵循这一自然规律，劳作休养、生生不息。

而小城镇的景观设计，可根据日出日落、云雾缭绕的变幻，调整城镇建筑空间的物象组织与环境艺术品的安放位置和角度，以取得最佳的视觉效果。利用风雨、雷电的特殊效果，去创造大地的自然景观。在一些特殊的地段和景点，可组织出：观朝阳、望夕雾、赏皓月、觅彩虹的特色景观意境；也可使这些变幻无常的因素融入景观，令小城镇在不同时间、季节得到景同意殊、情趣各异的不同效果，正如清朝的戴熙在《习苦斋画絮》中所云："春山如美人，夏山如猛将，秋山如高人，冬山如老衲。各不相胜，各不相袭。""江山依旧在，容颜几更替。"气候为景观增添了枯荣炎凉之表情，喜怒哀乐之情感。

7.2 人工景观的分类设计

7.2.1 街道景观艺术设计

在我国村镇发展历程中，很多小城镇的自然有机增长是从主要的商业交通或者是围绕某一中心街道发展起来的。这些主要交通或街道又与街坊相连，相互渗透，由初始的带状两极发展逐渐形成小城镇街道、交通的网络化空间结构。传统的城镇街道以衙门、官府、宗祠、民宅、市场为核心，勾勒街网坊区，按阶层、分属性地进行功能分区和交通组织规划。当今，在现代城镇规划的总体控制下，对小城镇进行产业、商业、公共、居住的分区组团规划，科学而规范地进行功能分区和道路交通网线设计。沿街道两侧区域规划布置作坊、商业、办公、居住等建筑群体或综合组团，形成功能相对齐全、空间相对完善的街道空间。把街道对外交通、周边纵深的自然环境或人工环境景观相叠合、连接，形成一个功能齐全且具有景深层次的小城镇线性景观和面性空间。当人们走在城镇道路抑或是商业步行街上，感受街道的空间和环境景观时，对环境景观的认识和印象会从街道界面的视觉廊道向两侧纵深处拓展，从而对小城镇景观环境形象得出综合的评价。而作为小城镇景观的设计、营造者，必须明白确立小城镇良好景观形象的工作目标，要创造良好的环境景观主要通过以下几种街道景观艺术分类设计来实现。

7.2.1.1 商业步行街景观设计

现代商业步行街在规划设计时常常对街道及其周边地区的空间、功能、形态进行统一规划，利用对景、借景、底景、节点等手段组织安排景点。而历史名镇、古镇的步行街道往往因地形地势，自然形成参差不齐、曲直合宜的空间节奏关系，而且在景观节点的组织中，常常因借园林景观的审美意趣和手法，具有强烈的地域、民俗特色和朴素的景观审美价值。无论是传统还是现代风格的商业步行街，它们的建筑立面，俱在人的最佳视域之内，依据建筑物象与观者的空间距离而产生景观的主次、宾主关系，且视觉停留在观察对象上的时间会因步行、车行的速度而产生时空流动的变化。因此，街巷两边的空间组合形态和建筑外观装饰的工艺质量直接影响环境景观的视觉品质。而墙地面的材质、肌理、色彩的特性也会给人的心理带来强烈的视觉审美感受。设计时应抓住特征进行设计。

（1）时代特性

商业步行街建筑立面景观形象的组织，应符

合建筑本身的时代特性。现代商业步行街，应强调现代化的科学技术手段的直接引用和材质工艺审美上的直观性。如充分利用门面装饰、商店招牌、灯箱、广告、霓虹灯等媒介的视觉艺术传播特征，并结合地方性和城镇统一识别设计理念，从性质上去研究视觉要素的构成。媒介虽讲究丰富多彩，但也绝非杂乱无章，否则会给视觉环境带来污染（图7-9）。

图7-9 欧洲某商业步行街

（资料来源：苏州科技学院艺术设计专业本科生郝贺贺、唐苏云、段然、刘春霞、范琳、王晨曦等同学绘制）

传统商业街一般以匾、牌、旗、幌等视觉媒介引导顾客，它们的形式与历史街区的建筑风格和环境气氛相一致，因之，设计应随着步行街的基本特征进行，在原有的基础上去夸张、强化，虽然外观形象变化多端，但本质上仍具有统一的内在联系性。

（2）审美特性

根据商业街的时代特征，采用不同的艺术设计理念手法，去创造商业步行街的个性。如商业步行街建筑外观的个性风貌，体现在建筑物细部的造型、装饰风格上。传统建筑中的商业门面、营业空间，在空间序列、材质、色彩、通风、采光等方面与现代商业建筑空间有着很大的差异性，这是由时代的变迁、技术的局限和观念的制约而形成的。比如，北京琉璃厂文化用品商业街，以文房四宝、书斋、画廊、纸店、装裱铺面和工艺作坊组成，建筑的风格与营业空间的氛围相协调，构成了"群芳争艳"、"洁静高雅"、"品位清奇"、"古色古香"的大众文化艺术用品商店的格调。一些小城镇的旅游开发，带动了商业街的人气，在江苏古镇同里、周庄、安徽黄山屯溪老街等典型的传统商业步行街道，其极富人性化尺度的曲折小巷，正成为人们流连忘返的特色商业街。

（3）地方特性

地方政治经济、传统民俗文化对商业街的视觉要素产生重要影响，因之应注意地方性装饰特征、材料的选择与民族手工艺技术的借用。①地面铺装：根据车行道路的使用需求，选取以水泥、沥青、石材为主导的路面铺装；步行道以青砖瓦、卵石、砂石等铺装，在景观节点地面则以广场砖、彩色水泥砖、绿化砖等拼花造型作铺装。②街具设施：栅栏、护栏、灯柱、座椅、台、阶、凳、垃圾桶、报刊亭、电话亭、门柱、石狮雕塑等造型风格。③水体绿化：以地方珍贵的花草、树木或绿色植物造型衬托景观，用水景、喷泉、假山、雕塑创造环境景观艺术气氛，增进商业步行街的人文气息。

（4）人本特征

商业步行街作为一种尊重、关怀人的城镇空间，为人们提供安全、舒适的购物、休憩、社交和娱乐等活动的适宜场所，因此必须按照人的生理和心理活动特征来进行设计。①按照人的生理疲劳曲线组织商业步行街，不同的年龄有不同的疲劳时间和疲劳程度曲线，可以按此来分别组织、设置不同的休憩设施。②按照人的心理兴奋曲线组织步行街，设计中应考虑不同年龄段的使用者的心理特点。③按照空间组织序列设计步行街，整个步行街需要形成一个完整的空间组织结构，形成一个由前奏→演进→高潮→后续空间组成的起承转合，有起伏、有节奏的空间序列，以符合人的活动规律。④从人的生理和心理要求考虑，多提供和创造人看人的"人本景观"机会，设置下沉式庭院或广场，采用局部平台或挑廊，创造更多的共享空间。

在环境景观的规划设计方面，还应该处理好以下几个方面：a. 小城镇地域范围的自然地形地貌与城镇街道、城镇空间、城乡之间的边缘关系，这是自然、有机、生态的审美关系；b. 沿街用地功能整合与物质形态关系的组织；c. 街道末端对景的设计与处理；d. 沿街建筑尺度、风格与形式整治和统一；e. 街道上本土景观树木栽植的形态控制及其他辅助设施的设计。

7.2.1.2 道路系统景观设计

小城镇道路系统是组织各种功能性用地的结构网络"骨架"，又是城镇生产活动和生活的能量流、信息流输入输出的经络"动脉"。道路系统一旦确定，实质上就决定了城镇发展的空间轮廓和景观形态，其影响相当深远。

小城镇道路除提供公共交通之用途外，还具有多方面的使用功能，它是城镇居民的主要活动空间，也是展示小城镇面貌的主要场所。人们对道路的要求，不但要承担足够的交通量，要求线形流畅优美，同时要求道路与周围环境配合协调。为此，应该精心地搞好小城镇道路的景观艺术设计。

道路景观设计要求道路要适应自然地貌，满足道路使用者的功能需求、审美情趣和舒适的生理需求，要求道路景观与周围环境相协调。设计包括内外部环境协调：内部协调是指道路的路面设计、线性设计，遵循形式服从功能的原则。外部协调是指道路的整体设计，道路线性与周围面性环境相配合，要最大限度地保持自然状态，避免大挖大填；对道路横断面进行生态化的植物配置和绿化景观设计。

（1）整体景观设计

对道路景观必须进行整体规划，贯彻系统视觉设计思想，即把道路作为城镇空间中的一个网络体系综合考虑，把建筑、道路、绿化、构筑小品和整个外围空间区域进行整体设计研究，把城乡道路空间纳入城乡景观系统中，与绿地系统规划和水系统规划相结合，在空间安排上重视人、车辆动态与环境静态的联系，尽可能地为人们提供与大自然亲近的机会，创造良好的道路网络与空间。小城镇道路景观设计强调道路与建筑、地形、周围环境之间有机结合、统一协调。重视各类建筑小品的点缀作用，把它们也作为整个道路景观的一部分，这些设施构成空间环境的要素，常以小巧的格局、精美的造型来点缀空间，使一个本来很平常的环境变得秀丽诱人，起着画龙点睛的作用，提高了整个景观环境的境界，强化了环境的艺术气氛。

（2）线性景观设计

在城乡一体化的进程中，小城镇的快速发展，使得城镇风貌被各种新型的建筑和构筑物穿插充斥而与传统建筑群落形态风貌大相径庭，新建筑形态因为趋于大城市风貌而变得雷同，城镇风貌与生态环境遭受破坏，民众休闲活动的空间被挤压而锐减。为了解决这些城镇化带来的通病，需要寻找一种途径去降解特色迷失与生态环境恶化的程度，必须在城镇总体规划的意义上考虑规划编制，实施针对城镇用地和交通路网的控制性规划，重点考虑城镇建设用地的位置、规模、形态，集中解决对城镇分区分片、分场地的景观规划与设计。

小城镇的线性空间作为城镇流通通道和景观基质的网络系统，代表城镇发展理念和景观形态意象，在城镇空间、流线和界面中发挥着重要的作用。城镇生态环境平衡离不开生态廊道的作用，街道的线性空间往往是人们游憩、交往的主要场所。而目前城镇的一些线性空间形态面临着"传统街巷空间被拓宽；城镇滨河、生态敏感区域被人工化，城镇原生态的意义正在逐渐消失；城镇大体量的高层建筑侵蚀传统民居区坊和肢解历史街区，正在形成新的建筑环境异化景观和文化冲突"。因此，需要通过对小城镇线性空间的内涵、职能划分与分类空间的叠加作统筹研究，对线性空间体系的景观节点作合理规划，营造良好的城镇景观，以期能够有效地解决城镇化带来的社会问题。①完善城市规划编制，将小城镇线性空间的景观体系规划提高到总规的层面。②突出线性空间的交通功能，在确保交通流畅、安全的前提下同时考虑种植本土野生植物或具有经济价值的植物，营造良好的快速交通景观。③规划设计休闲型的线性空间，引入"慢行交通绿道"的设计理念，结合开放型线性公园、街心花园、道路节点、公交站点周边环境的绿色景观设计，为市民提供安全舒适、游憩休闲的活动交往空间。④规划设计商住型线性空间，集购物、休闲、游憩、娱乐、交往为一体的商业步行街的线性空间。该类型的线性空间强调人的参与互动，是一种以人为主导的人文景观。⑤根据现实条件，规划设计生态型的沿山、滨水线性空间。以生态保护优先为原则，结合景观生态学理论，充分考虑线性空间的生态连通性，对于由于铁路或道路等设施隔断生态的地段考虑引入"生态栈道"等设计理念。⑥展示型线性景观空间，在于展示地方小城镇特色或者营造城镇个性风貌。主要提取研究对象的特色和历史文脉，进行创意设计。

（3）点阵景观设计

点阵景观设计是针对道路线性网络交会空间的"点"空间进行阵列景观规划设计。

在小城镇道路交通网络中，通常根据道路的地理位置、功能属性、交通流量进行分类分级。如按照城镇车行的速度进行分类，可分为"快速路、主干路、次干路、分区支路（街坊路、小区路）"，分别服务于汽车、机动车、非机动车与行人的道路交通。城镇各分区街道之间的交叉点的空间，具有空间转折、视野拓展的特性，具备满足交通疏散、引导视线的功能，通常被作为景观组织的重要内容进行规划设计。这些道路交会的点阵列景观，往往体现道路的属性、级别、服务对象并分别呈现不同特色；而对于道路网络点阵列景观的铺装材料选择，也被认为是解决景观个性的关键，除考虑其服务的负荷、强度、耐磨性和易施工以外，还要考虑生态、环保、节能材料的应用以及在景观对比效果方面的优势。

在这样属性清晰、等级分明的街、路节点上进行景观设计，需要作总体的规划控制，实际上这是基于城镇设计层面的控制性规划，由于道路的线性网络连通性，它所包括涵盖的节点内容几乎囊括了城镇中分布的重要景点，因此，设计依然要针对其点阵列空间的地点、属性、周边环境形态关系、服务对象、在城镇空间组织中的地位、城镇景观形象中所承担的角色等因素展开设计，切忌照搬照套大城市节点设计的方法，必须立足于本土，结合场地条件关系，因势利导地开展环境景观艺术设计。

（4）断面景观设计

道路横断面景观设计是根据街、道的属性，人行、车行的流量进行道路分级，并结合道路周边的建筑、城镇空间的相互关系进行景观规划和分类设计。

道路横断面空间尺度与物象比例必须体现不同交通类别在不同等级道路上的优先级差异，从主干路、次干路到支路、巷道，机动车、非机动车与行人的优先级随道路等级的下降而逐渐提高。小城镇的道路系统按使用功能划分为交通、商业、居住、休闲等类型。自然资源丰富、环境优美的小城镇，可根据道路交通现状开辟滨水路、林荫道等景观道路，各类道路的横断面设计也因功能属性的分类不同而形成断面景观的特殊性。

街、道断面景观规划设计的主题内容包含机动车道、非机动车道、人行道、分隔带等系统。由于城乡交通工具的差异性，小城镇物资运输的交通工具种类繁多，且非机动车和行人在街道中占据绝对的优势。在街道景观的断面设计中应根据当地的实际适当放宽非机动车道以及人行步道的空间尺度。绿化种植的横断面，一般遵循沿街道路牙至街道红线的升序排列。即缀花草坪→灌木丛→中层林→背景林等依次提高，林冠线也从低至高过渡。在现代景观设计中往往根据交通的实际需求和节点、立面审美的心理诉求，对这几个层面的绿化进行灵活穿插。而对新型街道景观横断面设计则采取人行道融入街道绿化之中的灵活方法，使人在绿化中蜿蜒穿插、舒展前进，直至街、道交叉节点处才从绿化丛中穿出，与过街斑马线相接通过。同时，在街道的纵断面绿化配合路段自然的起伏变化方面，让断面景观成为目标明确、结构清晰、内涵丰富的多层次景观空间。

7.2.1.3 交通节点景观设计

节点是城镇道路交通网络交会处、道路凹进空间以及道路端点的场地空间。交通节点具有重要的使用功能和景观聚集特征。传统村镇中常以大树、谷场、池塘、茶馆、客栈、饭店、作坊等物质要素作为景点要素来组织，而在城镇入口设立"甬道"、"牌坊"，在端点筑以照壁建筑而使景观变化丰富。这些节点通常是城镇不同空间的结合点或控制点，是人们对小城镇形象记忆的重要景观符号。人们在节点场地上进行各种交往活动，给小城镇带来生机与活力，给人留下深刻的人文景观印象。

现代小城镇由于交通网络的流量等级与服务对象的分类，对应的建筑环境在形态、体量、高程和材质上也与传统建筑环境形成鲜明的对比。曾经流行的"交通为重，功能至上"的实用主义线性交通设计，正在向着现代城镇空间一体化设计的方向发展。目前，小城镇街、道节点设计越来越受到公众关注和政府的高度重视，但遗憾的是道路节点设计与环境装饰手法大都照搬大中城市的景观设计模式，采用不锈钢雕塑、大理石或花岗石等材质铺地。由于设计未从节点周边的环境形态考虑，或者缺乏城镇设计的整体风貌特色意识，使得景观设计在盲目攀比中错误地选用了景观符号，使得道路节点景观形态与环境意蕴格格不入，存在貌合神离的问题，严重地损坏了小城镇的景观形象。

鉴于小城镇的地方特性，通常根据城镇设计的发展方向，采用简洁、质朴或有针对性的现代化设计手法，利用当地民众认同的材料、符号，结合社会民众习俗，强调节点的实用性、观赏性、地方性与艺术性，营造彰显地方自然风貌、民族特色的道路节点景观。

道路节点的景观艺术，具有时空转换和综合的造型艺术，处于轴线交会、终点的端景、对景、街心花园和与街、路相连接的广场、绿地，既把垂直街道轴线上的景观有效地组织和聚集，又使水平轴线上的景观向两端分散延展。所以，街道节点以其特殊的空间地位组织和分理了景观，并形成了自身环境优美的景观，它相对于街道两侧由建筑立面形成的景观而言，更具有空间视域的条件，景色也就更为丰富和引人入胜了。道路节点景观艺术设计的基本规律如下。

①统一与对比：节点与结点地域是城镇空间构成中大疏大密之所在，设计应注重处理各种关系，使主体突出，中心明确，高低变化显著，聚散组织分明。体现出宾主虚实、联系分隔、韵律节奏、对比协调、矛盾冲突和变化统一的关系。

②均衡与变化：在设计创造节点的主景、结点的端景和对景时，注重物象之间的平衡稳定和动态变化。做到因借巧施，以植物、雕塑和其他环境饰物、装置来调节、弥补空间构成的节律，使景随人变，步移景异，"任意剪取皆成佳景"。在动态的序列景观中求得高度的均衡和统一。

③比例与尺度：节点的空间环境物象因主体突出，往往容易造成空间上大起大落的强烈对比，这种空间形体、体量的比例和尺度常常因周边错综复杂的关系令其比例在视觉心理上产生改变，景观艺术设计善于从物象的对比中创造出令人心旷神怡的景色，通过对局部形态组织的改变和艺术品的点缀求得环境空间尺度最好的视觉效果。它往往运用对物象、材质的比拟，刺激想象、联想来达到心理上对景观美的共鸣；通过对雕塑、构筑、水体、假山、草木、岩石前后叠合关系和比例的调控，使整个空间达到对比、统一、协调的艺术效果。

7.2.2 广场景观艺术设计

作为小城镇"客厅"的广场景观，因具有提

升小城镇整体功能、改善市容市貌的作用而受到民众的喜爱。小城镇中因对宗教、庆典、纪念、文化、体育、娱乐、演出等空间环境的需求不同，形成了不同属性、规模，用途各异的广场。这些空间相对疏朗、视野较为宽广的环境在小城镇中起到了很好的景观组织作用。如：宗教广场、纪念广场、体育广场、文化中心、商业中心、康乐中心、社区中心等不同属性的广场。

广场环境景观视觉要素主要包括：
①标志建筑、背景建筑、构筑小品。
②场地、道路绿化、种植、铺装。
③亭、廊、座椅、灯柱、灯饰、护栏、宣传栏、清洁箱等设备设施。
④环境艺术雕塑、浮雕、壁画及视觉传媒艺术装置。

广场是小城镇形象的重要组成部分，通常以标志性建筑或标志性雕塑为核心，使视觉要素在表现形式上，揭示同一的精神内涵，给广场中的人们产生一种综合的空间美感享受。广场的属性、广场的气质、个性和美感在民众的参与下得以实现。

例如，在纪念性广场中，根据场地因素和民众的需求，除了设计纪念碑、纪念性雕塑和艺术喷泉外，还应在绿地、林荫区、文化娱乐区、游憩场地的合适部位设置环境雕塑（纪念雕塑、装饰雕塑、浮雕、壁画），采用纯自然物象来构筑、创造小环境的艺术气氛。

广场环境景观艺术应根据广场的性质、用途来定位，策划功能分区、流线、主要景观的形态控制以及生态化、个性化休憩、娱乐空间的构筑、设施与环境雕塑的设计。在空间序列上或开放，或闭合，或下沉，或抬升；或时尚、或传统，灵活而多变。但无论广场的功能与审美形式怎样变化，它依然不能脱离该小城镇景观建设的整体理念和城镇形象的风格，不能丢弃地方性、民族性和历史传统。广场最能体现地方文化艺术的风貌，具有折射城镇形象、展示鲜明个性的审美功能（图7-10）。

图7-10　江湾宗祠的门前广场

（资料来源：作者自摄）

7.2.3　园林景观艺术设计

园林是小城镇景观体系中的重要组成部分。城镇景观建设的许多模式、方法，均借鉴传统造园方法。在中国古代文献中，根据不同性质和功能，将园林称为园、囿、圃、苑、园亭、庄园、园池、山池、别业、山庄等。根据园林建造的文化背景，可分为东方园林和西方园林两大类。若按照中国传统园林所有者，可分为：皇家园林、私家园林、寺观园林。按照地域分则为：北方园林、江南园林、岭南园林。按照造园形式可分为：自然式、规则式、混合式。无论这些名称所处的历史时段、性质、规模等是多么的不同，但都有一个共同的特点：即在一定的地域范围内，利用并改造天然山水地貌，或者人为地开辟、塑造山水地貌，结合植物的栽植和建筑的布置，形成优美的景观，构成一个供人们游憩、观赏、居住的美好环境。

7.2.3.1　不同属性的园林设计
（1）皇家园林

中国皇家园林的造园综合了传统文、史、哲、美的思想文化精髓，融古代诗、书、画、印艺术于建筑、造园等为一体的综合设计与工程营造。其选址"观天象、堪地气、觅龙脉、察风水"——占尽了天时、地利、人和；园林平面经营开合大气，景点布局"起、承、转、合"有章法，可谓法度森严又融于自然。推崇"师法自然"，讲求"天人合一"。

中国皇家园林与西方皇家规整式园林思想的一致处在于"皇权与霸气"，园林建筑都有着对称、均齐、严整、庄重的环境氛围。但中国皇家园林在造园手法上更加感性，法外平和，在自由、自然随机的园囿中彰显"闲云野鹤"，追求"咫尺天涯"小对比中的大统一，充分体现了中国传统造园审美的辩证关系。当然，皇家园林在造景中讲究中轴对称，对景以山水阻断、拱桥连接，分景围合施以高墙重隔，这种城墙般的安全防护与神秘体现了帝王苑囿神圣不可侵犯的统治特点。虽然景隔几重天，但是在厚实的围墙之上别开生面的漏窗造型，通过连廊分段取景，以园中最佳观景视角尽情框景于漏窗棂隙之间，具有景随人转、步移景异的诗情画意。

皇家园林在游览路径设计上讲究峰回路转，曲径通幽；铺地注重材质的选择与吉祥图案的拼花展示；园林绿化用体量较小、绿化覆盖率较低的植物种属，托显出"人工之中见自然"的效果。对选取的植物同样要讨个吉利的彩头，如"春之桃、夏之荷、秋之枫、冬之松"以及"岁寒三友"和"四君子"，都有与民间同样的文人意蕴，这是中国传统佛道儒思想完美结合的综合表现。

（2）私家园林

私家园林是历代王公贵族、富豪、士大夫、文人等私人拥有的宅园。两汉以前皇家园林的造园成就占据统治地位。唐宋以后，随着中国山水画技艺、境界的精妙，拓展影响到文学艺术与居家生活，私家园林的构思经营、布局点景、叠山理水的造园水平受其影响，至清代达到成熟和辉煌，造园水平反超皇家园林。毕竟它们处于同一文化背景下，拥有共同的时代变革和历史进程，具有共通的艺术性格。但私家园林的拥有者大多是供职于朝廷的士大夫、文人，一朝退隐，则更多地体现了文人学士"大隐"的心态和对于诗意景园、境界如画的审美情趣追求，其中以江南地区的私家园林成就更为显著，园林风格清秀隽雅，手法格致精妙。

江南私家园林中又以苏州园林更为突出，这是镶嵌在姑苏城密集建筑环境之中的颗颗明珠，以占地不大、体量娇小的"小本经营"为主导，园林高墙围合，入口小巧，内部松竹摇曳、山水重叠；造园整体经营章法有度、布陈讲究；采撷自然于园中，"因阜掇山，循洼疏地"，虽是人工却自然天成，追求空间艺术的变化；刻意"山水"细部的玲珑处理和建筑的精妙别致，达到"平中求趣，拙间取华"的意境，私家园林建筑的入口门楣匾牌，室内厅堂普遍展陈有各种字画、工艺品和"材贵工精"的家具。这些经过精心布置的工艺品和家具与建筑功能相协调，形成了我国园林建筑特有的室内陈设艺术。江南私家园林"以小见大，咫尺天涯"和"叠山理水"的造园意境达到了自然美、建筑美、绘画美和文学艺术的有机统一。与一般艺术不同的是，它主要是由建筑、山水、花木组成的综合艺术品。成功的园林艺术，它既能再现自然山水美，又高于自然，而又不露人工斧凿的痕迹。

（3）宗教园林

宗教园林通常是指佛寺、道观、庙庵与祠堂等园林，为中国四大园林类型之一（皇家园林、私家园林、宗教园林、自然园林），也是园林分类体系中数量、规模最为庞大的一支。宗祠庙宇建筑与环境通常受地域选址与造园思想的制约，并与其在社会中的身份、地位、层次、实力的影响相关联；而寺、庙、观、庵自身的结庐历史、渊源流派、高僧驻锡与名流往来状态，也对其园林的建筑环境景观营造产生重大影响。

在中国，宗祠庙宇因为具有朝山供奉、法事祭祀、旅居游览功能特性，其园林建筑环境的景观美化就成为这类园林建设的核心目标。实际上，宗教园林的环境景观氛围又在很大程度上依赖于对自然环境资源的组织、借用与绿化植被的营造。虽然唐宋以来，地域宗教建筑及园林布置从格局、景点控制上一直与皇家园林和私家园林相互影响，但同时它又具备许多异于其他园林的特色：选址上，它广布在自然环境优越的名山大川旅游胜地，占尽了地理风水与自然景观资源的优势条件。正如宋赵抃诗道："可惜湖山天下好，十分风景属僧家。"俗谚也说："天下名胜寺占多"。造景上，自然与人工景观的高度融合与其特殊的建筑形态布局，形成了独特的景观特色；氛围上，神圣庄严、崇高洁净的宗教气息，为景园增添了神秘、幽远的空间意境；更为重要的是宗祠庙宇景园的神权地位赋予它们的独立、统摄"特权"，使之可以凌驾于世俗社会之上，与社会关系、文明发展保持若即若离、并行跟进的自由态势。

寺庙宗祠园林根据功能需求，十分注重功能分区、路径引导、重隔围护、互为因借的建筑内外景观环境氛围的营造。景观规划因地制宜、因势随机、扬长避短、巧于因借；善于根据寺庙拥有的地形地势环境，利用岩、崖、洞、窟、泉、潭、溪、涧、古树丛林等自然景貌资源要素，通过廊桥坊榭、亭台楼阁、佛塔经幢、山门院墙、摩崖造像、碑石雕刻等组合、点缀，创造出富有天然情趣，又带有启迪象征、教化意蕴的园林景观。这种建筑"人工"与自然的"天趣"融合相得益彰，成为宗祠寺庙园林景观规划与设计主要采用的构景方法。

（4）自然园林

自然园林并不是纯粹的自然原野山林，而是相对于皇家、私人、宗教园林而言，具备更加广阔的自然空间和资源，是基于游览自然野趣、观赏自然美景的目的，在自然风景优越的地方利用自然原生条件"去芜理乱，修整开发，开辟路径，布置园林建筑，不费人事之工所形成的自然园林"。自然园林是具有相对范围、围护、分隔界限的公共开放空间，其人工构筑往往隐于自然景观之中，起到大融合、小对比的点景作用。如中国的四大佛教名山五台山、普陀山、峨眉山、九华山；虽览名山觅名胜于大自然，但其中也拥有众多大小不一的名刹寺院，包含着另一种将自然山水资源微缩、模拟在一个个小的人工空间环境内，通过再造自然的"写意"，再现自然风韵而得到小中见大的园林景观效果，这便是宗教园林或私家园林等。另如，对可称为自然地质园林的湖南大庸县张家界、四川松潘县九寨沟等拥有美景的大自然风景，同样是略加开发建设，即可游览利用的自然风景区或自然园林圣地。

以自然风景为主导的园林，在景观总体规划上"师法自然"，自由灵活，形式不拘一格，善于利用地形、地貌、自然山水、绿色植被等原生的自然态势，对功能不便处加以适当改造和剪裁，并在此基础上进行路径敷设、铺装和服务设施的配置，植物栽植养植和建筑点景，着重表达自然景观之美（图7-11）。

图7-11　幸福的港湾

（资料来源：苏州科技学院艺术设计专业本科生郝贺贺、唐苏云、段然、刘春霞、范琳、王晨曦等同学绘制）

7.2.3.2　不同手法的园林设计

在当今世界文化融合的后工业时代拟或是数字生存时代，虽然在园林景观规划上采取不拘一格、丰富多彩的设计手法，但是，必须清晰地认识到，当今的景观规划师、园林设计师是在现代文明的熏陶下接受的专业规划与设计教育，他们的思想体系、设计方法与中国传统文化背景下形成的风景园林在造园手法与审美特性上大相径庭。因为现代高等专业教育体系着重于科技发展与借鉴，缺少了对大学生中国国学的教育，缺乏对传统地方文化的传承，使得园林景观设计虽然采取了中国传统设计手法，但是其思维体系、工作模式与处理问题的方法依然是现代西方文化的东方表现，景观设计在与中国大地的自然形貌、社会形态和民众行为的切合上显得貌合神离，缺少了中国传统文化的内在精神气质与神韵，缺少民众认同，园林景观规划设计效果雷同、千篇一律，重要的是新造园林景观缺乏传统中应有的山水情趣、诗情画意和意境交融，景观内涵空洞而干涩，这需要引起国人重视。

（1）经营布局

中国传统园林受"天人感应"的辩证思维影响，在园林空间布局上"师法自然"，追求"天人合一"。

园林经营注重从总体上进行功能分区、流线路径和景点的分布串联，使之在造园的环境收放、空间套穿、虚实分割和景色流动中遵从"有成法、无定法"的布陈安排。为了充分体现园林审美的"触景生情"，在景观的空间组合设计中通常采用"起承转合"的章法来经营园林用地平面，即进入园林要具备空间起始法则的引导、景观内容分解运化具有承上启下、继承发扬的变化关系；景观的交织、叠合、迂回以及进入景观高潮要形成开阖有度、虚实相生、疏中有密、跌宕起伏的情趣转折变化；在观光游览的尾声中要圆融端点、围而不死，讲究合而重生的原则，创造一个情趣盎然、意境幽远、和谐完美的整体景观，这就是园林布局。

（2）景点开合

园林中分布的景点，看似随意散落在园中的"明珠"，实则犹如诗篇中的"字"、"词"、"句"，在整篇作品的布局开合之中承担着不同的使用功能与审美角色。它们通常具有景点路径引导、提示观景视角功效、强化视觉通廊阵列、突出点睛（点景）和掀起高潮的景观功能作用。

园林景点的承转开合，对景观的节律、意蕴与感知产生重要作用。景点视觉开合，谓之审美感物应景之生灭，一动一静，动而阳刚，静而阴柔。人生天地之间，必然运心应物；物生天地之间，必然需要人的感知方道触景生情。是故，在举心运念时，不能让情欲障蔽本性，而应以清静无为处之，方能观景格致，景中寓情尚承意生境。宋·姜夔《白石诗说》："小诗精深，短章蕴藉，大篇有开阖，乃妙。"明·王世贞《艺苑卮言》卷四："有色有声，有气有骨，有味有态，浓淡深浅，奇正开合，各极其则，吾不能不伏膺少陵。"所以园林景观开合之法，全讲骨力、气势、神韵。

在景点的"句法"上，无论是筑山、置石，还是理水、架桥，均遵循因势利导、因借随机的整体性原则：筑山，应突出一个"奇"字，虽人工叠山，却贵在形神兼备。观乎山、石，应有脉络可寻；探其路取蜿蜒不绝，尽其意暗含天然古韵。置石，需推敲石形个性，取天然奇趣，忌散乱无序或均等铺排与环境物象毫无关系。精心营造石形、色、质之间的遥相呼应以及与环境景物间顾盼有情的对立统一配合关系。理水，以基地地形条件为前提，胸怀全园景观，塑造水形艺术意境空间；按照水的性格推敲水形轮廓、比例和面积大小。避免无源之水，或有来无去而产生死水一潭的感觉。借景，则通过视觉链接，框景物于主视物之间，借景以塑造更具特色的景观意境空间，扩张时空环境，达到人与自然亲和的艺术审美目标。借景对象千般万种，既包括人工建筑物和自然景物，也包括它们组合在一起的空间环境。为了创造步移景异、小中见大、变有限为无限的景致效果，借景还可以采用对景、框景、曲折、穿插、渗透等手法，丰富景点的视觉魅力。此外，景观中的山峦、水体、栽植、建筑以及环境陈设的配置相结合，它们皆可通过造型、尺度、节律上的协调作用对园林景观的"句法"、"篇章"造园筑景思想的一致性起到至关重要的作用。

（3）风貌意境

园林中的景观形象通过人的感知，在内心形成的超越了景物之外的思维空间，这是一种基于现实景象，又把观赏者意象空间中那美好的想象激发出来产生的类比联想，是一种高于现实的风貌形象和意境。这种思维空间是无限的、可以任意穿越的理想空间。正如中国传统园林艺术通过山、石、花、木、水、土、建筑、楹联、匾额、题咏以及动物的灵性参与和四时更替、季相气候的天象变化影响等视觉形态要素，别具匠心的营造技艺，造就"一勺知江湖万里、一峰则太华千仞"，"方寸之间，咫尺天涯"的园林意境美。

园林设计要唤起人们对于景观美的感知与想象，带来"情景交融、虚实相生"的韵味无穷的诗意空间联想，在于它能通过园林建筑、构筑物、植物、山形、水体等物象的形态、色彩、质感、体量和光影要素，按照诗、书、画、印的经营布陈章法——尤其是中国山水画的"起承转合"，田园、耕读的山水意境构成景观环境的综合形象，彰显景物的总体风貌和内涵，让观赏者在内心形成良好的景观容貌风采印象。在园林设计中，要想使现实景观达到较高的风貌品位和情景交融的"画品"意境，必须首先提高设计师的综合素质，同时也要提高民众景观艺术的批评与鉴赏能力，这是一种互为联动的提高过程。它集中体现在国民对国学、传统文化底蕴的积累、文学艺术的修养上，以及对造园艺术造诣的认同上。因为设计师、艺术家的思想境界和技艺能力，会深刻影响景观的层次和层面。从某种角度上讲，在创造一处景观的同时，也可能是在破坏一处景观，甚至是在摧毁一处生态栖息资源。所以，景观风貌意境涉及的是社会文明进步的大问题。

7.2.4 纪念性景观艺术设计

纪念是人的一种精神活动，表达人的情感，但当纪念转化为物象，就成为纪念性景观。纪念性景观是指具有纪念意义的各种类型景观，诸如纪念堂、馆（建筑），纪念墙、柱、塔、碑、牌、门、坊（构筑），纪念陵园、纪念园林、纪念广场、遗址（景园）以及雕塑、装置（艺术作品）等人们熟悉的具体形式，是怀念、追忆、启迪的空间物质景象。

纪念性景观设计与其他景观设计一样具有"属性、形态、内涵、目标、途径、手段和受众"的序列方法与表达。它通过物质精神形式、方法的延续，达成回忆与传承历史的目标。纪念性景观通过观赏者、事迹景观以及物质景观的组合表达或传承出最初的纪念意义。

对纪念性景观的设计，主要在于完整表达一个纪念事迹的物象形态、内涵以及服务于景观的受体。其中，景观的形态具有不同的时空形式；景观的内涵指景观所表达的具体纪念事件和迹象；景观的受体则指景观视觉信息的接受者。这其中，纪念性景观建筑、构筑是纪念性景观的主导物象。

无论纪念性建筑是单体或是群体，是公共性还是独立性，纪念性建筑所处的视觉环境一定是优越的。纪念性建筑以其超出民宅建筑群的体量和高度，形制造型的独特使之在一定的空间范围内异常醒目、突出。这是它成为一定区域内的标志物的先决条件。虽然，纪念性建筑是在一定的时空向量上形成了历史性的视觉标识物，但如果在规划中对它不加以保护，那么后世新建的体量高大、形象突出的建筑将会取代和"淹没"旧有标志建筑，这种现象在我国城市建设中不乏实例。例如，郑州市的二七纪念广场，因二七纪念塔而闻名，由于周边商业大厦和宾馆大厦环境的建成，在高度、体量甚至造型和材料肌理色彩上"抢镜头"，"二七纪念塔"已失去了原有标志建筑的环境，在强大、突出的建筑环境对比下而显得形象弱小而失去了往日的标志建筑风采。同样，首都北京的天安门广场，是融市政、观礼、纪念、游憩等属性为一体的综合性广场（其中包含了"楼、门、桥、柱、碑、堂"等不同属性的建筑、构筑与纪念雕塑艺术品）（图7-12）。

图 7-12　四川雅安上里古镇双节孝牌坊

（资料来源：作者自摄）

在小城镇中，同样拥有塔、楼、祠、碑、牌、坊、桥、古树、古墓等纪念性的场地、故居、遗迹景观。而中国的佛塔因其内涵神圣、造型独特，体量和高度特殊，在小城镇环境中显得十分突出，成为许多小城镇的标志。然而，当把佛塔集中于一个场地构筑，因在高度和体量造型上互为环境，而成为一种以群体佛塔为标志物的"塔林"中，单体佛塔因其身份飘忽不定，常常会成为一种从属而失去标志地位。故在对纪念性建筑景观进行设计时，应注意突出其属性、内涵、视觉形态的目的性。

7.2.4.1　因势利导

小城镇中许多具有纪念意义的景观是历史上遗留下来的纪念性物象形态，有自然的、人工的，其中有的融合了人文的历史附加信息并使之成为一种物象载体。在景观规划与设计时应尽量保持其原有的场地、环境风貌，本着因势利导、因借随机、修旧如旧的原则，恢复并完善其视觉景观审美的效果并突出其景观标志的形象。对标志建筑物的周边一定范围内的建筑应控制空间高程和建筑风格，使之与纪念性建筑取得主次相宜的协调性、一致性。

7.2.4.2　继承文脉

纪念性建筑、构筑物通常具有较强的精神理念，它甚至被看作是一座小城镇文明的象征。过去纪念性建筑由宗祠、庙宇、佛塔、楼阁等富有特色的建筑来充任，而如今高大的公共建筑甚至是高层居住建筑都可能以其显赫的视觉效果在城镇的某一区域上空占据统领地位，使这类新建筑成为一座城镇中新的标志。对于具有重要历史意义的纪念建筑而言，对其景观的设计重在对其视域范围内的环境保护上。如果只认定纪念建筑、构筑物自身的历史价值而只做单体保护，忽略与之相伴的周边自然与人工环境的陪衬，甚至拆、改周边的环境形态，势必对被保护的单体历史建筑或构筑物的景观形象造成灭顶之灾。

鉴于纪念性建筑所具有的丰富文化内涵和历史赋予建筑太多的象征意义，这就要求无论是面对老建筑或者是新建的纪念性建筑或构筑，在规划设计之初，即应考虑到它所处的场地在空间和周边环境中的景观形象与未来发展中的景观效果，注重对其环境的保护和利用，对它的形象感、文化感、时代感、审美感要有清晰的认识。对历史悠久的那一部分，注重保持其原真性，而对于新兴的纪念馆、堂等建筑应该注意其对历史文脉的继承，对地方民族、民俗风格的吸纳以及对未来文明发展的谕示，以相对稳定的环境来确立纪念性景观的形象。

7.2.4.3　宾主分明

纪念性建筑周边空间及环境景观对纪念性建筑物产生重大影响，环境中的绿化、水体、路面及设施都会对纪念性建筑、构筑与遗迹产生作用；建筑小品点缀以及环境艺术雕塑是点景、点睛之笔，它们以凝练的视觉艺术符号，将环境中的一草一木一石乃至环境建筑的形态、肌理和色彩统摄在一起，使它们以较为浓烈的环境艺术氛围，衬托、揭示出纪念性建筑作为标志的形象和气质。

环境中的视觉要素是纪念性景观形态关系的从属设计，它们要符合纪念性主体建筑及其物象的主次、宾主、虚实关系，在设计时，注重环境的因素、内涵和特征，强调体验与感受、突出特色与氛围，不可"节外生枝"，喧宾夺主。

7.2.5 居住区环境景观艺术设计

在小城镇居住区中环境景观逐渐发挥着重要的作用。因为在现代人们的生活中绝大多数时间是花费在住区中，居民对于居住环境有着生理需求、安全需求、康乐行为需求、社会交往需求以及视觉审美等需求。居住区环境景观质量已经直接影响到人们的心理、生理以及精神生活的品质。在人们活动的步行道、广场、休憩观景的空间中，创造性的环境景观规划设计能赋予空间一定的特色；采用景观艺术手段对居住区建筑外环境中的道路、植物、场地、小品等要素进行设计组织，可以创造与人的生活方式、习惯相适应的各种场所来满足使用者的需求。

7.2.5.1 居住区道路环境景观

居住区的道路网络一方面起到了疏导居住区交通、组织居住区各类空间的功能；另一方面，好的道路设计本身也构成居住区的一道靓丽风景线，成为居住空间环境景观的重要组成部分。相对于城镇道路中车行为主的特征，居住区内部道路景观设计应将重点放在步行以及居民在道路环境中的各种活动上。

首先，在道路设计的总体布局上强调分级设置，层层递接，道路线型通而不畅，避免不必要的车行穿越，保护居住空间环境的私密性和安全性。其次，在居住组团和住宅前道路设计上应当注意与住宅前后绿化及硬质、草坪铺装之间的过渡关系，避免生硬切割，以创造一种良好的步行环境。

通过对住区内的车行速度与路线进行引导和控制，对道路的平曲线、竖曲线、宽窄和分幅、铺装材质、绿化装饰等进行综合考虑，以赋予道路美的形式。对道路空间的人行区域加以铺装，并进行良好的绿化和景观小品布置，不仅可以较好地解决车行与步行之间的矛盾，而且可以提高人性化生活环境空间的质量。

7.2.5.2 居住区植物景观规划

绿化植物是人们生存环境中不可缺少的重要组成，它们与人共同成长，和谐共生。同时，除了令人赏心悦目之外，绿化植物对于居住区外环境还有遮阳、隔声、净化空气等实际功效，并可以利用植物对空间进行分隔、联系、引导等，从而创造丰富多彩的景观环境。在居住区外环境景观规划设计中，对植物的选择和种植非常重要，一般有以下几个原则：

①易长易管原则：对于普遍种植的绿化植物来说，应当选择易于生长、易于管理、耐修剪、少病虫害的植物，以速生植物并能体现当地特色的本地植物为主导。

②功能性原则：植物应当具有一定的使用功能，如考虑遮阳、住宅朝向及行道树冠的适宜性而选择。用大树、遮阳能力强的落叶乔木，而对于一些扬花落果、落花树木则不适合在体育场地周围布置，同时，儿童游乐及青少年活动的场地则忌讳选用有毒或者带刺的植物。

③艺术效果原则：居住小区内如采用特色性、基调性的植物将极大地增强环境的感染力和艺术效果，同时也需要考虑四季不同变换的绿化效果，注意高低植物、常绿落叶植物、不同色彩植物之间的搭配组合。选用一些名贵植物对居住区的中心及入口等重点部位进行布置，则可起到画龙点睛的效用（图7-13）。

图7-13 住宅入口植物景观（速写）

（资料来源：文剑钢绘）

7.2.5.3 居住区环境及小品景观

居住区的室外场地可以根据不同的使用对象来划分，例如，幼儿游戏场地、青少年儿童活动场地、老年人活动场地、成年人活动场地等。而设施小品则是以实用性为主，经过加工处理过的设施构件，例如，以休闲娱乐为主的亭子、座椅、喷泉、水池、廊架等；以提供信息为主的书报亭、电话亭、广告牌、布告牌等；以及一些其他设施：消火栓、路灯、减速板、垃圾箱等。

这些场地和设施小品的目的在于对居民生活进行服务，所以在设计中应根据居民的生活和行为特征进行合理配置，达到朴实、实用、生活化的特征。对于同一类设施应采用整体性系列化的设计，这将对环境景观的风格协调统一起到重要的作用，比如一些"产品"性质的设施尽可能采用工业化同一系列的产品，而艺术性较强的设施，最好也能够统一设计，做到风格一致，避免不协调的现象。同时，环境设施小品的风格也应与住宅建筑的风格相统一，做到展现地方特色、民族特色，以促进住区个性风格的形成（图7-14）。

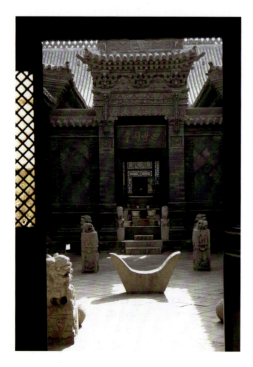

图7-14 山西古宅大院入口陈设：四世同堂

（资料来源：作者自摄）

总之，居住区环境景观要求规划师、建筑师、景观设计师、艺术家、园艺师、市政工程师以及相关部门进行通力合作，相互协商，协调各项设计、施工和产品的选用，才有可能保证居住区环境的整体、统一的艺术效果。

7.2.6 室内环境景观艺术设计

小城镇环境景观艺术是以建筑及其环境为核心展开的设计。建筑艺术又是以室内空间使用为目的、为核心的设计。所以，对建筑室内空间的实用、美观、舒适合理的设计则是从对小城镇由内而外、由内涵到外延的综合景观设计。室内景观设计以尊重自然生态为前提，由建筑室内到建筑室外空间环境，并扩展到整个城镇空间环境展开以人为本的设计。人们可以看到从局部到系统、由系统到整体、由小到大、由单一到综合的空间序列设计过程，也因此领略设计的实质是因人而起始，也因人而终结的景观艺术设计。室内环境艺术设计通过对空间结构、布局设施、材料色彩、照明光影、家具陈设、绿化生态等因素进行科学、舒适、美观、合理的综合设计，以达成人们所追求的那种理想的景观形象与环境。

7.2.6.1 室内空间形态

室内是在建筑围合限定的条件下展开的空间设计艺术。室内空间受地域时代、文化艺术、民风习俗的影响，受建筑经济、技术因素以及使用性质的制约，造就了室内空间装饰艺术风格的不同特征，并使得室内空间、形态的变化永无止境，其环境的艺术形式也光怪陆离、虚实变幻、丰富多彩。

①形态空间：室内空间环境中各视觉要素审美的体量、肌理及物象比例、尺度和节奏关系。

②情态空间：分散—聚合—发射，静止—运动—节奏，藏露—显隐—疏密，奇正—凹凸—宾主，根据室内的使用性质，使空间人性化、情感化、个性化。

③结构空间：以抽象、理性之美，展示科学、技术之美；使室内设施构件直接表达艺术思维，揭示工业美、科技美、制造美、材料美、工艺美。

④层次空间：在建筑内部空间既定的前提下，对空间的间隔、组合进行再创造，使大空间分离出"母子空间、开敞空间、半开敞空间、社交空间、私密空间"等不同类型的层次空间，以强化空间的魅力。

⑤视幻空间：利用视错原理，充分发挥人的空间联想能力。运用镜面玻璃、抛光不锈钢，以及石、木等材料配以环境艺术雕塑、绘画，在特殊的光构成、色构成中产生扑朔迷离的环境效果。

⑥虚拟空间：借助家具、地台、天花造型和灯光、柱间装饰等造就空间隔而不断、似分还连、虚实对比、有无相生的暧昧情境，它活化了空间分区，渲染了气氛，增强了空间情趣，使环境生动而有活力。

⑦复合空间：大小空间套穿、室内外空间的复合和包容是这类空间艺术的主要特征。例如，中庭的共享空间，采光顶棚及阳光室、室内空间室外化，配以水体绿化、装饰等，可令室内景观别有洞天。这种大中见小、内中寓外、虚实结合、相互交错的空间流通，使室内气氛轻松怡人，意境幽远。

⑧生态空间：强调生态绿色设计，关注人与自然的和谐关系，将自然界的山、石、泉水、花草、树木、鱼鸟引入室内，加强室内与室外的联通，造就人与自然休戚与共的感觉。

7.2.6.2 室内照明光影

室内环境照明分自然采光与人工采光，它们既具有使用功能，又具有灯具形态、光影变化的装饰功能。对采光形式、灯具、照度、色光和光影进行艺术设计，可造就个性独特、千变万化的室内景观效果。

①直接照明：直接引入自然光或人工光源照明。在解决照明功能需求的前提下，运用材料、造型、变换照明角度和形式，增加日光防护隔热处理，使人安全、充分地享受阳光，使人工照明生动活泼。

②点光照明：按一定组织形式嵌入顶棚或装置于顶棚之上避免眩光、提高照度的点光源，创造氛围，加强环境的空间感和立体感，使环境主次分明，层次井然，宁静幽雅。点光色的改变令空间更富有情调。

③带光照明：在顶棚上设计带形照明，使光直射、反射或透射下照，可令空间内光照无眩光和显著的阴影面，同时，由于光带以不同造型、流动穿插图案构成，可加强空间感、节奏感、运动感。

④面光照明：采用不同类型的发光顶棚形式，可令室内"天光"普照，光波流泄，气势恢弘，明快洒脱，清新自然。

⑤装饰照明：光源无形却有色。灯具可根据部位、方式造型，使灯具显、隐、藏、露，对于光源的设置、灯具的造型设计和安放，可以获得丰富的个性化空间效果。光源的设置通常有直射光、反射光、透射光、漫射光；而灯具的造型可以是点式、单元、带状、组团，其表现形式可采用交错、重叠、发射、旋转等手法。装饰照明设置位置视需要可在顶棚、墙面、地下、水中或以实物造型遮挡，并根据室内环境色彩主调辅以色光处理，令室内景观锦上添花，意境非凡。

7.2.6.3 室内色彩质感

物质的形貌色彩是在光照下显现色彩与质感（材料质地）的统一，它揭示物质形貌的材料个性，传递着物质形态的整体信息，造就物质形象与环境的品质。城镇形态、建筑形象、室内空间环境氛围以及家具、设备、产品、织物饰品等一切物质形态均通过视与触觉的感受而获得美感：材料的色彩通过人的视觉，使人产生冷暖、远近、艳晦、亮灰、光涩的感受，从而带来心理、生理的不同变化。而对于来自触觉的美感，则可通过材质表面的粗糙与光滑、隐晦与透明、软硬、冷暖等弹性与脆性获得美感与快感。当然，室内的材质与色彩更能创造室内个性空间，揭示地方文化艺术、民俗特征及其审美观念。地方材料的运用，地方、民族、民俗、宗教色彩的运用，使室内环境艺术注入很强的地方特色和原生动力，它们与现代化的材料工艺技术及色彩的处理产生鲜明的对比，展示了各自不同凡响的艺术魅力。

①色彩的艺术：室内空间环境中的景观艺术是色彩的艺术，创造性地突出色彩形象、反映材料品质，可以更好地渲染环境气氛，强化环境个性，增加环境美感。

②色彩的空间：根据空间的性质、功能、大小、方位强调或削弱色彩的功效、比例，使室内空间的主次分明、层次井然。

③色调的选择：根据室内环境的个性品质"随类赋彩"，使某种色调在室内成为主色彩，如：同类色调、相似色调、互补色调、对比色调、无彩色调。主色调形成室内的冷暖倾向、性格倾向，是室内对比统一的主导。

④色彩的构成：室内空间环境物象在主体物、陪衬物、界面材质、家具陈设等色彩中，相互结成的对比、协调关系，深刻影响着室内景观的审美效果。a. 背景色彩：地面、天花、墙面等界面形态的材质与色彩，以退为主，衬托、突出主体物。b. 装修色彩：门、窗、墙裙、壁柜、博古架等隔断色彩与背景色彩紧密联系，与空间中的主体景观产生对比，以强化主体。c. 家具色彩：不同品种、材料、规格、造型风格的系列家具色彩，在室内空间中与人组合形成环境景观中的主角。如桌、椅、沙发、电视柜、梳妆台、床等家具作为室内空间的主体色彩。d. 陈设色彩：窗帘、帷幔、床罩、台布、沙发罩、地毯、家电、日用工艺品、绘画、雕塑、玩具等重点装饰陈设等，具有统一视觉装饰，强化、渲染主体景观的效果。e. 绿化色彩：盆景、插花、花槽、室内种植养植的绿色攀援植物等作为烘托气氛、突出空间效果的环境色。

⑤色彩的统一：色彩的统一与变化是在室内物象主与次、图与底、实与虚等各种要素关系的局部对比与整体的关系对比中表现出来的。强调主体色，削弱环境色，可使色彩层次清晰、主次分明、对比统一、灵活生动，这是室内环境色彩构成的基本原则。室内的色彩是一种相互影响、相互制约的关系，对背景色、主体色、陪衬色之间的关系需要深刻理解，灵活处理，才能使室内的艺术形式丰富多彩。

⑥材质的色彩：对室内材料的选择，是在质感、色光的影响下造成的审美选择或情感选择。室内景观的用色，既是用光，更是用材。a. 固有色：室内材质在正常色光下表现出物质属性固有的颜色。b. 光源色：室内材质的固有色在光源色的照耀下产生的色度变化，受光部分带有光源色的倾向。c. 环境色：室内材质的固有色在环境色的影响下，相互影响，我中有你，你中有我，色彩在对比中和谐一致、对立统一。

可见，材质和光、色要素是三位一体的视觉统一体，对于室内空间形象与环境的创造，必须熟知材料的质地和固有色，这样，才可运用光构成技术去加强主体物的色彩，补益或削弱次要物体或背景颜色，从而使室内的光色变化有了主次节奏、对比统一的和谐美感。

7.2.6.4 室内家具、陈设

室内家具、陈设是人们生活、工作的必需品。从古至今，家具与陈设总是伴随着人类社会文明的提高与科学技术的进步而发展的。通常，家具除了它自身所具备的使用、观赏功能以外，还具有限定空间性质，组织、利用和创造空间等功能。

①限定空间：家具具有明确的使用性质和目的，不同的家具造型风格以及组合形式，可以限定室内空间的功能、性质和品位。例如，客厅家具、餐厅家具、卧室家具、办公家具、会议家具，家具的使用功能和艺术品格对室内景观属性

起主导、限定作用。

②组织空间：家具具有分隔、划定室内空间、区域的功能。在室内设计时，总是把家具和空间隔断联系考虑，使室内空间分隔灵活，变化丰富，巧妙有趣。同时，在利用空间组织家具时也往往根据人的生理和心理空间来分主次、疏密，以满足人的安全感、私密感、领域感以及审美心理需求。所以，对家具的布置就有了周边式、岛屿式、单边式、曲线式、综合式等。

③创造氛围：家具的形态、肌理、色彩在室内空间中是视觉组织的重点。家具造型的曲直变化，线条的刚柔运用，尺度的调节变化，或壮实或柔软，或华丽或简约；木、藤、纤维、塑料、钢材、玻璃等材料的使用，可造就出某种思想、风格、情调和氛围。家具的形态、材质、肌理、光色与空间围合、开敞、嵌入、拉出等形式相配合则会加强景观的情调和氛围，使室内环境另具魅力。

而陈设艺术涉及面非常广泛，内容丰富、形式多样。良好的陈设艺术设计和布置形式能充分反映使用目的、规格、等级、地位以及个性特征等，从而使空间披上某种意义的环境色彩，赋予环境景观以某种格调，并使之呈现出不同的民族个性和地域色彩。如书法、绘画、雕塑等美术作品陈设；壁挂、壁画、玩具、日用饰品包括灯具等工艺美术品陈设；室内地毯、壁挂、墙毯、墙布、窗帘、台布、桌布、床罩、沙发罩等常用饰品的编织物陈设。根据陈设的性质、形态、比例、尺度、材质、色彩等要素关系去组织处理。它与家具、绿化艺术密切结合，并与室内光影一起构成，以多样统一的美学原则充分发挥室内陈设的主宾之地位，分高低之层次而形成多样统一的室内艺术风格。

7.2.6.5 室内绿化生态

这是室外绿色室内化，以绿色植物装饰、调节室内环境的艺术。室内绿化是人类回归自然、崇尚自然、返璞归真的愿望和需求。在小城镇城乡差别日益减小，规模日益扩大的今天，更应该通过绿化艺术把人类生活、工作、娱乐的空间变成绿色空间。当人们进入室内，呼吸着洁净清新的自然空气，沿着由绿色植物引导点缀的空间通道，观赏着自然花木那缤纷的色彩、飘逸的神态、勃勃的生机，给机械、冷漠的现代化生活加一点温馨，添一片柔情，增一点生机。在对绿色生命的观赏之中心灵得到净化，环境得到美化，情操得到陶冶，环境景观的艺术品位在情景交融中得到升华。

室内绿化艺术既是环境装饰的艺术，也是陈设的艺术，更是生命培植养育的艺术。它与建筑外部环境相呼应，形成内外对比又整体统一的绿色生态艺术。室内植物应该根据空间尺度、使用功能需求与环境的形态关系进行种类选择、配置和造型。室内绿化多选择能忍受低光照、低湿度、耐高温的观叶植物和观花植物。在选择培育植物时，应根据植物的形态、色泽，考虑塑造室内的风水、性格、情调和气氛。对视觉重点部位和边角部位施以不同种类的花卉和植物，以起到强调与弱化的作用；也可在空间组织时利用家具、陈设作水平、垂直插入等不同形式的绿化，使空间绿化富有情趣，意境幽远。室内绿化艺术还可配合室内水体艺术展开自然、生态的艺术设计。水体的形态与流水声，树木婆娑的摇曳与光影的变幻，以及花草的点缀衬托可令人宛若置身于空旷辽阔的绿野之中，人与自然相适又相融。

7.3　人文景观的分类设计

小城镇的景观是物质的视觉表象形态，而在这景观背后则蕴涵着政治、经济、历史、文化等社会人文要素，它们依附于小城镇的建筑、构筑形态，浸润在物质环境中并通过地方民族、民俗与宗教的视觉符码，构成一定的环境关系氛围，通过人的视觉、听觉等五官感知，揭示其浓厚、悠久的文化内涵和小城镇的精神气质。

小城镇的景观设计必须充分重视历史文脉的

设计要素，有效保护人文景观。通过保持原有城镇格局、建筑空间形象，继承传统文脉，保护历史古迹与人文景观，并进行深入研究与提炼，运用于小城镇景观建设中去，使悠久的历史文化得以延续。

在当前人文景观建设方面，小城镇面临的主要问题是：新建筑形态与环境所呈现的现代高度文明的信息化社会景观形象与旧城区、历史街区的景观产生强烈的反差，城镇文化断裂、错位，导致许多小城镇民众对传统文化持否定态度。在具体行动上表现为大拆大建，以冷漠、理性布局的建筑取代传统、有机、可人的历史建筑。这种做法，使小城镇在文化景观的传承上付出了沉重的代价。通过对小城镇文化建设的加强，合理吸收、同化外来文化，发扬继承传统文化，使居民以拥有历史文化资源为自豪，以破坏历史传统遗迹为耻辱，有利于小城镇吐故纳新，有序发展。

7.3.1 小城镇历史景观艺术设计

在小城镇规划建设中，出于对地方民族文化的保护，延续历史文脉，探索建设具有中国地方特色的生态小城镇，保护和活用某些历史地段，其中包括古街古巷珍贵遗迹，适当地实施环境景观艺术设计，是保护再现历史景观风貌的重要方略。

历史街巷景观艺术设计，通常采用"维修、保护现存历史风貌，确保其久远性、真实性的历史价值"；同时，复原老建筑，改造、拆除现代插入的有碍历史风貌的新建筑，或者进行"整容"，以使其在整体风格上与传统建筑环境取得一致。

7.3.1.1 历史街巷设计的一般原则

要尊重和保护原有建筑与环境的风貌特色；保持古街巷居民生活模式的原真性状态；维持、保护古建筑遗迹风貌，坚持修旧如旧；保护、控制古街巷周边环境的视域和视廊特色（图7-15）。

图7-15 "古"镇"新"街

（资料来源：作者自摄）

7.3.1.2 历史街区景观环境的设计方法

①考察历史街巷的生成、发展、演化的风格特征，建筑外环境的绿化以及景观构成等因素。调查了解建筑材料的产地、来源、加工方法以及建筑工艺制作特点。分析现存建筑街巷的环境特征、建筑形态、饰面材料、图案、工艺品制作方法及构成方法。挖掘在古街巷建筑环境中具有潜在历史价值的古旧遗迹、名人典故、传奇传说并拟订方案。

②对搜集的资料进行全面整理、归纳，对比分析沿街建筑之间的景观视觉关系。确定设计目标和预期达到的效果，列出需要修缮、改造、改建的外观装饰，恢复、拆迁、重建被损毁的古建筑物和构筑物，分别进行设计、实施。

③对历史文物建筑应严格按照文物保护的有关规定进行修缮、仿古、做旧。遵循艺术创作设计规律，抓住特征，强化特征。复原、再现旧时风貌。

7.3.1.3 古街巷景观设计应注意的问题

①对恢复重建的旧有建筑或仿古建筑，应注意其造型材质、色彩的肌理、质量与环境的对比、协调统一。这些因素充斥在建筑物的细部造型装饰上，如：脊、檐、墙、阁楼、门窗、柱、梯、墙面、铺面、活板、栅栏、地面材质、房基、路面以及树木种植、绿化等方面。在设计实施时，尽可能做到就地取材和旧材利用，甚至是对材料仿古做旧处理，以求得完整统一的效果。

②在视域、视廊的保护中，严格控制历史地段和古街巷外围环境的新建筑进入视域范围，尤其是要注意对旧时的标志性建筑环境的视域保护。

③对历史街区、地段和古街巷的生活综合设施，如电力、通风、给水排水、消防等设施一律以隐藏为主，铺设地下管线，地面整旧如旧，对于街道及民宅的照明，可对其灯柱、灯具进行传统、仿古造型处理，以取得视觉风貌上的一致性。

④民俗、民族、宗教意义上的祭祀、图腾、木石雕刻、泥塑等造型风格和工艺技术，应体现历史时代的特性，通过这些艺术品的点缀，创造古色古香的历史环境风貌。

7.3.2 小城镇旅游景观艺术设计

建设现代化的山水、园林、生态型小城镇，是21世纪人类追求生态平衡，建设绿色城镇的主要目标，而这个目标的实现，也是造就成千上万"个性鲜明、形象突出、景意俱佳"的"诗意栖居"之地。

小城镇得天独厚的自然环境，是造就旅游景观的先决条件。树立良好的形象，充分发挥环境艺术的创造性设计，可使小城镇成为形、色、质俱佳的生态景观旅游胜地。然而，一座历史文化名城，一个旅游景观胜地，非一时之功或一代人之为而成。它需要时间的积累和若干代人的共同努力。它的形成，在初始也许并非有意使之成为旅游名城，盖因为小城镇历史的演化与文化的积淀中，人们在创建自己的美好家园时，留下了数不胜数的瑰宝：名人、名胜、特色建筑、构筑、传奇、典故与历史遗址、古代建筑景观相映争辉——历史、人文景观不期而聚，积累有加、自然天成、不烦人事之功。故，今人在造城规划设计时，需顺应这一规律，既有计划地保护、利用历史人文景观，也要对开发建设的新城区施以环境艺术策划，开创新景观。

7.3.2.1 旅游形象设计

开展形象设计是对小城镇内既有景观的梳理、潜在景观的发现和预想景观的实现做统一视觉识别设计。它的目的在于使小城镇的旅游景观网络化、系统化；保护、利用、开发、建设分而实施，有效地利用资金，合理地制订计划，使环境景观艺术设计成为一种广泛、深入、长期的系统工程。

①史料：充分占有该小城镇的历史发展资料和现存旅游环境资料，并从资料中分理出历史、现实、未来、潜在的旅游景点价值，经综合论证、研究、分析，得出结论，以备策划设计之用。

②特色：开展形象设计必须走地方化、民族化、民俗化的道路，摄取既具有文脉承继关系，又有发展预期的特色图符和内涵，这样设计的形象才能有血有肉，有个性，有灵魂。

③理念：形象设计必须与该小城镇的发展理念一致。形象设计不仅仅是旅游景点的环境景观形象设计，而应该是代表整座城镇形象的系统设计。

7.3.2.2 旅游景观规划

充分利用小城镇的自然生态资源、巧妙运用镇区内的人工形态与环境，借助名人故居、古旧遗址、传奇典故甚至是神话传说创造新的旅游景观。例如，小城镇中的参天古树、密林古道、特色种植、古旧民居、古井、古墓等天然的、人工的、人文的历史环境保护与复原。旅游景观规划，需要抓取小城镇的旅游特色和亮点：

①民俗土风：从传统民俗、宗教、土风、祭祀中挖潜，传承、创造新的艺术景观。

②民众形象：改善和提高地方民众形象，以独特的民众形象特征创造新景观。例如，强化地

方民族的服饰着装艺术，提高民间装饰艺术品的质量，以良好的市民形象再创旅游环境最具灵气的新景观。

③特色体验：出奇制胜，以娱乐、探险、垂钓、疗养、工艺制作体验等各种旅游项目丰富旅游景观。

④风景卓越：治理污水，疏浚城区河湖、池塘水系网络，使死水变活，活水通畅，畅而清越，做好水网生态品质的保持。并通过节点、重点区域景观的特色种植、养植，全面提高小城镇生态环境的质量。

7.3.2.3 深度旅游景象

旅游行为是一种文化行为。人们访古寻幽、探险猎奇，既可使身心放松，又可开阔眼界，增长见识，取得意外的收获。在传统"浮光掠影、走马观景"的快速旅游模式下，必须并行推出创新型的旅游体验经济模式，变单调的视觉走访旅游为深层的"听觉、嗅觉、触觉以及互动的味觉体验、购物体验、劳作体验"等旅游模式。当然，随着旅游方式的拓展，如"娱乐式旅游、教育式旅游、逃避式旅游、审美式旅游"等诸多旅游产品也迅猛发展，使得小城镇的旅游景观规划从纯粹地消耗自然资源变成为主动参与保护绿色生态资源，限制在生态敏感区域开发建设，进而维育自然生态和谐发展的综合旅游。

良好的旅游形象，依靠小城镇自身的地方个性和独特的艺术魅力作基础。美化环境，搞活旅游，促进地方旅游产品、手工艺品的发展步伐，通过繁荣旅游市场，带来小城镇全面而深刻的变化。这是一种由表及里，由形到质，由艺术到科技，由人文到经济的系统建设工程。我国目前有许多小城镇是通过树立自身形象、改善环境生态、调整产业结构、创新旅游模式发展起来的。它们在改革开放的市场经济大潮中，理顺了机制，找准了位置，抓住了机遇，搞活了市场，发展了经济，一跃而成为小城镇人文景观中一颗"闪亮的明星"（图7-16）。

图7-16 追寻翱翔蓝天的梦想

（资料来源：作者自摄）

7.3.3 科技景观艺术设计

现代化的小城镇中，处处可以感受到现代文明与高新科学技术给人带来的安全舒适和新颖美感。虽然，高新科技有时只以崭新的材料形态、工艺技术、肌理色彩、自动化和照明等方面体现，但是也足以使人感受到它的伟大和殊圣；它有时抽象得几乎无装饰可言，仍依然能够透过几何学的比例关系、贴切的材质对比以及精巧的工艺技术使人感受到它那超越现实的迷人魅力。

环境景观艺术设计正是利用现代高新科技手段，来创造可供人参观游览、操作体验、情景互动并引发旅人无限联想的科技环境景观，使人在这种环境中感受、体验科学的神圣与艺术的无限魅力。

7.3.3.1 科技视觉艺术

科技类的视觉景观艺术，通常以科技、高新技术开发区的场地建筑、自然环境为依托，以视觉造型艺术设计为主导，通过科技制造、办公、商务行为，组织娱乐、教育、会议、展示和酒店类开放空间，创造出许许多多别开生面的科学艺术类景观，使人们无论身在何处都能够观赏景观和体验到无微不至的体贴和关怀。

（1）科技建筑环境

运用高新科技设备、设施、材料和在艺术创

作上的突发奇想，开拓建筑、环境景观设计艺术的新领域。通过对新型建筑结构形式的探索，使之突破影响建筑跨度、高程、重力的极限，让新建筑的形体、外观有效结合场所地理自然资源，结合视觉审美原则，赋予建筑环境以新观念、新技术、新工艺的景观。

（2）数字城镇景观

作为科学普及与应用，可通过数字技术打造小城镇环境新的环境景观类型。①化现实景观为虚拟数字环境景观。借助先进的网络技术，把小城镇现实中的自然景观、人工景观、人文景观资源通过图片、文字、视频、影像和数字模拟真实景观的方式，使之成为小城镇旅游网络中一处处可供互联网网民任意转载、浏览、下载的虚拟景观。②化虚拟数字景观为现实场景中的真实再现。把先进的科技设备与自动化设施引入自然、人工环境之中，以高科技光、电技术、音响、影像数字技术，打造真实场景中的全息摄影、影像和真实音效场景景观，让人身处现实却宛若置身于虚幻的环境景观之中，获得视、听、触、嗅、味——五官感知最真切的现实—虚拟景观体验。③充分发挥艺术创新，创造超越理想的意象空间。将科学中对于生命和宇宙探索的新成果，通过形象的演化和抽象的表达，创造出一种穿越时空的失重、迷失、重生的视觉形象与景观环境体验。

（3）科幻雕塑绘画

把科技预想的场景和内容作为雕塑和绘画艺术的创作题材，通过艺术家的想象和创造，运用现代科技材料及成果普及的参与达成科幻雕塑、绘画作品的创作与制作，完成科学艺术创作的新景观。它常常以高度抽象的原理和逼真的造型设计，辅以耐人寻味的科技装置，创造自然场景中难以实现的形、色、声、光效果，在审美的意象联想中完成作品与观众的交流。

7.3.3.2 科技体验艺术

这是以突出视觉感受、游览、互动操作、身心体验一体综合的环境景观艺术。它寓教于乐，融游乐、赏玩与科普为一体，使人们通过多种途径获得科技知识与审美体验的一种享受。通常这类景观艺术的创造多建于科技馆、青少年宫以及其他专业场馆。近年，由于科技项目的普及，已使之走入大众生活场所和小城镇的主要街道、环境之中：游乐场、公园、乐园和结合地形地貌特征开发的溶洞、地下河科技探险等都是制造身心体验的良好场所。

（1）太空遨游

太空给人以神秘莫测的浩瀚之感；电脑视频和银屏平面影像中的宇宙深度空间，展示给人的无限想象和遨游太空时满天繁星闪烁、流星从身边划过，时而星际碰撞、时而高速前进——遥远的太空带给我们真实的视觉景观身心体验。利用现有的太空技术去营造离心、失重、超越光速的时空体验，用身心去领悟捕捉星空—宇宙的无限和生命的昙花一现，太空景观带给人的不仅仅是感同身受的视觉心理体验，重要的是回窥生命奥秘，理解人类更好的生存与发展。

（2）海底猎奇

想象荡漾在五颜六色的活珊瑚和奇异缤纷的热带海洋水下风光中，可以选择乘坐一艘密闭的玻璃船沉入水下；也可背负氧气瓶，口衔呼吸管，身穿潜水衣，沉降于海底，模仿鱼类畅游，搜寻海胆，触摸海底生物景象，尽情饱览色彩鲜艳、形状各异的热带鱼、珊瑚礁、海星、海马等神奇迷人的海底景观。

（3）登山潜水

模拟登山环境设计要在科学合理设置岩壁安全性保障的前提下进行。将一些登山体验装置设计在城镇人工环境中；同样，也可开辟真正的恶劣、地势偏远的登山环境。注意自然山体的人工表现或仿真或取意，也是现代景观设计的一大特色和创新。而潜水入海带来的"重压"感受有别于陆地之上，更因为海底生物景观要素的多样性和丰富性，这是自然的鬼斧神工。潜水环境景观艺术是利用人造技术模拟水下环境条件，通过科技的声、光、电模拟深海环境，去探索和揭示海底世界的神秘色彩。

（4）虚拟体验

离心失重是宇宙太空的身心体验。作为一般游乐设施的滑翔、蹦极、过山车、摩天轮，那种翱翔天空、短暂失重、风驰电掣的速度让人感到刺激、兴奋，已经成为人们习以为常的游乐项目。而由能量守恒、加速度和磁力交织形成的太空失重环境，则使人能够真切感受到没有负重的神奇体验，并观赏到难得一见的"宇宙景观"。

那传说中的海底龙宫——水晶宫是能让人产生丰富而美丽联想的场所。现实中许多运用玻璃采光、视觉通透性极佳的场所是现实水晶宫的样板，在园林景观设计中，水晶宫作为建筑的一种表现形式，与真正自然的水体、绿茵形成很好的互动。

（5）极限挑战

"地狱"探险可以定义为极度艰难的探险旅程，诸如自然界中的荒漠戈壁、南极的天寒地冻、溶洞中的地下深渊，都是人工环境设计参照的原始素材，是天堂还是地狱完全可以通过人工的手法让人感知、体会探险的艰辛，设置多种障碍性的游乐健身设施以增强项目的可参与性，提高人的身心耐受力强度。

7.3.3.3 科技制作环境艺术

运用科学知识和科技成果，以传统手工技艺的形式结合材料力学、结构力学、声学、光学、电子、机械、物理化学原理展开的一种参与制作的体验活动。

（1）传统手工制作景观

采用历史环境中的作坊、工场等形式创造出具有原始、古朴的场景艺术氛围，令参与者获得身临其境、超越时空的心理感受。

（2）科幻虚拟创新景观

利用现代科技手段创造出光怪陆离、超乎想象的环境景观艺术。例如，利用光学原理创造的镜面反射的魔幻环境景观艺术；利用全息摄像技术获得的超越时空的环境艺术；利用克隆技术和转基因技术获得的灵感想象环境景观艺术……通过视觉形象与环境景观艺术氛围的创造，激发参与者的创造性才能。

科技环境景观艺术是异想天开的大胆想象与科学技术严密的逻辑、实证相结合的科学艺术，它重于创造、开拓和发现，而审美是融于其中令人激昂、振奋、若有所悟的一种视觉刺激过程。故这类环境艺术的表达在于它的逻辑性、合理性、抽象性。美的介入是"随风潜入夜，润物细无声"。作为一种创造力的冲动，可感知而无可寻。然而它又通过科学的成果表现出它的美感的存在，因为科学成果是从头到尾，由外到内被艺术之美浸泡透了的，这就是科学成果引人魅力的真谛。

7.3.4 影视景观艺术设计

影视艺术是视觉造型的时空环境中汇集声、光、色、形并具的综合艺术。小城镇中清新秀丽的自然景观、风韵犹存的人工景观和丰富多彩的社会人文历史景观均可作为影视艺术的原形——实拍外景地的各种影视环境景观。

在电影传统的四大片种——故事片、纪录片（含戏曲片）、科教片、美术片中，大都直接借用现实中的场景作实地拍摄，即使是美术片，它也离不开现实中的物象作原形进行加工、夸张、变形。而对于四大电视片种——新闻片、教育片、专题片、文艺片更要依赖性质不同、形象分明、环境相殊、景色各异、类型不同的小城镇为之提供良好的城镇空间、建筑室内外艺术环境。

影视环境景观的艺术开发在于改善小城镇的生态环境，塑造形质俱佳的小城镇形象，更重要的是通过影视媒体的传播、宣传作用，提高知名度，加快信息传递，促进旅游经济的发展。

通常，在进行小城镇建设中，并不刻意追求现实要服务于影视艺术。但是，创造良好的现实景观，保护、维持人文历史风貌却可令环境处处皆入画。这些景色既可直接"上镜头"，又可通过对某些局部环境的艺术处理，拍摄出历史的镜头和超越现实生活的艺术画面，而小城镇充满现代化气息的生态环境，则是生活美好情调的场景记录（图7-17）。

图7-17 《印象·丽江》

（资料来源：作者自摄）

当然，为了拍摄影视片而斥资兴建的影视城，它可以将某些历史年代的人文景观缩微、再现其原貌，创造出那个时代特有的视觉环境，如"大观园"、"三国城"等影视景观城。专业影视环境具有两种突出的功能，即服务影视和开发旅游。这种特殊的影视景观可以从多角度、多层面设计入手。例如，以点式景观环境作"特写"，以"线型"街景作"系列"，以区域景观作"场面"，按照画面剪裁的构图原理去创造影视景观。

影视景观艺术是利用现代科技和数码信息处理的多媒体视觉传媒艺术。影视景观可以是真实景观的萃取、剪裁，也可以是具有一定生活场景加入，更可以通过蒙太奇的手法进行超越时空的创造，令人有"人间仙境"的经历和体验。

近年来，由著名导演张艺谋领衔的影视主创团队，推出大型山水实景的系列"印象"演出项目，在继《印象·刘三姐》、《印象·丽江》、《印象·西湖》、《印象·海南岛》系列实景演出之后，又推出了大型山水实景演出《印象·大红袍》。近十年来，这种利用当代电影艺术手法，结合自然景点特色和组织大量本土民众参演的地方本土民俗文化打造出的景观与影视表演艺术相结合的新生事物，在一段时间内将会形成很大的影响力。这是一种源于自然，又融汇了人文、科技手段的实景影视综合艺术，它带来的视觉盛宴成就是无可否认的，但是也应当看到，作为珍稀而宝贵的自然景观资源，能否长期承载超大负荷的观演功能，需要在保护自然环境景观资源的前提下，综合研究、谨慎利用自然珍稀资源以求地方生态持续稳定发展（图7-18）。

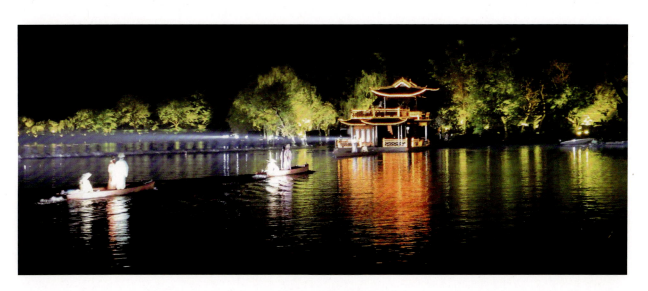

图7-18 《印象·西湖》

（资料来源：百度图片）

小城镇环境景观分类设计

8 小城镇环境景观设计实践

以单体小城镇为对象的环境景观艺术设计，必须对小城镇物质的、非物质的景观要素进行统筹研究。依据景观要素结成的空间关系与形态模式，按照景观艺术要素构成的一般规律，遵循景观时空背景的基质条件，在整体层面上把握镇区景观规划的空间形态属性、斑块生态特点、功能美学特征、边缘廊道网络的动态及斑块之间的形态对比与控制，对景观艺术各系统的属性、特征、相互关系及其标志物等进行研究，并融入生态概念做小城镇景观的规划与设计。

8.1 街道景观设计

街道是中国传统村镇的公共活动场所，历史上由于封建体制的影响，中国城镇很难出现像西方那样以广场为主要形式的公共活动中心，反而从事交易买卖为主的街道成为人们交流活动的主要场地，特别是随着里坊制的瓦解，茶馆、戏院以及街头艺术的出现，纯粹的休闲场所的增加提升了街道环境的活力，也增强了街道景观的人文感。随着现代城市建设模式的推行，城市形象向着国际化的方向发展，使得传统街道景观在对比中的分量更加凸显，因此，如何突出人文景观要素以及与现代生活方式的融合是街道景观设计的重点。小城镇镇区规模小，市场容量大，由于缺少统一的规划安排，商业活动往往自发形成于城镇中心地段并慢慢演化成小城镇的街道景观，时间的延续性续写了小城镇景观的多重意义，其背后的历史感和生态感正是小城镇景观所显现出来的独特魅力。

8.1.1 节点设计

街道景观节点是提升小城镇街道景观品质的重点，其景观个性往往是街道景观系列画龙点睛之"神采"。街道景观节点设计主要是通过建筑、构筑小品、环境雕塑、街具设施、绿地系统、甚至铺地材质、光影色彩等营造整体协调又各有特色的景观片段；同时，也可以通过尺度的收放强化或削弱空间的视觉形态，以此来营造空间虚实、节奏的变化，创造景观空间主宾形态的视距、角度和物象空间的层次感，形成独立而突出的街道景观。

景观节点通过富有传承属性的标示物符码来强化街道视觉整体的统一。那种传统符号是建筑中的特殊造型，象征着地方的风土人情，表达祥和吉庆，人在感知景观过程中对环境生出特有的心理印记，并通过这种印记对景观留下长久印象，由此加重亲近向往的感情。

凤凰古城是具有完整传统景观形象的湘西古镇，在现代旅游经济因素的影响下，其景观形象逐渐转化为旅游资源。凤凰古城鲜明突出的形象符号也融入新建街区的景观标示之中。环境雕塑、入口景观、铺装图案、名人故居等一系列景观节点形成整个古城的景观游览系统。风格化的景观节点让街道景观序列有了起伏跌宕的韵律。凤凰古城诱人的空间文化氛围——街巷线形景观肌理正是通过景观节点传达古城的魅力。

凤凰古城街道形式多样，景观要素丰富，不同的景观要素通过对空间的界定而形成多样的景观节点，像一串闪耀的珍珠镶嵌在凤凰古镇的街道上（图 8-1~图 8-7）。

图 8-1　凤凰古城入口广场

（资料来源：全景网）

图 8-2　湘西凤凰古城夜幕中的金凤凰雕塑

（资料来源：全景网）

图 8-3　富有视觉情趣的街道交叉节点景观

（资料来源：全景网）

图 8-4　门楼是界定空间内外的节点

（资料来源：全景网）

图 8-5　不同的色彩也能宣示一种空间意义

（资料来源：全景网）

图 8-6　街道交通立体交叉节点

（资料来源：全景网）

图 8-7　古街巷宅基门边石雕

（资料来源：全景网）

小城镇环境景观设计实践

8.1.2 线性设计

带状空间是小城镇街道景观形式的固有属性，街道景观道路不仅是小城镇的交通线路，更是流动的风景线，富有序列的空间层次和视觉界面是小城镇景观特色的主要表现，尺度、立面、视线、视角以及流线安排都是直观体现街道景观线性审美的主要因素，街道景观在线性空间的拓展及其连续过程中的体验将更加富有情趣。在我国各地边远的小城镇中，一般都保存有较好的传统空间肌理和街道界面形式（图8-8）。

图8-9 云南沙溪古镇（一）

（资料来源：天花乱坠摄）

图8-8 古镇远眺掩盖着传统的街道空间肌理

（资料来源：全景网）

云南沙溪古镇是一座具有两千多年历史的古镇。作为茶马古道上重要的物资集结点，千百年来一直发挥着重要作用。独特的地形地势以及风水影响，使得沙溪古镇形成了以四方街为核心的"三线连一心"的街道格局，三个寨门分别通过三个街道交汇于古镇核心寺登四方街，千年演化的街道空间形式通过朴素的街道立面而展现出独特的景观韵味，四方街上的一块块铺地方砖也定格了镇区人们的历史记忆。

踏进古镇，门楼与街巷限定了空间的流向，朴实的街道界面以及景观节点不仅是一种视觉审美观赏，也是一种格式塔式的心理图底体验，而对于古镇本土的人来说这种限定早已融入其生活的潜意识记忆当中（图8-9、图8-10）。

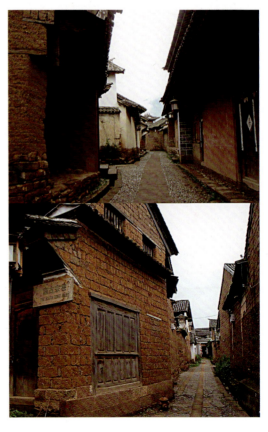

图8-10 云南沙溪古镇（二）

（资料来源：天花乱坠摄）

街道空间由近及远、曲折的空间流线增加了视觉景观的幽深、层次和神秘感，斑驳的墙面与变化的屋檐翘角形成一种天地呼应的景观，丰富了景观的层次，引诱着人们走向街巷深处（图8-11、图8-12）。

"一框天地"之景使得街道景观意境深远；面街商铺充满着对市井生活的期盼；虚实天地间，昭示着自然与人文的真切交流，在自然与人文的交流中，再配以一古树一远山，沙溪古镇街道景观早已融入观光者的心田，而成为美好的永远（图8-13~图8-16）。

图8-11 古镇深巷之一

（资料来源：全景网）

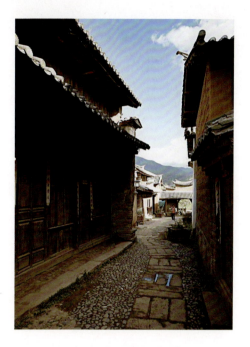

图8-13 茶马古道街市晨光

（资料来源：全景网）

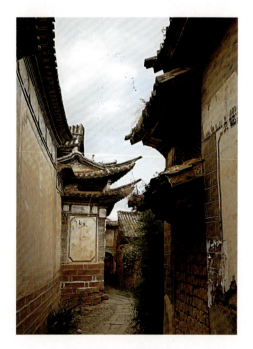

图8-12 古镇深巷之二

（资料来源：全景网）

图8-14 古树添新枝

（资料来源：全景网）

小城镇环境景观设计实践

图 8-15　景回路转，殊途同归

（资料来源：全景网）

图 8-16　中心的商贸广场令街巷空间豁然开朗

（资料来源：全景网）

8.1.3　整体设计

小城镇街道是构成整个小城镇景观体系的网络骨架，每条街道都有自身特色的肌理，小城镇景观空间特征的延续以及视觉特性的维护都需要保持这种肌理的完整性和延展性。传统街道肌理自然随机而成，具有强烈的自组织性和空间亲和性。小城镇或依山傍水，或坐落平原，景观也因地制宜，在民族、民俗文化的影响下独具特色。

小城镇街道自身的线状景观是各个街坊区域景观的边界，又是联系城镇各个区域的"纽带"，是构成街道景观的第一要素，具有组织交通、划分空间界面、构成街道流动空间框架的重要作用。街道景观的整体性决定了小城镇景观的综合性和完整性，而搭建整个小城镇景观系统的骨架网络，需要针对小城镇不同街坊的功能作用、建筑空间形态、道路节点空间的环境作整体的控制和完善，划分街道交通的等级、街道功能属性分类，作出具体的街道景观设计，这是街道景观在城市设计层面的整体设计，也是小城镇环境景观视觉系统进入城镇空间控制性规划的重要步骤。

松江仓城历史风貌区 位于上海松江永丰街道，是上海划定的三十多个历史风貌区之一，是松江历史文化体系中的重要组成部分。随着上海城市发展空间的拓展，上海周边郊区也迎来巨大的发展机遇。仓城历史风貌区要适应时代的发展必然要进行内部的更新，其中城镇景观作为街区环境的重要品质因素也需要进入空间梳理和环境优化的具体步骤（图 8-17 ~ 图 8-24）。

规划范围保留三座传统步行桥：大仓桥、年丰人寿桥、秀南桥，修饰街道界面恢复其传统街道面貌，改变其杂乱无序的空间形式，同时修复街道与水系的关系以及传统的滨水廊棚，创造有价值的景观和休闲场所。

图 8-17　仓城历史风貌区整体鸟瞰

（资料来源：上海复旦建筑与规划设计研究院）

242　小城镇环境与景观设计

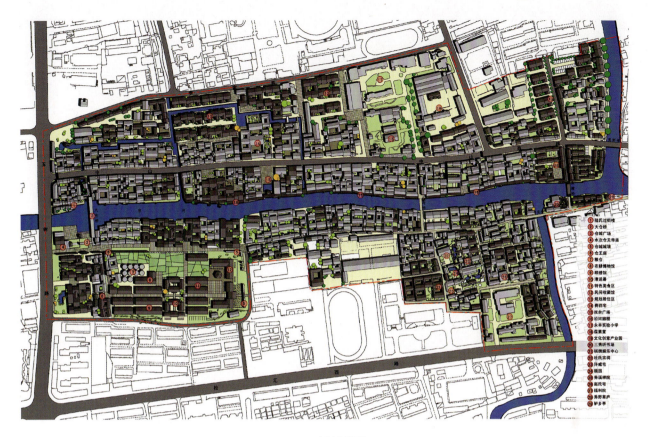

图 8-18 规划总平面图

（资料来源：上海复旦建筑与规划设计研究院）

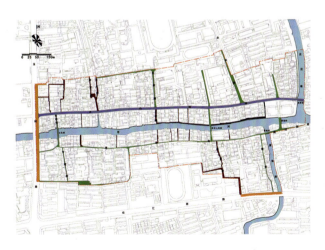

图 8-19 街巷与水系肌理分析图

（资料来源：上海复旦建筑与规划设计研究院）

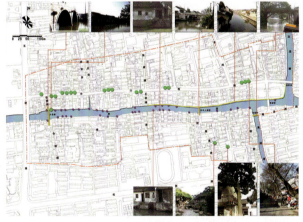

图 8-20 传统景观风貌分析图

（资料来源：上海复旦建筑与规划设计研究院）

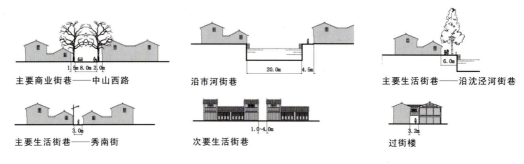

图 8-21　街巷形式

（资料来源：上海复旦建筑与规划设计研究院）

图 8-22　街巷里面整修示意图

（资料来源：上海复旦建筑与规划设计研究院）

图 8-23　大仓桥

（资料来源：上海复旦建筑与规划设计研究院）

图 8-24　市河水巷空间

（资料来源：上海复旦建筑与规划设计研究院）

8.2　广场景观设计

广场是民众聚会的空间，是城镇的起居室。不同性质的广场随着不同的空间、功能、形态的组织而产生不同的景观变化，环境的氛围也因此造成巨大反差。如市政广场、纪念广场、市民广场、集贸广场等。人的参与行为方式与建筑属性、空间围合的不同，为广场带来了丰富的景观内容。Rob Krier 在其《城市的空间》一书中把广场与街道视为城市空间最重要的因素，不仅是功能上的，还是形成城市意象的主要因素。形成广场空间的要素在于有围合广场空间连续的面，而非突出环绕广场的每栋建筑的个体体量，要分清主次，风格与时代感可以有差别，然而对比中要有呼应，高程上要有参差，进深上要有错落，整体上要有动静、节奏、韵律等对立与统一的协调。

8.2.1　西方广场景观设计

在西方，城市广场作为民众公共交往、活动、集散的公共空间，在城市设计中占据重要地位。《简明不列颠百科全书》将广场定义为古希腊时期以来市民活动与聚会的露天场所。通常，广场位于城镇闹市中心，周围有公共建筑和神庙，四周有独立柱廊和店铺；视广场的属性、用途设置祭坛、雕塑、林木、绿地、喷泉、水体；空间相对独立，并与城镇街道、坊区保持着不同方式的联系。由于广场景观往往简单鲜明，重点突出，易识易记，历来成为城镇中的重点景观，甚至是城镇形象的重要标志（图8-25～图8-28）。

图 8-25　德国森帕歌剧院前广场

（资料来源：全景网）

图 8-26　剧院前广场上的雕塑

（资料来源：全景网）

图 8-27　意大利圣马可广场（一）

（资料来源：全景网）

图 8-28　意大利圣马可广场（二）

（资料来源：全景网）

8.2.2 中国广场景观设计

在中国传统城镇中,虽然有类似广场属性的开阔场地、大空间,但通常不作"广场"称,而称作"场"、"院"、"集"、"会"等,如"校场"、"演武场",是作为专门用途且人多的地方;另外,村镇中的"赶集(农产品交易场所)"、"庙会"等场地,都属于商业、祭祀或宗教、政治公共活动集会的大场地空间。因此,"广场"的通俗理解是建筑庭院的延伸、门户前面的开阔地(如祠堂、衙门、官宦富豪人家宅院门楼前的场所空间),面积较大的场所、可作为特殊用途的大场地(图8-29、图8-30)。

中国古代城镇虽然缺乏专门设置的公众活动广场,但是在街道楼、堂、殿、阁及庙宇等公共建筑的前庭,通常有开敞空间,可以举行商贸、民俗、宗教等各类公共的交流活动。此外,很多小城镇还有进行商业活动的市场、码头和桥头的集散性广场。而衙署的前庭,通常不是供公众活动使用,相反,还要求他们肃静回避以保持其严肃和庄重。这些在古代都城的规划布局中更为突出,如宫城或皇城前都有宫廷广场,但不开放。明清北京城设置了一个既有横街又有纵街的"T"字形宫廷广场(今天安门广场)。在纵向广场两侧建有千步廊,并集中布置中央级官署。广场三面入口处都有重门,严禁市民入内,显示宫阙门禁森严的气氛。

由于我国小城镇分布广阔,且地域文化背景不同,从而在村镇中形成了不同地域文化和民族特色的小城镇风貌。村镇中的广场在传统理念指导下,因地制宜、顺其自然地形成,由于空间尺度更多地遵从了空间自然形成的功能,尺度宜人且空间结构变化丰富,使得广场景观序列具有自然、质朴的空间特征,它们不但能满足聚会的功能需求,对公共交通、集市贸易、庆典表演、宗教活动等也是一种较好的疏导和组织。在传统的广场空间,功能分区、设施相对简单,空间上较为流通,常使用牌坊、门楼、照壁、旗杆、望柱等小品,具有一种围而不堵的空间特性,一些具有特色的小品构筑起到标志和象征作用;绿化配置多呈原始状态,广场与周边建筑环境景观特色统一,自然天成。

诸葛镇八卦村广场:位于浙江省兰溪市诸葛镇的八卦村广场就是一个独具特色的传统广场。诸葛镇的八卦村是全国最大的诸葛亮后裔聚居地;有保存完好的明、清古建筑200多处,以太极图为核心,并按九宫八卦设计布局,是中国古村落、古民居聚落的典范。八卦村整个古村落的民居建筑以钟池为核心布局,八条小巷按照八卦的方位自内而外地辐射,形成内八卦;与之对应的是村外有八座小山环抱整个村落,形成天然的外八卦。这种由内而外、由小到大的布局形式,正好说明诸葛八卦村在选址时,已经贯彻了"观天象、察地理、得人事"的传统风水理念。现在,村内的

图8-29 云南丽江古镇中的广场

(资料来源:全景网)

图8-30 浙江绍兴安昌古镇戏台前广场

(资料来源:全景网)

明清古建筑保存完好，建筑以水为核心，既有环水塘而建的古商业中心，又有鳞次栉比的古建筑群，全村形成了一个空间变化丰富而又统一的整体，环境景观层次丰富、优美而富于哲理。

钟池位于诸葛村的中心，它的曲边界既是一块与它逆对称面积的陆地，也是村落的一个公共广场，空地和钟池正好呈阴阳太极图形态，陆地靠北和钟池靠南各有一口水井，正是太极中的鱼眼。钟池和空地四周全是房屋，形成了一个闭合的空间，沿池一周是道路，池的北岸西头是大公堂的院门，东西有一小花园，美人蕉的片片绿叶和红红的石榴花衬托着大公堂的建筑身影倒映在钟池中。钟池的南岸是一个陡坡，顺着陡坡而建的几幢大房子从北岸望去一幢比一幢高，加上前面贴水一溜小平房，跌宕起伏，轮廓线大起大落，景象峭拔而优美（图8-31～图8-36）。

图8-31　钟池与对称的陆地形成水陆广场

（资料来源：全景网）

图8-32　广场对岸的滨水建筑

（资料来源：http://blog.163.com/lajiwang_111/blog/static/）

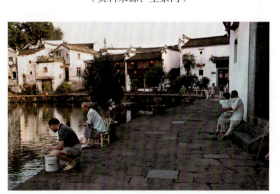

图8-33　广场旁休憩的居民

（资料来源：http://blog.163.com/lajiwang_111/blog/static/）

图8-34　广场对岸一景

（资料来源：http://blog.163.com/lajiwang_111/blog/static/）

图8-35　广场上打井水的居民

（资料来源：http://blog.163.com/lajiwang_111/blog/static/）

图8-36　广场全景

（资料来源：http://blog.163.com/lajiwang_111/blog/static/）

近些年来随着城镇化进程的快速推进，我国小城镇在建设发展取得重大成就的同时，也出现了"千镇一面"等不可忽视的问题，更为严重的是很多小城镇出现了盲目照搬大中城市空间形态的做法，热衷于修建大尺度却空旷无人的广场，小城镇应有的亲切尺度已消失在对大城市的刻意模仿中，影响其健康发展。因此，在城镇化进程中，小城镇广场设计既要充分考虑作为街道广场所固有的现代功能需求，同时还要结合小城镇自身无可替代的特色，只有这样才能使广场形态与小城镇形象在空间精神理念和视觉美观上形成统一的整体，才能创造出优美的小城镇景观特色。

四川隆昌县牌坊广场与莲峰公园出入口广场景观：隆昌古为隆桥驿；明隆庆元年（1567年）置县；后被誉为"中国石牌坊之乡"、"青石文化城"。当地有两座著名的广场，一座是具有500多年历史，明清兴建的古石牌坊广场，一座是2010年新兴建的莲峰公园出入口广场；两座广场一古一今，以不同的生活理念为当地民众留下了宝贵的人文历史景观，诠释了不同历史时期的审美观、价值观。

①隆昌石牌坊广场：明清时期（明弘治九年（1496年）至清光绪十三年（1887年））"奉旨"兴建。

隆昌石牌坊现存17座，其中主要的13座呈念珠状坐北向南一字排列，位于巴蜀古驿道隆昌古石牌镇南北驿道的中央。是全国最大的石牌坊群；牌坊群集哲学、文学、历史、数学、力学、建筑学、美学为一体，体现了明、清建筑的魅力，距今已有五百多年历史，闻名中外，素有"立体史书"之称（图8-37、图8-38）。

②隆昌莲峰公园出入口广场景观：隆昌莲峰公园（原隆庆生态绿地）建成于2010年，占地200亩，建筑面积近5500m²，绿地面积10.7万m²，绿地率80.7%，总投资1亿元。该项目设计定位为"以人为本"和"休闲、生态"。功

图8-37 隆昌石牌坊序列景观

（资料来源：百度图片）

图8-38 隆昌石牌坊入口广场景观

（资料来源：百度图片）

能集避灾、文化、绿化、集会、休闲、健身于一体。绿地布局以东西向和南北向两条景观轴为主骨架，以东、南、西、北四个入口及中心广场为景观节点。主入口广场设计从本土文化中获取灵感，以明清古石牌坊的造型形态突出当地的文化特色，广场景观简洁明了，铺地材质皆为本地的青石材料。主入口广场以牌坊大门为景观标志，意喻进则大道行思，出则金鹅焕彩，所谓善颂善祷，亦是允隆允昌。广场—大门—牌坊，简洁明快地体现出当地文化底蕴和产业特色，显得恰到好处。古今广场的空间景观对比，为城镇的经济发展增添了活力和魅力（图8-39~图8-42）。

图 8-39 入口广场的石雕牌坊门

（资料来源：百度图片）

图 8-40 广场内鲜明的标志物

（资料来源：百度图片）

图 8-41 隆昌莲峰公园入口牌坊内中轴线景观

（资料来源：百度图片）

图 8-42 莲峰公园主入口广场景观

（资料来源：百度图片）

8.3 建筑景观设计

受地方地理、气候条件以及人文历史环境的影响，小城镇的建筑形态也在逐渐地沉淀属于地方民族、民俗习惯和审美的文化特色，这种特色又潜移默化地熏陶了本土人的文化生活，演化成为具有浓郁地域文化特色的现代人文环境景观形态。当代小城镇中的建筑景观设计，是在保护小城镇历史风貌特色的基础上，对旧建筑环境、新建筑形态和城镇空间环境进行一体化的视觉艺术设计，通过设计艺术表现建筑的景观意象，建筑景观就成为小城镇景观环境的重要组成部分。

对于建筑造型的设计，不仅仅要满足室内功能的空间需求，同时也是满足人们对建筑环境审美乃至自然建筑的审美心理方式。人尊重自然向自然示好，大自然必然会"报之以李"，这种相互尊重的和谐、默契关系也会对小城镇建设产生深远的影响。建筑形式、色彩、材料及其相互围合所形成的空间关系都是在向民众展露建筑景观所带来的魅力，建筑早已成为物质与灵魂的聚合体，并慢慢地融入到生活，改变人的品性，陶冶人的情操。

8.3.1 象征性景观建筑

从古代的寺庙、佛塔、牌坊等景观建筑或构筑物形态可以看出，有时候建筑造型的象征意义远远大于其功能意义。景观建筑的象征性是一种纪念性的，与人的趣味、信仰和情感交互的建筑形式，甚至是仅仅满足人的精神需要而只包含纯粹的象征功能。例如，西班牙高地的教堂建筑；勒·柯布西耶的朗香教堂；中国寺院中的大雄宝殿、藏经塔、文昌阁、阎王殿等建筑。象征是人的精神意志物化的表现形态，是建筑生命力的具体体现，景观建筑就是要通过视觉审美来表现物质的态势、文化的气韵和精神的信仰。

宗教象征主义建筑——印度孟买的 Shiv 寺： Shiv 寺是由孟买建筑公司 Sameep Padora and Associates 设计的，他们将象征性和图像元素与本国的 Shikhara 寺庙形式相结合。在当地村民和神职人员的合作努力之下，这座建筑用地方特有的玄武岩建造，这种石头是由冷却的火山岩形成的。这种石材所具有的自然光泽创造了一种年代感，仿佛这座寺庙已经经历了长久岁月的风吹雨打。高大的树木直冲天际，界定了基地范围，形成了一个具有围合感的户外空间，取代了传统的"mandapa"宗教集会空间。通过一个凸出来的木门廊可以从室内看周边景色，创造了一个过渡性空间。"mandapa"顶棚顶端有一个开放天窗，让日光照射到庙堂内的佛像上（图 8-43～图 8-49）。

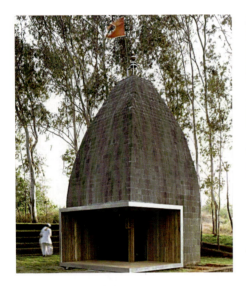

图 8-43 建筑外景弧度与方、整、正的对比

（资料来源：http://www.diandian.com/tag/）

图 8-44 寺庙前的草坪广场

（资料来源：http://www.diandian.com/tag/%E5%BB%BA%E7%AD%91）

图 8-45 寺庙建筑回形入口

（资料来源：http://www.diandian.com/tag/%E5%BB%BA%E7%AD%91）

图 8-46 具有汇集、收纳功能的寺庙入口

（资料来源：http://www.diandian.com/tag/）

8.3.2 功能性景观建筑

功能性建筑首先要满足人们的使用需求，然后才在建筑造型上追求视觉审美的技术要求。尽管功能建筑的主要目的是实用性，但这绝对不能否定功能建筑在景观设计中的重要作用，特别是现代城市设计理论的转变与完善，城市景观的塑造离不开建筑的主导、构筑的参与和艺术小品的点缀；除了建筑本身的美学欣赏价值，建筑群体组合、建筑与环境以及整个城市空间都是在建筑音符的组合跳跃下产生的一种富有美学意义的视觉享受。

传统小城镇过去没有专项的景观设计，但是却因为其独有的本土建筑特色以及空间约定形式，而拥有了比大中城市更加纯粹、富有地方特色和文化渊源的建筑形式。细腻且富有情感的文化形式，通过本土建筑美学，赋予设计师在设计创意中灵感再现。

奥斯汀世外胜景——得克萨斯创意码头小亭：这个带有小码头功能的观景亭坐落在 Canyonland 自然保护区的奥斯汀湖边，建筑呈椭圆形，保证游客可以最大限度地观赏湖面以及周边山势环抱的景色。这个亭子由 Bercy Chen Studio，LP 设计（图 8-50～图 8-56）。

图 8-47　建筑外部休憩开敞的公共空间

（资料来源：http://www.diandian.com/tag/）

图 8-48　一缕光波洒落人间

（资料来源：http://www.diandian.com/tag/%E5%BB%BA%E7%AD%91）

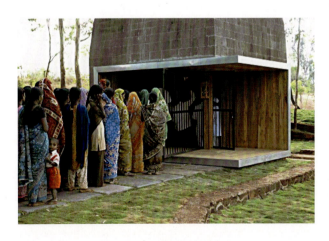

图 8-49　进香朝拜的人们

（资料来源：http://www.diandian.com/tag/%E5%BB%BA%E7%AD%91）

图 8-50　码头小亭丰富了水域的空间景观

（资料来源：http://www.diandian.com/tag/）

小城镇环境景观设计实践

图 8-51　透明的玻璃护栏更能与环境融为一体

（资料来源：http://www.diandian.com/tag/）

图 8-52　亭子的轮廓线与远处的山体相协调

（资料来源：http://www.diandian.com/tag/）

图 8-53　遥望码头小亭

（资料来源：http://www.diandian.com/tag/%E5%BB%BA%E7%AD%91）

图 8-54　码头亭建筑内部装饰简洁

（资料来源：http://www.diandian.com/tag/%E5%BB%BA%E7%AD%91）

图 8-55　水面与亭子的光影处理

（资料来源：http://www.diandian.com/tag/）

图 8-56　码头小亭充分利用场地关系与自然融为一体

（资料来源：http://www.diandian.com/tag/）

8.4 居住景观设计

除了沿街居住建筑的功能具有商业店铺和手工作坊生产功能的综合性质之外，小城镇的民居建筑通常以聚居、连片的空间组织，形成里坊或街区。不同于大都市，传统小城镇居住建筑用地面积和人口规模都大大小于城市，但是随着"县改市"、"乡改镇"、集约建设重点镇的行政区划变动与建设导向，使现代小城镇的民居建筑也向着高度集聚的空间形态发展，民众家庭在置换私家宅院的情况下，单元空间的人口也就相对集中起来。随之而来给人们带来邻里关系的改变：小城镇正在"化乡村为城镇"、"化农村人为城市人"，城镇化速度越来越快，居住区作为小城镇中的重要空间形态，也在逐渐影响着小城镇的建筑形象、环境景观和地方民俗特色，从而为小城镇整体环境景观带来别样风采。

8.4.1 传统居住景观设计

以聚落形式存在的传统居住区、民宅建筑是聚落空间的基本单元，聚落则是民居建筑组合的综合表现。尊重地域特色，"天人合一"的主导思想形成了传统小城镇居住区及景观丰富而鲜明的特色。

中国传统的人居环境建设中，是以人的空间尺度为核心建造的，建筑场地的选择、道路网络的组织以自然规律为法度：观天象、看方位、视风向、察山势、觅地气、循水口……十分重视因地制宜、因借随机地规划。这包含两层意思，一是对自然条件的综合考虑，做到用之有理；二是在生物多样性、适宜生长的情况下，对宅园中林木花草植物的选择。景观无须刻意经营，随形就势的地形起伏变化便有其独特的景观妙处。若参照了中国山水画的布局手法，则山水民居景象的意境更为幽远。在现代发达的城市居住区设计中，由于小区外部的空间尺度是非人性化的车行尺度，为了满足和符合人的自然属性的生理、心理需求，往往精心策划小区内居住建筑小环境地形的起伏和观景植物的选配，以营造一种自然或生态的景观效果。这是在不同的时代、不同的观念下形成的居住景观形态，相比之下，人们自有审美价值的倾向与抉择。

徽州民居在中国民居景观形象中极具特色，占有重要地位。徽州村落多建在"山之南、水之北"，或依山、或傍水，或山环水绕、引水入村、环水而居。山光水色、密林人家、袅袅炊烟融成一片耕读隐逸的山水画；住宅多面临街巷。整个村落给人幽静、典雅、古朴、祥和的氛围，使人感到景观自然天成的"天人合一"境界。徽州建筑形象突出的特征是：粉墙、黛瓦、马头墙；砖雕门楼、砖雕木刻饰于门罩、窗楣、照壁上，内部穿斗式木构架，正面多用水平型封闭高墙，两侧山墙做阶梯形的马头墙，马头翘角，高低起伏，墙线错落有致，黑白相映，色泽典雅大方，增加了空间的层次和韵律美。方整的外形，形如"一颗印"，为徽州民居的独特风格。民居前后或侧旁，设有庭园，置石桌石凳，掘水井鱼池，植果木花卉，甚至叠山、造泉，将人工和自然融为一体。外借山水，内设庭院，这成为徽州民居景观的一个重要特征（图8-57～图8-61）。

图 8-57 安徽宏村，依山傍水，白墙青瓦

（资料来源：全景网）

图 8-58　民居建筑群景观鸟瞰

（资料来源：全景网）

图 8-59　参差错落的马头墙

（资料来源：全景网）

图 8-60　民居内部花园

（资料来源：百度图片）

图 8-61　小巷内的生活物什

（资料来源：全景网）

8.4.2　现代居住景观设计

与传统居住景观不同，现代小城镇的居住建筑或居住区环境景观，是随着社会经济的发展及城镇化水平的提高而跟随其变。由于现代高新技术、新材料的发展和运用，尤其是汽车工业的发展，彻底地改变了传统步行的人体尺度。随着围绕机动交通的规划设计所带来的空间形态改变，道路交通网线和建筑体量高程也随着放量变大变宽。当然，随着科技的发展，发达地区小城镇在城镇建设中越来越重视生态环境，特别是居住区的环境生态建设。人们生活在功能齐全的小区里，自然而然就会对居住的环境有一定的要求，"回归自然"、"与自然共生"是人类生活在城镇当中的基本要求，而环境优雅、设计精巧的住户外部空间，能满足居民对内外空间心理及生理的需求，对当前房产消费有着积极的促进作用。因此，应该大力发展小城镇居住区绿化，将居住区环境景观同区域文化结合起来，创造出一个充满人文关怀，生态型景观主导的小区环境。

郑州（金水区押砦村）非常国际居住区在其景观设计中，采用线性景观规划的设计思想，使交通功能具有入户的均好性和便利性；在景观组织中，适当利用地形、标高，整合现状条件，开展绿化种植，结合环境构筑小品，做到分隔与融合、开敞与围合适度，充分体现了环境的优势，在营造生态自然的居住空间的同时优化了人文条件、提高了居住质量，为居住区带来了鲜明的环境景观特色，为居民带来了强烈的归属感（图8-62）。

图8-62 景观总平面图及部分节点意向

（资料来源：翌德国际设计机构（法国/上海））

8.5 园林景观设计

随着社会经济的发展，特别是在城乡一体化发展的大背景下，大城市因交通拥挤、环境污染，令生活品质下降，人们迫切需要到周边或远郊的绿化旅游园林、开放性公园空间，转换、修整疲惫不堪的身心。这也促使小城镇增加休闲旅游的空间以分担大城市部分延伸的功能需求，同时城镇内部民众的生活需求也使得公园、园林建设成为一种必然。因此，小城镇园林景观不仅要有良好的艺术设计手法，同时也要为这种对自然和生活品质的追求提供空间康乐休闲、深层体验的场所。除了传统的市民活动、会议、休假、养生、观光农业、种植、养植体验等新元素的注入为园林旅游景观设计提出新的要求，园林景观也因为业态的不同而呈现多元的景观形态。

8.5.1 依山

营口望儿山公园：望儿山风景区位于辽宁营口开发区的东南部，是城市"东进南拓"的重点地区，东依东部山区，西邻熊岳城，北接滨海工业园，南至仙人岛石化产业区。同时，望儿山景区位于鲅鱼圈东部特色旅游带和东西向"山、海、林、泉"发展轴上，是鲅鱼圈重要的旅游休闲中心，也是鲅鱼圈、盖州主要景区的纽带，未来城市形象的重要展示区，将望儿山景区建设为兼具文化性、景观性、生态型和独特性的风景旅游中心是该方案的目的所在。

在设计中，方案充分挖掘望儿山母爱文化内涵，为突出母爱主题，望儿山核心景区的设计将景区分为敬母、念母、颂母和亲母四个主题板块，同时运用景观轴线串联不同主题元素，以此强调景观递进、转换的序列（图8-63~图8-70）。

图8-63 规划总平面图

（资料来源：上海复旦建筑与规划设计研究院）

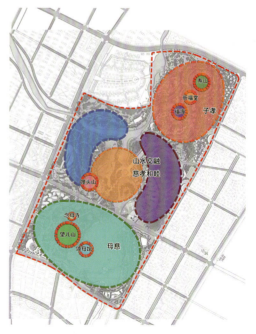

图8-64 景观主题板块分区图

（资料来源：上海复旦建筑与规划设计研究院）

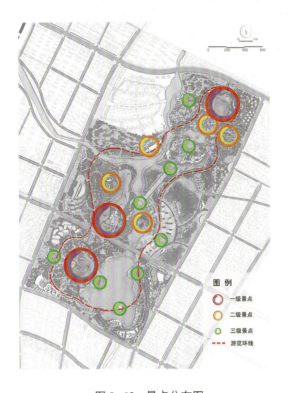

图 8-65　景点分布图

（资料来源：上海复旦建筑与规划设计研究院）

图 8-66　景观结构图

（资料来源：上海复旦建筑与规划设计研究院）

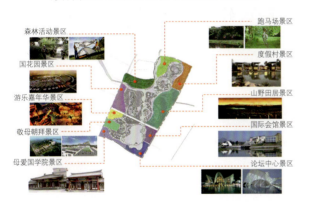

图 8-67　功能布局图（一）

（资料来源：上海复旦建筑与规划设计研究院）

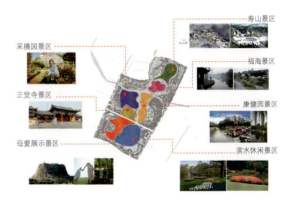

图 8-68　功能布局图（二）

（资料来源：上海复旦建筑与规划设计研究院）

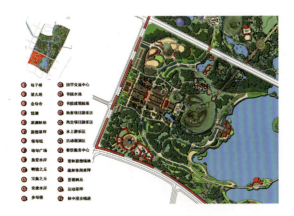

图 8-69　望儿山主题公园总平面

（资料来源：上海复旦建筑与规划设计研究院）

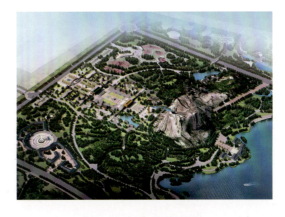

图 8-70　公园局部鸟瞰

（资料来源：上海复旦建筑与规划设计研究院）

8.5.2 滨水

瑞丽弄莫湖景观规划设计：弄莫湖位于云南瑞丽弄莫湖片区的核心地段，用地面积 77.48 hm² （1162 亩）。规划用地位于卯喊路以南、团结路以北、翠湖路以东、环城西路以西，是弄莫湖片区的核心，是瑞丽打造旅居城市的"触媒点"。以园区的主要环城线路为游览线路，贯穿整个园区主题景观。通过人造景观路与各主题景观连接，形象地比喻为"翡翠项链"。确定了以特色主环路统领总体布局结构，整个片区是以主环路为核心发展起来的。南北两入口体现瑞丽傣族与景颇族的不同特色；中国岛、缅甸景区、泰国景区、巴基斯坦景区、印度景区、越南景区、菲律宾景区、印度尼西亚景区、马来西亚景区、文莱景区、新加坡景区、孟加拉景区十二处主要游览区；科普植物、精品山水园林等体验园区处于公园的西部；主要管理服务区位于公园的入口区域（图 8-71～图 8-81）。

图 8-71 规划总平面图

（资料来源：上海复旦建筑与规划设计研究院）

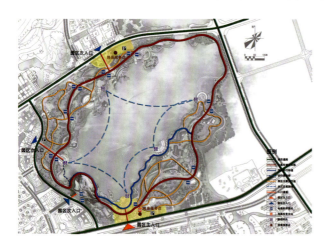

图 8-72 景观结构图

（资料来源：上海复旦建筑与规划设计研究院）

图 8-73 道路结构图

（资料来源：上海复旦建筑与规划设计研究院）

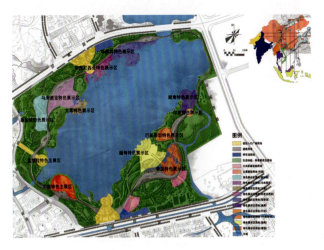

图 8-74 功能分区图

(资料来源：上海复旦建筑与规划设计研究院)

图 8-75 植物种植分布图

(资料来源：上海复旦建筑与规划设计研究院)

图 8-76 驳岸类型图

(资料来源：上海复旦建筑与规划设计研究院)

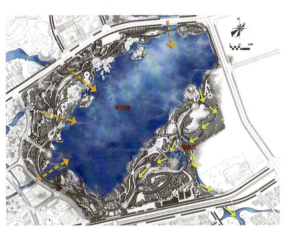

图 8-77 水体组织图

(资料来源：上海复旦建筑与规划设计研究院)

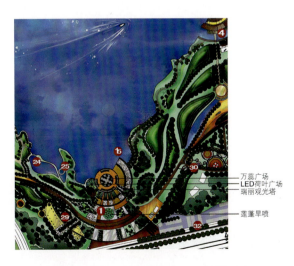

图 8-78 南入口傣风景区——总平面图

(资料来源：上海复旦建筑与规划设计研究院)

图 8-79 南入口傣风景区——效果图

(资料来源：上海复旦建筑与规划设计研究院)

图 8-80 局部景观效果图之一

(资料来源：上海复旦建筑与规划设计研究院)

图 8-81 局部景观效果图之二

(资料来源：上海复旦建筑与规划设计研究院)

8.5.3 沿路

西河镇出入口设计：西河镇位于淄城东南方 16km 处，素有山东省"红木之乡"的美誉，本方案是西河镇出入口设计，作为进入镇区的门户，突出"红、白、绿"三个特色。本案主要包括红木广场的改造以及镇入口的景观设计，建设集文化、休闲、生态于一体的现代化景观，努力推进红木西河、文化西河、生态西河、实力西河、和谐西河五个目标（图 8-82～图 8-90）。

图 8-82 红木广场规划总平面

(资料来源：上海日景联合设计机构)

图 8-83 镇入口规划总平面

(资料来源：上海日景联合设计机构)

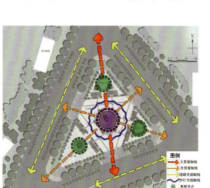

图 8-84 红木广场景观结构

(资料来源：上海日景联合设计机构)

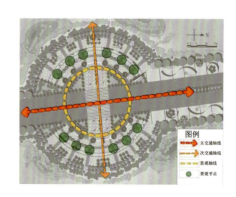

图 8-85 镇入口景观结构

(资料来源：上海日景联合设计机构)

图 8-86 细部设计（一）

（资料来源：上海日景联合设计机构）

图 8-87 细部设计（二）

（资料来源：上海日景联合设计机构）

图 8-88 景观示意图（一）

（资料来源：上海日景联合设计机构）

图 8-89 景观示意图（二）

（资料来源：上海日景联合设计机构）

图 8-90 景观示意图（三）

（资料来源：上海日景联合设计机构）

8.6 生态景观设计

中国传统景观设计深受"自然"审美观的影响，"效法自然"、"天人合一"是小城镇景观设计的核心思想，使人造物融于自然，把自然引入建筑物等人造物中，以达到人与自然的和谐。然而，西方工业革命之后改变了过去的人与自然的关系，生态资源遭到破坏的同时人类自身也受到了惩罚，疾病、污染、自然灾害的增加迫使景观设计理念得以改变，生态景观设计正是秉承传统的尊重自然的思想理念所进行的。淳朴清新的自然景观要比修饰造作的人工景象更能使人感觉身心愉悦；健康、循环的生态理念不仅是对自然的一种修复，更是人类完成可持续发展目标的一次自我救赎。人类的审美观念正回归到传统的自然审美情趣上来，生态景观也焕发出了新的活力。中国哲人自古信奉的"天地人神"，具体到视觉审美方面则"天地"乃包含阳光空气的大地气象景观，"人"乃人工、人文和人本的物象景观，而"神"则是心景，对应以上综述，在境界上为升华的意象景观。三者由具体到抽象、由意象到意境，共同构成生态景观系统。

8.6.1 地景

美国景观建筑师西蒙兹认为大地景观是指一个地理区域内的地形和地面上所有自然景物和人工景物所构成的总体特征，包括岩石、土壤、植被、动物、水体、人工构筑物和人类活动的遗迹，也包括其中的气候特征。地景是一种天然的大地景观艺术形式。地景的构成范围广阔，既包括天然的自然景观，也包括人文设施类景观和人类活动遗迹及按某种目的建设的景观（图8-91~图8-98）。

图8-91 聚落、绿地斑块与山岭生态廊道
（资料来源：全景网）

图8-92 水韵浮云山动容
（资料来源：全景网）

图8-93 天道酬勤满地金
（资料来源：全景网）

图8-94 "绿野仙踪"
（资料来源：全景网）

图 8-95 雄伟壮丽的山峦

（资料来源：全景网）

图 8-96 绿海生存

（资料来源：全景网）

图 8-97 银装素裹鸟飞绝

（资料来源：全景网）

图 8-98 "天上人间"

（资料来源：全景网）

8.6.2 物景

如果说地景是不加修饰的淳朴之作，那么物景则是人类从自然中获取灵感并赋予其灵性的绚丽画面。人是大自然的一部分，与其他生命共同分享着大自然的给予同时也在影响着自然，生态景观设计正是试图通过人与自然的和谐相处而达到一种动态的平衡，这种平衡不仅可以满足人类自身的发展，同时在这个过程中展示出人与自然的共同魅力（图 8-99～图 8-104）。

图 8-99　一袅炊烟挡不住，春风又度玉门关

（资料来源：全景网）

图 8-100　漓江耕读画，游走十里廊

（资料来源：全景网）

图 8-101　撒下心中的意愿

（资料来源：全景网）

图 8-102　江河入海，水天一色

（资料来源：全景网）

图 8-103　乌苏里江水，春暖乍寒

（资料来源：全景网）

图 8-104　雪域高原的迁徙

（资料来源：全景网）

8.6.3 意境

人在适应自然的过程中总是在改变外界和自我：将种子变成食物，将木头变成家具，将家具变成艺术，将自然变成景观。意境是在人与自然生态发生关系的过程中从荒蛮蜕变到文明的内涵体现。寻常的外界物象，通过视觉之窗，触动心灵的情感，便有了景观氤氲、诗意栖居的意境内涵。就像将一块铜材变成一尊佛像——材料化作形象，形象又具备对应的内在精神而变成了一个富有精神力量的偶像，这种意境将反馈、陶冶、改变着他人。这种改变正是中国古人造景之意境，意境之审美体现出的力量（图8-105～图8-110）。

图8-105 洞不在大，咫尺天涯

（资料来源：全景网）

图8-106 写意贵在神似，表达意象中的景观

（资料来源：全景网）

图8-107 深山隐古寺，天外听佛音

（资料来源：全景网）

图8-108 肃穆的园林景观

（资料来源：全景网）

图8-109 枯山水留下最大的想象空间

（资料来源：全景网）

图8-110 苍龙游弋于崇山峻岭

（资料来源：全景网）

8.7 镇区公共环境与景观设计

小城镇镇区中公共环境景观设计的对象是开放的公共活动空间场所，如街道、广场、公园、绿地、滨水空间以及建筑小环境之间的整体关系耦合等。综合了社会学、心理学、艺术设计、城市设计、景观设计等多学科关联的设计范畴、理念和方法，同时考虑到公共性特征、政府管理决策以及市民的可参与性等，都会成为影响公共环境景观设计质量的因素。小城镇公共空间环境往往由公众传统活动空间演化而来，空间形式具有稳定性和继承性，更是城镇居民的历史记忆所在，因此，小城镇公共景观环境除了为居民提供休闲空间，还代表着本地的历史文化、民俗风貌和生活特征。

8.7.1 平面——界面装饰艺术

传统中国小城镇界面装饰朴实清淡，但却不失趣味性和可观赏性。装饰材料大都以本地材料为主，并与绘画、工艺美术、建筑结构等工艺技术结合起来，创造独具一格的中国装饰艺术风格。界面装饰艺术包括建筑外观形态、屋脊檐口形式、建筑色彩、构件彩绘、绘画图案、构图法则等。中国自古讲求"天人合一"之说，工艺设计家也从自然中获取灵感，并通过装饰上的种种暗示将感受表达出来（图8-111～图8-117）。

图8-111 雀替木雕

（资料来源：全景网）

图8-112 柱上图腾装饰

（资料来源：全景网）

图8-113 临街建筑的雀替装饰

（资料来源：全景网）

图8-114 门头砖雕艺术

（资料来源：全景网）

图8-115 传统建筑造型装饰

（资料来源：全景网）

图 8-116　节日盛典装饰

（资料来源：全景网）

图 8-117　"粉墙黛瓦"的界面粉饰

（资料来源：百度图片）

8.7.2　立体——构筑小品艺术

构筑物、环境小品是小城镇公共环境景观的重要组成部分。景观小品是空间立体的艺术，其造型应与公共环境空间保持高度的和谐统一。小城镇的景观小品设计除了单体构筑物、环境雕塑、各类艺术品装饰等视觉元素外，还包括众多富有历史价值的古井、枯树、古桥以及环境中的功能小品等，它们在各自时代的空间中充当角色，并使景观焕发出更为强健的生命力（图8-118～图8-124）。

图 8-118　小桥与街巷

（资料来源：作者自摄）

图 8-119　穿越古今的水、桥、街、巷

（资料来源：作者自摄）

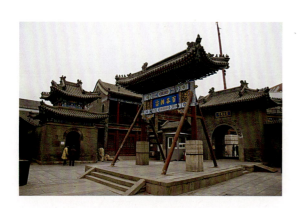

图 8-120　街头广场构筑小品，突出主体

（资料来源：全景网）

图 8-121　入口广场牌坊界定内外空间

（资料来源：全景网）

小城镇环境景观设计实践　267

图 8-122　雕塑

（资料来源：全景网）

图 8-123　佛像

（资料来源：全景网）

图 8-124　山与雕塑

（资料来源：昵图网）

8.7.3　空间——建筑形态艺术

建筑群落是单体建筑及其空间关系的集合。

在中国城市发展的过程中，尽管有许多都城已经脱离了传统的村镇空间发展格局，但是在这些都市文明之中，例如上海、北京、天津、武汉、广州等大都市中的历史街区，依稀可见其发展过程蜕变的历史脉络；即便是像苏州、宁波、大理、绍兴等这样发展成熟的现代中小城市，依然保留着富有特色的传统城镇空间肌理。在小城镇建筑群落的空间结构形态中，往往"因天时、循地利"地联络古今。建筑群落不仅是一种空间结构形式，更是一种社会文明进化程度的结构关系；它们与自然地形、地貌、气候、气温、风向、阳光等以及人们的生产、生活环境有着紧密的联系，代表着村镇格局与自然环境共生与共荣的生存理念；所谓"密不通风、疏可走马"的空间开合气势，有共同的环境文化背景，建筑的空间形式受风水理念、宗法制度、乡土观念、生活习俗等因素的影响，同时通过建筑个体间的相互关联组成复杂的群体，反映出一定的空间结构"依存与对立"关系（图 8-125～图 8-131）。

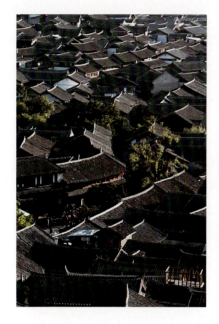

图 8-125　丽江古城

（资料来源：昵图网）

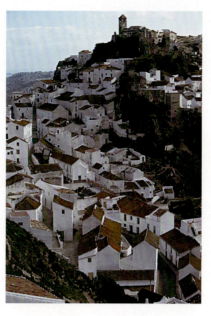

图 8-126　山体群落的态势

（资料来源：全景网）

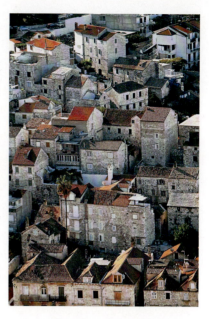

图 8-127　欧洲古镇

（资料来源：全景网）

图 8-128　绿洲之上

（资料来源：全景网）

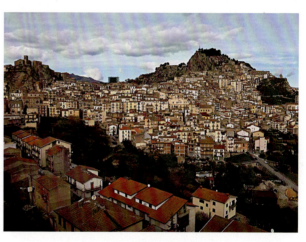

图 8-129　依山面海的城镇

（资料来源：昵图网）

图 8-130　洱海东岸双廊白族村

（资料来源：全景网）

图 8-131　中国传统小城镇民居群落

（资料来源：全景网）

小城镇环境景观设计实践　269

8.7.4 综合——城镇环境艺术

小城镇景观设计最终要落实到整体上来，环境与景观给人的感受是综合小城镇所有景观要素的整体印象。公共环境是村镇居民公共活动的主要场所，也是村镇形象的外在表达，景观设计本质上是视觉艺术和场所艺术的结合，凯文·林奇的感知城市也正是通过对城市公共空间要素的整体性把握而获得的空间意象，小城镇公共环境景观设计是一种递进式的系统空间环境整合，是从微观到宏观的城市感知意向的推进，也是优化村镇公共空间环境、提高居民生活品质的主要手段（图8-132～图8-138）。

图8-132　山、塔、桥、水

（资料来源：全景网）

图8-133　宏村掠影

（资料来源：全景网）

图8-134　村镇与植被

（资料来源：全景网）

图8-135　山体城镇空间

（资料来源：全景网）

图 8-136 城镇肌理与环境

（资料来源：全景网）

图 8-137 高原城镇

（资料来源：全景网）

图 8-138 滨水城镇

（资料来源：全景网）

小城镇环境景观设计实践 271

9 小城镇景观艺术案例赏析

小城镇形象、景观、环境要采取的技术手段被冠以"设计"一词,其功能性的要求和实现手段的科学技术含量虽然成为主导,但是其中审美价值所呈现的艺术影响力却是不可忽视的重要因素。由于视觉审美具有先入为主的特性,因此,在判断物质功能价值存在时,设计艺术所呈现出的原创性、创新性或平庸性,往往会决定小城镇景观环境的层次与品质。小城镇环境与景观艺术是村镇景观设计的细化与深入,是丰富城乡景观内涵和提升环境品质的有效手段。具象的视觉欣赏性是小城镇景观重要的属性之一,视觉环境美学是小城镇景观艺术设计的主要范畴,景观艺术小品的形式与风格不仅要满足人们的审美需求,同时也要凸显地域特色、延续本土艺术,小城镇景观包括自然、人工和人文三个方面,不同的景观形式展现不同的艺术风格,小城镇环境景观艺术设计案例分析主要从此三方面入手,同时分析不同类型的景观艺术设计方法,提供一个系统的、全面的景观艺术设计方法。

9.1 自然景观艺术

小城镇自然景观要素是指城镇中所拥有的自然环境条件,如山川丘陵、河湖水域、动物植物等,它们是构成城镇特色的基本因素,也是塑造城镇景观的生态基础。在以人工环境为主导的城镇中,建筑是其中的主要物象,它们在自然环境中的表现形式有三种基本态势,即以自然资源为基底的人工景观,以路网、场地分割自然,围合了自然斑块的人工景观,把建筑融于自然,并使绿色植物嵌入建筑,让植物生长于不同的建筑层次和界面(水平、垂直绿化,以及不同层面包括屋顶平面在内的绿色种植、养殖系统),以获得真正的绿色建筑景观,达成绿色城镇的意愿。

9.1.1 大地景观艺术

大自然如同一个神奇的造物主,在地球表面上创造出无数风光旖旎、巧夺天工的大地景象:令人目不暇接的山川丘陵、沙漠戈壁,让人流连忘返的江河湖海、溪流瀑布以及虽属人造、却宛若天成的泉溪潭塘等不同的地形、水体风貌自然景观,伴随着人类聚落、城镇的出现,各式各样的人工构筑物也融合到这些不同的自然景象中,形成了和谐的大地景观,散发出诱人的魅力。

小城镇选址多在依山傍水、向阳避风之处的自然山水格局中,根据地形地貌、水体气候等条件形成山地型城镇、洲岛型城镇、平原型城镇,它们遵循"因势利导、因借巧施"的原则进行整体设计,巧妙地利用地势、活化地形,从而展现出"自然天成、鬼斧神工"的大地景观(图9-1~图9-5)。

图9-1 云南元阳梯田

(资料来源:全景网)

图 9-2　云南平阳农田

（资料来源：全景网）

图 9-3　湖南湘西古镇沱江一瞥

（资料来源：国内旅游–昵图网摄影图库）

图 9-4　浙江乌镇

（资料来源：全景网）

图 9-5　云南大理双廊镇

（资料来源：全景网）

9.1.2　滨水景观艺术

滨水区域作为小城镇发展的重要区域，其空间景观设计在小城镇景观体系中有着极为重要的地位。国外对于滨水区的开发已积累了丰富的实践和探索经验，并形成相对成熟的滨水景观体系（图 9-6、图 9-7）。

我国拥有大量的滨水小城镇，或是临河靠湖，或是水乡湿地。滨水地带为居民提供了公共交往、休闲、游憩的场所。传统型小城镇多数利用水系稍加园林化处理或者街巷绿化，也有因循于名胜古迹而稍加整治改造的，绝大多数滨水景观地带没有墙垣的限定，呈外向型布局。而随着城市化的发展，小城镇的滨水区开发也受到越来越多的重视，丰富多样的滨水景观呈现在居民的生活中，为小镇注入新的活力（图 9-8～图 9-11）。

图 9-6　法国科尔马小镇

（资料来源：穷游网 - 旅游社区）

图 9-7　捷克克鲁姆里夫小镇

（资料来源：驴友网图库）

图 9-8　江苏周庄的小桥、流水、人家

（资料来源：作者自摄）

图 9-9　云南泸沽湖风光

（资料来源：全景网）

图 9-10　北戴河湿地公园

（资料来源：全景网）

图 9-11　杭州西湖三潭印月

（资料来源：全景网）

9.1.3 生态景观艺术

小城镇是在自然环境中建立、成长起来的，它的自然因素大于人工因素；河流、湖泊、山地、森林和其中丰富的动植物资源等构成了小城镇的生态环境。

小城镇的生态景观作为承载城镇社会文化的建筑空间，在发展过程中营造、保存其独特的文化魅力，一方面保持传统文化精华的传承与动态发展的统一，另一方面在全球化热潮中保存一种比较完整的具有民族、地域特色的文化生活、文化个性和文化魅力是生态城市的灵魂（图9-12～图9-17）。

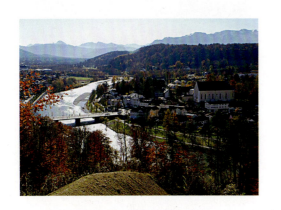

图9-12 德国小镇之秋

（资料来源：穷游网－旅游社区）

图9-13 法国普罗旺斯小镇的薰衣草

（资料来源：全景网）

图9-14 荷兰的风车村

（资料来源：全景网）

图9-15 风车村，静谧的黄昏

（资料来源：百度图片）

图9-16 新疆阿泰勒的禾木村

（资料来源：百度图片）

图9-17 禾木村，人与自然的和谐景象

（资料来源：百度图片）

小城镇景观艺术案例赏析　275

9.2 人工景观艺术

小城镇中的主要物质景观载体是建筑，是建筑构成了城镇规模发展的必然。通过改造自然而创造的人造景观，包括了城镇的空间格局与环境氛围的形成：街坊区域、街道、建筑、广场、人居环境设施、小品以及人文历史、古迹等。人工景观具有镶嵌于自然环境景观和融合人文景观要素的特点，是塑造小城镇生态文明景观的主体。

9.2.1 镇区景观策划

小城镇环境景观艺术策划应包括设计策划、技术策划和经济策划三个部分，而设计策划则由景观主题策划、景观分区策划和景观细节策划组成。景观主题策划主要是根据小城镇景观资源概况以及分布，结合城镇发展方向对景观内容以及形式所作的研究，如度假性主题公园、文化性主题公园、森林公园、湿地公园等它们在城镇空间中的地位和人居、行为等方面的关系；景观分区策划则是在主题策划基础上所进行的景区的进一步细化，所做工作包括功能分区、路网敷设、空间结构以及环境特色凸显等；景观细节策划则是对景区内小品、雕塑等艺术风格、形式、特征所进行的细化，同时配合景区景观的主题来配置景区资源，最终充实景观实体，达到预期效果。

9.2.2 街道景观规划

街道景观艺术是体现一个个坊区街道景观品位的主要表现形式。街具是街道景观艺术的主要组成部分，同时也包括街道围合界面的建筑艺术以及空间艺术，其中街具主要包括街道功能性街具和装饰性街具，如路灯、雕塑、垃圾桶、铺地、路牙石等。街道景观艺术规划是小城镇景观规划的补充与充实，当人的审美属性确定了街道景观街具的艺术性，人的审美取向则决定了艺术设计的方向性，街道景观艺术设计是实现审美价值的手段，视觉与审美价值的关系正是需要艺术化的处理来达到美与用的统一（图9-18～图9-24）。

图 9-18 街道招幡
（资料来源：全景网）

图 9-19 拴马桩
（资料来源：全景网）

图 9-20　图腾柱

（资料来源：全景网）

图 9-21　街道装饰小品

（资料来源：作者自摄）

图 9-22　街道市政装饰

（资料来源：昵图网）

图 9-23　街道灯饰

（资料来源：昵图网）

图 9-24　店前花坛座椅

（资料来源：全景网）

9.2.3　建筑景观设计

在西方的艺术史中，建筑始终作为一个重要的艺术范畴被推崇，而文艺复兴时期的许多艺术大师同时也都是建筑大师，比起其他艺术形式，建筑艺术更能凸显真实的空间感，而它所规范的空间也是人的价值观、伦理、道德的外在体现，同时建筑也会与信仰、宗教等结合起来而传递一种普世价值。建筑景观艺术是一种综合的艺术形式，绘画、雕塑也往往会成为建筑装饰的一部分共同作用于人的视觉感受（图 9-25～图 9-31）。

图 9-25　结构之美

（资料来源：全景网）

图 9-26　建筑檐口、翘角的装饰

（资料来源：全景网）

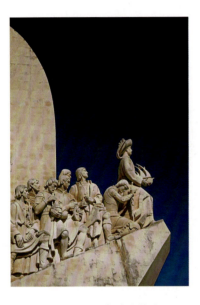

图 9-27　西方建筑艺术

（资料来源：全景网）

图 9-28　宗教建筑艺术

（资料来源：全景网）

图 9-29　地方民居建筑

（资料来源：全景网）

图 9-30　传统建筑门饰

（资料来源：全景网）

图 9-31　辉煌的建筑雕塑艺术

（资料来源：全景网）

9.2.4 人居景观营造

和谐社会包含城镇中的自然、人工和人文空间环境，它们之间的协调发展，是人类发展最美的城镇图景。人居景观艺术是人类主动营造美好图底的创造性艺术，它是联手环境艺术，在环境美学观念的正确引导下，改良环境视觉景观的一种生存艺术。为人类创造良好的居住环境也是景观规划师的本职任务。随着城市化进程的加快，城市人口的增加也加剧了城市居住环境的恶化；"安得广厦千万间"也成为城市发展的人居意愿，创造和谐的人居环境不仅是一项规划艺术，一种创作艺术，同时也是一种管理艺术、政策艺术。

小城镇是缓解未来中大型城市人居压力的主要承接点，城镇自然条件优越，环境受人为破坏较小并且拥有丰富的自然、人文景观，因此小城镇也将创造艺术的人居环境。

北村韩屋村：是位于韩国首尔景福宫附近，昌德宫和宗庙之间，有着600年历史的韩国传统居住区。自古以来此地由苑西洞、齐洞、桂洞及嘉会洞、仁寺洞等构成，位于清溪川和钟路的北方，因此被称为"北村"。

保持传统建筑形式及街道空间尺度，同时对内部空间改造适应现代生活方式的转变，门口的泡菜坛子道出了传统居民生活的历史传承，无修饰的景观是最淳朴高尚的景观，意境幽远（图9-32～图9-39）。

图 9-32 历史街区俯瞰

（资料来源：作者自摄）

图 9-33 街道界面

（资料来源：作者自摄）

图 9-34 内外空间关系

（资料来源：作者自摄）

图 9-35 庭院摆设

（资料来源：作者自摄）

图 9-36　庭院装饰

（资料来源：作者自摄）

图 9-37　室内空间的现代感

（资料来源：作者自摄）

图 9-38　门前的泡菜坛子

（资料来源：作者自摄）

图 9-39　小街巷居民盆栽绿化

（资料来源：作者自摄）

9.3　人文景观艺术

人文景观通常是指"社会、艺术和历史"的产物。这种景观带有其形成时期的历史环境、艺术思想和审美标准的烙印，具体包括名胜古迹、文物、民族艺术、民间习俗或其他宗教观光活动。

小城镇中的人文景观是指附着于建筑形态及其融汇于人工环境之中的精神理念、审美观念、工艺技术、装饰艺术以及本地民众不同时期的活动风貌和印迹等，它们与建筑结成了不可分割的整体。而民族、民俗行为活动特色则通过小城镇中的民众表现出来，这是一种历史积累或沉淀。在融入现代设计理念之后与历史人文景观的对比显得更加鲜明。

人文景观主要包括历史街区景观，名胜、古迹、遗址景观以及景观构筑与环境艺术品，同时也包含地方风土人情、生活方式、宗教仪式、民俗艺术、音乐舞蹈等。人文景观也被称为文化景观。

9.3.1 历史风貌景观保护

传统历史风貌通常蕴涵在具有悠久历史的小城镇中，或通过小城镇的历史街区彰显古老的民族历史风貌和丰富的文化内涵，历史街区景观艺术设计要切合地方特色并融入时代生活方式，需要功能与形式的相互配合，达到视觉美学与可持续发展相统一的景观愿景。

滁州市广惠文德历史街区保护与规划是滁州老城更新背景下的区域节点更新，包括环境、景观、建筑等多方面的整治改造（图9-40～图9-48）。

三元桥和广惠桥作为老城区内文物保护单位，以其为中心，建立三元桥景点以及广惠桥景点。在原四牌楼东侧，复建牌楼，形成四牌楼广场，同时也作为地段内其中一个旅游服务中心。此外该片区是结合内城河环境设置较多旅游服务设施，以及传统商业、旅游休闲、家庭旅馆的片区，因此，是传承展示传统文化的重点区域。可结合滁州市特产滁菊、管坝牛肉等设置传统商业，休闲餐饮，并设置传统手工技艺的展示和宣传。

另外，该区还设置了另外两个展示历史城池变迁的历史文化公园，宋之前，城池"东跨广惠桥，历龙兴寺、皇华驿，南至大圣塔、通济桥沿。"至明，才形成今日滁州的古城址规模。故在南大桥（故名通济桥）西侧，结合现状设置宋辉广场，以宋州城图（清康熙年间《滁州志》可考）的地面浮雕为装饰，并作为欧阳修为滁州太守时期的历史人文宣传展示公园；在南大桥东侧，设置明韵广场，以州城图完整展示滁州特色的山水格局，以及城池建制。

图9-40　规划总平面图

（资料来源：同济大学国家历史文化名城研究中心）

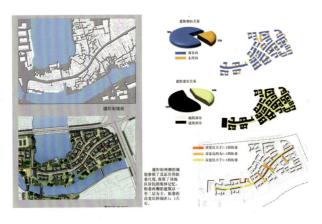

图9-41　街区密度引导图

（资料来源：同济大学国家历史文化名城研究中心）

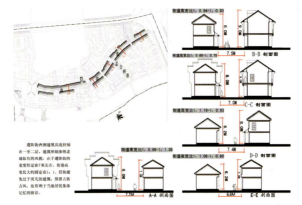

图9-42　街区尺度引导图

（资料来源：同济大学国家历史文化名城研究中心）

我们选取了遵阳街等两块典型地区做了街巷形式的分析,将街巷分为五种不同的类型,分别为直线型、开放型、曲线型、岔路型以及转角型。不同的街巷类型构成不同的建筑场所空间形式,使得街巷"通而不畅",在丰富区域整体空间氛围的同时形成了一定的空间趣味性。

图 9-43　街区形式引导图之一　　　　　　　　　图 9-44　街区形式引导图之二

（资料来源：同济大学国家历史文化名城研究中心）　　（资料来源：同济大学国家历史文化名城研究中心）

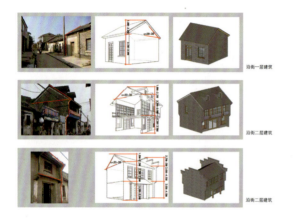

图 9-45　传统建筑引导图　　　　　　　　　　　图 9-46　近代建筑引导图

（资料来源：同济大学国家历史文化名城研究中心）　（资料来源：同济大学国家历史文化名城研究中心）

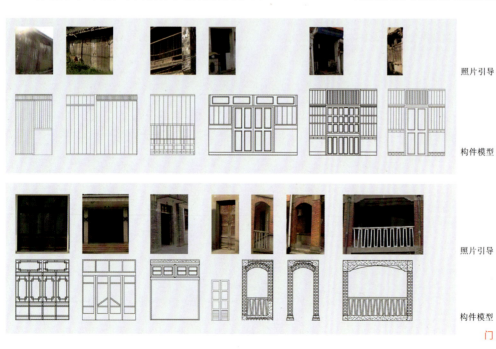

图 9-47　建筑细部引导图——门

（资料来源：同济大学国家历史文化名城研究中心）

图 9-48 建筑细部引导图——窗

（资料来源：同济大学国家历史文化名城研究中心）

9.3.2 名胜古迹景观艺术

名胜、古迹、遗址是记录一座城镇历史文化与风貌的载体，是小城镇中人文景观的重要组成部分。名胜、古迹、遗址往往含有大量的社科人文史料，也是研究传统艺术创作的重要依据，在时代的更替与延续中能更加真实地体现历史的发展轨迹，不需要雕琢和修饰。其实，体验胜地民俗、寻觅古旧遗迹本身就是一次深刻的文化之旅，特殊的场景、沧桑的形貌、幽幽的氛围，隐隐渗透出那个时代的艺术气息和舒美的意境。

对这一类珍贵的景观资源进行规划利用和再造设计，创新性保护是景观规划的前提，保护性设计是景观创新的延续。这就意味着保存、修复、复原历史景观永远是增建、改建、新建景观的前提和制约。对于发展中的小城镇而言，镇中的名胜、古迹、遗址作为新的城镇景观脉络，应予以充分的尊重、珍惜，在景观规划设计的统一布局中，它作为景观中的重要文化资源被组织、借用到新的城镇景观体系中，并以过渡性的空间组织和形态风貌的文脉延续，体现在古旧遗址的周边环境，让建筑尺度和空间环境在新旧接续中实现渐进式延展，以其特殊的历史风貌场所空间调节新建景观。

在名胜古迹景观的组织、设计中，为了能够真正做到历史地段的原真性保护和利用，在推行规划设计的过程中必须注意其工作步骤的科学性和渐进性：

（1）查阅史料，了解遗址的历史（文化历史、技术构成、构成形态），为设计提供思路和依据；

（2）踏勘现场，分析名胜古迹的现状、周边环境与交通路线，找出问题；

（3）根据城镇总体规划与景观策划，进行整体规划，作出点、段、区域的网络化交通格局和空间视域控制，点明在城镇中景观的地位与作用；

（4）新旧景观的空间、道路交通关系，景观风貌的对比与统一（图 9-49～图 9-55）。

图 9-49　渭南韩城文星阁
（资料来源：全景网）

图 9-50　复活节岛石像
（资料来源：全景网）

图 9-51　安徽黄山
（资料来源：百度图片）

图 9-52　印度古迹之一
（资料来源：全景网）

图 9-53　印度古迹之二
（资料来源：全景网）

图 9-54　欧洲历史城堡与现代民居
（资料来源：全景网）

图 9-55　古迹遗址
（资料来源：百度图片）

9.3.3 民俗风情景观艺术

在中国悠久的文明发展史中,有着极为灿烂的历史文化和丰富的人文遗产资源。这其中大量的历史景观资源通过显性的物质载体遗存于各地,而大量的非物质文化景观资源虽然是一种精神、风貌、习俗或技艺、形式,但它必须通过物质载体将其内涵呈现出来,这就形成了民族世代传承的、与本土生活密切相关的民俗宗教活动、表演艺术、传统知识和技能;传统手工艺制品,以及与之相关的器具、实物、手工制品的场地、建筑、空间。非物质文化遗产的内容非常丰富,通常包括:

(1)传统民族的文学艺术。如在民族中长期身、口、意相传的神话、故事、传说、诗歌、谚谣;传统的民俗活动礼仪,以及在物质形象载体中可以被人们感知的内在精神或风貌特征等。

(2)传统民间的表演艺术。如音乐、舞蹈、戏剧、曲艺、杂技、木偶、皮影等;广大民众世代传承的宗教祭祀、人生礼仪(婚丧嫁娶)、岁时活动、节日庆典、民间体育和竞技,以及有关生产、生活的其他习俗;以及有关自然界和宇宙的民间传统知识和实践,如传统风水理论与堪舆方术等。

(3)传统地方的手工艺技艺,以及与上述文化表现形式相关的文化场所和作坊等(图9-56~图9-59)。

图9-56 四川甘孜展佛节

(资料来源:百度图片)

图9-57 陕北生土建筑庭院小广场上的秧歌舞

(资料来源:全景网)

图9-58 "叼羊"民族活动景观

(资料来源:百度图片)

图9-59 安顺地戏民俗景观

(资料来源:全景网)

10 传承与展望

作为一个庞大而综合的设计体系，小城镇环境景观设计以时间和空间为背景，以环境物象为载体，包含了"天、地、人"三才对立、互依的辩证哲理，融汇了"人、城镇（建筑）、自然"三位一体的景观环境要素关系，力求保持小城镇景观环境与自然生态环境和谐共荣的视觉统一。

对景观（艺术）设计师而言，要想为不断发展壮大的小城镇营造一个生态舒美的人居环境，必须善于统筹源于自然科学、社会科学——人文百科知识结构关系的核心内容，尤其要依赖艺术设计、工程技术，联结史、美、哲、农、林、水、土等"理工、文艺、史哲"学科专业，共同参与并完成小城镇宜居、宜观、宜游的环境景观建设目标。

本书从视觉艺术的角度切入看待小城镇景观规划建设，通过"理、法、用"内容递进的三部曲，表达了小城镇环境景观设计的立场、观点，阐述了环境景观设计的理论研究、设计理念与分类设计方法；运用视觉系统统一的设计原理与方法，把全国小城镇的分布现状和特点，通过分类设计的方法，进行小城镇环境景观的专业策划、总体规划、空间环境物象的分类景观设计，为消除小城镇在发展中容易出现的"环境迷失、景观矫饰、形象雷同、生态恶化"等大城市弊病，展开设计案例的对比解析与欣赏，希冀通过正确可行的方法引导设计，达到营造小城镇美好环境氛围的理想状态。

10.1 景观设计学科专业与行业的发展

虽然确立了正确的景观设计理念和方法，但是人的素质依然是决定景观审美价值和质量的核心问题。其中，提高景观设计师的研究能力与水平、加强景观建设的监控与管理力度、促进本土民众的参与互动和认同，才是提高小城镇景观设计质量的关键。目前，在世界范围内，无论是高等院校，还是城镇建设行业，对景观学科、专业的定位依然存在较大的分歧；对小城镇（抑或村镇）采用的景观设计理论、模式方法，需要借用城市设计、城市景观设计的思想和方法，套用并改良城市景观或风景园林的方法和技艺，这就为小城镇的发展带来忽略地域文化、浪费资源环境的现实性和城镇景观形象的针对性，小城镇风貌存在严重危机。故，对小城镇展开环境景观艺术设计与工程营造，必须从现有的景观设计、风景园林、设计艺术专业中分化出针对小城镇景观建设的理论研究人员、专业设计人员、工程施工与管理人员，对小城镇做"量体裁衣"的景观规划与艺术设计。

10.1.1 高校景观设计人才的培养

当然，从学科属性分析，景观是自然与人工、人工与人文的物质交互现象，它被社会化的人感知、创造，并又重新回到人的认识感知里，形成了"情景交融、物境升华"的当下景观（即现视景观——当下看见并感知，与意象景观对应；意象景观分为记忆景观和想象景观两部分。在现视景观之前是记忆景观，之后为想象景观并以记忆景观和现实景观为基础、为前提）。当物象映入并刺激人的视觉神经，形成视觉审美的感知，物象中美好景观的价值才被视觉心理鉴别和确定。景观的这种属性特征，为当前具有科学技术的景观学和以工程技术专业为背景的景观设计专业披上了一层厚厚的人文与艺术学科的外衣，景观学或景观设计并不属于任何单一的学科或专业，那种把景观学定义为科学或艺术学的做法，显然是有失偏颇的。

鉴于景观学具有自然科学、社会科学等理工、文艺、农林多学科专业融合的综合设计特性，使得景观设计在21世纪一起步就成为我国民众关注的热门学科。虽然现代景观学产生于20世纪初的西方国家，但是将其概念引入我国也仅仅是20多年的时间，并且现代景观学的属性与特色在很大程度上与中国传统的风景园林专业近似，使得一段时间内，景观学与风景园林专业在建设过程中存在并行发展和融合。目前，在我国的高等院校中设立景观学与风景园林本、专科培养专业人才已经形成热潮，在艺术院校，以环境设计学科为依托的城市景观艺术学科专业也得到长足的发展。而社会上拥有的从业人员，大多是近十几年先后从城市规划、建筑学、土木工程、环境工程、农林园艺、环境艺术、室内设计等生物、工程、艺术类学科专业中参与进来，甚至担纲主角的专业设计人员，在城市乃至小城镇的景观规划建设中发挥了重要作用。

随着景观学科专业的逐渐壮大成熟，我国在"十二五发展规划"阶段对学科目录进行调整中保持并提升了景观学和风景园林学等专业在分类中的学科层面；对艺术设计也专门开辟了第13科门类的设计学，环境设计作为设计类中的一级学科专业目录增设。这对于一个快速膨胀、发展并对大地资源以及人类赖以生存的自然环境、人工环境产生重大影响的景观学、景观设计、风景园林、景观艺术学科专业，具有重要的社会现实意义与深远的历史意义。从目前国民对景观设计的关注程度来看升温依旧，对于迅速崛起的景观专业与行业，国家已经从2000年以来相继出台了景观设计法规和规范30多个；而各个省、直辖市也在国家规范的基础上，对某些特殊的专业领域作了地方化的详细规定，一定程度上规范了景观工程市场，同时对景观设计的水平、质量是一种制约和监控，对景观工程建设也是一种监督和考量。随着国家景观规划师评审体系的相对完善，景观学已经从松散无序的状态走向健康成长的道路。学科人才培养，从高考开始直到本、专科包括硕、博高级专业人才的培养，于是，就有了与景观设计学相配套的从策划到规划、从工程设计到艺术氛围营造、从施工到管理等不同层面、不同专业方向的人才培养体系。

伴随着高校专业人才培养体系的完善，随之而来的是人才培养层次、专业特色和人才质量问题。由于在景观设计和风景园林设计的定位上长期存在观点"争鸣"，在学科属性上对景观学的科学性、技术性、艺术性的结构比例关系也存在学科立场的偏向；风景园林学科专业也同样存在人文历史的、自然科学的、艺术审美的、工程技术的内涵比例的研究与调整，使得景观设计、风景园林设计在人才培养中不得不面对来自于建筑学、设计艺术学科中环境（艺术）专业的冲击和人才竞争的压力，对这种学科交叉过程中产生的新学科专业，以及专业对社会的影响力，人们采取的态度是，只要看看该专业所依托的学科专业背景与平台，了解专业的生态环境，就可知道其专业定位的倾向性，同时也就了解了人才专业知识、技能的基本特性。

10.1.2 景观设计行业人才的现状

事实上，由于景观学科专业在人才培养定位的宽泛性，以及现代高校学科建设的竞争对比中"重科技、轻人文、荒艺术"，造成客观上对设计类专业技术人才的国学知识教育与审美观念传播继承的淡漠甚至是排斥。这些，同样也体现在设计类的其他工科背景的学科专业上，使得现在的从业人员文化素质不高、审美鉴赏水平低下，城镇建筑与景观设计在创新设计方面缺少原创突破，而在寻求视觉刺激上极尽标新立异。加快了城镇建筑与环境的审美异化，也为城镇建筑在"高污染、高耗能、高排碳"的隐患中，埋下了视觉景观污染的伏笔。

近十年来，活跃在我国景观工程一线的成熟

景观设计师,是一批专业出身多样、学科背景相对复杂的从业人员,他们为我国的城镇建设作出了巨大贡献。随着时间的推移,高校在景观设计、风景园林设计专业人才培养过程中,逐渐从专业交叉融合中培养并推出越来越多的景观与艺术工程设计人才。这些,从我国大陆东南沿海地区的景观工程设计水平与施工技术质量来看有较好的发展势头,但是也存在景观审美异化和环境文化趋同的趋势。

由于景观专业是很容易出彩的城镇建设工程行业,更多的时候,景观规划设计在建设项目中成为"美化城市环境"的面子工程和塑造城市景观形象的政绩工程,充当了"亮化、美观"城市景观的门面,做了破坏生态环境的先锋。这其中,受伤最深的是我国内陆快速发展中的传统小城镇。由于缺少水平较高的小城镇景观规划与设计的专业人员,景观设计上盲目套用大中城市的模式,忽略了小城镇赖以生存、依托的自然环境和人文环境,使得小城镇在发展过程中,成为大城市景观的缩影,不但在空间、尺度上破坏了传统小城镇的使用功能与地方民俗建筑文化传承的发展肌理,在新兴的现代化小城镇中也无应有的地方、本土的环境景观文化认同;小城镇在建设之初,其景观设计的人文性因缺乏根基而飘浮于空中,迷失了自我的环境景观特征,形象异化,使身居其中的民众缺乏归属和认同感。

由于当代景观建设处于快速城镇化建设的热潮之中,其景观的视觉审美是建立在大都市、大城市景观审美的标准之上,具有强势的人工环境和高新科技文明带来的城市景观风格,几乎统领了当前城市体系中景观美学的价值准则,这同时也深刻影响了小城镇景观建设项目的存在和走势;而政府的城镇经济发展导向也以压倒一切的权威力量,使得一个个景观大道、市民广场、滨水游憩景观得以确立。殊不知,不切合现实的低层面景观规划和设计不但无法改良广大民众的生存环境条件和质量,更重要的是这种超越实际使用功能与美观功能的开发,除了具有超大尺度、超大规模的强大视觉冲击力和向本土民众宣扬高科技文明带来的"视觉盛宴"之外,只能成为一种可看而不可游、甚至不可用的"视觉景观"。

10.1.3 景观规划设计法规与规范

从景观设计属性与行为、设计程序的递进关系来看,景观设计行为是处于景观艺术与景观工程之间的行为艺术与技术。作为景观艺术行为,它把人类内心深处的抽象感触通过艺术与审美的感性想象与逻辑筛选,借助设计学科的共同表达手段,把天马行空的创意思维用空间尺度、人体工学、材料工艺、施工技术等原理和方法进行控制、制约,以实现策划设计预期的景观艺术效果目标;作为景观技术行为,它必须依托景观策划、规划与工程设计方案,利用小城镇所拥有的水土、林木、花草、动物等自然资源,结合当代科学技术,运用各类材料和工艺,去实现物质空间形态、要素结构关系的使用功能与视觉审美功能的目标达成。

当景观设计专业被应用于小城镇景观规划与建设中,就成为实现城镇设计目标的工具和手段。作为小城镇中的管理者与民众,必须明白景观设计是一种谁都可以利用的"造景"工具,更是一把"废立双绝、毁誉双馨"的双刃剑,既能对小城镇的人居环境起到优化、美观的改良作用,也能破坏小城镇发展肌理、侵蚀小城镇自然资源并对人工空间结构"痛下杀手",使城镇积蓄的千年文化环境氛围毁于一旦。当然,面对问题,我们不能因噎废食、瞻前顾后而举步维艰,也不能让人工景观凌驾于自然资源之上,无端地制造毫无实用功能价值的"假"景观;须知:景因人生,境随心转。要确立从现实中自然生成的美好物象才是自然天成的环境景观的理念。当然,这要基于前期的规划、建筑、环境设计的文化积淀。

对于小城镇环境景观的设计,必须建立科学、规范的监督、审核机制,健全对小城镇环境景观的评价体系，提出适宜于小城镇生态维育、历史文脉继承前提下的环境景观设计方案，并在国家、地方的法令法规、规范的制约中慎用景观工程施工的各种手段。

目前，在我国城镇景观规划建设中，依据已经出台的中华人民共和国"城乡规划法"，在部、省和直辖市层面颁发了景观设计法规、标准、条例、管理规定和办法，按照空间环境中的土地、水系、植物、动物以及城镇文化与自然遗产，制定了保护公约与环境雕塑体系管理办法。这些，将在城乡一体化建设层面起到良好的控制、保护、制约、监督与引导作用。

（参见附录：景观设计法规、规范部分目录）

10.2　小城镇环境景观设计方法的传承

小城镇景观设计必须面对科学方法、工程技术、艺术创新在空间功能与视觉审美上的关系问题。由于当前各个高校的景观学科在对待专业中所蕴涵的科学、技术和艺术要素的主从、比例关系上，所持有的立场、观点和方法存在较大的差异，给城镇景观设计与工程也带来大相径庭的功能与视觉效果，影响到景观的生态性和艺术性。从目前高校和行业在对专业人才的培养、使用和管理上看，专业人员的素质、能力和水平参差不齐，设计中所表达的功能、美观效果与价值取向，尚存在太多需要解决的问题。景观学科的发展必须在其属性、结构和目标上有更加贴近现实与发展的定位，以先进的专业理念、思想境界、观念层次去处理小城镇环境的生态性、艺术性问题，才能使小城镇真正拥有可持续发展的环境景观。

10.2.1　师法自然的景观规划

虽然在小城镇环境景观设计层面没有城市设计那么多成功的案例可以参考，也没有更多成熟的理论和方法可以借鉴，设计师不妨回溯到设计源头，围绕初始设计的目标、原则，从自然生存的规律和城市发展的经验与教训中去寻找属于小城镇真正需要的本土景观；因为设计与生俱来就是具有开创性的学科专业，善于触类旁通，从景观发展、演化的历史阶段中去总结并攫取能够代表小城镇景观发展的趋势，规划、营造美好的前景。

（1）保持水土特性，珍惜自然资源：对小城镇做景观策划或总体规划，不可被参照的城市或都市文明所震慑，也不可让现代化城市人工繁华景象蒙蔽了对景观规划设计那客观公正的判断。自古以来，人类造城的理念是为了安全、安居、安生，造就舒美生活的家园。小城镇拥有的是丰富的自然景观与人文历史景观资源，在快速发展的城乡一体化背景下，必须将来自大城市的产业转移、功能分配、资源配置通过自身的功能、结构调整与资源关系统筹，融入本土环境之中，突出自然资源的保护，尽可能使之具有原生态资源维育保障，同时划定生态敏感区域保护边界，对自然资源做到合理利用，通过适度调整获得产业、生活、战略发展的协同性，实现健康发展的华丽转身。

（2）延续传统文明，更新审美观念：小城镇环境景观设计，必须将景观设计理念、分类方法、设计分类和分类设计方法推进到城市设计的前期阶段，使其理论研究体系影响策划、参与总体规划，并从视觉艺术审美角度切入小城镇规划建设，以主体设计去传承历史街区的文化风貌，保持旧城区坊、路网的空间肌理；对插入形态、融入空间、地块并置、景观对比的街道、道路、节点等各种景观设计方法，必须在视觉审美的统一理念指导下开展功能空间的创新推进，以使生态环境景观思想贯彻到整个城镇设计之中。

（3）景观源于生活，设计师法自然：在景观设计中有太多影响景观设计的因素，其中起决定性作用的因素来自于人们对景观审美的判断。这种因素是一个人生存的文化背景和血缘关系，它们会在观景者的内心形成强烈的对眼前景致的疏远或亲近、厌恶或喜欢；其次，是设计师的出身——即毕业的高等院校对专业人才能力水平特色的培养定位、知识结构菜单设置和专业依托的技术平台，它们决定了设计人才的思维定势和能力特色；当然，对景观的认知、确定和评判也因人而异，随个性化的特征形成对设计方案效果有明确的表现。设计师面对小城镇环境景观设计，需要有区域乃至全国小城镇的整体概念，了解小城镇的区位气候、地理、政治、经济、历史、文化特点，能够在设计上形成国内外小城镇景观、形象的纵横对比，善于把握小城镇的自然资源特色与优势，以便掌握自然规律，遵循现实条件，使小城镇在历史的、现代的、民俗的、宗教的环境资源利用上得到充分的展现。

10.2.2 中得心源的环境艺术

美是一种心境，景观是那种心境的物质对应。

景观设计是一种环境设计；景观的艺术，实际上也是具体环境的艺术。因为景观相对于环境艺术，更多地表现出它的主客观交互性：环境中的物质形象关系，为人观看，并在内心有所感触，形成的视觉愉悦心理反应，这种心理反应会随着主观心情的涨落影响到对外界物质形象审美或意境的感知和判断。所以，对小城镇景观的存在、景观的评价存在着观者的专业或文化背景、受教育程度、血缘、民族、宗教信仰等因素的制约，这就使得在景观设计中必须把握一个景观普遍认同原则与特殊景观引导原则。一般景观的认同是大众心理的审美约定俗成；而特色景观引导，则是站在比较高的文化或艺术层面上所做的景观艺术设计，需要民众在未来时间的认同，即超前观念、超前意识的景观设计。

（1）由舒适到美观，自然而然地设计：好的景观设计，犹如在具体的场地上综合利用各系统视觉要素，经过景观艺术家的创造性思维，作用于物质的空间、形态、结构、肌理等关系，是处在情感深处的灵感再现与视觉设计表达。由于设计来自于真情实感，所塑造的景观对象既是空间中功能舒适、形态结构美观的对象，又是真情流露，没有半点矫揉造作，表达出人工的、人文的、景观的纯净与自然，这种发自内心的景观意境会使民众感同身受，心灵受到同样的激励和震撼。

（2）从有为到无为，因势利导地营造：景观设计的理念、方法众多，章法森严，现实中有很多景观设计会被人感叹为："太有设计感"。其实这并不是对景观自身的认同和赞叹，而是对景观设计方法本身的赞誉。如果是这样，那么景观自身的价值就会退隐，被所谓的景观手法遮掩。其实，在设计界，好的设计通常是自然的、因势利导的、无为的设计，是一种把方法、有为的手段融化于对象，成为"形神合一"的"无设计"景观。这是一种情意高绝的设计手段："无设计、不作为"——却是一种大气度、大风范。小城镇景观设计应该采取的是这样一种"无为"的、自然的景观设计。

（3）有成法无定法，随机应变地创新：在小城镇景观艺术设计中，通常根据小城镇的自然、人工、人文环境现状，结合小城镇的景观分类特点、发展理念与趋势，采取因势利导、因借随机的景观规划设计与工程营造。做景观设计必须明白：小城镇景观是相对于大城市景观而言的，需要有符合小城镇属性、个性特征的环境景观。各地的小城镇环境犹如全世界各种族、各民族的分布：黄种人、白种人、黑种人等；即使是同一个民族，也还有北方人、南方人、上海人、重庆人等地域、方位、城市的分别。正所谓："性相近、习相远"；"环境差别、个性迥异"。全国各地的小城镇因所处地域、地理、方位、气候、风水的不同，以及拥有的自然、人工、人文环境条件不同，造就了小城镇环境景观种类繁多的分类设计。面对种类繁多的小城镇展开设计，只要在复杂的关系中理清头绪，抓住小城镇的独特个性，接下来的事情就相对简单，所做的就是针对性的、纯粹性的景观规划设计。

10.2.3 生态和谐的城镇意象

人追求的正是人缺少的。人造环境景观，就

是对心中愿望的达成；人关注环境，就意味着环境出现问题；人们已经开始意识到快速城镇化发展的自身行为正在给城市、自然环境带来双向的影响。

城市体系中人们对景观的认同与否定也不同，人创造了人工环境，人的行为却被人工环境所制约，人的精神也被环境的氛围所陶冶：身处大城市、大都市环境之中的人们，是生活在人类所创造的高科技文明环境之中，享有人类高度发达的、辉煌的物质与精神生活条件。然而，在他们内心深处，却滋生着莫名的惶恐和迷茫。因为他们的本质是自然人，他们是被城市化、被都市人、被人工环境生存、被城市建筑的冷漠环境所压抑的人；在被国际化生存的躯体中正安放着一

图10-1　江阴华西村第一高楼景观

图10-2　江阴华西村建筑环境景观

图10-3　常熟蒋巷村博物馆建筑景观

图10-4　常熟蒋巷村民居建筑与环境景观

颗飘浮而孤独的心……（图10-1～图10-4）。

与此同时，身处小城镇、村落的人们，他们贴近大自然，拥有优越的土地、水网等自然环境资源，处于传统聚落文化和现代城市文明之间。自然的环境属性赋予了人们以纯朴自然、自由简单的生活方式。对于他们而言，水土环境资源与动、植物和谐共荣的意象，就是他们最美好的家园。当然，向往都市的物质与精神文明的生活环境与方式，也是他们心中的美好意愿，有许多村镇在富裕之后，迅速将自己的家乡转变成都市的庄园，但由于思想、观念上处于过渡阶段，设计理念上缺少了本土文化的认同感，使得新农村失去了珍贵的历史风貌。现阶段，呈现在人们心中的小城镇景观有以下共同特点：

（1）生态和谐的新农村景象：城乡一体化背景下的城镇化建设，使得先行一步的江南富裕村

镇在农业经济主导下实现了村镇发展的总体规划，并在空间发展格局上，避开影响和制约经济健康发展的不利因素，因势利导，"以农业规模化、产业基地化、民居集约化"为主线，积极发展社会主义新农村的发展模式："工业向园区集中、农业向规模集中、农民向城镇集中"新模式释放了松散的宅基地，缓解了土地资源紧缺的压力。空间、功能分布的改变，为这些新兴的村镇形成了新的环境景观。

（2）民族特色的小城镇形象：无论小城镇怎样发展，小城镇所依托的历史文化风貌都不能改变。现代小城镇在面对历史保护与新城镇发展的矛盾面前，需要参阅许多小城镇在发展成为大城市的过程中对历史街区等文化遗产所造成的毁灭性灾难。历史遗产的保护不是单体的、孤立的环境保护，而是相应的街区、区域性的大范围空间环境的保护，这是基于物质遗产生态环境的原真性保护。许多城镇由于发展受制于历史街区，在选用适宜发展的高新技术与材料时，注重了历史文化、民族风貌的文脉保护和延续，不但在视觉形态、符码上取得视觉的同一性，在景观环境的组织上，更关注空间人文风貌的延续和认同，使得现代景观在与传统风貌对比中既有时代性，又更好地托现了民族的风貌特色。

（3）地域风采的新都市景观：以产业、矿业等特色产业集聚形成的小城镇，虽然具有良好的发展基础，但是早期的城镇规划和建筑环境由于缺少景观策划和环境艺术的参与，使得小城镇的建筑环境无景观审美可言，风貌处于形象迷失、千城一面的被动局面；在引入小城镇环境景观设计时，需要对当前新兴的城镇、工业园区、高新技术开发区等新城镇风貌和环境景观作统一的研究策划，并作出总体规划与设计，全方位地遵从小城镇所处的地域自然条件、环境特色，从地域民族风情、建筑特色、民俗风貌中寻求环境景观设计的一体化灵感，通过对本土植被的培育、本土民居的借鉴和保持原住居民生活的原真性，提升不同地域和民族文化环境的景观品位，在贯彻低碳环保的生活理念下，通过对新技术、新材料的使用，来营造新城镇都市建筑减排的新典范、新景观。

10.3 小城镇环境景观设计艺术的创新

创新是发展的动力，原创则是设计的生命力。所以，自从现代设计进入我国的景观设计艺术范畴，原创设计一直备受景观设计师和社会行业的关注；由于现代设计含义逐渐拓宽，它所表达的创新已经突破了造型艺术的技艺方法及其审美的心理感应的局限，成为社会百业所推崇的又一"生产力"。

10.3.1 基于功能价值的原创设计

小城镇景观的原创设计是在尊重本土环境、场地精神的前提下，所推出的本来没有过的创造性景观设计。当一个新理念，一种新思想，以及在新理念、新思想引领下首次产生的创造性设计体现于环境景观营造时，它的价值在于对小城镇本土景观作针对性的设计思考，是具有唯一性的设计。不是"坐井观天"或"闭门造车"，也不是"唯我独尊"的反传统。它源于人的深层意识，遵循自主设计的目标、原则和方法。它的产生，避免了小城市景观设计的平庸、同质，创造了价值唯一的途径，是小城市景观设计得以不断发展的源泉。

（1）围绕生存需求，开发原创设计：原创的设计要符合景观的功能需求和大众的美观审验，它是基于小城镇民众生存发展在建筑形态、环境改造、植物栽培选择与动物驯养方式等功能需求的基础上产生的空间形态和环境景观形象。否则，这种"能为天下先"的"原创设计"寿命也难以维继，只有切合了大多数人的愿望，才能得到社会的广泛尊重。也正是这样，社会才有了进步和发展。小城镇环境景观设计在推出众多的分类方法和设计方法后，它所期盼的，正是能够因此而产生符合小城镇发展需求的原创景观设计。

（2）回溯生活源头，还原功能美学：伴随着环境景观的视觉设计，人们还必须将设计回溯到生活的起点来观察"用与美"的关系问题。传统美学的法则是使用，认为有用的东西才有价值，才为美，因为它的起点是真，它的目的是服务于人的使用，所以善，自然它就有美的价值体现了（苏格拉底）。传统小城镇之所以能在无景观规划、无环境艺术设计的情况下建造形态优美的城市，就是其产生的出发点代表了真，营造的过程表达了善，在发展中化精英、布局的美化营造于无形，因此它所传达的景观意义就十分深邃、美好、感人了。

（3）设计融合自然，表达舒美景观：人生于自然，长于自然。即使是生长于城镇中的人，它的衣、食、住、行，从来就没有离开自然界提供的食物、阳光、空气等自然条件。人与自然构成了不可分割的整体关系。自然因人的存在而具有价值意义，人因自然的存在而得以生存和发展。这种互为依存、对立统一的关系，构成了人类文明的历史。可以说，人与自然的关系问题是人类文化的根本问题。设计追求小城镇环境与自然和谐的舒美关系，就是在协调人与小城镇生存环境的逻辑、结构等美与用的关系。

10.3.2 提高审美鉴赏的创新设计

景观学科的科学性、技术性与艺术性，这三种要素在人的思想、行为中表现方式不同，对专业设计产生的效果也不同。科学和艺术同源，在初始的思维上都具有自由想象的特点，如科学假说、艺术创意都属于形而上的意识形态表现。区别在于：科学具有冷静、理性、周密的逻辑思维特征，它借助实验技术手段把假说一步步推进到现实中并获得一次次能够重复检验的证据；艺术具有热情、感性、经验的形象思维特征，它把自由的创意畅想，通过视觉设计与表达的技术手段，将畅想中的意象定格成一帧帧的图片、一张张图纸或多媒体影视的画面，它具有偶发的不可重复性；但是科学与艺术在设计过程的后期合拢，却要通过工程技术施工，在场地空间中以物质形态完成设计的最终成果。从成果的特征和效果中透射出，二者在创新意识、表现形式、实用与审美功能效果上存在分野，景观所形成的氛围也大相径庭，这就造成在景观学科的结构体系上，科学与艺术一体两面、功能与审美德艺双馨的并行局面。其实与这种并行局面相似的还有环境设计与环境艺术设计，工业设计与产品设计等，都是文理、艺工结合的产物，它们目标相同，切入点不同，关注度不同，成果的因子与效果也就存在差异。

这里需要澄清的一件事实是，在人的思维活动中，视觉作为第一要义首先通过人的心理感知，故，视觉审美就有了先入为主的优先权。这也是为什么许多学科坚持视觉感知决定现实存在、视觉决定一切的主导地位的原因。小城镇环境景观设计，正是坚持视觉艺术审美为第一性的景观艺术设计，借助分类设计的技术方法，把景观设计的艺术创新思想贯穿于实际。

（1）拓展认识视野，驾驭设计技艺：在景观设计的专业与行业中，人们十分看重的是专业人才的技术水平，具体反映在设计能力、表达能力、应用能力等三个方面；高校和行业主要是通过这三方面的考察数据来判断人才的能力与素质；这也成为学科、专业"急功近利"的导向：学生以专业技术为核心、以艺术为辅助，设计思想、文化艺术教养却在强化技术训练中几乎被销蚀掉，拟或压根就没有看重它对设计师终身的潜在引导。为了真正对人才、对社会负责，需要设计师、高校与行业三方注重艺术造诣的强化引导：在专业教育过程中，注重对学生眼界的拓展和认识能力的提高，重视国学传统的文艺理论修养熏陶，使之在宽泛的视野中学会分析和判断，注重对设计思想的建设和未来发展的规划；所谓"技术易学艺术难修"，良好的专业技能需要依靠"大视野、大手笔、大胸怀、大情操"的气度风范，方能使艺术创新成为景观设计中的核心目标。

（2）加强文艺修养，提高鉴赏水平：当前城市体系中所表现出的丑陋的建筑、杂乱的景观、迷失的形象等问题，并不全是设计师个体能力素质不高的问题，它暴露出我国在高等教育、行业人才使用以及管理决策层面的综合素质有待于进一步提高。改革开放以来，中国的社会发展和快速的城镇化建设急需大量的专业技术人才，来自各个方面的信息反馈告知，"高素质的复合应用型人才"更受社会欢迎。这样高校的人才培养定位、方案制订以及培养过程全部围绕"能设计，会动手，适应能力强"的专业素质培养展开；另一方面，美术基本功的训练、审美教育与鉴赏的教学时间当量也被一再压缩，这就进一步把专业学生推向了技术、工程教育的科学技术范畴中去。学生的艺术创意思维能力和教养也就无所苛求了。景观设计教育，应当引以为戒。

（3）协调科文关系，强化表达能力：小城镇环境景观设计主要通过图纸、文字表达设计意图，呈现设计成果。需要关注的是随着新观念、新技术、新材料的不断推出，景观设计行业一直是处于不断变革之中，数字技术的普及，为多媒体影视表达以及虚拟环境景观场景体验，带来了全方位的环境景观感知体验，这使得方案在早期阶段就可以通过场景模拟技术，把不利的景观因素排除在外，使方案向着更加完美、理想化的方向发展。这其中也必须明确，科技不是目标，只是手段，小城镇的环境景观设计方案，一定要在协调了本土自然环境的关系之后，通过高水准的功能、水平评价才能付诸工程实践。

10.3.3 营造特色的城镇艺术景观

小城镇环境景观设计的目标，是要小城镇在快速的城镇化建设过程中，立足地方自然资源与环境条件，保护人文历史风貌，彰显本土民族、民俗、宗教信仰的特色，发挥城镇体系中上联城市、下络乡村的纽带作用，并在现代化发展进程中让小城镇吸取大城市发展的成功经验，规避其在生态环境恶化、城市形象迷失、建筑形态审美异化等方面的弊端，体现数字时代新观念、新技术、新材料的引用，让高度文明引领富有地域特色景观的小城镇建设。

（1）融合自然的人文历史景观：高新技术文明下的小城镇建设代表了城镇发展趋势，这种城市形态虽然与小城镇古、旧城区、历史街区的形态风貌产生强烈的对比，但是这是在继承了传统文化风貌下的新旧对比，具有精神范畴的对立与统一。小城镇景观风貌的组织引导，需要有这样的新、旧环境、地域、国际景观的对比。也只有在这样的景观对比中方显得本土人文历史景观"弥足珍贵"，现代景观"叹为观止"。

（2）彰显本土的民俗特色景观：传承地域民俗风采和古、旧城区建筑历史风貌，是要让小城镇新建筑环境的"视觉感受"中体现出传统文化的意蕴，而并非是肤浅的"部件"、"符号"迁移；反对巧立各种名目制造假古董，杜绝在抽象的建筑形态中移植不同文化的"奇观"形态，做出各类拼盘快餐的"混搭"游戏。须知，建筑环境的生成是千年不变的"永恒艺术"，那种靠视觉刺激以招揽生意的商业行为，只能作为"昙花一现"的品尝。民俗特色的艺术作为一种精神理念融入现代小城镇景观建设是一种体系的"血脉"传承与发展，那种反映在视觉形态下的内在的美具有无以言表的深邃内涵。

（3）体现科技的高新技术景观：严格意义上讲，当代高新技术倡导下的视觉景观形态模式与表现方法，是在西方近现代科学技术催生下发展起来的现代设计艺术手段；这种设计中，更多时候呈现西方文化的内涵。由于现代设计运用高度抽象的几何造型手段，使得它几乎摒弃了来自于不同文化、不同民族的艺术特点，或者说是现代设计融合、包容了各民族文化特色，因此它所表达的被公认为是"国际式的建筑形态、景观风范"。当然，从此它也抹杀了地域的、民族的特色风貌。现代小城镇科技景观在运用抽象几何的设计手段时，依然可以运用本土、民族的思维模式、造型特点和审美法则，当然它所表达的是在高度上取得对立与统一；它的生成，既能满足不同文化背景的人们的审美需要，更能打动地域、本土民众的情感，因为，这种高技派景观的内涵中有着相同血脉和遗传基因链。

根据小城镇环境景观的设计目标、原则和方法，最终，要求呈现给当地民众的成果是保护生态环境、注重历史传承、符合发展目标、彰显本土特色的小城镇环境景观，也只有这种景观才是小城镇所要追求的生态和谐、可持续发展的"山水景观"、"园林景观"、"花园景观"。

附录　景观设计法规、规范部分目录

为了方便读者了解国家以及各省、市对景观设计与工程、管理方面的相关法规、条例、标准、规范，这里收录部分文件目录，可在图书馆以及网站查阅下载资料。

1. 《中华人民共和国国家标准风景名胜区规划规范》
2. 《国家重点风景名胜区总体规划编制报批管理规定》
3. 《风景名胜区条例》
4. 《国家园林县城标准》
5. 《国家园林城市标准》
6. 《保护世界文化和自然遗产公约》
7. 《国务院关于编制全国主体功能区规划的意见》
8. 《景观设计师国家职业标准》
9. 《城市园林工人技术等级标准》
10. 《景观设计学职业学位计划资格审定标准》
11. 《公园设计规范》
12. 《国家城市湿地公园管理办法（试行）》
13. 《居住区环境景观设计规范》
14. 《绿色建筑技术导则》
15. 《建筑装饰设计资质分级标准》
16. 《城市雕塑建设管理办法》
17. 《中华人民共和国林业行业标准——花卉术语》
18. 《建设部关于印发〈关于加强城市绿地和绿化种植保护的规定〉的通知》
19. 《园林植物保护技术规程》
20. 《百合类鲜切花分级标准》
21. 《唐菖蒲切花产品质量等级标准》
22. 《水生动植物自然保护区管理办法》
23. 《林业种苗工程管理办法》
24. 《林业苗圃工程设计规范》
25. 《国际植物新品种保护公约》
26. 《城市古树名木保护管理办法》
27. 《关于月季的规范》
28. 《陆生野生动物资源保护管理费收费办法》
29. 《城市园林绿化企业资质标准》
30. 《城市园林绿化企业资质管理办法》
31. 《园林设计施工技术手册之植栽规范》
32. 《城市绿化工程施工及验收规范（一）》
33. 《城市绿化工程施工及验收规范（二）》
34. 《城市绿化工程施工及验收规范（三）》

注：在景观设计、工程制图、设计表达形式等方面，国家和各省、市管理部门并没有作出具体、统一的法规、规范，这些需要从事景观规划设计、施工技术与管理的人员，时刻关注各级政府出台的有关法规和规范，注意借鉴各大专院校、设计院的学者专家所推出的专业研究成果，用以补充知识，吸取经验，转变观念，更新技术、材料和工艺，使景观设计与工程在维育和创造理想的小城镇环境生态方面起到重要的引导和促进作用。

参考文献

[1] 文剑钢. 小城镇形象与环境艺术设计 [M]. 南京：东南大学出版社，2001.

[2] （美）克里斯·亚伯. 建筑与个性 [M]. 张磊，司玲等译. 北京：中国建筑工业出版社，2003.

[3] （美）查尔斯·瓦尔德海姆. 景观都市主义 [M]. 刘海龙，刘东云等译. 北京：中国建筑工业出版社，2011.

[4] （美）克莱尔·库伯·马库斯. 人性场所 [M]. 俞孔坚，孙鹏等译. 北京：中国建筑工业出版社，2001.

[5] （英）罗伯特·克雷. 设计之美 [M]. 尹弢译. 济南：山东画报出版社，2010.

[6] （美）伊恩·伦诺克斯·麦克哈格. 设计结合自然 [M]. 黄经纬译. 天津：天津大学出版社，2006.

[7] （丹麦）扬·盖尔. 设计结合自然 [M]. 何人可译. 北京：中国建筑工业出版社，2002.

[8] （美）约翰·O·西蒙兹. 景观设计学 [M]. 俞孔坚，王志芳等译. 北京：中国建筑工业出版社，2009.

[9] （美）杰伊·格林. 设计的创造力 [M]. 封帆译. 北京：中信出版社，2011.

[10] （英）史蒂芬·霍金. 时间简史 [M]. 徐明贤，吴忠超等译. 长沙：湖南科学技术出版社，2002.

[11] （英）史蒂芬·霍金. 宇宙简史 [M]. 赵君亮译. 南京：江苏译林出版社，2012.

[12] （日）针之谷中吉. 西方造园变迁史 [M]. 邹洪灿译. 北京：中国建筑工业出版社，2012.

[13] 段进，邱国潮. 国外城市形态学概论. 南京：东南大学出版社，2009.

[14] 鲍诗度. 中国环境艺术设计·散论 [M]. 北京：中国建筑工业出版社，2009.

[15] 李瑞君. 环境艺术设计概论 [M]. 北京：中国电力出版社，2008.

[16] 顾孟潮. 建筑哲学概论 [M]. 北京：中国建筑工业出版社，2011.

[17] 王其均. 城市设计 [M]. 北京：机械工业出版社，2008.

[18] 朱淳，张力. 景观艺术史略 [M]. 上海：上海文化出版社，2008.

[19] 阳建强，王海卉等. 最佳人居小城镇空间发展与规划设计 [M]. 南京：东南大学出版社，2007.

[20] 王浩，唐晓岚等. 村落景观的特色与整合 [M]. 北京：中国林业出版社，2008.

[21] 诸葛雨阳. 公共艺术设计 [M]. 北京：中国电力出版社，2007.

[22] 过伟敏，史明. 城市景观形象的视觉设计 [M]. 南京：东南大学出版社，2005.

[23] 汤铭谭，宋劲松，刘仁根等. 小城镇发展与规划概论 [M]. 北京：中国建筑工业出版社，2004.

[24] 王前福，李红坤，姜宝华. 世界城市化发展趋势 [J]. 经济视角，2002（5）.

[25] 王绍增. 园林、景观与中国风景园林的未来 [EB/OL]. 中国建筑艺术网，2006-01-16.

[26] 章利国. 现代设计美学 [M]. 郑州：河南美术出版社，1999.

[27] （英）郝伯特·理德. 艺术的真谛 [M]. 王柯平译. 沈阳：辽宁人民出版社，1987.

[28] 陈望衡. 艺术设计美学 [M]. 武汉：武汉大学出版社，2000.

[29] 中国大百科全书 [M]. 北京：中国大百科全书出版社，1998.

[30] 《中国建筑史》编写组. 现代设计美学 [M]. 北京：中国建筑工业出版社，1999.

[31] （美）克莱德·克鲁克洪. 文化与个人 [M]. 杭州：浙江人民出版社，1986：7-8.

[32] （苏）鲍列夫. 美学 [M]. 北京：中国文联出版公司，1986.

[33] E·B·泰勒. 原始文化 [M]. 连树声译. 上海：上海文艺出版社，1992.

[34] 英国人类学家 A·R·拉德克利夫—布朗 [Z].

[35] 薛克翘. 谈中印传统价值观的现代转换 [J]. 亚太研究，1996（2）.

[36] 季羡林. 中印文化关系史论文集 [M]. 北京：三联书店，1982.

[37] 陈峰君. 东西方文化的异同及东方文化对西方文化的吸取 [J]. 国际论坛，2000（3）.

[38] 梅金海. 中西园林景观艺术对比分析 [J]. 现代农业科学，2009（7）.

[39] 叶自成. 对外开放与中国的现代化 [M]. 北京：北京大学出版社，1997.

[40] 傅天仇. 移情的艺术——中国雕塑初探 [M]. 上海：上海人民出版社，1986.

[41] 刘沛林. 古村落：和谐的人聚空间 [M]. 上海：上海三联书店，1998.

[42] 杨妍. 青铜时代（一）[J]. 中华文苑.

[43] 文剑钢. 中国城市化的基本问题研究//2006中国城市规划年会论文集（上册）[M]. 北京：中国建筑工业出版社，2006.

[44] 中国共产党第十六届中央委员会第五次全体会议. 中共中央关于制定十一五规划的建议[Z]. 2005-10-11.

[45] 李兵第. 十一五规划：城镇化不能忽视小城镇[N]. 光明日报，2005-11-15.

[46] 余东升. 中西建筑美学比较研究[M]. 武汉：华中理工大学出版社，1992.

[47] 王建国. 城市设计[M]. 南京：东南大学出版社，1999.

[48] 陈文华. 魏晋隋唐时期我国田园诗的产生和发展[J]. 农业考古，2004（1）.

[49] 曹传新，董黎明. 我国小城镇发展演化特征、问题及规划调控类型体系[J]. 经济视角，2005（3）.

[50] 姚春序. 大都市郊区小城镇的战略定位——以杭州富阳受降镇为例[J]. 浙江经济，2002（7）.

[51] 高路. 建设部副部长历数我国城市规划十大怪现状[N]. 北京青年报，2005-09-26.

[52] 刘丽莉. 中国专家呼吁注重人文建设走出"千城一面"[N/OL]. 东北新闻网，2006-10-12.

[53] 阿木. "千城一面"忧思[J]. 时代潮，2005（23）.

[54] 郑寒，吴兆录. 乡村城镇化景观生态研究探讨[N/OL]. 中国环境生态网，2006-09-06.

[55] 陈波，包志毅. 土地利用的优化格局——Forman教授的景观规划思想[J]. 规划师，2004（8）.

[56] 范凯熹. 设计艺术教育方法论[M]. 广州：岭南美术出版社，1996.

[57] 卢梭. 论旋律与和音[J]. 音乐译丛，1962.

[58] 佚名. http://course.szu.edu.cn.

[59] 中国策划网，2006-06. http://www.ceehee.com.

[60] 赵进. 概念设计在包装设计中的体现[J]. 设计艺术，2006（1）.

[61] 苏州工艺美术职业技术学院. 论虚拟设计在新产品开发中的应用[N/OL]. 视觉同盟，2007-02-03.

[62] 佚名. 生物多样性保护的景观规划途径详细内容[N/OL]. 2007-06. http://www.22-1.com.

[63] 王晓晓，宋强. 从人居环境角度谈景观设计和场地规划[J]. 工程建设与档案，2004（4）.

[64] 佚名. 景观及视觉影响评价初探[EB/OL]. 论文库，2006-05-25.

[65] 陈军. 园林种植工程的施工组织设计[EB/OL]. 景观中国，2007-04.

[66] 吴婷. 景观规划设计理论复习题[EB/OL]，2007-04. http://365et.online.sh.cn.

[67] 艾定增等. 景观园林新论[M]. 北京：中国建筑工业出版社，1995.

[68] 邓焱. 建筑艺术论[M]. 合肥：安徽教育出版社，1991.

[69] 刘永德，三村翰弘等. 建筑外环境设计[M]. 北京：中国建筑工业出版社，1996.

[70] 田卫平. 现代装饰艺术[M]. 哈尔滨：黑龙江美术出版社，1995.

[71] 王光祖，黄会林，李亦中. 影视艺术教程[M]. 北京：高等教育出版社，1900.

[72] 杨金德. C1基本原理[M]. 北京：中国经济出版社，1997.

[73] 冯·贝塔朗菲. 一般系统论[M]. 北京：清华大学出版社，1987.

[74] （美）鲁道夫·阿恩海姆. 艺术与视知觉[M]. 孟沛欣译. 北京：中国社会科学院出版社，1984.

[75] 中国画论辑要[M]. 南京：江苏美术出版社，1985.

[76] 李翀文. 浅谈景观的概念设计[N]. 重庆时报，2007-08-13.

[77] 浅谈概念设计[EB/OL]. 湖北建设信息网，2008-03-31.

[78] 沈晨翀. 小城镇环境景观设计方法研究[D]. 苏州：苏州科技学院硕士论文，2009.

[79] 王前福，王艳. 世界城市化研究[J]. 西北人口，2002（4）.

[80] 陈柳钦. 我国城市化进程中的非健康因素[J]. 观察与思考，2008.

[81] 张炜. 宁夏农村城镇化发展研究[D]. 兰州：西北师范大学硕士论文，2002.

[82] 史言信. 新型工业化条件下我国的城市化发展[J]. 当代财经，2007.

[83] 邰永昌. 城市化进程中土地隐形市场法律规制研究[J]. 求索，2007.

[84] 郑建朝. 浅议城市化进程中的农民工社会保障[J]. 社科纵横（新理论版），2007.

[85] 赵海燕，王吉恒，王喆. 黑龙江省城市化质量问题研究[J]. 商业研究，2007.

[86] 唐晓腾. 农村现代化与乡土社会变迁：概念、理念及现状[J]. 中共宁波市委党校学报，2008.

[87] 霍艳杰. 城市化发展与耕地保护研究——以西安市为例[J]. 干旱区资源与环境，2008.

[88] 钟伟斌. 城市化进程与公路发展的探讨[J]. 河南建材，2008.

[89] 朱燕. 旅游型小城镇形象的规划设计研究[D]. 重庆大学硕士论文，2003.

[90] 文剑钢. 城镇形象与环境艺术可持续发展设计理论研究[J]. 城市规划，2000.

[91] 卢世主. 城市形象与城市特色研究 [D]. 武汉理工大学硕士论文, 2002.

[92] 苏文松. 植物园规划设计的地域性特色研究 [D]. 南京林业大学硕士论文, 2008.

[93] 王飚. 论城市形象与城市建设发展的研究 [D]. 中央美术学院硕士论文, 2005.

[94] 刘海艳. 城市旅游形象规划设计初探 [D]. 天津大学硕士论文, 2005.

[95] 李海英, 唐昕. 城镇形象与环境艺术 [J]. 黑龙江水利科技, 2006.

[96] 张晓虹. 大庆市新农村环境设计研究 [D]. 东北林业大学硕士论文, 2010.

[97] 孙晓宁. 城市旧居住区环境景观更新改善研究 [D]. 苏州科技学院硕士论文, 2011.

[98] 郭兴举. 论考试改革的哲学基础 [J]. 出国与就业 (就业版), 2011.

[99] 傅睿, 潘舟. 城镇形象及公共空间景观的系统化建设 [J]. 小城镇建设, 2007.

[100] 杜进. 城市品牌形象的识别要素研究 [D]. 中南大学硕士论文, 2008.

[101] 王飚. 以人为本的城市形象设计 [J]. 上饶师范学院学报 (社会科学版), 2005.

[102] 谢恬. 历史文化城市形象的多媒体表现研究 [D]. 西安美术学院硕士论文, 2007.

[103] 王云霞. 小城镇形象设计研究 [D]. 苏州科技学院硕士论文, 2008.

[104] 文剑钢, 林海, 郑爱东. 论"城市形象"建设与城市发展的耗散与协同性 [J]. 苏州科技学院学报 (工程技术版), 2004.

[105] 文剑钢. 中国城市化的基本问题研究. 规划50年——2006中国城市规划年会论文集 (上册), 2006.

[106] 赵炳辉. 新课改视域下教师课程意识研究 [D]. 东北师范大学博士论文, 2009.

[107] 单霁翔. 关于"城市"、"文化"与"城市文化"的思考 [J]. 文艺研究, 2007.

[108] 翁萌. 浅析小城镇的空间形成的特点 [J]. 大众文艺, 2009.

[109] 刘沛林. 论中国古代的村落规划思想 [J]. 自然科学史研究, 1998.

[110] 傅雯娟. 如何推动新时期小城镇建设工作 [J]. 城市开发, 2002.

[111] 张沛, 段禄峰. 从主体功能区建设审视西部城镇化发展 [J]. 商业时代, 2009.

[112] 包伊玲. 住区新技术景观设施研究 [D]. 江南大学硕士论文, 2009.

[113] 骆中钊. "古大厝"——用雕刻艺术塑造起凝固的故乡魂 [J]. 城乡建设, 2004.

[114] 黎林烽. 城市规划新方向 [J]. 中国建设信息, 2006.

[115] 仇保兴. 中国城市规划十大怪现状 [J]. 旅游时代, 2007.

[116] 贾丽奇. 生态城市发展的景观生态途径探讨 [D]. 同济大学硕士论文, 2007.

[117] 徐卫波. 城市旧城水滨地区更新与重建城市设计初探——以益阳市西流湾水滨地区改造为例 [J]. 规划师, 2000.

[118] 侯永刚. 一次颠倒柏拉图主义的尝试——论费尔巴哈的感性原则 [J]. 兰州学刊, 2005.

[119] 邱德华, 文剑钢. 城市景观概念设计方法研究 [J]. 苏州科技学院学报 (工程技术版), 2009.

[120] 彭伟. 动画角色设计中的概念艺术特征 [J]. 电影评介, 2010.

[121] 郭立群. 我国中小城镇环境设计思路研究 [D]. 武汉理工大学硕士论文, 2003.

[122] 刘克刚. 当代新农村特色要素构成研究 [D]. 昆明理工大学硕士论文, 2008.

[123] 朱燕. 旅游型小城镇形象的规划设计研究 [D]. 重庆大学硕士论文, 2003.

[124] 王铎, 王诗鸿. "山水城市"的哲学思考 [J]. 华中建筑, 2006.

[125] 陈辉. 室内装饰艺术的特性及应用 [J]. 美与时代, 2003.

[126] 江金洪. 浅析建筑中装饰艺术的特性 [J]. 艺术与设计, 2007.

[127] 田卫平. 谈装饰艺术的两个特性 [J]. 美苑, 2000.

[128] 沈实现, 韩炳越, 朱少琳. 色彩与现代景观 [J]. 规划师, 2006.

[129] 孙一民, 袁粤. 从景观设计到城市设计——Sasaki事务所述评 [J]. 新建筑, 2002.

[130] 李维哲. 小城镇景观环境特色的创造 [J]. 城乡建设, 2002.

[131] 初涛, 路安华, 王咏. 城市规划中的人性化设计. 城市规划和科学发展——2009中国城市规划年会论文集, 2009.

[132] 季岚. 现代景观设计价值取向研究的思考 [D]. 武汉理工大学硕士论文, 2006.

[133] 世界城市化发展趋势 [EB/OL]. http://www.kaodin.com.

[134] 世界城市化发展趋势 (1)_建筑工程论文 [EB/OL]. http://www.reader8.com.

[135] 世界城市化发展趋势/工业材料综合论文_工业材料论文 [EB/OL]. http://www.xchen.com.

[136] 景观规划设计审美思想的原则与发展趋势环境保护论文 [EB/OL]. http://lunwen.cnkjz.

[137] 景观规划设计审美思想的整合趋势——以长春净月潭风景林总体规划为例[EB/OL]. 工作总结大全网 http://www.doc168.com.

[138] 社会主义法治理念的观念及其一般特性[EB/OL]. http://www.yfzs.gov.com.

[139] 盐城区域经济发展的战略体系研究[EB/OL]. http://lw.china-b.com.

[140] 土地利用的优化格局[EB/OL]. http://www.zuowenw.com.

[141] 上海复旦规划建筑设计研究院有限公司,同济大学国家历史文化名城研究中心. 松江仓城历史风貌区修建性详细规划[Z], 2008.

[142] 上海复旦规划建筑设计研究院有限公司. 营口望儿山公园修建性详细规划[Z], 2011.

[143] 上海复旦规划建筑设计研究院有限公司. 营口望儿山公园控制性详细规划[Z], 2011.

[144] 上海复旦规划建筑设计研究院有限公司. 云南瑞丽弄莫湖景观设计[Z], 2010.

[145] 上海日景联合设计机构. 西河镇沿路景观设计[Z], 2011.

[146] 法国翌德国际设计机构. 非常国际修建性详细规划[Z], 2004.

[147] 刘强, 文剑钢, 周有军. 江南水乡古镇形象与环境景观特色探讨[J]. 小城镇建设, 2010.

[148] 李微. 城市公共环境景观设计与城市意向的建构[J]. 中国勘察设计, 2007.

[149] 王云霞. 小城镇形象设计研究[D]. 中国优秀硕士学位论文全文数据库, 2008.

[150] 郑世伟. 传承与再生——京杭运河(杭州城区段)滨水区更新设计研究[D]. 中国优秀硕士学位论文全文数据库, 2010.

[151] 沈晨翀. 小城镇环境景观设计方法研究[D]. 中国优秀硕士学位论文全文数据库, 2009.

[152] 蒋奕. 京杭大运河物质文化遗产保护规划研究[D]. 中国优秀硕士学位论文全文数据库, 2010.

[153] 姜建涛. 历史街区形象延续的优化策略研究[D]. 中国优秀硕士学位论文全文数据库, 2010.

[154] 朱长友. 苏州古城与新区衔接地段更新设计研究[D]. 中国优秀硕士学位论文全文数据库, 2009.

[155] 臧步辉. 低碳理念下的居住区规划与设计研究[D]. 中国优秀硕士学位论文全文数据库, 2011.

[156] 尚圆圆. 浙江缙云县河阳古村落保护与更新研究[D]. 中国优秀硕士学位论文全文数据库, 2011.

[157] 孙晓宁. 城市旧居住区环境景观更新改善研究[D]. 中国优秀硕士学位论文全文数据库, 2011.

[158] 殷滋言. 环巢湖地区滨水游憩带规划与开发探讨[D]. 中国优秀硕士学位论文全文数据库, 2011.

[159] 邱德华, 文剑钢. 城市景观概念设计方法研究[J]. 苏州科技学院学报(工程技术版), 2009(3).

[160] 骆小龙, 文剑钢, 王军. 干旱区绿洲小城镇景观规划设计[J]. 河南城建学院学报, 2011.

[161] 石薇, 文剑钢. 中外文化融合下的小城镇景观形象探析[J]. 小城镇建设, 2011.

[162] 梁晓冬, 文剑钢, 李慧君. 小城镇传统民居风貌保护探讨——以上海川沙内史第为例[J]. 住宅科技, 2011.

[163] 魏美英, 文剑钢, 战彪. 小城镇的形象与景观环境构成特色研究[J]. 小城镇建设, 2011.

[164] 文剑钢, 宋微建. 古旧建筑室内的再生设计[J]. 中国建筑装饰装修, 2011.

[165] 周银波, 文剑钢, 余诗跃. 基于传统小城镇肌理的街道景观设计初探[J]. 小城镇建设, 2011.

[166] 李爽, 文剑钢, 叶明强. 基于地域文化理念的小城镇形象探讨[J]. 小城镇建设, 2010.

[167] 袁乐, 文剑钢. 浅析小城镇形象特色缺失的原因及对策[J]. 小城镇建设, 2010.

[168] 姚程明, 文剑钢. 浅析小城镇形象与环境景观设计要素——以深圳万科"第五园"为例[J]. 城市, 2010.

[169] 陆丹薇, 文剑钢. 滨水空间的景观意象——以苏州金鸡湖景观设计为例[J]. 建设科技, 2010.

[170] 文剑钢, 高亮. 低碳经济时代的办公建筑室内设计[J]. 中国建筑装饰装修, 2010.

[171] 周鑫, 文剑钢, 郑皓. 兰溪诸葛八卦村形象特色规划探析[J]. 小城镇建设, 2010.

[172] 蒋奕, 文剑钢. 苏州城市公交优先发展研究之专用车道——以苏州市人民路公交专用道调查研究为例[J]. 科技信息, 2010.

[173] 张晓乐, 文剑钢, 刘强. 江南水乡景观形象探析——以苏州古城平江历史街区为例[J]. 城市观察, 2011.

[174] 王静, 文剑钢, 李慕寒. 中国快速城市化对传统小城镇形象与环境特色的影响研究——以苏南小城镇为例[J]. 城市观察, 2012.

[175] 王立新, 文剑钢, 吉银翔. 历史风貌区审美价值解析及其形象保护与更新策略——以松江仓城历史风貌区为例[J]. 城市, 2012.

注:参考文献[147]~[175]为本书撰写过程的阶段性研究成果。

后 记

俗语说：十年磨一剑。编著《小城镇环境与景观设计》这本书，整十年！

十年前开始构思这本书时，正值中国"城乡二元"争论有了定论，国家在城镇体系建设中贯彻了"小城镇，大战略"的经济建设方针，明确了"城乡一体化"发展的方向，在经过"快速城市化"高度聚合反应阶段之后，城乡之间互为依存的功能分工、一体发展的关系开始明朗起来。而此时，中国的景观学、风景园林、环境艺术学科专业和行业也开始茁壮成长，它们共同作用于城镇空间与环境，并深刻地影响了城镇空间形态与环境的文化氛围。让民众看到中国城市化带来的高度物质文明变化的同时，也在为逐渐逝去的古老城镇形象、传统聚落文化、自然生态资源、能源骤然消隐退化而感到担忧。本书就是基于城市体系中关于小城镇景观建设的诸多问题所进行的理论、方法、设计和应用研究。

由于小城镇景观设计是一个针对性很强的综合设计专业，需要有多学科的理论与实践研究成果作用于城镇的空间和环境，这就对从业人员的专业知识、审美观念、表达技能的综合水平要求较高。因为它涉及人类社会赖以生存的自然生态"敏感边界"，影响到城镇空间环境的舒适度与景观视觉审美的认同度，影响到一座小城镇的现状和未来，故它集科学艺术、工程技术和视觉设计审美评价为一体，通过分类设计方法去创造一镇一品的美好景观，以特色发展的小城镇景观艺术对应解决环境生态恶化、城镇形象迷失——千城一面的大问题。

本书得益于中国现阶段的快速城市化过程，得益于我的同事与研究生们对本选题的不懈关注，由于有他们为设计理论、方法、实践的基础研究付出的大量的心血和汗水，陆续产生了30多篇属于本书研究范畴的观点、策略、应用性研究论文与工程设计成果，使得著作编写过程可以从容直面缤纷变换的城镇景观与环境。这些阶段性研究成果分别在城乡规划、建筑设计、风景园林、景观设计、建筑室内外环境设计各个相关的学科领域中先后起到较好的参考、指导作用，同时也为本书提供了新一轮可资利用的社会前沿动态研究与实证材料。这也促使本书的学术与应用研究目标必须设定在较高的起点和层面，并不断调整"姿态"、拓宽研究范畴、及时跟进、更新设计内容和工程案例，成就了这部涉及小城镇景观艺术设计思想、方法的著作。

在将其理论、方法研究贯彻到小城镇环境景观设计方面，本书具备以下价值特点：

（1）作为景观规划，从科学技术层面探讨景观生态与人类使用环境景观的出发点、造景目标、功能用途以及舒适与美观的价值关系问题。这是景观学在规划思维上与设计艺术高度统一的体现，当景观规划不仅是一门技术，而是"技艺精湛"的空间艺术时，将会为小城镇环境景观带来质的飞跃。其中的景观要素分类设计研究成果对小城镇区域规划、镇区景观规划、设计和景观工程施工管理具有重要的参考、指导作用。

（2）设计艺术的创新思维、方法与城乡空间设计理论方法结合，使艺术美真正成为景观综合营造的核心，避免了唯美的（伪美的）景观规划建设工程。让景观艺术带着真善美的价值观去修复和避免因为设计的缺憾和审美导向的偏差造成二次修造的巨大浪费。

（3）坚持突出地域性，并在本土文化背景下展开环境景观艺术设计。把全国不同地域的小城镇，按照不同地理水体、历史人文、政治经济等因素进行分类要素的景观设计，体现小城镇发展中的地方文化特色，为中国小城镇在城乡建设特色发展的导向方面作出具有深远意义的尝试。

完成本书的创新，还得益于2011年在申报2012年度教育部人文社会科学研究专项任务项目（工程科技人才培养研究）立项时，对作者多年研究思想和社会工程实践的梳理、汇集，对来自城市规划建设过程中所出现的土地资源浪费问题、城市形象迷失问题、建筑工程审美异化问题以及为粉饰、美化城市所作的无人使用的"假大空"景观设计问题……作出综合、类比和分析，期望本著作在景观本体论、审美艺术论、设计方法论的诸多理论与实践的研究探索方面能够为我国的城乡一体化建设起到较好的促进作用。

面对城镇体系中的环境景观，犹如面对一部值得我们一辈子去享用、品味、参研的"书"，读懂了它，就读懂了自然、社会、人生，也就了悟自我生命的意义与本源。

当读者读完本书，请回眸以下几点：

（1）景观规划不是规划景观，而是规划人们心中的意愿。

（2）设计不是为了设计，而是为了达成改善生活的目的。

（3）地球文明的主角是人，对象是自然。

（4）处理好人与自然的关系，就是处理好人类赖以生存的家园。

（5）面对美的极致，背靠丑的极端。人总是习惯带着丑，追寻美。

（6）景观是一种意象，幸福是一种心境。要从本根上陶冶主观意象，提升内心境界层次。

（7）城镇化的快速发展，使人们远离自然环境，摆脱传统农业社会的落后羁绊，进入工业社会的丰衣足食，享受信息时代的迷离虚幻。人的生活需求与时俱进，审美欲望却没有上限。

（8）当"我"处于单体，景观只是个人与外界独立的"对话"；当"我"处于群体，景观就成为社会化、大众认同的环境形象。所以，"我"就是景观，"我们"就是景观环境，要优化现实景观，必须先优化我们的心境。

编著这本书，实乃是摄取我们心中自然美之意愿，创造城乡一个又一个、一片又一片个性独特、品质俱佳的舒美景观。

文剑钢

2012年8月于苏州